"十三五"国家重点出版物出版规划项目
卓越工程能力培养与工程教育专业认证系列规划教材
(电气工程及其自动化、自动化专业)

智能控制基础

师　丽　李晓媛　主编
王松伟　胡玉霞　姚利娜　参编

机 械 工 业 出 版 社

智能控制是自动控制发展的高级阶段，是人工智能、控制论、系统论、信息论、仿生学、神经生理学、进化计算和计算机等多种学科的高度汇聚，是一门新兴的边缘交叉学科。本书系统地介绍了智能控制的内涵、理论和主要方法，包括模糊控制、神经网络控制、专家控制系统、遗传算法、基于 DNA 的软计算、粒子群算法、深度学习等，着重介绍了智能控制方法的交叉和融合，如模糊神经网络、模糊专家系统、神经专家系统、遗传-模糊控制和遗传-神经网络等。本书内容丰富，注重理论联系实际，配有大量的 MATLAB 仿真例题和实际应用案例讲解，能够更好地帮助学生通过仿真习题和工程实例设计深入理解智能控制的基本内涵和控制方法的综合运用。

本书可作为普通高校自动化、电气及电子信息等专业学生的教材，也可供有关教师和工程技术人员参考。

本书配有电子课件，欢迎选用本书作教材的教师登录 www. cmpedu. com 注册下载，或发邮件至 jinacmp@ 163. com 索取。

本书配有 MATLAB 源码，请直接用手机扫描书中二维码进行下载。

图书在版编目(CIP)数据

智能控制基础/师丽，李晓媛主编. —北京：机械工业出版社，2021.7(2024.8 重印)

“十三五”国家重点出版物出版规划项目 卓越工程能力培养与工程教育专业认证系列规划教材. 电气工程及其自动化、自动化专业

ISBN 978-7-111-68497-8

Ⅰ.①智… Ⅱ.①师… ②李… Ⅲ.①智能控制-高等学校-教材 Ⅳ.①TP273

中国版本图书馆 CIP 数据核字(2021)第 115467 号

机械工业出版社(北京市百万庄大街 22 号 邮政编码 100037)
策划编辑：吉 玲 责任编辑：吉 玲 杨晓花
责任校对：梁 静 责任印制：刘 媛
涿州市般润文化传播有限公司印刷
2024 年 8 月第 1 版第 4 次印刷
184mm×260mm · 16 印张 · 405 千字
标准书号：ISBN 978-7-111-68497-8
定价：49.80 元

电话服务
客服电话：010-88361066
010-88379833
010-68326294

网络服务
机 工 官 网：www. cmpbook. com
机 工 官 博：weibo. com/cmp1952
金 书 网：www. golden-book. com
机工教育服务网：www. cmpedu. com

二维码资源一览表

程序名称	书中页码
附录 2.1　单级倒立摆间接自适应模糊控制	53
附录 4.1　单神经元感知器实现逻辑“或”运算	86
附录 4.2　双层感知器实现逻辑“异或”运算	87
附录 4.3　BP 网络实现逻辑“异或”运算	88
附录 4.4　BP 网络逼近函数	91
附录 4.5　RBF 网络实现非线性函数	98
附录 4.6　电动机故障诊断建模	99
附录 4.7　LVQ 网络将输入向量进行模式分类	101
附录 4.8　LVQ 肿瘤检测	102
附录 4.9　离散 Hopfield 网络识别数字	106
附录 4.10　连续 Hopfield 网络解决旅行商问题	109
附录 4.11　Kohonen 网络汽轮机减速箱运行状态识别	113
附录 4.12　单个神经元 PID 控制	118
附录 4.13　BP 神经网络 PID 控制	121
附录 4.14　神经网络模型参考自适应控制在感应电机系统中的应用	126
附录 4.15　RBF 神经网络实现具有大滞后系统的内模控制	132
附录 6.1　基于模糊专家系统的全自动洗衣机程序设计	175
附录 7.1　基于粒子群算法的 PID 控制器优化	217

"十三五"国家重点出版物出版规划项目

卓越工程能力培养与工程教育专业认证系列规划教材

（电气工程及其自动化、自动化专业）

编审委员会

序

工程教育在我国高等教育中占有重要地位，高素质工程科技人才是支撑产业转型升级、实施国家重大发展战略的重要保障。当前，世界范围内新一轮科技革命和产业变革加速进行，以新技术、新业态、新产业、新模式为特点的新经济蓬勃发展，迫切需要培养、造就一大批多样化、创新型卓越工程科技人才。目前，我国高等工程教育规模世界第一。我国工科本科在校生约占我国本科在校生总数的1/3，近年来我国每年工科本科毕业生占世界总数的1/3以上。如何保证和提高高等工程教育质量，如何适应国家战略需求和企业需要，一直受到教育界、工程界和社会各方面的关注。多年以来，我国一直致力于提高高等教育的质量，组织并实施了多项重大工程，包括卓越工程师教育培养计划（以下简称卓越计划）、工程教育专业认证和新工科建设等。

卓越计划的主要任务是探索建立高校与行业企业联合培养人才的新机制，创新工程教育人才培养模式，建设高水平工程教育教师队伍，扩大工程教育的对外开放。计划实施以来，各相关部门建立了协同育人机制。卓越计划要求试点专业要大力改革课程体系和教学形式，依据卓越计划培养标准，遵循工程的集成与创新特征，以强化工程实践能力、工程设计能力与工程创新能力为核心，重构课程体系和教学内容；加强跨专业、跨学科的复合型人才培养；着力推动基于问题的学习、基于项目的学习、基于案例的学习等多种研究性学习方法，加强学生创新能力训练，“真刀真枪”做毕业设计。卓越计划实施以来，培养了一批获得行业认可、具备很好的国际视野和创新能力、适应经济社会发展需要的各类型高质量人才，教育培养模式改革创新取得突破，教师队伍建设初见成效，为卓越计划的后续实施和最终目标的达成奠定了坚实基础。各高校以卓越计划为突破口，逐渐形成各具特色的人才培养模式。

2016年6月2日，我国正式成为工程教育“华盛顿协议”第18个成员，标志着我国工程教育真正融入世界工程教育，人才培养质量开始与其他成员达到了实质等效，同时，也为以后我国参加国际工程师认证奠定了基础，为我国工程师走向世界创造了条件。专业认证把以学生为中心、以产出为导向和持续改进作为三大基本理念，与传统的内容驱动、重视投入的教育形成了鲜明对比，是一种教育范式的革新。通过专业认证，把先进的教育理念引入我国工程教育，有力地推动了我国工程教育专业教学改革，逐步引导我国高等工程教育实现从课程导向向产出导向转变、从以教师为中心向以学生为中心转变、从质量监控向持续改进转变。

在实施卓越计划和开展工程教育专业认证的过程中，许多高校的电气工程及其自动化、自动化专业结合自身的办学特色，引入先进的教育理念，在专业建设、人才培养模式、教学内容、教学方法、课程建设等方面积极开展教学改革，取得了较好的效果，建设了一大批优质课程。为了将这些优秀的教学改革经验和教学内容推广给广大高校，中国工程教育专业认证协会电子信息与电气工程类专业认证分委员会、教育部高等学校电气类专业教学指导委员会、教育部高等学校自动化类专业教学指导委员会、中国机械工业教育协会自动化学科教学委员会、中国机械工业教育协会电气工程及其自动化学科教学委员会联合组织规划了“卓越工程能力培养与工程教育专业认证系列规划教材（电气工程及其自动化、自动化专业)”。本套教材通过国家新闻出版广电总局的评审，入选了“十三五”国家重点图书。本套教材密切联系行业和市场需求，以学生工程能力培养为主线，以教育培养优秀工程师为目标，突出学生工程理念、工程思维和工程能力的培养。本套教材在广泛吸纳相关学校在“卓越工程师教育培养计划”实施和工程教育专业认证过程中的经验和成果的基础上，针对目前同类教材存在的内容滞后、与工程脱节等问题，紧密结合工程应用和行业企业需求，突出实际工程案例，强化学生工程能力的教育培养，积极进行教材内容、结构、体系和展现形式的改革。

经过全体教材编审委员会委员和编者的努力，本套教材陆续跟读者见面了。由于时间紧迫，各校相关专业教学改革推进的程度不同，本套教材还存在许多问题。希望各位老师对本套教材多提宝贵意见，以使教材内容不断完善提高。也希望通过本套教材在高校的推广使用，促进我国高等工程教育教学质量的提高，为实现高等教育的内涵式发展助力。

卓越工程能力培养与工程教育专业认证系列规划教材
（电气工程及其自动化、自动化专业）
编审委员会

前　言

智能控制是自动控制发展的高级阶段，是人工智能、控制论、系统论、信息论、仿生学、神经生理学、进化计算和计算机等多种学科的高度综合与集成，是一门新兴的边缘交叉学科。智能控制是当今国内外自动化学科中一个十分活跃和具有挑战性的领域，代表着当今科学和技术发展的最新方向。智能控制目前尚未建立起一套完整的理论体系，是一门仍在不断发展和丰富中的具有众多学科集成特点的科学和技术。它不仅包含了自动控制、人工智能、运筹学和信息论的内容，而且还从计算机科学、神经学、脑科学等学科中汲取丰富的营养，正在成为自动化领域中最兴旺和发展最迅速的一个分支学科，并被许多发达国家确认为提高国家竞争力的核心技术。

随着智能控制理论和技术的迅速发展，其应用领域不断扩展，在工业生产、航空航天、生物医学、模式识别、能源工业、环境保护和国防军事等众多领域智能控制技术都得到了成功应用，越来越受到控制领域专家和工程技术人员的重视，培养大批能熟练掌握和应用智能控制的控制工程师的需求也越来越迫切。同时，智能控制中众多学科的交叉和融合，开放式的研究空间也为学生视野的开阔和创新能力的培养提供了一个很好的背景和平台。因此，近些年国内外许多高校的控制专业和信息类专业陆续开设智能控制课程，并且从理论教学到实践教学都给予了足够的重视。本书在参考国内外智能控制方面重要文献的基础上，结合近几年国家级精品课程“智能控制基础”的建设，对智能控制的主要内容进行整理和总结，也有部分内容是笔者研究工作的总结，如基于 ANFIS 多模型的故障诊断、基于 GA-BP 的冠心病早期诊断和基于 T-S 模型的递归神经网络等。

本书部分内容已在郑州大学电气工程学院本科生和研究生的“智能控制基础”课程中讲授数年，经过了多次更新和完善，在国家级精品课程“智能控制基础”的建设中起了重要作用。

本书具体内容安排如下：

第 1 章是绪论。简要介绍智能控制的发展历史、基本概念、特点、结构理论、主要类型，阐述智能控制与传统控制之间的关系和应用前景。

第 2 章介绍模糊控制。首先在简要介绍模糊控制的数学基础后，以一个简单模糊控制器的设计为例详细讲述模糊控制器的设计过程及注意事项；然后介绍函数模糊系统的特例——Takagi-Sugeno（T-S）模糊系统、模糊系统的 MATLAB 仿真；最后阐述模糊系统的非线性分析的必要性及主要方法，包括李雅普诺夫（Lyapunov）方法、圆判据、描述函数方法、小增益理论和滑模变结构方法。

第 3 章介绍模糊建模和模糊辨识。在介绍模糊系统的类型与分割形式后，阐述模糊系统的通用近似特性，重点介绍模糊辨识和估计的算法，即最小二乘算法、梯度算法、模糊聚类法和混合算法。

第4章介绍神经网络控制。在介绍神经网络的理论基础之上，重点介绍两类常用的神经网络：前馈网络和反馈网络。前馈神经网络包括感知器神经网络、BP神经网络、RBF神经网络和LVQ神经网络；反馈神经网络包括离散型Hopfield网络、连续型Hopfield网络和Kohonen网络。在此基础上系统地介绍了基于神经网络的控制，包括神经网络控制的基本思想、直接逆动态控制、神经网络PID控制、神经网络自适应控制和神经网络内模控制等。

第5章介绍模糊神经网络。首先阐述模糊系统与神经网络的优缺点，明确它们具有明显的互补性，介绍它们的融合方式，即在模糊控制中引入神经网络、在神经网络中引入模糊逻辑、模糊系统与神经网络在结构上的融合；然后重点介绍两种模糊神经网络，即ANFIS和基于T-S模糊模型的递归神经网络，并介绍了ANFIS在非线性系统——气动执行器的建模上的应用，以及基于T-S模糊模型的递归神经网络在系统辨识中的应用。

第6章介绍专家控制系统。在简要介绍专家系统的基本概念、结构特点与分类的基础上，重点讲述专家控制系统，包括专家控制系统的结构与设计方法，专家控制器以及PID专家控制器的应用；最后介绍了专家控制系统和其他控制方法相融合的改进，主要包括模糊专家系统和神经网络专家系统的原理以及应用实例。

第7章介绍其他智能控制方法，包括遗传算法、DNA计算和粒子群算法。7.1节介绍遗传算法的基本操作和理论基础、遗传算法的实现，以及遗传算法与智能控制的融合与实际应用；7.2节首先介绍了DNA结构、DNA计算的原理，然后阐述了DNA计算与其他软计算的集成，包括DNA计算与遗传算法、模糊系统、神经网络的集成；7.3节首先阐述了粒子群算法的思想来源及计算模型，然后简单介绍了粒子群算法中各参数的作用及其对算法优化性能的影响，以及粒子群优化算法的改进，最后介绍了基于粒子群算法的PID控制系统参数优化的实际应用。

第8章介绍深度学习在智能控制中的应用。首先阐述了深度学习、机器学习和人工智能的关系，然后介绍了几种常见的深度学习基础架构，最后介绍了深度学习在易混淆目标识别、大视场小目标检测以及心电图自动分类等智能控制子领域中的应用案例。

本书第1、2、3、5章由师丽编写，第4章由李晓媛和师丽编写，第6章由李晓媛编写，第7章由姚利娜、李晓媛和胡玉霞编写，第8章由王松伟编写。师丽为第7章提供了部分素材。全书由师丽统稿。

在本书编写过程中得到了许多人的支持和帮助。李辉、崔佳、王丽佳、邵国、王治忠为本书提供了部分素材，武鹏、钱龙龙为本书的文稿整理做了大量工作。在此向以上提到的各位及其他为本书提供帮助的人们一并表示感谢。

由于编者的水平有限，书中尚存在一些不足和错误，欢迎读者批评指正。

编　者

目 录

第1章 绪论

智能控制是自动控制发展的高级阶段，是人工智能、控制论、系统论、信息论、仿生学、神经生理学、进化计算和计算机等多种学科的高度综合与集成，是一门新兴的交叉学科。尤其是近几年人工智能的飞跃发展，更进一步推动了智能控制的快速发展，使其成为当今国内外自动化学科中一个十分活跃和具有挑战性的领域，代表了当今科学技术发展的最新方向之一。智能控制目前尚未建立起一套完整的理论体系，它不仅包含了自动控制、人工智能、系统理论和计算机科学的内容，而且还从生物学、心理学等学科中汲取了丰富的营养，正在成为自动化领域中最具潜力和发展最迅速的一个分支学科，并被许多发达国家确认为是提高国家竞争力的核心技术。

1.1 智能控制的内涵和特点

智能控制的概念和原理是针对被控对象及其环境、控制目标或任务的复杂性和不确定性而提出来的。对“智能控制”这一术语目前还没有确切的定义，IEEE 控制系统协会归纳为：智能控制系统必须具有模拟人类学习（Learning）和自适应（Adaptation）的能力。定性地说，智能控制系统应具有学习、记忆和大范围的自适应和自组织能力；能够及时地适应不断变化的环境；能有效地处理各种信息，以减小不确定性；能以安全和可靠的方式进行规划、生产和执行控制动作而达到预定的目标和良好的性能指标。

在智能控制技术的发展过程中，许多研究学者和科技人员从不同的角度和方法对智能控制进行定义，试图阐述智能控制的内涵。智能控制的核心是研究与模拟人类智能的思维活动，设计和研制出具有高智能水平的人工系统，并将其应用在控制与信息传递过程，实现代替人类执行各种任务，是具有仿人智能的工程控制与信息处理系统的一个新兴分支学科，具有丰富的内涵。智能控制一般应该具有以下特点：

1）智能控制系统具有较强的学习能力，能对未知环境提供的信息进行识别、记忆、学习、融合、分析、推理，并利用积累的知识和经验不断优化、改进和提高自身的控制能力。

2）智能控制系统具有较强的自适应能力，具有适应受控对象动力学特性变化、环境特性变化和运行条件变化的能力。

3）智能控制系统具有足够关于人的控制策略、被控对象及环境的有关知识以及运用这些知识的能力。

4）智能控制系统具有判断决策能力，体现了“智能递增，精度递减”的一般组织结构的基本原理，具有高度可靠性。

5）智能控制系统具有较强的容错能力，系统对各类故障具有自诊断和自恢复能力。

6）智能控制系统具有较强的鲁棒性，系统性能对环境干扰和不确定性因素不敏感。

7）智能控制系统具有较强的组织功能，对于复杂任务和分散传感信息具有自组织和自协调功能，使系统具有主动性和灵活性。

8）智能控制系统的实时性好，相对其他智能系统，具有较强的实时在线响应能力。

9）智能控制系统的人—机协作性能好，系统具有友好的人机界面，以保证人机通信、人机互助和人机协同工作。

10）智能控制具有变结构和非线性的特点，其核心在高层控制，即组织级，能对复杂系统进行有效的全局控制，实现广义问题求解。

11）智能控制器具有总体自寻优特性，能满足多样性目标的高性能要求。

1.2 智能控制的结构理论

智能控制的结构理论明显地具有多学科交叉的特点。许多研究人员提出了如下一些有关智能控制系统结构的思想。

1.2.1 二元结构论

1971 年美籍华裔模式识别与机器智能专家傅京孙为了强调控制系统的问题求解和决策能力，用智能控制系统描述自动控制系统与人工智能交接的作用，如图 1-1 所示，也称为二元交集结构，用公式表示为

$$\mathrm{IC} = \mathrm{AI} \cap \mathrm{AC} \tag{1-1}$$

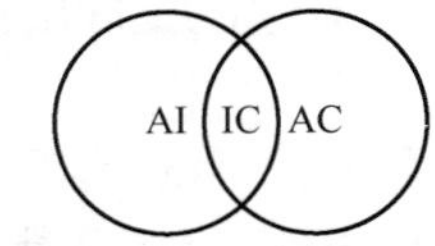

图 1-1 二元交集结构

式中，IC 为智能控制(Intelligent Control，IC)；AI 为人工智能(Artificial Intelligence，AI)，是一个知识处理系统，具有记忆、学习、信息处理、形式语言、启发式推理等功能；AC 为自动控制(Automatic Control，AC)，描述系统的动力学特性，是一种动态反馈；∩表示交集。

1.2.2 三元结构论

美国学者 G. N. Saridis 于 1977 年把傅京孙的智能控制系统扩展为三元结构，即把智能控制看作人工智能、自动控制和运筹学的交集，如图 1-2 所示，用公式表示为

$$\mathrm{IC} = \mathrm{AI} \cap \mathrm{AC} \cap \mathrm{OR} \tag{1-2}$$

式中，OR 为运筹学(Operation Research，OR)，是一种定量优化方法，如线性规划、网络规划、调度、管理、优化决策和多目标优化方法等。

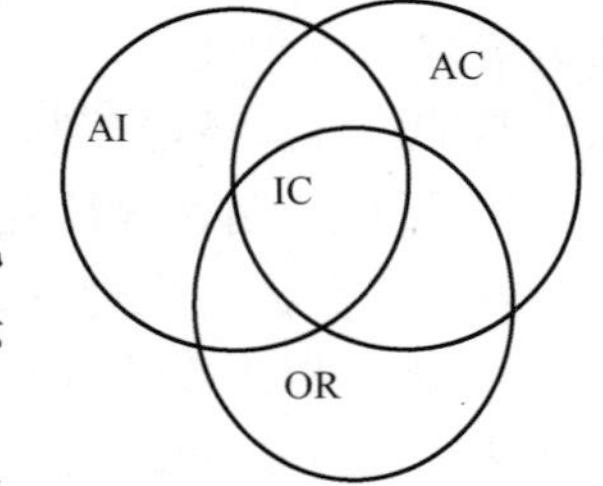

图 1-2 三元结构

Saridis 认为，构成二元交集结构的两元互相支配，无助于智能控制的有效和成功应用，必须把运筹学的概念引入智能控制，使之成为三元交集中的一个子集。这种三元结构后来成为 IEEE 第一届智能控制学术讨论会(1985 年 8 月在纽约召开)的主要议题之一。

1.2.3 四元结构论

我国学者蔡自兴于1989年提出把信息论也包括进智能控制的理论结构中，构成四元结构，把智能控制看作自动控制、人工智能、信息论和运筹学四个学科的交集，如图1-3所示，用公式表示为

$$IC = AI \cap AC \cap OR \cap IT \tag{1-3}$$

式中，IT为信息论(Information Theory，IT)。

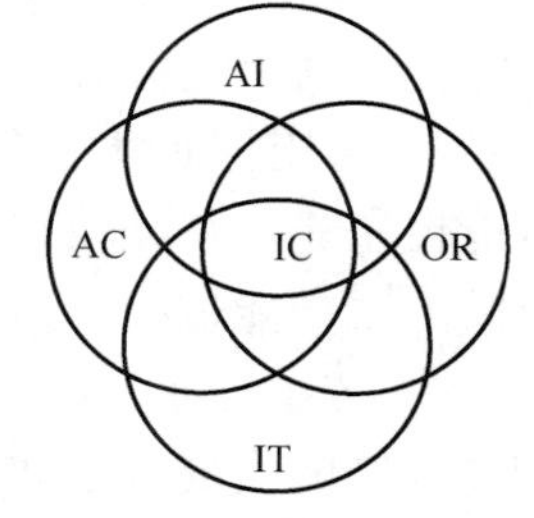

图1-3 四元结构

1.2.4 多元结构或树形结构

近些年随着智能控制技术的迅速发展，智能控制学科逐渐发展为不仅包含自动控制、人工智能、运筹学和信息论等内容，而且还与计算机科学、生物学、心理学等学科高度交叉，成为人工智能、控制论、系统论、信息论、仿生学、神经生理学、进化计算和计算机等众多学科高度综合与集成的一门新兴交叉学科。智能控制的复杂结构只能用多元结构或者树形结构来概括。图1-4所示就是智能控制结构的树形图。

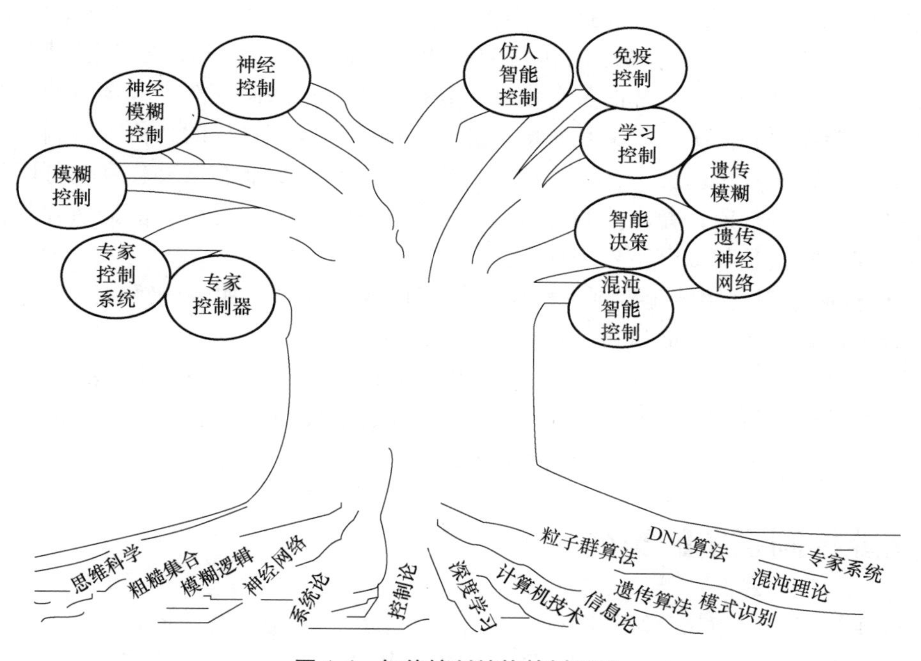

图1-4 智能控制结构的树形图

1.3 智能控制与传统控制的关系

传统控制(Conventional Control)包括经典反馈控制和现代理论控制，主要特征是基于精确系统数学模型的控制，适于解决线性、时不变等相对简单的控制问题。

传统控制处理高度非线性和复杂系统的效果很差，且自学习、自适应、自组织和容错能力较弱。由于对象模型的不确定性、环境的复杂性和控制任务或目标的复杂性不断增加，基

于精确数学模型的传统控制就显得力不从心。

智能控制与传统控制相比，在理论方法、应用领域、性能指标等方面存在明显的不同，主要存在以下五方面的差别：

1）传统控制以反馈控制理论为核心，线性定常系统为主要对象，有完善的理论体系；智能控制尚无完善的理论体系，目前仅有二元论和多元论。

2）传统控制建立在精确数学模型的基础上，对大规模、复杂和不确定性系统不易描述；智能控制建立在经验和知识的推理上，可以获取和描述更多的知识信息。可见传统控制不能反映人工智能过程，易丢失许多有用的信息。

3）传统控制具有时域法、频域法、根轨迹法、状态空间法等有效的分析和综合方法；智能控制的实现方法建立在学习、训练、逻辑推理、判断和决策等符号加工上，呈现多样性，如分级递阶智能控制（运筹学）、模糊控制（模糊数学）、神经网络控制、专家控制系统、大系统智能控制、分层智能控制、分布式问题求解、进化论及遗传算法、认知心理学等。

4）传统控制有严格的性能指标体系，如稳态误差（精度）、动态性能、系统稳定性、可控和可观性；智能控制有时可以控制目的和行为来评价系统性能，可以不采用统一的性能指标体系。

5）传统控制着重解决单机自动化、不太复杂的过程控制和大系统的控制问题；智能控制主要解决高度非线性、强不确定性和复杂系统的控制问题。因此，智能控制应用极为广泛，可涉及自然科学和社会科学的各个领域，是控制界当前的研究热点和今后的发展方向。

然而，智能控制和传统控制又是密不可分的，而不是互相排斥的。传统控制是智能控制的一个组成部分，两者可以统一在智能控制的框架下，传统控制在某种程度上可以认为是智能控制发展中的低级阶段，智能控制是对传统控制理论的发展。分析目前的研究现状，智能控制和传统控制的交叉与综合主要表现在：

1）智能控制常常利用传统控制来解决“低层”的控制问题。如在分级递阶智能控制系统中，组织级采用智能控制，而执行级采用的是传统控制。

2）将传统控制和智能控制进行有机结合可形成更为有效的智能控制方法。

3）对数字模型基本成熟的系统，应采用在传统数学模型控制的基础上增加一定的智能控制的手段和方法，而不应采用纯粹的智能控制。

1.4 智能控制系统的类型

智能控制系统一般包括分级递阶控制系统、专家控制系统、模糊控制系统、人工神经网络控制系统和模糊控制系统等。但在实际运用中，几种方法和机制往往结合在一起，用于一个实际的智能控制系统或装置，从而建立起混合或集成的智能控制系统。

1.4.1 分级递阶控制系统

分级递阶智能控制（Hierarchical Intelligent Control，HIC）是在自适应控制和自组织控制基础上，由美国学者 G. N. Saridis 提出的智能控制理论。分级递阶智能控制主要由三个控制级组成，按智能控制的高低分为组织级、协调级、执行级，并且这三级遵循“智能递降、精度递增”的原则，其功能结构如图 1-5 所示。

组织级（Organization Level）：组织级通过人机接口和用户（操作员）进行交互，执行最高决策的控制功能，监视并指导协调级和执行级的所有行为，其智能程度最高。

协调级（Coordination Level）：协调级可进一步划分为两个分层，即控制管理分层和控制监督分层。

执行级(Executive Level)：执行级的控制过程通常是执行一个确定的动作。

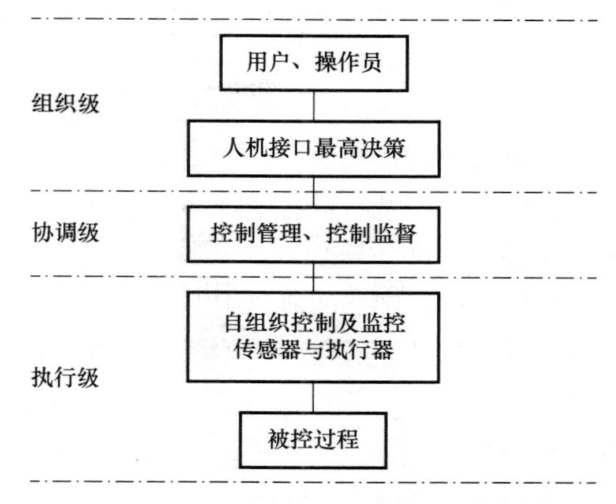

图 1-5 分级递阶智能控制的功能结构

1.4.2 专家控制系统

专家指的是对解决专门问题非常熟悉的人们，他们的这种专门技术通常源于丰富的经验和处理问题的专业知识。专家系统指的是一个智能计算机程序系统，其内部含有大量的某个领域专家水平的知识与经验，能够利用人类专家的知识和解决问题的经验方法来处理该领域的高水平难题，具有启发性、透明性、灵活性、符号操作、不确定性推理等特点。

应用专家系统的概念和技术，模拟人类专家的控制知识与经验而建造的控制系统，称为专家控制系统(Expert Control，EC)，是智能控制的一个重要分支。专家控制系统作为人工智能和控制理论的交叉学科，既是人工智能领域专家系统的一个典型应用，也是智能控制理论的一个分支。具体地说，它把人类操作者、工程师和领域专家的经验知识与控制算法相结合，知识模型与数学模型相结合，符号推理与数值运算相结合，知识信息处理技术与控制技术相结合。

但是，这种基于知识的专家系统在知识获取、知识表达和推理方式上存在着固有的缺陷，如知识的来源主要靠专家经验，知识瓶颈和知识组合爆炸等使得专家控制系统在工程应用上受到限制。神经网络控制和模糊控制在一定程度上避开了这个问题，而且它们表达信息和推理的方式更合乎人的思维特点。近年来，深度学习的快速发展使得系统处理数据的数量、规模和复杂程度的能力有了质的飞跃，这也将有效解决专家控制系统存在的问题。

1.4.3 人工神经网络控制系统

人工神经网络(Artificial Neuro Network，ANN)是指由大量与生物神经系统的神经细胞相类似的人工神经元互连而组成的网络，或者由大量像生物神经元的处理单元并行互连而成。人工神经网络具有分布式信息存储、并行处理、自学习、自组织和自适应等特点，具有强大的非线性处理能力。

人工神经网络控制技术具有较大的优越性：

1）并行结构与并行信息处理方式。神经网络克服了传统的控制系统出现的无穷递归、组合爆炸及匹配冲突等问题。

2）系统在知识表示和组织、控制策略形成和实施等方面可根据生存环境通过自适应、自组织达到自我完善。

3）具有很强的自学习能力。它克服了传统的确定性理论及模糊诊断理论在应用上的局限性。系统可根据环境提供的大量信息，自动进行联想、记忆及聚类等方面的自组织学习，也可在导师的指导下学习特定的任务，从而达到自我完善。

4）具有很强的容错性。当外界输入到神经网络中的信息存在某些局部错误时不会影响到整个系统的输出性能。

人工神经网络同现有的动态信号处理、专家系统、模糊逻辑等诊断技术相结合，为自动控制、模式识别等提供了一种新的途径。但是，ANN 也有许多局限性，如 ANN 对外是“黑箱”形式，因此很难建立与被描述对象物理参数的对应关系，即网络参数的物理意义不明确，而且学习算法复杂。

近年来神经网络的研究引起了学者和专家们的极大关注，成为多学科交叉融合的前沿研究技术。目前神经网络的类型已有一百余种，在神经网络研究方法上已形成多个流派。本书介绍了神经网络家族中应用广泛、最富有成果的几种神经网络的研究：感知器神经网络、BP 神经网络、径向基(Radial Basis Function，RBF)神经网络、学习向量量化(Learning Vector Quantization，LVQ)神经网络、Hopfield 网络、Boltzmann 机模型、自组织特征映射(Kohonen)神经网络等神经网络的拓扑结构、工作机理、学习算法和神经网络特点，并配合应用实例仿真结果研究，揭示各种神经网络所具有的功能和特征。

人工神经网络已被广泛地应用于信息处理、模式识别、智能控制、容错诊断、优化组合、机器人控制等各种领域，并取得了令人瞩目的研究成果。并且，随着神经网络理论本身以及相关理论、相关技术的不断发展，神经网络的应用定将更加广泛、深入。

1.4.4 模糊控制系统

1965 年美国著名控制专家 L. A. Zaden 创立了模糊理论。所谓模糊控制，就是对操作人员的经验知识进行模糊描述，运用模糊控制器近似推理手段实现系统控制的一种方法。模糊理论能够有效地处理系统的不确定性、测量的不精确性等模糊性，将其引入控制可以更好地描述系统和测量数据，同时可以充分地利用操作人员的经验信息等。模糊控制的基本思想是用机器去模拟人对系统的控制。它是受这样事实启发的：对无法建立精确数学模型的对象或用传统控制理论无法进行分析和控制的复杂系统，有经验的操作者或专家却能取得比较好的控制效果，这是因为他们拥有日积月累的丰富经验指导操控行为。因此，人们希望把这种经验指导下的操控行为总结成一些规则，并根据这些规则设计出控制器。然后，运用模糊理论、模糊语言变量和模糊逻辑推理的知识，把这些模糊的语言上升为数值运算，从而能够利用计算机来完成对这些规则的具体实现，达到以机器代替人对某些对象进行自动控制的目的。

模糊控制大致可分为两大类：基于模糊理论的方法和模糊混合方法。基于模糊理论的方法是对所获取的数据、模糊信息和专家知识等，应用模糊理论对这些信息进行模糊处理及模糊推理，从而实施控制。这类方法研究得比较成熟，实际应用也比较多，它具有如下优点：不需要建立系统的精确数学模型；可以方便地应用专家知识、操作员经验等语言模糊信息。缺点是：模糊规则在很大程度上依靠人的经验制定，这对于大型复杂系统和新设备存在很大困难；诊断系统本身不具有学习能力，难以进行自适应调整，更不用说优化设计。这些缺点都将限制纯模糊方法的应用。因此，将模糊技术与其他自学习和优化技术结合，就可以扬长避短，提高诊断效果，从而产生了所谓的模糊混合方法。模糊混合控制方法主要有模糊神经网络方法、模糊专家系统方法、模糊遗传算法方法和模糊-神经网络等。

1.4.5 智能优化与智能控制融合

由于智能控制的被控对象常常具有非线性、不确定性等复杂动态特性，因此要求控制器能够根据对象动态特性的变化进行自适应调整。这就需要将智能控制和智能优化方法融合，对智能控制过程中的参数甚至结构进行优化，以确保系统始终处于最优化或准最优状态。

将几种智能控制方法和智能优化方法有机融合构成的集成智能控制系统如图1-6所示。如模糊神经网络控制、基于遗传算法的模糊控制、模糊专家系统和神经网络专家系统等，或者将智能控制与常规的控制模式相结合，获得互补特性，提高系统的整体优势，形成组合智能控制系统，如PID模糊控制器、BP-PID控制、基于神经网络的自适应控制系统、学习控制系统等。

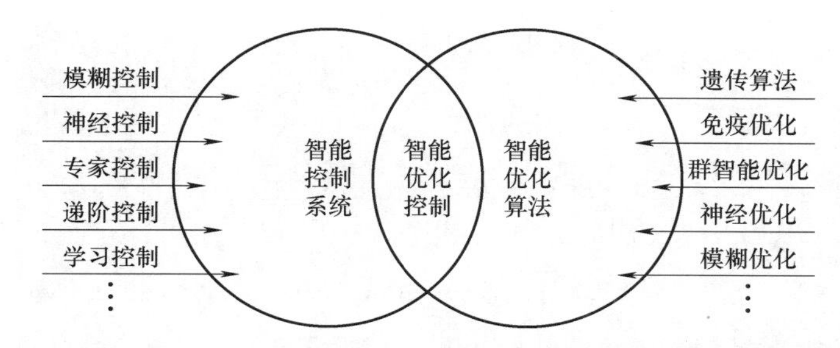

图1-6 智能控制方法和智能优化方法有机融合构成的集成智能控制系统

1.5 智能控制的应用

目前，智能控制已广泛地应用于自然科学和社会科学的各个领域，其工程应用日益成熟。为此研究人员设计并开发了各种软硬件系统。软件方面有MathWorks公司推出的高性能数值计算可视化软件MATLAB，其中的神经网络工具箱、模糊逻辑工具箱可以通过直接调用其中的函数进行智能控制系统的设计和应用；硬件方面，DSP芯片、ARM系统以及新近推出智能芯片极大地提高了运算速度，方便了智能控制系统的实现。下面将着重介绍智能控制的应用现状和发展前景。

1.5.1 智能控制在航空航天领域中的应用

由于太空环境和宇宙探测的特殊要求，利用智能控制技术研制和开发具有容错能力、可重构、可再配置、高可靠性的自主化和智能化的航天运载和监测系统是智能控制应用的重要领域，直接反映了人类科学技术的水平。在航天飞行控制中，利用基于知识或者具有在线学习能力的实时故障诊断专家系统进行发动机异常检测，避免了重大伤亡事故。在现代航空领域，智能控制已成为提高飞机和飞行器性能和安全性的重要技术，如先进的综合航空电子系统和无人驾驶的操纵控制系统等。人工智能技术、空间智能机器人、故障诊断专家系统、空间站电源管理系统等先进智能技术的应用推动着航空航天技术的迅速发展。我国于1999年发射“神舟一号”无人试验飞船飞行试验获得了圆满成功，2003年“神舟五号”首次完成载人航天飞行，2009年中国宇航员首次太空出舱。中国航天科技一步一个台阶，飞速发展。2021年更是中国航天领域非凡的一年。2021 年 5 月 15 日“天问一号”着陆巡视器成功着陆于火星乌托邦平原南部预选着陆区，我国开展的首次火星探测任务着陆火星取得圆满成功(图 1-7)。5 月 30 日有着自主交回对接模式的“天舟二号”货运飞船成功对接“天宫一号”核心舱(图 1-8)。这一系列重大成就标志着我国航空航天技术正在赶超国际先进水平，在深空探测中，智能控制也将发挥重要作用。

图 1-7 “天问一号”着陆巡视器成功着陆于火星

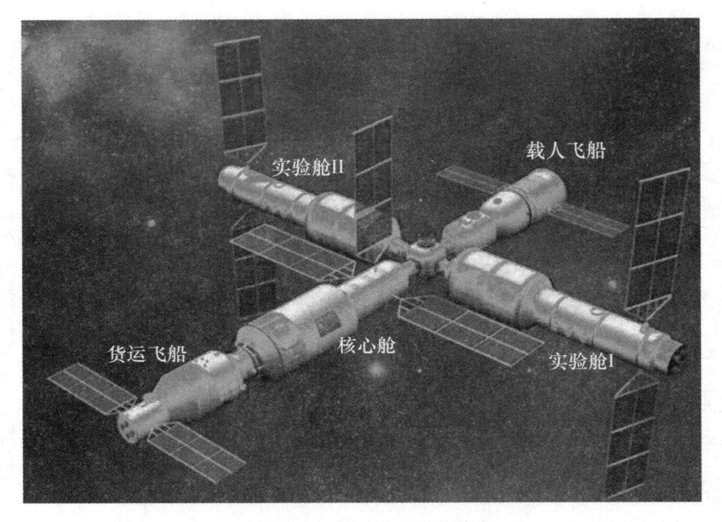

图 1-8 “天舟二号”货运飞船成功对接“天宫一号”核心舱

此外，美国、俄罗斯、日本和欧洲一些国家很早就提出深空探测项目，美国研发了系列登月探测器、金星探测器和火星探测器等，主要用于在行星际空间探测太阳风、磁场和宇宙射线，期望实现“外太阳系大旅行”，监测和探访木星、土星、天王星和海王星等一系列的行星。探测器携带相机、红外干涉光谱仪、雷达设备、紫外光谱仪、等离子光谱仪、宇宙射线探测仪、低能带电粒子探测仪、等离子波等多种智能设备，历经数十年在深空探测领域取得了令人叹为观止的成就。例如，2020 年 5 月 27 日美国太空探索技术公司(SpaceX)用可回收式“猎鹰九号”火箭送载人龙飞船入轨，28 日上午送两名 NASA 宇航员抵达国际空间站。智能控制技术是其关键技术之一。

1.5.2 智能控制在工业生产过程中的应用

随着科技的迅猛发展，现代工业生产过程日趋大型化、复杂化和集成化，所涉及的工业对象往往具有多变量、强耦合、不确定性、非线性、信息不完全和大滞后等特点，智能控制技术的应用能够实现提高产量、降低成本、保障安全生产、减少能耗和环境污染的现代企业生产目的。生产过程的智能控制主要包括两个方面：局部级和全局级。局部级的智能控制是指将智能引入工艺过程中的某一单元进行控制器设计，如智能 PID 控制器、专家控制器、神经元网络控制器等。研究和应用比较多的是智能 PID 控制器，因为它在参数的整定和在线自适应调整方面具有明显的优势，而且可用于控制一些非线性的复杂对象。全局级的智能控制主要针对整个生产过程的自动化，包括整个操作工艺的控制过程的故障诊断、规划过程操作处理异常等。如核电厂运行安全状态的智能控制和诊断系统，现代大型火电站的锅炉燃烧智能控制系统、化工和制药企业的预测模糊炉温智能控制系统和具有自动辨识功能的模糊自动电压无功控制装置等。

在现代先进制造系统中，需要依赖那些不够完备和不够精确的数据来解决难以或无法预测的情况，可以利用智能控制来解决这些问题。智能控制利用模糊数学、神经网络的方法对制造过程进行动态环境建模，利用传感器的信息融合技术进行信息的预处理和综合；采用专家系统的逆向推理作为反馈机构，修改控制机构或者选择较好的控制模式和参数；利用模糊集合和模糊关系的鲁棒性，将模糊信息集成到闭环控制的外环决策选取机构来选择控制动作；利用神经网络的学习功能和并行处理信息的能力，进行在线的模式识别，处理那些可能是残缺不全的信息。

1.5.3　智能控制在医疗卫生领域中的应用

智能控制技术在医疗卫生领域具有非常广阔的应用前景和实用价值。利用人工智能技术研制的各种先进的医疗设备和器械为医生的诊断提供了准确的依据，如核磁共振成像和计算机断层扫描 CT 能够扫描全身各系统的不同疾病性病变以及各种先天性疾病检查。2020 年春，多家科研院所推出了新冠智能辅助诊断系统，可以非常快速地筛选出异常扫描片；基于大数据的机器学习和基于人工智能的智能控制技术相结合大力推动了传统医疗走向以精准医疗为特色的现代医疗体系，包括诊断与治疗专家系统、全民医疗保障系统、病人家用远程监护系统、多媒体导医系统及护理和辅助医嘱处理系统等，并且随着物联网技术的发展，医疗信息化模式不断创新，最终实现实时、智能化、自动化、互联互通的动态服务以适应卫生服务变革，形成智慧医疗体系。在微创手术中，采用手术机器人可以帮助医生实现对外科仪器的精准控制，目前为止这些手术机器人已经用来定位内窥镜、进行胆囊手术以及胃灼热和胃食管反流的矫治，仅在美国，机器人设备每年可以用于超过 350 万个医疗手术。2000 年美国批准使用达·芬奇手术机器人，该手术机器人使外科医生可以到达肉眼看不到的外科手术点，图 1-9 为医生在达·芬奇手术机器人的辅助下进行病人的右肾动脉瘤切除术。

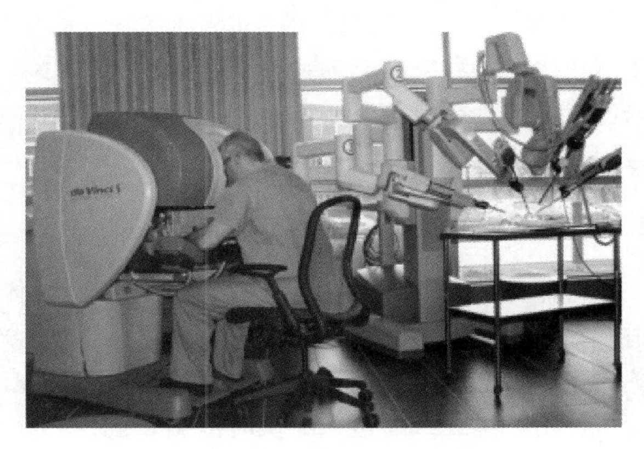

图 1-9　达·芬奇手术系统

此外，人工电子耳蜗、智能假肢和人工视觉假体等智能技术含量高的生物电子装置为治疗和恢复人的听觉功能、运动功能和视觉功能提供了很好的方法，并在临床应用中取得了良好的效果，更好地实现了为患者服务，带来了巨大的社会效益和经济效益。今后的医疗行业将融入更多人工智慧、传感技术等高科技，使医疗服务走向真正意义的智能化，进一步推动医疗事业的繁荣发展。

1.5.4 智能控制在军事国防中的应用

军事和国防是智能控制技术的重要应用领域之一。例如，美国国防预先研究计划局(DARPA)为美军成功研发了大量的先进武器系统，同时为美国积累了雄厚的科技资源储备，引领着美国乃至世界高科技研发的潮流。

无人飞机在军事侦察、反恐维稳和战争中发挥着非常重要的作用，成为遏制敌人的关键武器。例如，美国中央情报局通过蝙蝠翼无人隐形飞机 RQ-170 哨兵到巴基斯坦成功传回本·拉登住处的录像；“空中静观”的新式间谍气球将阿富汗战场反叛分子安放土炸弹的实时录像传回；美国五角大楼目前已经有 7000 架无人飞机进行巡防。目前正在研制的无人飞机将向着小型化、灵活化和多功能等方向发展，无人飞机将模仿飞蛾、老鹰、黄蜂等自然界的生物，改写战争规则。图 1-10 所示为美国“全球鹰”无人侦察机。利用人工智能技术开发出具有语言分析、合成、识别及自然语言理解功能的智能机器翻译系统，可用于收集情报、破译密码、处理作战文电、协调作战指挥和提供战术辅助决策等。利用导弹跟踪技术研制的智能电子战系统可自动分析并掌握敌方雷达的搜索、截获和跟踪工作顺序，发出有关敌方导弹发射的警告信号，并确定出最佳防卫和干扰措施。

图 1-10 美国“全球鹰”无人侦察机

21 世纪，人工智能技术在军事侦察、新型武器和军事仓储中将会得到进一步开发应用，美国正研发一种“授时惯性测量装置”，这粒小小的芯片无须依赖 GPS 卫星就能在全球范围内进行导航。智能控制技术将促使更多智能化、安全可靠、快速便捷、隐蔽高效的武器装备应用于未来战争。

1.5.5 智能控制在农业工程中的应用

智能化的农业技术在一定程度上可以克服传统农业难以解决的限制因素，如高温、暴雨、霜降等，使得资源要素配置合理，可以加强资源的集约高效利用，大幅度地提高农业系统的生产力，获得速生、高产、优质、高效的农产品。如应用具有智能控制技术的计算机系统监控植物生长，通过采集实时数据，进行判断和逻辑推理并做出决策；应用智能技术进行市场预测，计算投入产出比，提高经济效益；具有智能技术的自动化程度高的农业机械取代劳动力等。

1.5.6 智能控制在智能社会和其他领域中的应用

智能社会就是生产过程自动化的社会，广义上可以理解为不通过人工干预而对控制对象进行自动操作或控制的过程。其中，控制对象可以理解为包括具体的、有形的机械设备以及抽象的、时变的信息对象，如股市行情、气象信息、城市交通、地震火灾预报数据等，这类对象的特点是以知识表示的非数学广义模型，或者是含有不完全性、模糊性、不确定性的数字过程，对它们进行控制无法用常规的控制器，但是可以采用符号信息知识来表示和建模，通过智能算法程序设计进行自动推理和决策。

智能技术、信息技术的发展正在改变生产方式和人们的生活，使人类社会朝着智能社会的方向发展。人类可以将海量的信息存储到电子媒介中去，而搜索技术的发展也为查找信息带来了巨大的便利；包括了市场预测分析、工程设计、制造、管理、销售为一体的计算机集成制造系统是计算机辅助设计与制造的产物，具有信息集成、过程集成及企业间集成的特点，从而推动社会产生了新的生产模式；将先进的信息技术、数据通信传输技术、电子传感技术、电子控制技术以及计算机处理技术等有效地集成，形成的智能交通系统能够有效地缓解交通阻塞，提高路网通过能力，减少交通事故；将计算机网络技术、智能控制技术、数据卫星通信技术、可视化技术等高科技技术运用在建筑物的结构、系统、服务和管理等基本要求中，提供一种舒适高效、环保实用、先进便利的智能建筑系统是提高人们生活质量的重要应用。与物联网技术结合的智能家居控制系统能够实现实时远程操控，真正改变了人们的生活方式，提高了生活质量。

1.6 本章小结

本章主要介绍了智能控制的内涵和特点、结构理论和研究对象，分析了智能控制和传统控制的关系，简单介绍了智能控制的几种主要类型，最后简要地介绍了智能控制的应用。

习题

1-1 简述智能控制的三元结构。

1-2 简述智能控制与传统控制的关系，从理论方法、应用领域、性能指标等方面比较智能控制与传统控制的区别。

1-3 简述智能控制的五种类型。

参考文献

[1] 孙增圻. 智能控制理论与技术[M]. 北京：清华大学出版社，南宁：广西科学技术出版社，1997.
[2] 丁永生. 计算智能：理论、技术与应用[M]. 北京：科学出版社，2004.
[3] 白玫. 智能控制理论综述[J]. 华北水利水电学院学报，2002，23(1)：58-62.
[4] 刘金琨. 智能控制[M]. 4版. 北京：电子工业出版社，2017.
[5] 蔡自兴. 智能控制[M]. 2版. 北京：电子工业出版社，2004.
[6] 李士勇. 模糊控制、神经网络控制和智能控制论[M]. 2版. 哈尔滨：哈尔滨工业大学出版社，1998.
[7] 许向阳，张茂元，卢正鼎. 智能控制综述[J]. 舰船电子工程，2004，24(5)：28-32.
[8] 何玉彬，李新忠. 神经网络控制技术及其应用[M]. 北京：科学出版社，2000.
[9] PASSINO K M，YURKOVICH S. Fuzzy control[M]. 北京：清华大学出版社，2001.
[10] 宋华. 模糊故障诊断技术研究[D]. 北京：北京航空航天大学，2002.
[11] 卢志刚，吴士昌，于灵慧. 非线性自适应逆控制及其应用[M]. 北京：国防工业出版社，2004.
[12] 周其鉴，柏建国，吕炳朝，等. 增益适应式非线性调节[J]. 重庆大学学报(自然科学版)，1980，3(4)：39-71.
[13] 李祖枢. 仿人智能控制研究20年[C]//1999年中国智能自动化学术会议，1999：20-32.
[14] 王凌. 智能优化算法及其应用[M]. 北京：清华大学出版社，2001.

[15] 莫宏伟. 人工免疫系统原理与应用[M]. 哈尔滨：哈尔滨工业大学出版社，2003.
[16] 蔡自兴，龚涛. 免疫算法研究的进展[J]. 控制与决策，2004，19(8)：841-846.
[17] CHUN J S，LIM J P，JUNG H K，et al. Optimal design of synchronous motor with parameter correction using immune algorithm[J]. IEEE Transactions on Energy Conversion，1999，14(3)：610-615.
[18] 李文，欧青立，沈洪远，等. 智能控制及其应用综述[J]. 重庆邮电学院学报(自然科学版)，2006，18(3)：376-381.
[19] 邓璐娟，张侃谕，龚幼民. 智能控制技术在农业工程中的应用[J]. 现代化农业，2003(12)：1-3.
[20] 高金波. 智能社会[M]. 北京：中信出版社，2016.

第 2 章

模糊控制

教学重点

模糊控制器的组成、语言变量和语言值的定义、模糊运算、模糊推理方法、模糊隐含、模糊规则库控制算法表格的建立以及解模糊方法。函数模糊系统中，Takagi-Sugeno 模糊系统的定义以及自适应模糊控制器的设计。

教学难点

对函数模糊系统定义的准确把握和函数模糊系统通用近似特性的理解；对自适应模糊控制系统的提出，掌握直接和间接自适应模糊控制器的设计与仿真。

2.1 模糊控制的基本概念和数学基础

从控制理论和技术发展的角度看，复杂系统的建模和模拟是智能控制研究的热点和难点。而且在实际工程应用中，还要考虑系统的实现以及经济性问题。例如，假设一个动态系统有比较准确的模型，但是模型过于复杂，也是无法应用到实际控制器设计上的。对许多传统控制器设计过程而言，被控对象都有严格的假设条件(如对象是线性的)。与此相比，模糊控制为控制工程师提供的是一个表达和利用控制系统启发性知识，实现系统控制的方法。模糊控制系统是智能控制的重要组成部分。本章将讲述设计模糊控制器的方法论。

模糊控制器框图如图 2-1 所示。模糊控制器工作在一个闭环控制系统中，参考输入、对象输入和对象输出分别用 $r(t)$、$u(t)$ 和 $y(t)$ 表示。

模糊控制器主要由四部分组成：

1）规则库：以一套规则的形式表达如何最好控制系统的知识。

2）推理机：确定哪条控制规则与当前时刻的状态是相关的，然后建议被控对象的输入。

3）模糊化：把控制器输入转换成能被规则表述且能与库中的规则相比较的形式。

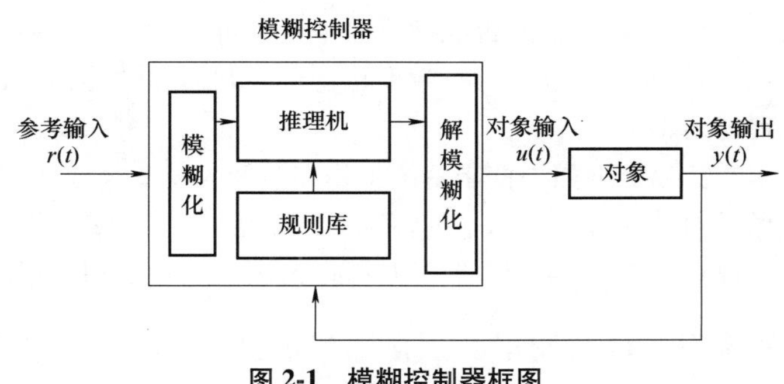

图 2-1　模糊控制器框图

4）解模糊化：把推理得到的结

论转换成被控对象的输入。

从本质上讲，应该把模糊控制器看作运行在实时闭环控制系统中的一个人工决策器。为了设计模糊控制器，控制工程师必须收集闭环系统中人工决策器依据的信息。这些信息有时来自执行控制任务的人类决策者，有时则需要控制工程师在了解被控对象的动态特性后，写出一套关于如何控制系统的规则。这些规则实质上是在说："如果对象输出和参考输入处于某种状态，那么对象输入就应该取某些值。"把一套这样的 if-then 规则存入规则库，选择一个推理策略，就可以测试闭环性能是否满足要求了。

2.1.1 模糊控制器的设计步骤

模糊控制器设计基本上可归纳为以下三步：选择模糊控制器的输入和输出；选择用于控制器输入的前处理和控制器输出的后处理算法；设计如图 2-1 所示的模糊控制器的每一部分。由于模糊化和解模糊都有标准的方法可以选择，设计者更多要关注的是推理机问题。因此，模糊控制器设计的重点应放在规则库上。

规则库的作用如同在回路中嵌入了一个人类专家。因此，嵌入到规则库的规则信息要来自一个具有长期实际操作经验并且知道如何最好控制系统的人类专家。在有些情况下，可能没有这样的人类专家，那么控制工程师就要先简单了解对象的动态特性(要用建模和模拟的方法)，然后根据对象的特性，依据传统控制理论的知识，写出一套有意义的控制规则。例如，驾驶员可能用到"如果速度低于设定值，那么进一步加大加速踏板"的规则，还可以用另一条规则，即"如果速度低于设定值且很快就要接近设定值，那么就稍微松开一点加速踏板"，表示调节速度的更详细信息。第二条规则表达了人类如何防止速度超过期望目标(设定速度)的知识。总之，如果把很详细的经验嵌入到规则库中，就获得了取得更好性能的机会。

2.1.2 性能评价

模糊控制器是非线性控制器，许多传统的建模、分析和设计方法可以直接采用，传统控制的性能评价方法也适用于模糊控制。注意：最新的模糊控制研究工作主要集中在模糊控制的优点上，没有对其应用中可能存在的缺点进行认真分析。因此，提醒读者在阅读有关文献时要注意这一点。例如，当用收集启发式控制知识的策略进行控制时，就要考虑以下问题：

1）人类专家观察到并用于构造控制器的系统特性是不是包含了所有的情况(包括发生扰动、噪声和对象参数发生变化的情况)。

2）人类专家能否准确可靠地预见可能发生闭环系统不稳定或者极限环的问题。

3）人类专家能否有效地将稳定性判据和性能指标(如上升时间、超调和跟踪特性)结合到规则库中。

实际上，如果控制系统工作在涉及人身安全或者事关环境安全的环境下，或者比较和选择不同设计者设计水平的情况下，考虑上述问题就更加困难了。这就需要一种方法去设计、实现和评价模糊控制器，以保证控制器能够在满足性能指标的前提下，安全可靠地工作。

2.1.3 语言变量、语言值和规则

模糊系统是输入和输出之间的静态非线性映射。假设模糊系统的输入为 $u_i \in U_i(i=1,2,$

$\cdots,n$)，输出为 $y_j \in Y_j(j=1,2,\cdots,m)$，如图 2-2 所示。输入和输出是精确的实数，而不是模糊集合。模糊化模块把精确输入转换成模糊集合，在规则库中推理机利用模糊规则产生模糊结论（如蕴含模糊集合），解模糊化模块把模糊结论转换成精确输出。

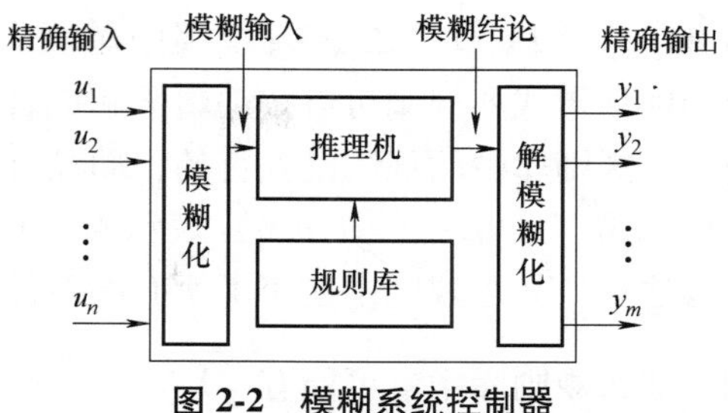

图 2-2 模糊系统控制器

（1）论域

普通（精确）集合 U_i 和 Y_j 分别称为 u_i 和 y_j 的论域（即取值范围）。在实际应用中，最常见的论域是简单的实数集合、某一区间或者实数的某一子集。有时为了方便，定义有效论域[α, β]，α 和 β 对于输入论域是隶属函数开始饱和的端点，对于输出论域则是外侧输出不再变化的端点。有效论域的宽度为 $|\beta-\alpha|$。

（2）语言变量

为了定义规则库中的规则，专家要用到语言描述，这里将用语言变量来描述模糊系统的输入和输出。对于一般模糊系统，语言变量 $\tilde{u}_i$ 用来描述输入 u_i，语言变量 $\tilde{y}_j$ 用来描述输出 y_j。例如，模糊系统的一个输入可以描述为 $\tilde{u}_1$ =“位置误差”或者 $\tilde{u}_2$ =“速度误差”，输出可以表示为 $\tilde{y}_1$ =“输入电压”。

（3）语言值

正如 u_i 和 y_j 可以分别在论域 U_i 和 Y_j 中任意取值一样，语言变量 $\tilde{u}_i$ 和 $\tilde{y}_j$ 可以取描述语言变量特征的语言值。令 $\tilde{A}_i^k$ 表示语言变量 $\tilde{u}_i$ 定义在论域 U_i 上的第 k 个语言值。假设在 U_i 上定义了许多个语言值，语言变量 $\tilde{u}_i$ 就可以从由这些语言值组成的集合中取元素，即 $\tilde{A}_i=\{\tilde{A}_i^k:k=1,2,\cdots,N_i\}$。同理，令 $\tilde{B}_j^p$ 表示语言变量 $\tilde{y}_j$ 定义在论域 Y_j 上的第 p 个语言值，语言变量 $\tilde{y}_j$ 可以从由相应语言值组成的集合中取元素，即 $\tilde{B}_j=\{\tilde{B}_j^p:p=1,2,\cdots,M_i\}$。

语言值通常是诸如“正的大”、“零”和“负的大”（由形容词构成）的项。例如，如果用 $\tilde{u}_1$ 表示语言变量“速度”，那么可以定义：$\tilde{A}_1^1$ =“慢”，$\tilde{A}_1^2$ =“中等”，$\tilde{A}_1^3$ =“快”，$\tilde{u}_1$ 可从 $\tilde{A}_1=\{\tilde{A}_1^1,\tilde{A}_1^2,\tilde{A}_1^3\}$ 中取值。

（4）语言规则

对于模糊系统，从输入到输出的映射有一部分是由条件的集合定义的，即规则表示为

如果 条件 **那么** 结论

通常模糊系统的输入与条件相关，输出与结论相关。这些如果-那么规则可以表示成多种形式。这里只考虑多输入-多输出（Multi-Input Multi-Output，MIMO）和多输入-单输出（Multi-Input Single-Output，MISO）两种标准形式。语言规则的 MISO 形式为

如果 $\tilde{u}_1$ 是 $\tilde{A}_1^j$ 且 $\tilde{u}_2$ 是 $\tilde{A}_2^k$，…，且 $\tilde{u}_n$ 是 $\tilde{A}_n^l$ 那么 $\tilde{y}_q$ 是 $\tilde{B}_q^p$

专家关于系统控制的知识就表示成这种形式的语言规则。注意：如果 $\tilde{u}_1$ =“速度误差”

和 $\tilde{A}_1^1$=“正大”，那么这条规则中单项“$\tilde{u}_1$ 是 $\tilde{A}_1^j$”的意思是“速度误差是正大”。对于一个 MIMO 形式的规则可以按逻辑分解成若干个简单的 MISO 规则。假设规则库中共有 R 条规则，且规则库中的规则是独特的，即没有两条规则的条件和结论是完全一样的。为了使描述简便，用符号$(j,k,\cdots,l,p,q)_i$ 表示 MISO 形式的第 i 条规则。

注意：如果规则中使用了所有的条件项，且对于所有可能存在的条件组合都有相应的规则，那么规则库中就可能有 $\prod_{i=1}^{n} N_i = N_1 \times N_2 \times \cdots \times N_n$ 条规则。例如，如果 $n=2$，对于每个论域有 $N_i=11$ 个隶属函数，那么就可能有 $11\times11=121$ 条规则。显然，在这种情况下，规则的数目随模糊控制器的输入数或者隶属函数数目的增加呈指数规律增加。

2.1.4 模糊集合、模糊规则和模糊推理

在实际模糊控制器设计中，需要考虑选择模糊控制器的输入和输出、隶属函数、模糊化过程和解模糊方法，确定推理策略和设计规则库。

下面简明介绍模糊集合、模糊规则和模糊推理的基本概念。

（1）模糊集合

经典集合是有明确界限的集合。例如，经典集合 $A=\{x \mid x>6\}$，6 是个清晰明确的边界条件，如果 $x>6$，则 x 属于集合 A；否则，x 不属于集合 A。模糊集合是没有明确界限的集合，从不属于集合 A 到属于集合 A 是渐进过渡过程，一般用隶属函数来定义，如：水热，温度高。1965 年，美国学者 L. A. Zadeh 提出模糊集合的概念，他指出这种不明确定义的集合“在人类思维，特别是在模型识别、信息交流以及提取等领域有着很重要的作用”。这种模糊性来自于思维和概念本质的不确定性和不精确性。

定义 2.1　模糊集合和隶属函数

若 X 是论域，则关于 X 的模糊集合 A 表示为

$$A=\{(x,\mu_A(x)) \mid x\in X\} \tag{2-1}$$

式中，$\mu_A(x)$称为 x 对 A 的隶属函数(Membership Function，MF)，可以完成 X 到$[0,1]$闭区间的任意一个映射。模糊集合用隶属函数来表征，取值范围为$[0,1]$。当 $\mu_A(x)$的值域为$\{0,1\}$时，模糊集合 A 蜕化成一个经典集合，$\mu_A(x)$为特征函数。通常 X 可以是离散或连续论域，如图 2-3 所示。

当 X 为离散论域时，隶属函数 $X=\{1,2,3,4,5,6,7,8\}$是一组学生要选修的课程代码，模糊集合 A=“可能选修的课程代码”，则 A 可表示为：$A=\{(1,0.1),(2,0.3),(3,0.8),(4,1),(5,0.9),(6,0.5),(7,0.2),(8,0.1)\}$，如图 2-3a 所示。

当 X 为连续论域时的隶属函数，$X=R^+$是一组人类年龄的可能值，集合 B=“50 岁左右”，如图 2-3b 所示。则 B 可表示为

$$B=\{x,\mu_B(x) \mid x\in X\}$$

其中

$$\mu_B(x)=\frac{1}{1+\left(\dfrac{x-50}{5}\right)^4}$$

集合 A 的另一种描述为

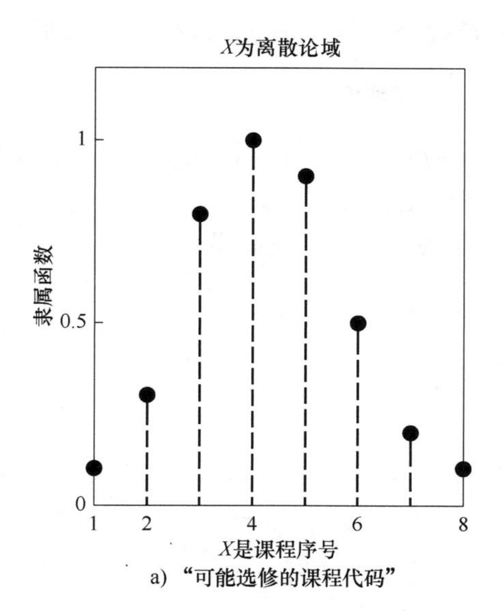

a) “可能选修的课程代码”

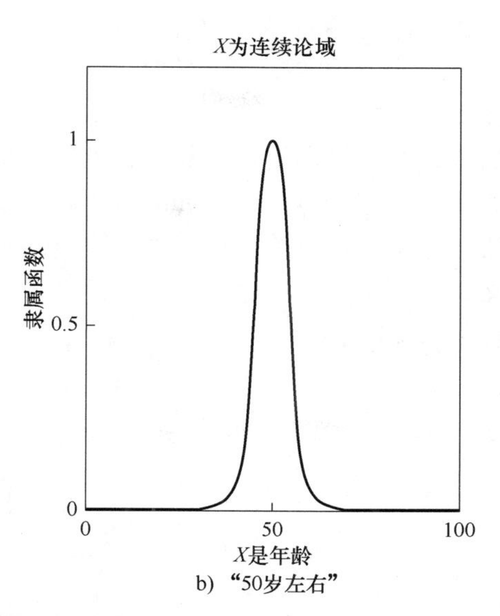

b) “50岁左右”

图 2-3 X 为离散或连续论域的情况

$$A=\begin{cases}\sum\limits_{x_i\in X}\mu_A(x_i)/x_i & X\text{ 是离散论域}\\ \int_X\mu_A(x)/x & X\text{ 是连续论域}\end{cases}\tag{2-2}$$

注意：式(2-2)中，$\sum\limits_{x_i\in X}$和$\int_X$不表示求和与积分，而是表示论域 X 上的元素 x 与隶属函数 $\mu_A(x)$ 总的对应关系。同样，“/”不表示除，仅仅是一个分隔符。采用这种定义，上述两种情况可分别表示为

$$A=0.1/1+0.3/2+0.8/3+1.0/4+0.9/5+0.5/6+0.2/7+0.1/8$$

$$B=\int_{R^+}\frac{1}{1+\left(\dfrac{x-50}{5}\right)^4}\Bigg/x$$

从上述实例可以看出，构造一个模糊集合主要考虑合适论域的辨识和适当隶属函数的确定。选择隶属函数具有一定的主观性，这种主观性来自于抽象概念的不确定本质，而与随机性没有任何关系。因此，模糊集合的主观性和非随机性是模糊集合研究与随机理论的根本区别，随机理论是研究随机现象的客观处理。

相应普通的一系列基本运算：并、交、补，在 Zadeh 论文中也给出了模糊集合的相似运算定义。

定义 2.2 包含(或者子集)

当且仅当 $\mu_A(x)\leqslant\mu_B(x)$ 对所有 x 均成立，模糊集合 B 包含模糊集合 A(或 A 是 B 的一个子集；或 A 小于等于 B)成立，表示为

$$A\subseteq B\Leftrightarrow\mu_A(x)\leqslant\mu_B(x)\tag{2-3}$$

定义 2.3 并(或)

模糊集合 C 是模糊集合 A 与 B 的并，记为 $C=A\cup B$ 或 $C=A\text{ OR }B$，C 的隶属函数为

$$\mu_C(x)=\max(\mu_A(x),\mu_B(x))=\mu_A(x)\vee\mu_B(x)\tag{2-4}$$

关于并运算的最直接定义就是包含 A、B 的最小模糊集合，类似定义模糊集合的交运算。

定义 2.4　交

模糊集合 C 是模糊集合 A 和 B 的交，记为 $C=A\cap B$ 或 $C=A$ AND B，C 的隶属函数为

$$\mu_C(x)=\min(\mu_A(x),\mu_B(x))=\mu_A(x)\wedge\mu_B(x) \tag{2-5}$$

显然，与并运算一样，A、B 的交是包含 A、B 的一个最大模糊集合。

定义 2.5　补

模糊集合 A 的补，即 $\overline{A}(\neg A^{-},\text{NOT }A)$

$$\mu_{\overline{A}}(x)=1-\mu_A(x) \tag{2-6}$$

图 2-4 所示为模糊集合的三种基本运算。

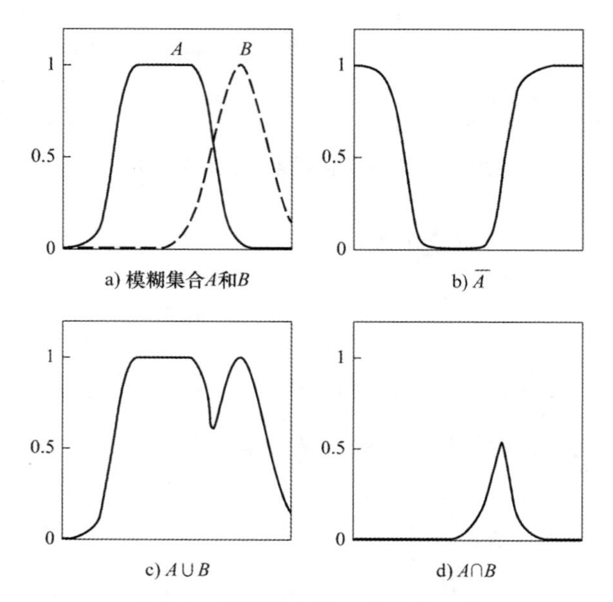

图 2-4　模糊集合的三种基本运算

模糊集合的算子 AND 和 OR 又分别被定义为 T-范数和 T-协范数算子，除了 min 和 max，这些算子没有一个能满足分配律：

$$\mu_{A\cup(B\cap C)}(x)=\mu_{(A\cup B)\cap(A\cup C)}(x)$$
$$\mu_{A\cap(B\cup C)}(x)=\mu_{(A\cap B)\cup(A\cap C)}(x) \tag{2-7}$$

不过，用 min 和 max 分析模糊推理系统比较麻烦。用式(2-8)实现 AND 和 OR 操作是一种较好的方法，即

$$\begin{aligned}\mu_{A\cap B}(x)&=\mu_A(x)\mu_B(x)\\ \mu_{A\cup B}(x)&=\mu_A(x)+\mu_B(x)-\mu_A(x)\mu_B(x)\end{aligned} \tag{2-8}$$

定义 2.6　模糊笛卡儿乘积

以上讨论的交集和并集是定义在同一论域上的。模糊笛卡儿乘积用于量化许多论域上的操作。如果 $A_1^j,A_2^k,\cdots,A_n^l$ 分别是定义在论域 $U_1,U_2,\cdots,U_n$ 上的模糊集合，它们的笛卡儿乘积表示为 $A_1^j\times A_2^k\times\cdots\times A_n^l$，其隶属函数定义为

$$\mu_{A_1^j\times A_2^k\times\cdots\times A_n^l}(u_1,u_2,\cdots u_n)=\mu_{A_1^j}(u_1)*\mu_{A_2^k}(u_2)*\cdots*\mu_{A_n^l}(u_n) \tag{2-9}$$

注意：从根本上讲，“ * ”实现了乘积的第一项中某个元素和第二项中某个元素的与操作。因为模糊规则库中条件的每一项来自不同的论域，笛卡儿乘积中的与实际上表示了模糊规则条件的与。

下面将给出几类用来定义隶属函数的常见参数化函数，这些参数化函数在自适应模糊推理系统中起着重要的作用。

定义 2.7　三角分布

如图 2-5a 所示，三角分布函数由 $\{a,b,c\}$ 确定，这三点是顶点在 x 轴上的坐标，可表示为

$$\text{triangle}(x;a,b,c)=\max\left(\min\left(\frac{x-a}{b-a},\frac{c-x}{c-b}\right),0\right) \tag{2-10}$$

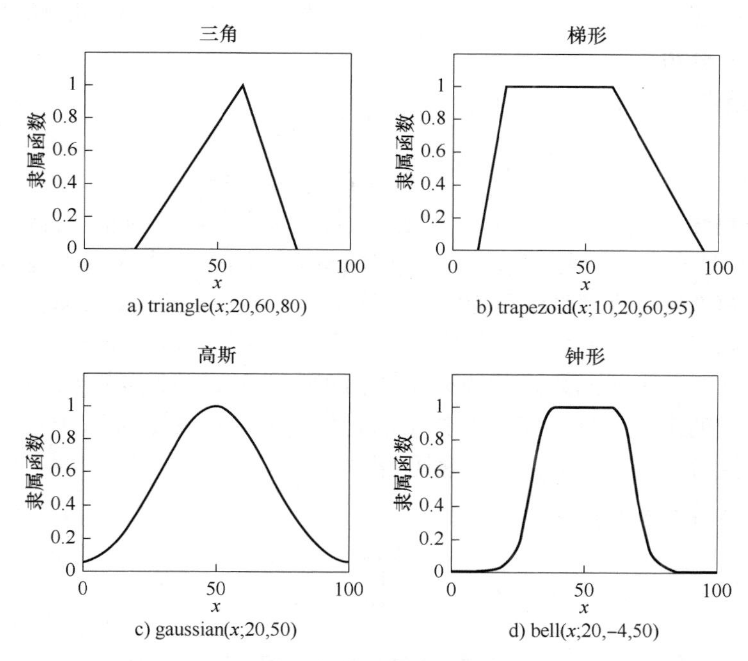

图 2-5　各种形式的隶属函数

定义 2.8　梯形分布

如图 2-5b 所示，梯形分布函数由 $\{a,b,c,d\}$ 确定，可表示为

$$\text{trapezoid}(x;a,b,c,d)=\max\left(\min\left(\frac{x-a}{b-a},1,\frac{d-x}{d-c}\right),0\right) \tag{2-11}$$

显然，三角分布是梯形分布的一个特例。

三角分布和梯形分布由于公式简单、计算有效而得到广泛应用，特别适合用于在线执行。然而，这两种分布的隶属函数对于拐点无法平滑表示，其微分函数是不连续的。下面介绍几种其他类型的平滑非线性函数定义的隶属函数。

定义 2.9　高斯分布

高斯分布函数由 $\{\sigma,c\}$ 决定，可表示为

$$\text{gaussian}(x;\sigma,c)=e^{-[(x-c)/\sigma]^2} \tag{2-12}$$

式中，c 为高斯分布的中心；σ 确定高斯分布的宽度。如图 2-5c 所示。

定义 2.10　广义钟形分布

钟形分布函数由参数$\{a,b,c\}$确定，可表示为

$$\text{bell}(x;a,b,c)=\frac{1}{1+\left|\frac{x-c}{a}\right|^{2b}} \tag{2-13}$$

式中，参数b通常为负。钟形分布的隶属函数是概率论中柯西(Cauchy)分布的直接推广。

恰当地选取参数集合$\{a,b,c\}$可得到期望的广义钟形分布。明确地说，可以通过调整c和a来改变分布的中心和宽度，用b来控制交叉点的斜度，如图 2-6 所示。

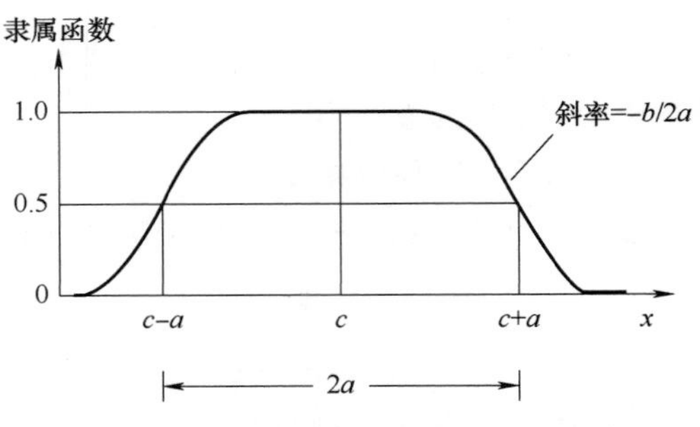

图 2-6　广义钟形分布函数参数的物理意义

定义 2.11　S 分布

S 分布函数由参数$\{a,c\}$确定，可表示为

$$\text{sigmoid}(x;a,c)=\frac{1}{1+\exp[-a(x-c)]} \tag{2-14}$$

其中，参数a控制交叉点$x=c$的斜度，参数a的符号决定了函数的左、右开口。

S 分布函数很适合表示“很大”或者“很小”的概念，因此作为人工神经网络的激活函数应用很广。对于模拟模糊推理系统行为的神经网络，首先面临的问题是如何通过 S 函数来综合一个近似的隶属函数。有两种方法：取两个 S 函数的乘积；取两个 S 函数的绝对差。

注意：这里介绍的隶属函数并不是所有类型的隶属函数。对于特定的应用场合，可以根据需要自定义特定的隶属函数。特别要指出的是倘若函数的参数被赋予隶属函数的适当含义，那么任何连续分布函数都可以作为隶属函数。

如果模糊集合$\hat{A}_i^{\text{fuz}}$的隶属函数满足

$$\mu_{\hat{A}_i^{\text{fuz}}}(x)=\begin{cases}1 & x=u_i\\ 0 & x\neq u_i\end{cases} \tag{2-15}$$

则称模糊集合$\hat{A}_i^{\text{fuz}}$为单一(Singleton)模糊集合，该过程为单一模糊化。

（2）模糊 if-then 规则

假设一条模糊 if-then 规则采用如下形式

$$\text{如果 } x \text{ 是 } A \text{ 那么 } y \text{ 是 } B \tag{2-16}$$

式中，A和B分别是论域X和Y的语言变量；“x是A”是条件；“y是B”是结论。

在使用模糊 if-then 规则进行建模和分析系统之前，首先要明确“如果x是A那么y是B”描述的意思，此描述可简写为$A\to B$，实质上描述了两个变量x和y之间的关系。这意味着模糊 if-then 规则可用$X\times Y$空间上的二元模糊关系R定义。二元模糊关系R是经典笛卡儿乘积(Cartesian product)的扩展，$(x,y)\in X\times Y$的每个元素和隶属函数$\mu_R(x,y)$有关。也可以将R看作论域$X\times Y$上的模糊集合，并且模糊集合用二维隶属函数$\mu_R(x,y)$描述。

一般来说，模糊规则$A\to B$有两种方法解释，如图 2-7 所示。如果把$A\to B$解释为“A伴随B”，则

$$R=A\to B=A\times B=\int_{X\times Y}\mu_A(x)\,\tilde{*}\,\mu_B(y)/(x,y) \tag{2-17}$$

式中，“$\bar{*}$”是模糊AND（或T-范数）算子；$A \rightarrow B$ 表示模糊关系 R。

另一方面，如果 $A \rightarrow B$ 解释为“A 引发（Entails）B”，则可写成以下四个不同的公式：

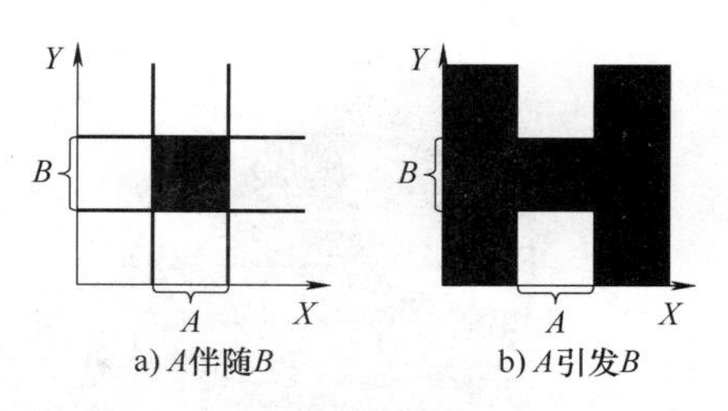

a) A伴随B　　b) A引发B

图2-7　模糊蕴含的两种表示方法

实质蕴含 $R = A \rightarrow B = \neg A \cup B$

命题演算 $R = A \rightarrow B = \neg A \cup (A \cap B)$

扩展的命题演算 $R = A \rightarrow B = (\neg A \cap \neg B) \cup B$

扩展的肯定前件式（Modus Ponens）$\mu_R(x,y) = \sup\{c \mid \mu_A(x) \bar{*} c \leqslant \mu_B(y), 0 \leqslant c \leqslant 1\}$

上述四个公式虽然形式不同，但是当 A 和 B 按二值逻辑进行推理时，都可简化为 $A \rightarrow B \equiv \neg A \cup B$。一般采用第一种解释。

（3）模糊推理（近似推理）

模糊推理是从一套模糊规则和一个或者多个条件得出结论的推理程序。首先讨论推理的合成规则，它是模糊推理的基本原理。

假设有一条描述 x 和 y 之间关系的给定曲线 $y=f(x)$。当给定 $x=a$ 时，从 $y=f(x)$ 可推得 $y=b=f(a)$，如图2-8a所示。上述推理过程允许 a 是一个区间，$f(x)$ 是一个区间值函数，如图2-8b所示。为了找到相应于区间 $x=a$ 的区间 $y=b$，首先要构造 a 的一个柱形扩展（也就是把 a 的域从 X 扩展到 $X \times Y$），然后用区间值曲线找到交集 I，再把 I 映射到 y 轴从而得到区间 $y=b$。

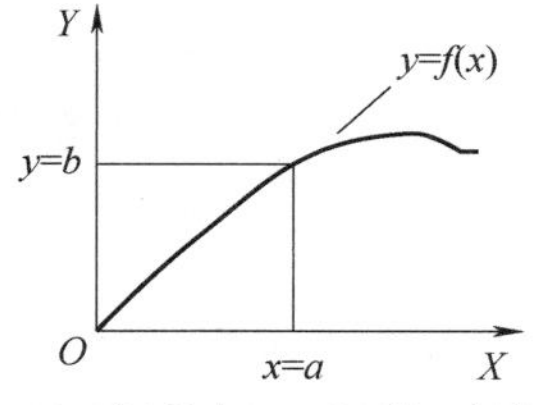

a) a和b是点，$y=f(x)$是一条曲线

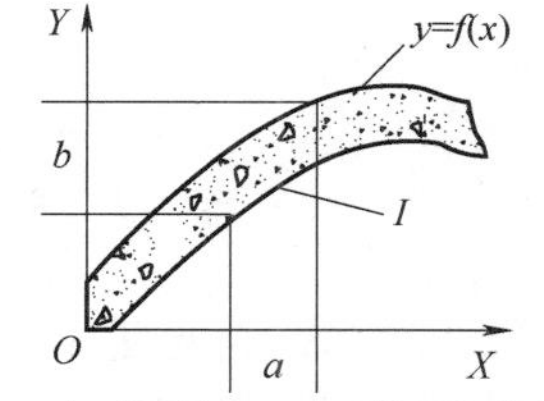

b) a和b是区间，$y=f(x)$是区间值函数

图2-8　从 $x=a$ 和 $y=f(x)$ 得到 $y=b$

再进一步推理，假设 A 是 X 的模糊集合，F 是 $X \times Y$ 上的模糊关系，如图2-9所示。为了找到结论模糊集合 B，再以 A 为底构造柱形扩展 $c(A)$，也就是把 A 的域从 X 扩展到 $X \times Y$ 以得到 $c(A)$。$c(A)$ 和 F 的交集（见图2-9c）就形成了类似图2-8b中交集 I 的域。通过把 $c(A) \cap F$ 映射到 y 轴，在 y 轴上推得 y 为模糊集合 B，如图2-9d所示。令 μ_A、$\mu_{c(A)}$、μ_B 和 μ_F 分别是 A、$c(A)$、B 和 F 的隶属函数，其中 $\mu_{c(A)}$ 和 μ_A 的关系为 $\mu_{c(A)}(x,y) = \mu_A(x)$，则

$$\mu_{c(A)} \cap F(x,y) = \min(\mu_{c(A)}(x,y), \mu_F(x,y)) = \min(\mu_A(x), \mu_F(x,y)) \tag{2-18}$$

把 $c(A) \cap F$ 映射到 y 轴，可得

$$\mu_B(y) = \max_x \min(\mu_A(x), \mu_F(x,y)) = \vee_x (\mu_A(x) \wedge \mu_F(x,y)) \tag{2-19}$$

式（2-19）实现了最大-最小（Max-Min）合成，B 可表示为

$$B = A \circ F$$

其中，“$\circ$”表示合成算子。如果选择用乘积来表示模糊的交运算AND，用最大表示模糊的并运算OR，那么就得到最大-乘积（Max-Product）合成，且 $\mu_B(y) = \vee_x (\mu_A(x) \mu_F(x,y))$。

应用推理的合成规则，可以把推理过程公式化，称为依据模糊if-then规则的模糊推理。

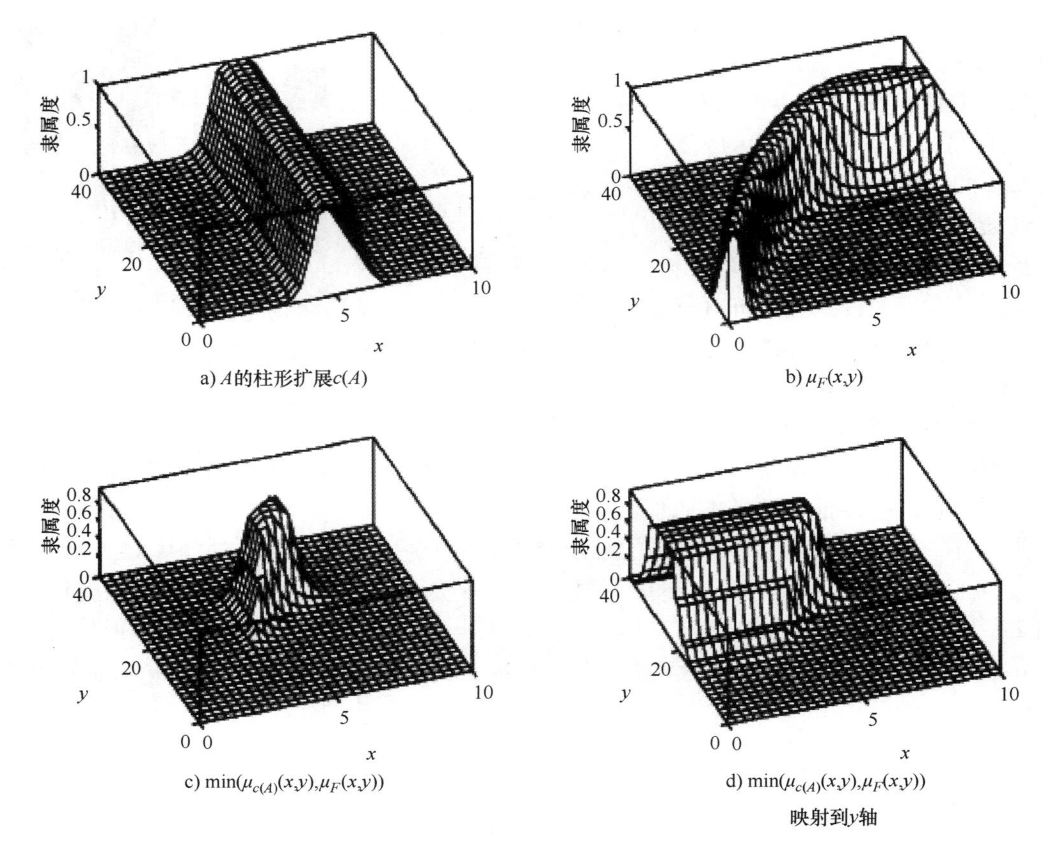

a) A的柱形扩展$c(A)$　　b) $\mu_F(x,y)$

c) $\min(\mu_{c(A)}(x,y),\mu_F(x,y))$　　d) $\min(\mu_{c(A)}(x,y),\mu_F(x,y))$ 映射到y轴

图 2-9　推理的合成规则

传统的二值逻辑中推理的基本规则是肯定前件式，即从真理 A 和蕴含 $A\to B$ 可推出命题 B 是真理。例如，假设 A 代表“西红柿红了”，B 代表“西红柿熟了”，则如果 A 成立，那么 B 也成立，可以表述为

条件 1(事实)：　x 是 A

条件 2(规则)：　如果 x 是 A 那么 y 是 B

结论：　　　　　y 是 B

然而，在很多人类推理中，采用 modus ponens 作为一种近似方法。例如，如果有同样的蕴含规则“如果西红柿红了，那么西红柿熟了”，并且知道“西红柿红得有多或者有少”，那么就可以推得“西红柿快熟了或者没有熟”，可以表述为

条件 1(事实)：　x 是 A'

条件 2(规则)：　如果 x 是 A 那么 y 是 B

结论：　　　　　y 是 B'

其中 A'接近 A，B'接近 B。当 A、B、A'和 B'分别是适当论域的模糊集合时，以上的推理过程就称为模糊推理或者近似推理。

应用前面介绍的推理的合成规则，可以公式化模糊推理过程如下。

定义 2.12　基于最大-最小合成规则的模糊推理

令 A、A'和 B 分别是 X、X 和 Y 的模糊集合。假设模糊蕴含 $A\to B$ 是 $X\times Y$ 上模糊关系 R

的描述，那么由“x 是 A'”和模糊规则“如果 x 是 A 那么 y 是 B”得到的模糊集合 B'定义为

$$\mu_{B'}(y)=\max_{x}\min(\mu_{A'}(x),\mu_{R}(x,y))=\vee_{x}(\mu_{A'}(x)\wedge\mu_{R}(x,y)) \tag{2-20}$$

或者

$$B'=A'\circ R=A'\circ(A\rightarrow B) \tag{2-21}$$

式(2-21)是模糊推理的通式，而式(2-20)是模糊推理的一个特例，这里最大和最小分别是模糊交和或算子。

假设模糊蕴含 $A\rightarrow B$ 定义为适当的二值模糊关系，用扩展的肯定前件式的推理过程来得出结论。

对于一个具有一个条件的单一规则，可以应用式(2-20)进一步简化为

$$\mu_{B'}(y)=[\vee_{x}(\mu_{A'}(x)\wedge\mu_{A}(x))]\wedge\mu_{B}(y)=w\wedge\mu_{B}(y) \tag{2-22}$$

换句话说，首先找到匹配度 w 作为 $\mu_{A'}(x)\wedge\mu_{A}(x)$ 的最大值，图 2-10 所示条件中的阴影部分，然后让结论 B'的隶属函数等于 B 的隶属函数剪切 w 后的隶属函数，如图 2-10 所示结论中阴影部分。

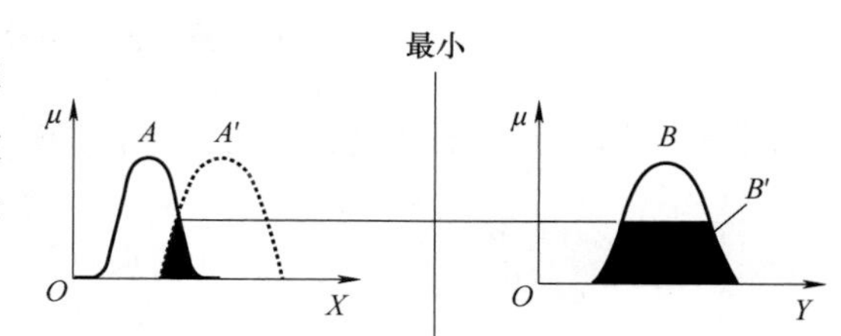

图 2-10　具有一个条件的单一规则的模糊推理

有两个条件(前提)的模糊 if-then 规则通常写为“如果 x 是 A 且 y 是 B 那么 z 是 C”。对于近似推理，相应问题可表述为

条件 1(事实)：　x 是 A'且 y 是 B'

条件 2(规则)：　如果 x 是 A_1 且 y 是 B_1 那么 z 是 C_1

结论：　　　　　z 是 C'

上面条件 2 中的模糊规则可写成一个比较简单的形式：$A\times B\rightarrow C$。直观来讲，可用三重模糊关系 R 表示这个模糊规则，其隶属函数为

$$\mu_{R}(x,y,z)=\mu_{(A\times B)\times C}(x,y,z)=\mu_{A}(x)\wedge\mu_{B}(y)\wedge\mu_{C}(z) \tag{2-23}$$

结果 C'可表示为：$C'=(A'\times B')\circ(A\times B\rightarrow C)$

因此

$$\begin{aligned}\mu_{C'}(z)&=\vee_{x,y}(\mu_{A'}(x)\wedge\mu_{B'}(y))\wedge[\mu_{A}(x)\wedge\mu_{B}(y)\wedge\mu_{C}(z)]\\&=\vee_{x,y}(\mu_{A'}(x)\wedge\mu_{B'}(y)\wedge\mu_{A}(x)\wedge\mu_{B}(y))\wedge\mu_{C}(z)\\&=\underbrace{[\vee_{x}(\mu_{A'}(x)\wedge\mu_{A}(x))]}_{w_1}\wedge\underbrace{[\vee_{y}(\mu_{B'}(y)\wedge\mu_{B}(y))]}_{w_2}\wedge\mu_{C}(z)\\&=\underbrace{w_1\wedge w_2}_{激活强度}\wedge\mu_{C}(z)\end{aligned} \tag{2-24}$$

式中，w_1 为 A 和 A'之间的匹配度；w_2 为 B 和 B'之间的匹配度；$w_1\wedge w_2$ 称为激活强度或者模糊规则的实施度。图 2-11 为具有两个条件的单一规则模糊推理，其中结论 C'的隶属函数就是 C 的隶属函数被激活强度 w 截取后的剩余部分，$w=w_1\wedge w_2$。按照这种方法，可直接扩展到多于两个条件的规则模糊推理。

具有多条件的多规则模糊推理通常可解释为相应模糊规则的模糊关系的并。例如，假设事实和规则表述为

条件1(事实)：	x 是 A' 且 y 是 B'
条件2(规则1)：	如果 x 是 A_1 且 y 是 B_1 那么 z 是 C_1
条件3(规则2)：	如果 x 是 A_2 且 y 是 B_2 那么 z 是 C_2
结论：	z 是 C'

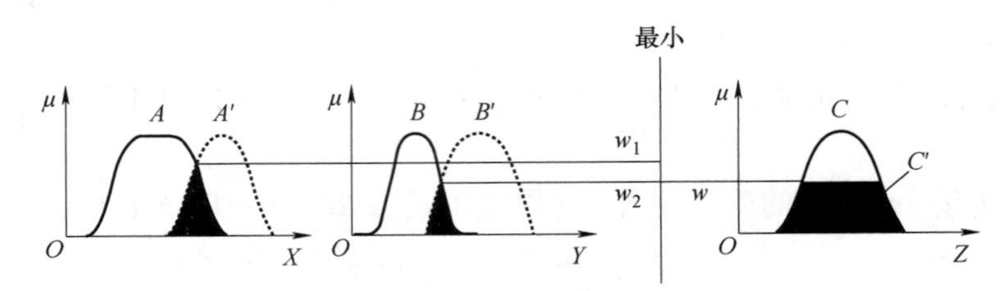

图 2-11 具有两个条件的单一规则模糊推理

用图 2-12 所示的推理过程可得到结论的输出模糊集合 C'。

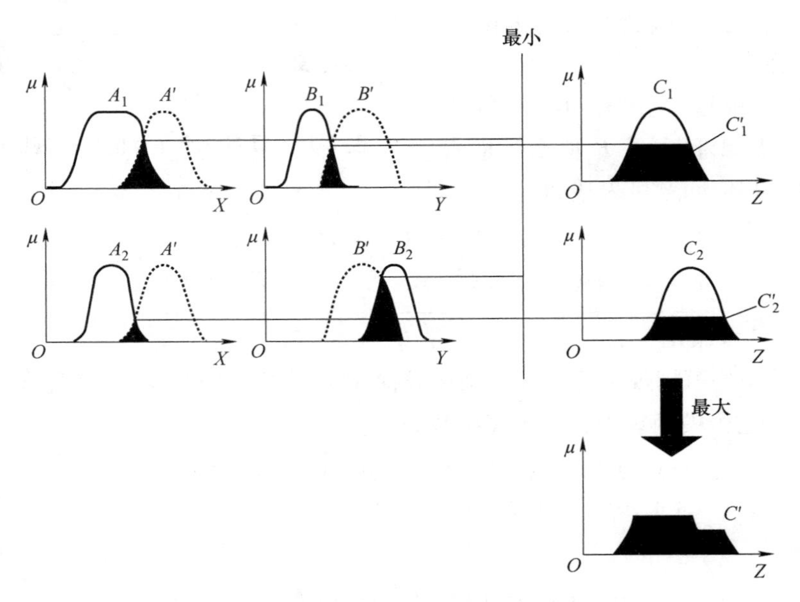

图 2-12 具有多条件的多规则模糊推理

为了验证这个推理过程，令 $R_1=A_1\times B_1\to C_1$，$R_2=A_2\times B_2\to C_2$。因为最大-最小(Max-Min)合成算子 ∘ 满足算子∪的分配律，则

$$\begin{aligned} C' &= (A' \times B') \circ (R_1 \cup R_2) \\ &= [(A' \times B') \circ R_1] \cup [(A' \times B') \circ R_2] \\ &= C'_1 \cup C'_2 \end{aligned} \tag{2-25}$$

成立。其中 C'_1 和 C'_2 分别为由规则 1 和规则 2 得出的模糊集合。

当假设给定模糊规则形式为“如果 x 是 A 或者 y 是 B 那么 z 是 C”时，对于给定条件激活强度是条件部分的最大匹配度。当且仅当采用最大-最小(Max-Min)合成算子时，模糊规则等价于“如果 x 是 A 那么 z 是 C”和“如果 y 是 B 那么 z 是 C”的联合。

2.1.5　解模糊

解模糊有许多方法，而且提出一个新方法也不难。从本质上讲，每种方法都提供了一种要么基于蕴含模糊集合要么基于总的蕴含模糊集合的确定一个精确输出的方法。

1. 蕴含模糊集合解模糊

这类解模糊技术应用比较广泛。下面介绍其中常用的两种。

(1) 重心法(COG)

重心法是用每个蕴含模糊集合的面积中心和面积来计算精确输出 y_q^{crisp}，即

$$y_q^{\text{crisp}}=\frac{\sum_{i=1}^{R} b_i^q \int_{y_q} \mu_{\hat{B}_q^i}(y_q)\,\mathrm{d}y_q}{\sum_{i=1}^{R} \int_{y_q} \mu_{\hat{B}_q^i}(y_q)\,\mathrm{d}y_q} \tag{2-26}$$

式中，R 为规则数；b_i^q 为与第 i 条规则的蕴含模糊集合 $\hat{B}_q^i$ 相关的 B_q^p 的隶属函数面积的中心；$\int_{y_q} \mu_{\hat{B}_q^i}(y_q)\,\mathrm{d}y_q$ 表示 $\mu_{\hat{B}_q^i}(y_q)$ 曲线下的面积。因为对于 $\int_{y_q} \mu_{\hat{B}_q^i}(y_q)\,\mathrm{d}y_q$ 找出其封闭形式的描述比较容易，所以重心法计算容易。注意：重心法要求每个蕴含模糊集合下的面积必须是可计算的，这样每个输出隶属函数下的面积才是有限的(这就是为什么输出隶属函数在论域的最外侧不能饱和的原因)。同时，模糊系统需要适当定义使得对于所有 u_i 和 y_q^{crisp}，满足 $\sum_{i=1}^{R} \int_{y_q} \mu_{\hat{B}_q^i}(y_q)\,\mathrm{d}y_q \neq 0$。如果对于模糊系统输入，每种可能的情况下总有一条规则激活，则结论模糊集合的面积总是不为零，那么此值将不为零，这意味着系统不会出现失控的状态。

(2) 中心-平均法(CA)

中心-平均法用每个输出隶属函数的中心和代表每个蕴含模糊集合结论的最大确定度来计算精确输出 y_q^{crisp}，即

$$y_q^{\text{crisp}}=\frac{\sum_{i=1}^{R} b_i^q \sup_{y_q}\{\mu_{\hat{B}_q^i}(y_p)\}}{\sum_{i=1}^{R} \sup_{y_q}\{\mu_{\hat{B}_q^i}(y_p)\}} \tag{2-27}$$

式中，sup 表示最大上限，可以简单地把 $\sup_x\{\mu(x)\}$ 看作 $\mu(x)$ 的最大值，如对于 $\mu_{(1)}$，当用相乘表示蕴含推理(Implication)时，$\sup_u\{\mu_{(1)}(u)\}=0.25$，如图2-13所示；$b_i^q$ 为模糊集合 B_q^p 的隶属函数面积的中心，B_q^p 与第 i 条规则的蕴含模糊集合 $\hat{B}_q^i$ 有关。对于所有的 u_i，模糊系统定义必须满足

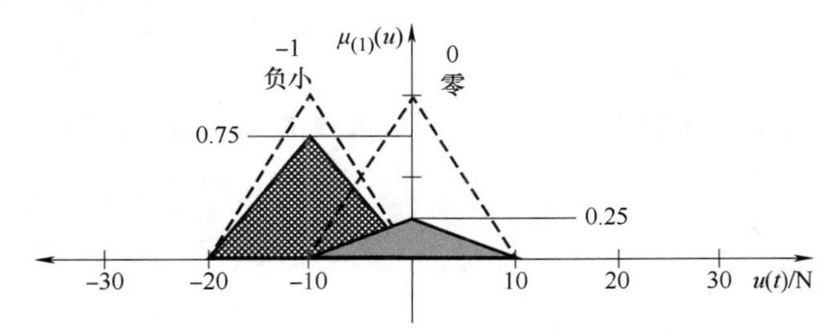

图2-13　用乘积表示蕴含时的模糊集合

$$\sum_{i=1}^{R} \sup_{y_q}\{\mu_{\hat{B}_q^i}(y_q)\} \neq 0 \tag{2-28}$$

$\sup_{y_q}\{\mu_{\hat{B}_q^i}(y_q)\}$ 的计算往往更加容易，因为如果对于最小一个 y_q，满足 $\mu_{B_q^p}(y_q)=1$(这是结论隶属函数的标准定义方式)，那么对于许多推理策略，应用

$$\mu_{\hat{B}_q^i}(y_q)=\mu_i(u_1,u_2,\cdots,u_n) * \mu_{B_q^p}(y_q) \tag{2-29}$$

可得到

$$\sup_{y_q}\{\mu_{\hat{B}_q^i}(y_q)\} = \mu_i(u_1, u_2, \cdots, u_n) \tag{2-30}$$

此值在匹配过程中已经计算出来了。此外，解模糊的公式为

$$y_q^{\text{crisp}} = \frac{\sum_{i=1}^{R} b_i^q \mu_i(u_1, u_2, \cdots, u_n)}{\sum_{i=1}^{R} \mu_i(u_1, u_2, \cdots, u_n)} \tag{2-31}$$

对于所有的 u_i，必须保证 $\sum_{i=1}^{R}\mu_i(u_1, u_2, \cdots, u_n) \neq 0$。这表明输出模糊集合隶属函数的形状对这种解模糊方法的解模糊结果没有影响，因此，对于输出模糊集合可以简单地在适当点单一模糊化。

2. 总的蕴含模糊集合解模糊

下面介绍两种典型的总的蕴含模糊集合 $\hat{B}_q$ 解模糊的方法。

（1）最大判据

选择精确输出 y_q^{crisp} 作为输出论域 Y_q 上的一点，总的蕴含模糊集合 $\hat{B}_q$ 在 y_q^{crisp} 点获得最大值，即

$$y_q^{\text{crisp}} \in \{\text{argsup}_{y_q}\{\mu_{\hat{B}_q}(y_q)\}\}$$

式中，$\text{argsup}_x\{\mu(x)\}$ 返回使函数 $\mu(x)$ 获得上界的 x 值。例如，假设 $\mu_{\text{overall}}(u)$ 表示总的蕴含模糊集合的隶属函数，且 $\mu_{\text{overall}}(u) = \max_u(\mu_{(1)}(u), \mu_{(2)}(u))$。在这种情况下，$\text{argsup}_u\{\mu_{\text{overall}}(u)\} = -10$ 是利用最大判据得到的解模糊值。

有时候，$\mu_{\text{overall}}(u)$ 在 Y_q 上不止一点取得最大值。例如，用最小表示蕴含推理时，在输出论域选用三角形隶属函数的情况下，如何应用最大判据？在这种情况下，对于 y_q^{crisp} 如何选取唯一点需要确定一个策略。由于这种解模糊方法有不确定性，实际应用中常常避免使用这种方法。

（2）最大值的平均值

选择精确输出 y_q^{crisp} 表示 $\hat{B}_q$ 中隶属度为最大值的所有元素的平均值。定义 $\hat{b}_q^{\max}$ 为论域 Y_q 上 $\hat{B}_q$ 的隶属函数的最大值，并且用隶属函数

$$\mu_{\hat{B}_q^*}(y_q) = \begin{cases} 1 & \mu_{\hat{B}_q}(y_q) = \hat{b}_q^{\max} \\ 0 & \text{其他} \end{cases}$$

定义模糊集合 $\hat{B}_q^* \in Y_q$，用最大值的平均值定义的精确输出为

$$y_q^{\text{crisp}} = \frac{\int_{y_q} y_q \mu_{\hat{B}_q^*}(y_q)\,\mathrm{d}y_q}{\int_{y_q} \mu_{\hat{B}_q^*}(y_q)\,\mathrm{d}y_q} \tag{2-32}$$

对于所有的 u_i，定义的模糊系统必须满足 $\int_{y_q} \mu_{\hat{B}_q^*}(y_q)\,\mathrm{d}y_q \neq 0$。例如，假设图 2-14 所示的模糊系统，对于所有 u，通过提取两个蕴含模糊集合确定度的最大值来形成总的蕴含模糊集合，即 $\mu_{\text{overall}}(u) = \max_u(\mu_{(1)}(u), \mu_{(2)}(u))$。在这种情况下，在 -10 值附近存在一个 u 的区间，在这个区间总的蕴含模糊集合取得最大值。由此可见，哪个值是最好的解模糊值是不确定的。最大值的平均值方法可能选择区间的中心值作为解模糊值，也就是选择 -10。

式(2-32)中，由于积分项依赖于随时间变化的 $\hat{B}_q$，所以在每时刻都必须计算这些积分项。对于连续论域，这就要求较高的计算资源。对于某些类型的隶属函数，可利用简单的几

何学方法简化计算。然而，对于所选择的隶属函数，在整个论域可能存在许多子区间，在子区间上隶属函数获得最大值。在这种情况下，除非隶属函数是离散的，否则计算解模糊值是相当困难的。这种复杂的计算常常导致设计者选用其他的解模糊方法。

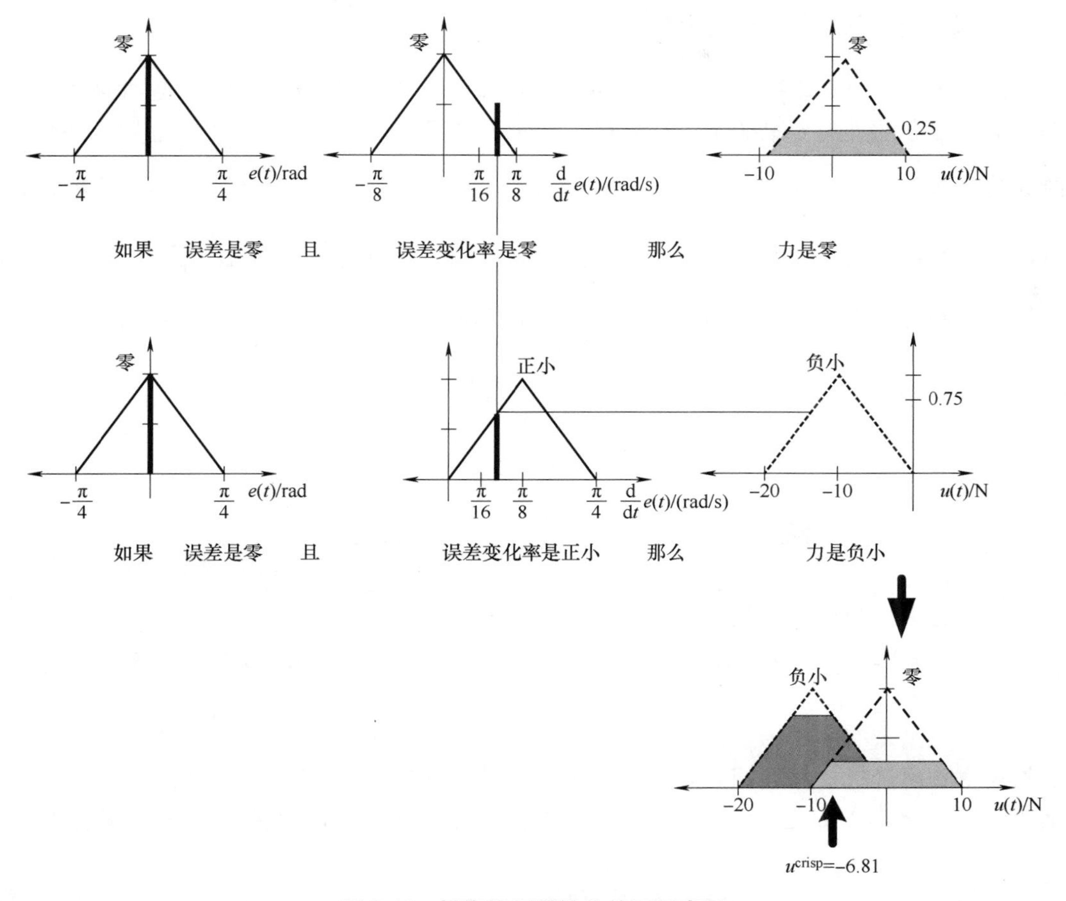

图 2-14　模糊控制器操作的图形表示

总之，在解模糊中采用总的蕴含模糊集合不理想的原因有两条：第一，总的蕴含模糊集合 $\hat{B}_q$ 一般本身就很难计算；第二，基于提供 $\hat{B}_q$ 的推理机的解模糊技术也很难计算。正因为这些原因，现有的大多数模糊控制器采用基于蕴含模糊集合的解模糊方法，如中心平均法和重心法。

2.2　基于倒立摆的模糊控制设计

倒立摆控制系统（Inverted Pendulum System，IPS）是一个非线性、强耦合、不稳定的复杂系统，它能有效反映控制过程中的鲁棒性、非线性、镇定性、随动性以及跟踪等多种关键问题。本节以一个放在小车上的倒立摆为例，如图 2-15 所示，设计一个双输入单输出的模糊控制器，介绍模糊控制器的构造和实现，然后把它推广到多输入多输出对象。

图 2-15 所示为一个小车上的倒立摆示意图。图中 y 为倒立摆与垂直方向的夹角（rad）；l 为倒立摆长度的一半（m）；u 为作用在小车上的外部力（N）；r 为倒立摆的期望角位移。控

制的目标是当倒立摆起始处在某个非零位置(即 $r\neq 0$)时，使其最后平衡在垂直位置(即 $r=0$)。这是一个简单而典型的非线性控制问题，下面以图 2-15 所示系统为例，介绍模糊控制器的设计。

2.2.1 模糊控制器的输入和输出选择

假设系统中有个人来控制倒立摆，如图 2-16 所示。模糊控制器设计就是如何使一个能成功完成此任务的人类专家的工作自动化。首先，专家要确定在决策过程中选用哪些信息作为输入量。假设对于倒立摆，专家选用 $e(t)=r(t)-y(t)$ 和 $\dfrac{\mathrm{d}e(t)}{\mathrm{d}t}$ 变量作为决策的依据，当然也可以选择其他变量作为决策依据，如 $\int e(t)\mathrm{d}t$，但一般选择有很好直观意义的量作为输入；接着要确定控制量，对于倒立摆，只有一个移动小车的外力，选择就比较简单。

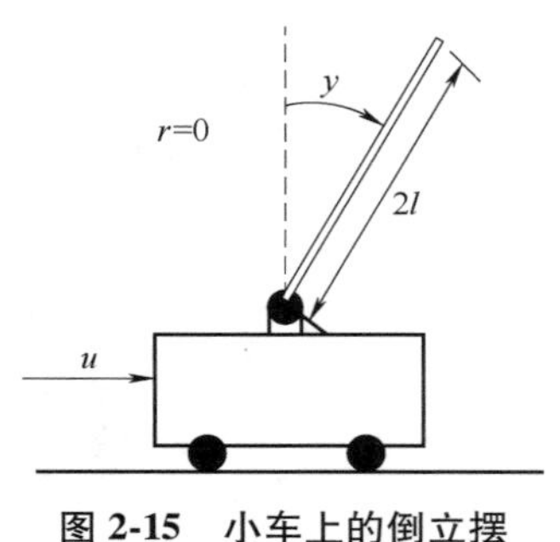

图 2-15 小车上的倒立摆

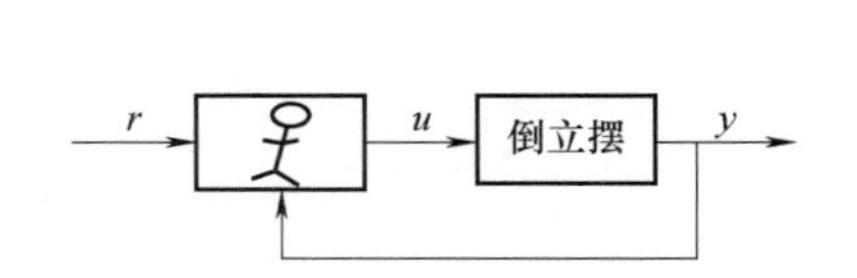

图 2-16 人工控制小车上的倒立摆

对于比较复杂的应用场合，控制器的输入和输出选择就会相对困难。从本质上来讲，控制器的输入输出选择要保证控制器拥有能够做出好决策的合适信息，要有能够使系统获得高性能操作运行方向的合适控制量，要保证过程控制在线决策信息的获取和模糊控制器的设计。

一旦模糊控制器的输入和输出选定，就要确定系统的参考输入。对于倒立摆，显然选择参考输入 $r=0$，也可以选择偏离垂直位置 $r(r\neq 0)$ 来平衡倒立摆。为了使倒立摆不倒，控制器要使小车保持在一个恒定的速度上。

定义了模糊控制器的输入和输出，也就确定了模糊控制系统。对于倒立摆，所选输入和输出的模糊控制系统如图 2-17 所示。在模糊控制器设计中，模糊控制器输入和输出的选择可能会受到一定的限制。如果模糊控制器没有得到适当的信息，那么设计一个好的规则或者推理机的希望就很小。此外，即使有了控制决策的适当信息，如果控制器不能通过过程输入影响过程变量，那么也是没有用的。所以，控制器输入和输出的选择是控制器设计过程中最重要的一部分。

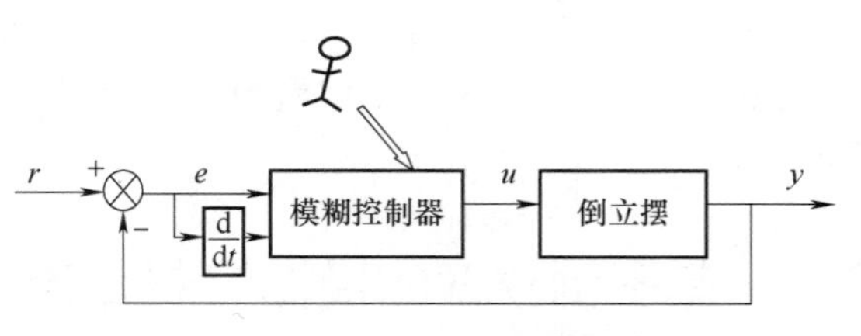

图 2-17 小车上倒立摆的模糊控制器

2.2.2 控制知识的融入规则

假设图 2-16 所示的人类专家最熟悉和最擅长的是某些自然语言，那么如何提供一个控制对象的最好语言描述(如汉语)? 如何将这个语言描述放入模糊控制器中呢?

(1) 语言描述

专家提供的语言描述可以由语言变量和语言值两部分组成。用语言变量来描述时变的模糊控制器的输入和输出。对于倒立摆,“误差”用 $e(t)$ 表示;“误差变化”用 $\frac{\mathrm{d}}{\mathrm{d}t}e(t)$ 表示;“力”用 $u(t)$ 表示。

注意:用引号来强调某些字或者词是语言变量,加上时间标志是强调语言变量是随时间变化的。对于语言变量的命名有许多种选择,有些人喜欢选择具有描述性的语言变量,可能导致变量名过长;有些人喜欢尽可能短且又能足够准确表达意思的语言变量。无论如何,语言变量的选择都不会影响模糊控制器的操作,只是一个帮助人们用模糊逻辑构造模糊控制器的符号。

语言变量的取值是随时间动态变化的。对于上述倒立摆的例子,“误差”“误差变化”和“力”可取以下值:

“负大”
“负小”
“零”
“正小”
“正大”
…

注意:用“正小”作为正的小的缩写,其他变量依此类推。这样的缩写使得语言描述简短而准确。为了描述更简短,可以选择用整数来表示:

“-2”表示“负大”
“-1”表示“负小”
“0”表示“零”
“1”表示“正小”
“2”表示“正大”

用数字量简短而准确地描述所研究的语言变量,这样的描述特别受欢迎,称为语言的数字值。注意:不要把语言的数字值同任何弧度的误差联系在一起,它只是作为误差量化符号来确定其相对其他语言值的大小。

在选定模糊控制器的输入和输出后建立的系统框架中,语言变量和语言值为专家提供了表达控制决策过程的语言。假设倒立摆的 $r=0$, $e=r-y$, 则 $e=-y$, $\frac{\mathrm{d}}{\mathrm{d}t}e=-\frac{\mathrm{d}}{\mathrm{d}t}y$。下面首先研究如何用语言来描述倒立摆的动态特性,即用语言描述来量化控制倒立摆的知识。

对于倒立摆,下面的描述量化了倒立摆的状态:

1) “误差是正大”的陈述可以代表倒立摆处在垂直轴左侧相当大角度的位置。

2) “误差是负小”的陈述可以代表倒立摆处在垂直轴稍微偏右的位置,但是没有很接近垂直轴,以至于可以定量为“零”,也没有太远离垂直轴,以至于被定量为“负大”。

3) “误差是零”的陈述可以代表倒立摆处在于非常接近垂直轴的位置,这是因为语言的量化不是精确的,因此把 $e(t)=0$ 附近的任何值从语言上量化为“零”。

4）“误差是正大，且误差变化率为正小”的陈述可以代表倒立摆处在垂直轴的左侧，因为$\frac{\mathrm{d}}{\mathrm{d}t}y<0$，倒立摆正朝着远离垂直位置的方向运动。在这种情况下，倒立摆是逆时针运动。

5）“误差是负小，且误差变化率为正小”的陈述可以代表倒立摆处在垂直轴稍微偏右的位置，因为$\frac{\mathrm{d}}{\mathrm{d}t}y<0$，倒立摆正朝着远离垂直位置的方向运动。在这种情况下，倒立摆是逆时针运动。

总之，只有对控制过程的物理本质有了一个很好的了解，才能做到对其动态特性恰当量化。对于倒立摆，了解其动态特性的任务相对比较简单。但是，用语言来量化过程的动态特性并不总是这么容易。只有比较好地了解过程的动态特性才会获得一个比较好的语言量化，而一个好的语言描述，自然就会有可能得到比较好的模糊控制器。

（2）规则

下面用上述语言描述来定义一套规则（规则库），以表达专家如何控制对象的知识。实际上，针对如图 2-18 所示三种位置下的倒立摆，构造如下规则：

1）**如果**误差是负大，**并且**误差变化率为负大，**那么**力应是正大。

这条规则量化了图 2-18a 中倒立摆处在大的正角度，并朝着顺时针方向移动的情况。很显然，应该施加一个大的正力（从右侧）使得倒立摆沿正确的方向移动。

2）**如果**误差是零，**并且**误差变化率为负小，**那么**力应是负小。

这条规则量化了图 2-18b 中倒立摆处在接近于垂直轴呈零的角度，并朝着逆时针方向移动的情况，因此应该施加一个小的负力（从左侧）来阻止倒立摆的运动，使它朝着零的位置运动。

3）**如果**误差是正大，**并且**误差变化率为负小，**那么**力应是负小。

这条规则量化了图 2-18c 中倒立摆处在垂直轴左侧比较远的位置，并朝着顺时针方向运动，因此应该施加一个小的负力（从左侧）来支持倒立摆的运动，因为倒立摆已经在朝正确的方向移动，就不能再加大力。

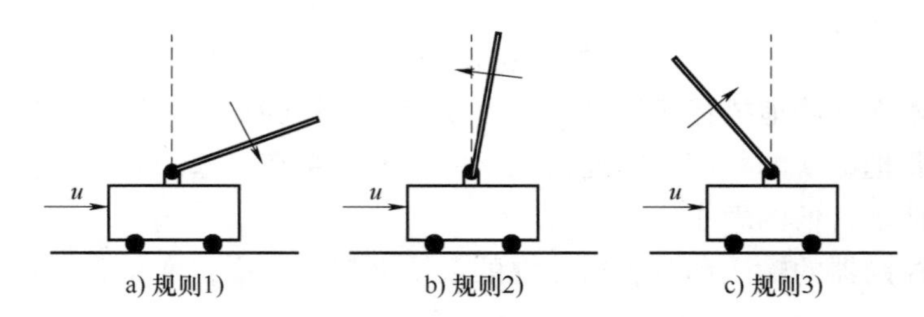

图 2-18　三种位置下的倒立摆

因为上面三条规则中的每一条都是由语言变量和语言值构成的，因此称为语言规则。由于语言值不能准确代表它们所描述的数量值，因此语言规则也是不精确的，它们只是抽象出了取得好的控制效果的思想。对不同的人，规则可能会有所不同。不过规则采用了人们感觉比较舒服的语言描述来定义过程的控制，因此得到人们的认同。

语言规则的一般形式为

如果　条件，**那么**　结论。

正像从上面三条规则中所看到的，条件（有时也称为前提或前件）与模糊控制器的输入有关，位于规则的左端。结论（有时也称为行动或后件）与模糊控制器的输出有关，位于规则的右端。每个条件（或者结论）都可以分解成若干项的合成，如上述第三条规则中条件“误差是正大，并且误差变化率为负小”就是两项的合成。模糊控制器输入和输出的数量决定了条件和结论中元素数目的上限。注意：没有必要在每个规则中涉及所有的输入和输出。

（3）规则库

对于倒立摆平衡问题，应用上面的方法可以写出所有状态下的规则。因为只定义了有限数量的语言变量和语言值，所以可能有的规则是有限的。上面的倒立摆有两个输入和五个语言值，因此最多可能有 $5^2=25$ 个规则（两个输入所有可能有的语言项条件的合成）。

对于没有太多输入的模糊控制器，可以采用表格列出所有可能存在的规则。对于倒立摆，一套可能的规则见表 2-1，代表了专家根据给定的误差及其微分，控制倒立摆的抽象知识。表的左侧一列和上面一行是条件的数字化语言值，表的主体列出了规则的数字化结论。例如，位置(2,-1)(2 表示数字化语言值为 2 的行；1 表示数字化语言值为 1 的列)在表中取值为“-1”，它所代表的规则为

如果误差为正大，**且**误差变化率为负小，**那么**力为负小

表 2-1　倒立摆的规则表

“力” u		“误差变化率” $\dot{e}$				
		-2	-1	0	1	2
“误差” e	-2	2	2	2	1	0
	-1	2	2	1	0	-1
	0	2	1	0	-1	-2
	1	1	0	-1	-2	-2
	2	0	-1	-2	-2	-2

把表 2-1 的主体看作一个矩阵，它具有一定的对称性。当规则用表格列出时，出现对称性不是什么意外，它是控制倒立摆的抽象知识的一种表示，是由系统动态特性的对称性引起的，在其他复杂系统中也会看到。这种对称性有利于减少规则数，简化模糊控制规则库设计。

2.2.3　知识的模糊量化

到目前为止，只是以一种抽象的方式量化了专家如何控制对象的知识。下面将说明如何利用模糊逻辑完全量化语言描述，使得在模糊控制器中可以自动生成由专家定义的规则。

（1）隶属函数

首先，用隶属函数来量化语言值的含义。图 2-19 所示为语言值“正小”的 $e(t)$ 的隶属函数 μ。隶属函数 μ 从语言上量化为“正小”的 $e(t)$ 的确定度，又称隶属度。为了说明隶属函数的工作原理，需要分析在不同 $e(t)$ 值时 μ 的取值。

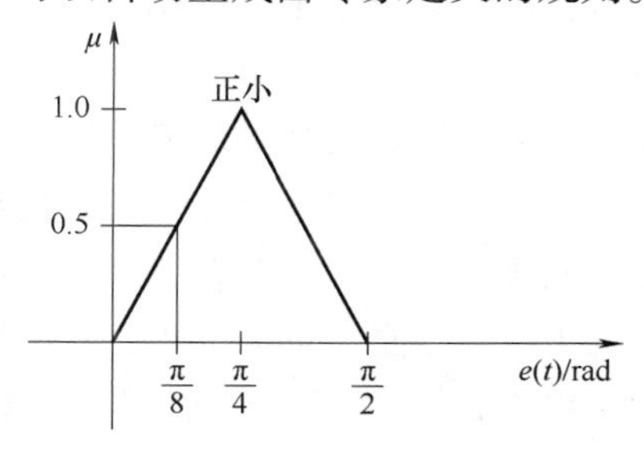

图 2-19　语言值“正小”的 $e(t)$ 的隶属函数 μ

1）若 $e(t)=-\pi/2$，则 $\mu(-\pi/2)=0$，这意味着确定 $e(t)=-\pi/2$ 不是“正小”。

2）若 $e(t)=\pi/8$，则 $\mu(\pi/8)=0.5$，这意味着一半确定 $e(t)=\pi/8$ 是“正小”，它可能还在某种程度上属于“零”，即此值处于“灰色区间”。

3）若 $e(t)=\pi/4$，则 $\mu(\pi/4)=1$，这意味着绝对确定 $e(t)=\pi/4$ 是“正小”。

4）若 $e(t)=\pi$，则 $\mu(\pi)=0$，这意味着绝对确定 $e(t)=\pi/4$ 不是“正小”，实际上，它是“正大”。

隶属函数以连续的方式量化了 $e(t)$ 的值是否属于值为“正小”的集合。图 2-19 中的隶属函数只是一种定义形式，还可以应用其他形式的隶属函数，如梯形、高斯、尖峰形和斜三角形隶属函数等，如图 2-20 所示。由于应用的场合和设计者的习惯和喜好不同，有多种隶属函数选择方法，隶属函数的选择主观因素大于客观因素。

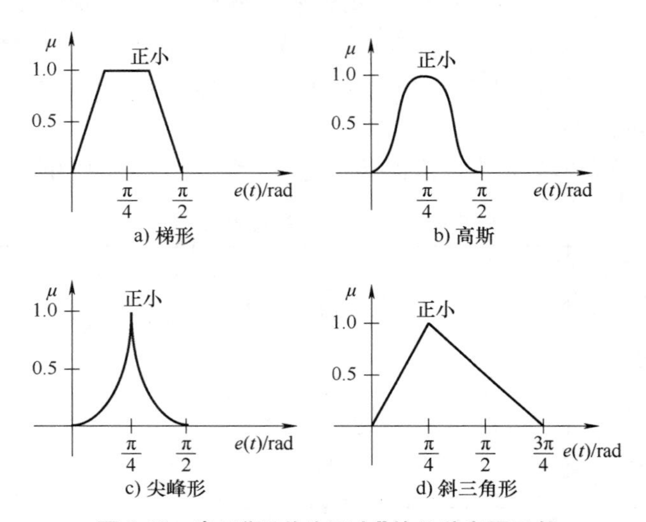

图 2-20　表示“误差为正小”的几种隶属函数

用隶属度描述为“正小”的所有值的集合称为模糊集合，用 A 表示。从图 2-19 可以绝对确定 $e(t)=\pi/4$ 是 A 的一个元素，但不能完全确定 $e(t)=\pi/16$ 是 A 的一个元素。集合的特征关系是用隶属函数描述的，因此是模糊集合。

“正小”的精确（相对模糊而言）量化可以用图 2-21 所示的隶属函数定义。这个隶属函数指示只在区间 $\pi/8\leqslant e(t)\leqslant 3\pi/8$ 是“正小”。

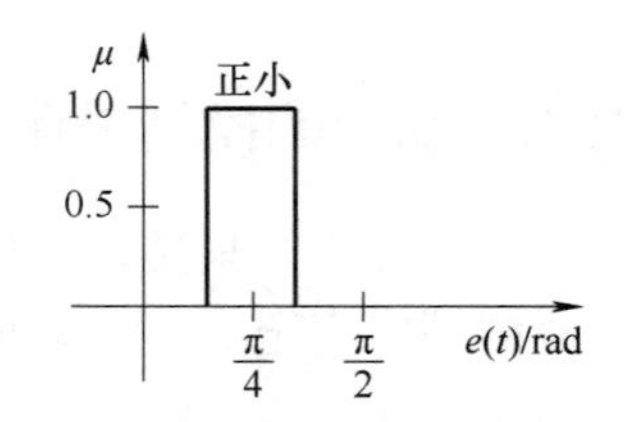

图 2-21　精确集合的隶属函数

图 2-19 中纵轴称为确定度（隶属值），横轴称为输入 $e(t)$ 的论域，因为它提供了可以用语言和模糊集合量化 $e(t)$ 的取值范围。用传统的术语来讲，模糊系统的输入或者输出的论域就是输入和输出可能的取值范围。

对于倒立摆，对所有 15 个语言值（每个输入 5 个语言值，每个输出也是 5 个语言值）分别定义其隶属函数。图 2-22 就是一种可选择的隶属函数。

为了以后方便，同时标出与每个隶属函数相关的语言值和对应的语言值的数字量。图 2-22 中，可以看到描述“正小”的隶属函数和描述其他值的隶属函数交叠在一起。注意：隶属函数有多种选择，只要有意义就行。

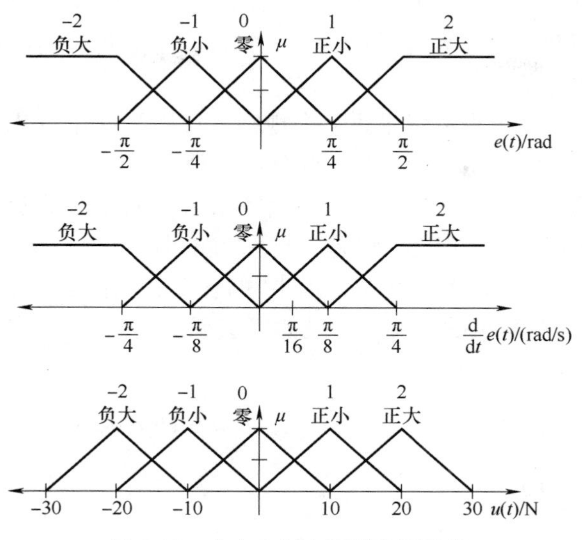

图 2-22　小车上倒立摆的隶属函数

对于输入 $e(t)$ 和 $\frac{\mathrm{d}}{\mathrm{d}t}e(t)$，最外侧的隶属函数在某一值饱和。这是有直观意义的，因为从某种意义上讲，人类专家会从语言上把所有大的值归纳在一起，称为“正大”。最外侧的隶属函数恰当地描述了这一现象。

对于输出 $u(t)$，最外侧的隶属函数不能饱和。这样做的根本原因是因为所研究的决策过程是寻找过程输入的准确值，并采取相应的实际措施，因此一般不会让过程执行器输出大于某个值。

注意：经常在一幅图中画出一个输入或者输出的所有隶属函数，默认纵坐标是描述相关语言值含义的隶属函数，用 $\mu_{零}$ 表示与语言值“零”有关的隶属函数，其他的以此类推。

模糊控制器的规则库包含语言变量、语言值、相关的隶属函数和所有语言规则的集合。以上完成了倒立摆的简单语言描述。下面介绍模糊化过程。

（2）模糊化

模糊化过程可以简单地理解为输入变量的某一值找到其隶属函数的数字值的过程。例如，若 $e(t)=\pi/4$ 且 $\frac{\mathrm{d}}{\mathrm{d}t}e(t)=\pi/16$，模糊化过程就是寻找它们对应输入量的隶属函数的值，即

$$\mu_{正小}(e(t))=1$$

$$\mu_{零}\left(\frac{\mathrm{d}}{\mathrm{d}t}e(t)\right)=\mu_{正小}\left(\frac{\mathrm{d}}{\mathrm{d}t}e(t)\right)=0.5$$

可以把隶属函数看作模糊系统数字化输入值的编码器。编码后的信息在模糊推理过程中进行匹配。

2.2.4　规则的匹配

下面解释图 2-1 中推理机的操作。推理过程一般分为两步：首先，把所有规则的条件和控制器输入进行比较，确定当前状态应该应用哪一条规则，匹配过程要确定所有应用规则的

确定度；其次，由目前状态下采用的规则决定结论（即控制作用），结论用表示被控对象输入（控制器输出）应取各种值的确定度的模糊集合描述。下面将分别详细地讲解这两步。

（1）用模糊逻辑量化条件

为了完成推理，必须用模糊逻辑量化每个规则。首先要量化由若干项（每个都涉及模糊控制器的一个输入）组成规则的条件。图 2-23 列出了规则

如果误差为零，**且**误差变化率为正小，**那么**力为负小。

中的两项规则条件，即“误差为零”和“误差变化率为正小”，并已经用图 2-22 中的隶属函数量化了语言项“误差为零”和“误差变化率为正小”的含义。现在尝试量化规则条件“误差为零且误差变化率为正小”。要解决的主要问题是如何实现两个语言项的逻辑与合成操作，可以用标准的布尔逻辑合成这些语言项。

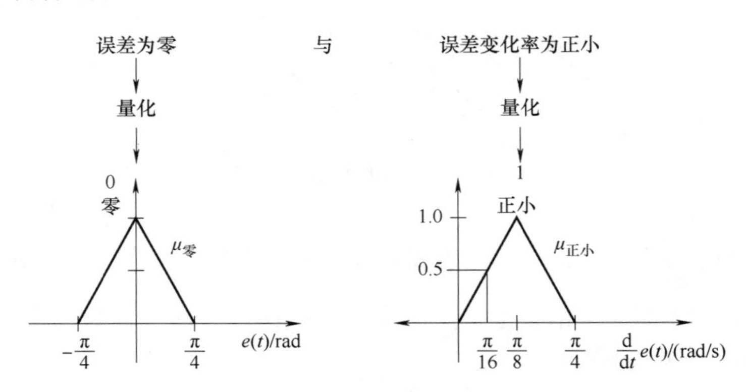

图 2-23　条件项的隶属函数

为了看清如何量化与操作，假设 $e(t)=\pi/8$，$\frac{d}{dt}e(t)=\pi/32$，由图 2-23（或图 2-22）可得，$\mu_{零}(e(t))=0.5$，$\mu_{正小}\left(\frac{d}{dt}e(t)\right)=0.25$。

下面介绍 $e(t)$ 和 $\frac{d}{dt}e(t)$ 的确定度。

用 $\mu_{条件}$ 来表示上面的规则条件，即“误差为零，且误差变化率为正小”的确定度，有以下几种定义方式：

1）最小化：定义 $\mu_{条件}=\min(0.5,0.25)=0.25$，即用两个隶属度的最小值来表示。

2）乘积：定义 $\mu_{条件}=0.5\times0.25=0.125$，即用两个隶属度的乘积来表示。

注意：这两种量化“与”的操作方式确定的合成项的确定度（$0\leqslant\mu_{条件}\leqslant1$）不比组成它的任一项的确定度高，这是符合常理的。如果非常不确定一个叙述的真实性，又如何能确定它与其他叙述的“与”呢？因此，上面的量化是有意义的。

下面简单说明如何量化 $e(t)$ 和 $\frac{d}{dt}e(t)$ 的与操作。如果考虑所有的值，对于每条规则，会得到由函数 $e(t)$ 和 $\frac{d}{dt}e(t)$ 组成的多维隶属函数 $\mu_{条件}\left(e(t), \frac{d}{dt}e(t)\right)$。就该例而言，如果选择最小化操作来代表条件中的与操作，那么将得到如图 2-24 所示的多维隶属函数 $\mu_{条件}\left(e(t),\frac{d}{dt}e(t)\right)$。注意：如果对 $e(t)$ 和 $\frac{d}{dt}e(t)$ 选值，条件的确定度 $\mu_{条件}\left(e(t), \frac{d}{dt}e(t)\right)$ 的值

就代表了规则“**如果**误差为零**且**误差变化率为正小，**那么**力为负小”的确定度。

根据图 2-24，随着 $e(t)$ 和 $\frac{d}{dt}e(t)$ 的变化，$\mu_{条件}\left(e(t),\ \frac{d}{dt}e(t)\right)$ 的值发生变化，这条规则的确定度也发生变化。

总之，在规则库中对于每条规则都有不同的条件隶属函数，但每个都是 $e(t)$ 和 $\frac{d}{dt}e(t)$ 的函数，这使得对于给定的 $e(t)$ 和 $\frac{d}{dt}e(t)$ 值，都能获得目前状态下规则库中应用每个规则的确定度。当 $e(t)$ 和 $\frac{d}{dt}e(t)$ 随时间动态变化时，对于每条规则 $\mu_{条件}\left(e(t),\frac{d}{dt}e(t)\right)$ 也是变化的。因此，规则库中确定倒立摆输入力的每条规则的适用性也随着时间变化。

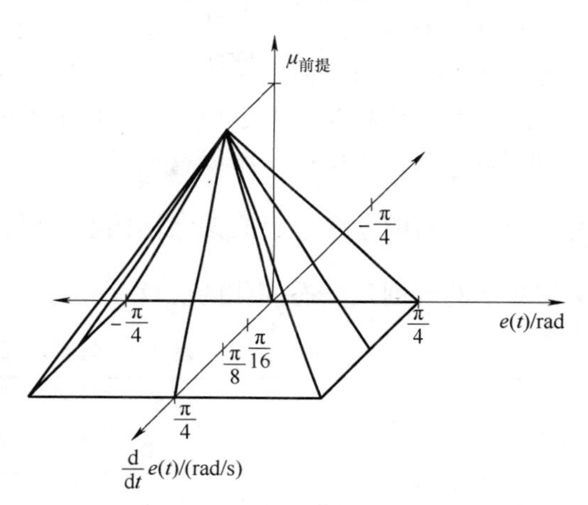

图 2-24　单一规则的条件隶属函数

（2）规则选用的确定

确定每条规则的适用性称为匹配。如果一条规则的条件隶属函数 $\mu_{条件}\left(e(t),\frac{d}{dt}e(t)\right)>0$，说明这条规则“在时刻 t 是激活的”。因此，推理机就是去发现哪条规则与目前状态有关，然后激活相应的规则。最后推理机把所有推荐的规则合并给出一个结论。

考虑倒立摆的例子，假设 $e(t)=0$，$\frac{d}{dt}e(t)=\pi/8-\pi/32=0.294$，图 2-25 所示为输入值的隶属函数，并用粗的黑色垂直线指示 $e(t)$ 和 $\frac{d}{dt}e(t)$ 的隶属度。注意：输入 $e(t)$ 的其他隶属函数均为零，即 $\mu_{零}(e(t))=1$。对于输入 $\frac{d}{dt}e(t)$，$\mu_{零}\left(\frac{d}{dt}e(t)\right)=0.25$，$\mu_{正小}\left(\frac{d}{dt}e(t)\right)=0.75$，其他隶属函数均断开。这意味着具有以下条件项的规则都被激活（其他规则的条件隶属函数 $\mu_{条件}\left(e(t),\frac{d}{dt}e(t)\right)=0$），即

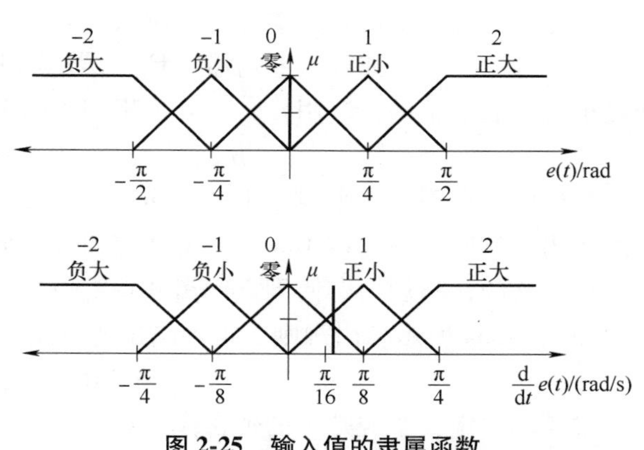

图 2-25　输入值的隶属函数

“误差为零”

“误差变化率为零”

“误差变化率为正小”

查表 2-2 可知，激活了以下两条规则：

1）若误差为零且误差变化率为零，则力为零。

2）若误差为零且误差变化率为正小，则力为负小。

因为对于倒立摆，只有两个隶属函数交叠，因此不会同时有超过 4 条的规则被激活（这个概念可以推广到多输入系统）。实际上，会同时有 1 条、2 条或者 4 条规则激活。

表 2-2 是把表 2-1 中激活的规则用方框圈起来得到的。因为 $e(t)=0$（$e(t)$ 位于隶属函数“正小”和“负小”中间），所以这两个隶属函数均断开。如果稍微向正（负）方向推一下倒立摆，为了平衡倒立摆，就应该激活圈起来的这两条规则。随着 $e(t)$ 和 $\frac{\mathrm{d}}{\mathrm{d}t}e(t)$ 的变化，表 2-2 中被激活的规则是动态变化的。这就是推理机的匹配过程。

表 2-2　具有激活规则的倒立摆规则表

“力” u		“误差变化率” $\dot{e}$				
		−2	−1	0	1	2
“误差” e	−2	2	2	2	1	0
	−1	2	2	1	0	−1
	0	2	1	[0]	[−1]	−2
	1	1	0	−1	−2	−2
	2	0	−1	−2	−2	−2

2.2.5　结论的确定

下面考虑应用激活规则时，应该施加什么样的力在装载倒立摆的小车上。为此应该首先单独考虑每条规则的推荐量，然后把来自所有规则的推荐量合成作为输入到小车上的力。

首先，考虑一条规则的推荐量。例如，对于规则（简称规则 1）

如果误差为零　**且**　误差变化率为零　**那么**力为零

用最小化来表示条件，即用 $\mu_{条件(1)}$ 表示规则 1 的隶属函数为

$$\mu_{条件(1)}=\min(0.25,1)=0.25$$

因此在当前状态下，应用规则 1 的确定度为 0.25。这条规则说明如果条件是真的，由此得到的作用力就应该施加在小车上。对于规则 1，结论是力为零（这是有意义的，因为这里倒立摆是平衡的，施加力会使倒立摆离开垂直位置，所以不应该施加任何力）。此结论的隶属函数如图 2-26a 所示。由规则 1 得到结论的隶属函数用 $\mu_{(1)}$ 表示如图 2-26b 所示，即

$$\mu_{(1)}=\min(0.25,\mu_{零}(u))$$

这个隶属函数定义了规则 1 的蕴含模糊集合，也可以用乘积操作来代表蕴含。

注意：隶属函数 $\mu_{(1)}(u)$ 是 u 的函数，最小化操作一般是切掉 $\mu_{零}(u)$ 的顶部得到隶属函数 $\mu_{(1)}(u)$。对于不同的 $e(t)$ 和 $\frac{\mathrm{d}}{\mathrm{d}t}e(t)$，规则 1 有不同的条件确定度 $\mu_{条件(1)}\left(e(t),\frac{\mathrm{d}}{\mathrm{d}t}e(t)\right)$，因此获得不同的隶属函数 $\mu_{(1)}(u)$（即它在不同的点切掉顶部）。

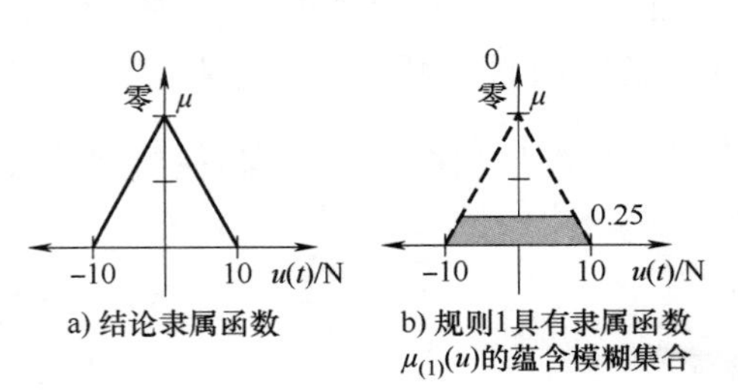

a) 结论隶属函数　b) 规则1具有隶属函数 $\mu_{(1)}(u)$ 的蕴含模糊集合

图 2-26　规则 1 的隶属函数

$\mu_{(1)}(u)$一般是一个时变函数，用它来量化输入力应该取某值的确定程度。从规则1表达的语言含义考虑，输入力最可能位于零附近(见图2-26b)，不可能太大或者太小。隶属函数$\mu_{(1)}(u)$量化了当前输入$e(t)$和$\frac{\mathrm{d}}{\mathrm{d}t}e(t)$仅仅从规则1得到的结论。

然后，考虑来自其他规则的推荐量。下面讨论另一条被激活的规则(简称规则2)得到的结论。对于规则2

如果误差是零　**且**　误差变化率为正小　**那么**力为负小

用最小化来代表条件，即用$\mu_{条件(2)}$表示规则2的隶属函数为

$$\mu_{条件(2)} = \min(0.75, 1) = 0.75$$

因此在当前状态下，应用规则2的确定度为0.75。也就是说，在当前状态下，两个规则中更确定应用规则2。对于规则2，结论是"力是负小"(这是有意义的，因为这里倒立摆正好在垂直位置但以一个比较小的速度朝着逆时针方向运动)。此结论的隶属函数如图2-27a所示，由规则2得到结论的隶属函数(用$\mu_{(2)}$表示)如图2-27b所示，即

$$\mu_{(2)} = \min(0.75, \mu_{负小}(u))$$

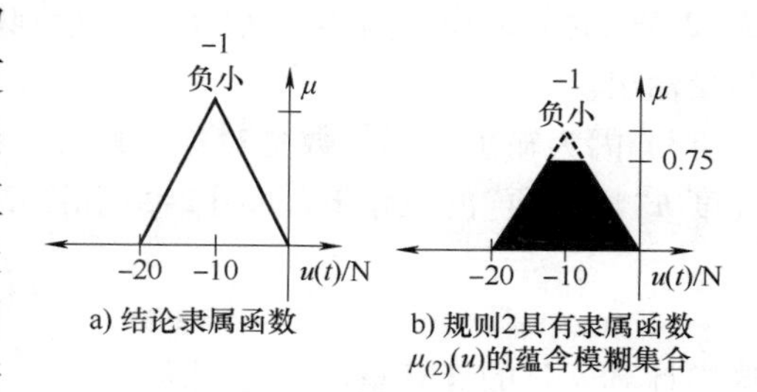

图2-27　规则2的隶属函数

这个隶属函数定义了规则2的蕴含模糊集合。同样，对于不同的$e(t)$和$\frac{\mathrm{d}}{\mathrm{d}t}e(t)$，规则2有不同的条件确定度$\mu_{条件(2)}\left(e(t), \frac{\mathrm{d}}{\mathrm{d}t}e(t)\right)$，因此获得不同的隶属函数$\mu_{(2)}(u)$。规则2相当确定控制输出(过程输入)应采用一个较小的负力。因为规则2的条件隶属函数值比规则1高，所以更确信规则2得到的结论。

总之，推理过程的输入是由所有激活规则组成的集合，输出则是由所有激活规则所得到结论的模糊蕴含集合组成。

2.2.6　结论转换成控制作用(解模糊)

下面讨论模糊控制的最后一部分——解(去)模糊操作。所谓解模糊操作就是合并模糊推理得到的蕴含模糊集合的作用，以得到一个最确定的控制输出。也可以把解模糊看成对推理过程得到的模糊集合信息进行重新编码，以得到量化的模糊控制器输出。

为了方便理解解模糊，首先把所有蕴含模糊集合都画在同一轴上，如图2-28所示。现在要找出一个精确的输出(用u^{crisp}表示)来最好代表用蕴含模糊集合表示的模糊控制器的输出。实际上有许多种解模糊的方法，应用比较多的是重心法(COG)。

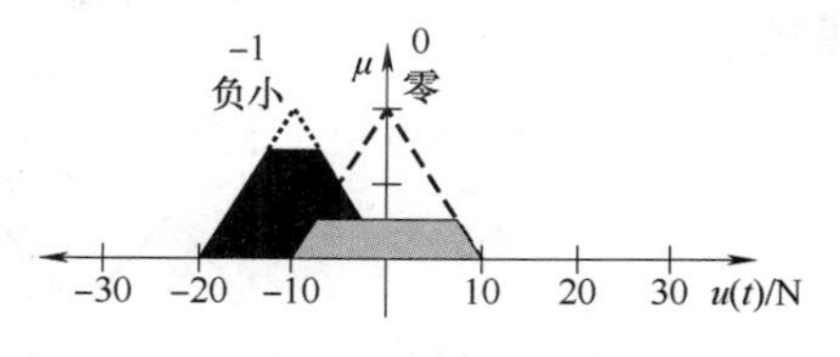

图2-28　蕴含模糊集合

(1) 推荐量的合并

下面用重心法来说明解模糊。令b_i表示规则i结论隶属函数的中心。例如，如图2-28所示，令$b_1=0.0$，$b_2=-10$。用$\int\mu_{(i)}$表示隶属函数曲线下的面积。重心法计算公式为

$$u^{\text{crisp}}=\frac{\sum_i b_i\int\mu_{(i)}}{\sum_i\int\mu_{(i)}} \tag{2-33}$$

式(2-33)实际上是计算蕴含模糊集合的重心。

重要的说明:

1）即使输出隶属函数在蕴含的最小化操作(或者乘积操作)中“切掉了顶”，面积仍然可以是无限的。而实际应用中，不允许输出隶属函数面积无限。这就是不允许控制器输出语言变量的隶属函数面积无限的原因(见图2-22，不允许输出有饱和的隶属函数)。

2）对于模糊控制器输入和输出的定义，必须保证无论模糊控制器的输入是任何值，式(2-33)的分母均不为零。实际上，这意味着对于所遇到的任意控制情况，必须有对应的控制量输出。

3）因为输出隶属函数是对称三角形，峰值为1，底宽为w，用简单的几何学就能得到在高度h“切掉顶”的三角形(见图2-26和图2-27)面积的计算公式为

$$w\left(h-\frac{h^2}{2}\right) \tag{2-34}$$

这样计算u^{crisp}的计算量就不是很大。

由此可见，隶属函数的对称性是非常重要的。因为无论用最小化还是乘积来表示蕴含操作，蕴含模糊集合的中心都将和结论模糊集合的中心相同。对于重心法解模糊，如果输出隶属函数不是对称的，中心将会随条件的隶属函数值而改变，这就要求在每一时刻计算中心。

对于图2-28，可以用式(2-33)计算倒立摆选择给定$e(t)$和$\frac{\mathrm{d}}{\mathrm{d}t}e(t)$作为输入时的控制器的精确输出为

$$u^{\text{crisp}}=\frac{0\times 4.375+(-10)\times 9.375}{4.375+9.375}=-6.81$$

u^{crisp}值大致在具有最高确定度控制器输出的蕴含模糊集合的中间部分。这与实际控制情况相吻合。有趣的一点是对于倒立摆

$$-20\leqslant u^{\text{crisp}}\leqslant 20$$

画出如图2-29所示的输出隶属函数。由图2-29可知，尽管在最外侧-20和+20扩展了隶属函数，但是重心法从不计算超过外侧的值。这是因为在式(2-33)的定义中，这些图形的重心不会扩展到-20和+20以外。实际上，限制对象输入范围是有用的，不可能施加一个大于20N的力到倒立摆上。因此，定义模糊控制器隶属函数时，要考虑清楚将要采用什么方法解模糊。

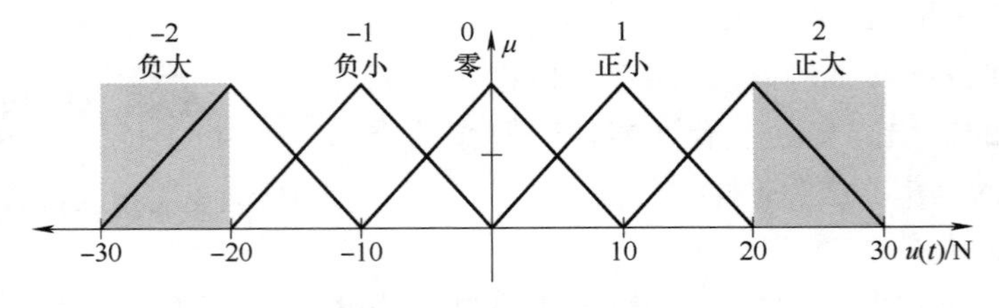

图2-29　输出隶属函数

(2) 计算和综合推荐量的其他方法

考虑采用乘积表示蕴含操作或者用中心平均方法解模糊，模糊控制器输出的计算是非常有趣的。首先，考虑采用乘积操作。图 2-30 画出了输出为“负小”和“零”(用虚线表示)的隶属函数。来自规则 1 的蕴含模糊集合的隶属函数定义为

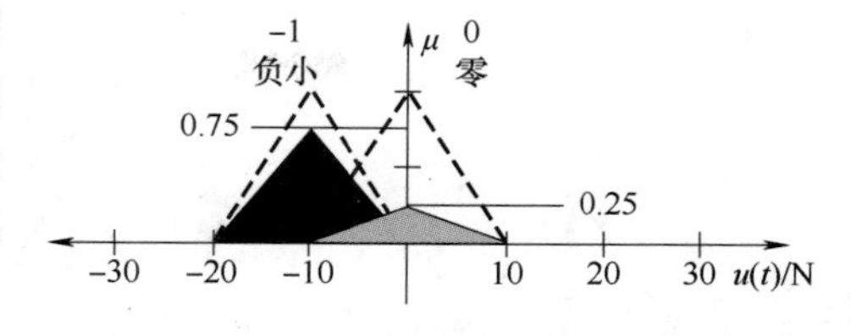

图 2-30 用乘积表示蕴含时的模糊集合

$$\mu_{(1)}(u) = 0.25\mu_{\text{zero}}(u)$$

即图 2-30 中的阴影三角形。来自规则 2 的蕴含模糊集合的隶属函数定义为

$$\mu_{(2)}(u) = 0.75\mu_{\text{negsmall}}(u)$$

即图 2-30 中的黑色三角形。可以用$\frac{1}{2}wh$ 表示底边为 w、高度为 h 的三角形的面积。当用乘积表示蕴含时，可得

$$\mu^{\text{crisp}} = \frac{0\times 2.5+(-10)\times 7.5}{2.5+7.5} = -7.5$$

这个输出也是有意义的。

下面介绍中心平均解模糊方法。令

$$u^{\text{crisp}} = \frac{\sum_i b_i \mu_{\text{premise}(i)}}{\sum_i \mu_{\text{premise}(i)}} \tag{2-35}$$

其中，$\mu_{\text{premise}(i)}$ 的计算采用最小化操作。式(2-35)是输出隶属函数中心值的加权平均值。从本质上讲，中心平均方法是用 $\mu_{\text{premise}(i)}$ 的值代替重心法中蕴含模糊集合的面积。由于应用重心法进行解模糊时，用 $\mu_{\text{premise}(i)}$ 来切掉(最小化)或者按比例缩小(乘积)三角形的输出隶属函数，一般来讲，蕴含模糊集合的面积与 $\mu_{\text{premise}(i)}$ 成正比，所以这样的替换是有效的。对于倒立摆，有

$$u^{\text{crisp}} = \frac{0\times 0.25+(-10)\times 0.75}{0.25+0.75} = -7.5$$

这与重心法得到的控制量相同。因为中心平均方法只要求存储中心值(b_i)的信息，而与隶属函数的形状无关，只与它们的中心有关，因此，中心平均法计算比重心法简单。

以上两种不同的推理和解模糊方法计算得到的控制量都为对象提供了合理的输入指令，没有进一步的研究(如仿真或者实际实现)，很难说哪种方法更好。对一般系统，如何定义模糊控制器存在不确定性，这种不确定性还会发生在模糊控制其他部分的定义中。有些人可能认为这种不确定性会带来设计的灵活性，但是，不幸的是对于如何最好地选择推理策略和解模糊方法没有太多的指导方针，因此这种灵活性的价值受到质疑。

2.2.7 模糊决策的图形描述

为了方便，把模糊控制器针对给定输入计算其输出的过程概括为图 2-31。图 2-31 描述了一个简单模糊控制器的操作，在条件中采用最小化操作来代表 AND，蕴含操作也采用最小化操作，解模糊采用重心法。

因为用最小化、乘积、解模糊操作可以得到不同的值，同时有许多种选择有意义模糊控制器输出的方法，这就带来了控制器设计困难的问题。从根本上讲，模糊控制器各部分的选择是有其特殊性的。什么是最好的隶属函数？应该有多少个语言值和规则？在条件中是应用

最小化还是乘积来代表AND？应用什么操作来代表蕴含？如果设计一个模糊控制器，这些问题都要重视。

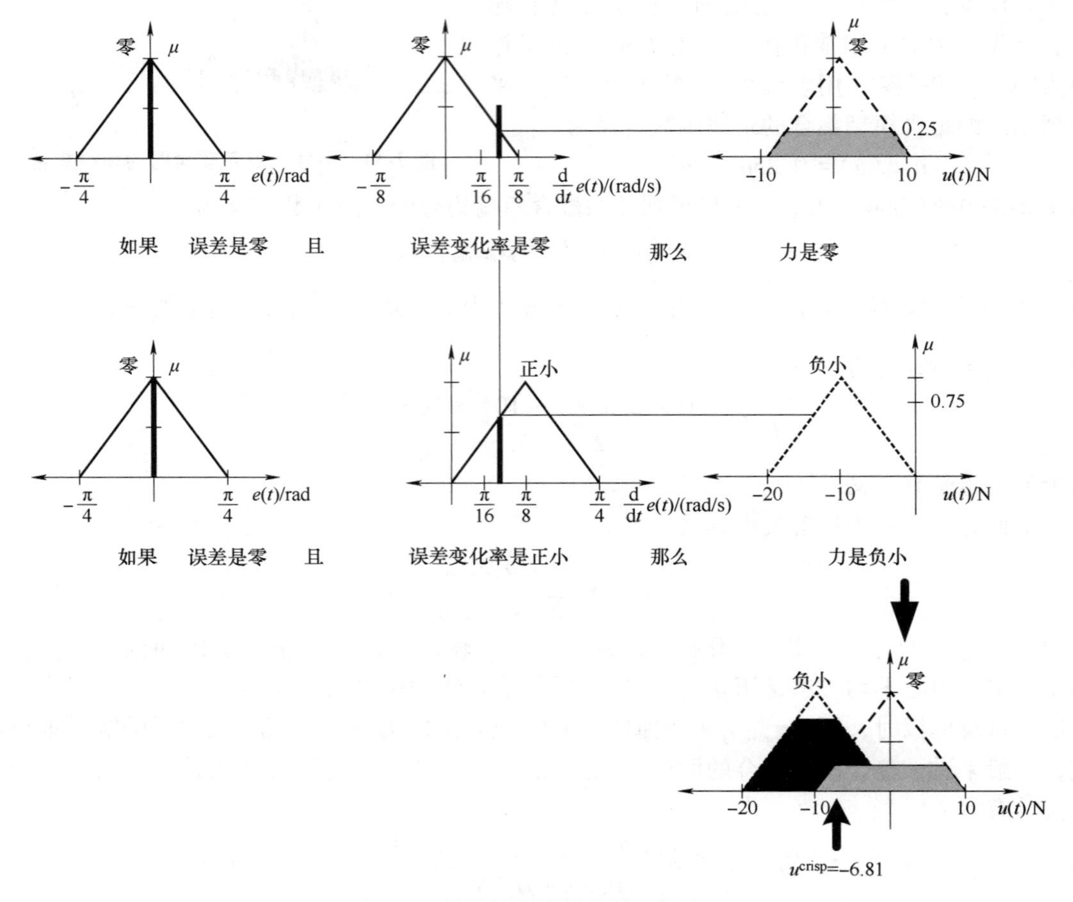

图 2-31　模糊控制器操作的图形表示

2.3　Takagi-Sugeno 模糊系统

2.3.1　Takagi-Sugeno 模糊系统概述

前面定义的模糊系统称为标准模糊系统。现在定义一种函数模糊系统，并讨论它的一种特例——Takagi-Sugeno（T-S）模糊系统。

对于函数模糊系统，采用单一模糊化，第 i 条 MISO 形式的规则为

如果 $\tilde{u}_1$ **是** $\tilde{A}_1^j$ **且** $\tilde{u}_2$ **是** $\tilde{A}_2^k$ **且，…，且** $\tilde{u}_n$ **是** $\tilde{A}_n^l$ **那么** $b_i=g_i(\cdot)$

式中，“·”仅表示函数 g_i 的自变量；b_i 不是输出隶属函数的中心。此规则条件的定义和标准模糊系统 MISO 规则的定义相同，所不同的是结论部分。在函数模糊系统中，代替与隶属函数相关的语言项，结论中使用了一个与隶属函数无关的函数 $b_i=g_i(\cdot)$。注意：g_i 的自变量中常含有 u_i，$i=1,2,\cdots,n$，但也可以用其他变量，可以根据应用的需要进行选择。g_i 可

以是线性和仿射函数，也可以是其他函数。如选择

$$b_i = g_i(\cdot) = a_{i,0} + a_{i,1}(u_1)^2 + \cdots + a_{i,n}(u_n)^2 \tag{2-36}$$

或者

$$b_i = g_i(\cdot) = \exp[a_{i,1}\sin(u_1) + \cdots + a_{i,n}\sin(u_n)] \tag{2-37}$$

对于一个函数模糊系统，可以采用适当的操作（如最小化或者乘积）来表示条件，按式(2-38)进行解模糊，即

$$y = \frac{\sum_{i=1}^{R} b_i \mu_i}{\sum_{i=1}^{R} \mu_i} \tag{2-38}$$

其中定义 μ_i 为

$$\mu_i(u_1, u_2, \cdots, u_n) = \mu_{A_1^j}(u_1) * \mu_{A_2^k}(u_2) * \cdots * \mu_{A_n^l}(u_n) \tag{2-39}$$

这里假设函数模糊系统是恰当定义的，使得无论输入为何值，都满足 $\sum_{i=1}^{R} \mu_i \neq 0$。

（1）线性映射之间的差补器

如果 $b_i = g_i(\cdot) = a_{i,0} + a_{i,1}u_1 + \cdots + a_{i,n}u_n$，其中 $a_{i,j}$ 是实数，那么函数模糊系统就称为 Takagi-Sugeno 模糊系统，简称 T-S 模糊系统。如果 $a_{i,0}=0$，那么 $g_i(\cdot)$ 映射就是一个线性映射；如果 $a_{i,0}\neq 0$，那么 $g_i(\cdot)$ 映射就称为仿射。不过为了方便，一般也把仿射称为线性映射。总之，从本质上讲，T-S 模糊系统完成了线性映射之间的差补。

例如，假设 $n=1$，$R=2$，有以下规则：

如果 $\tilde{u}_1$ 是 $\tilde{A}_1^1$ **那么** $b_1 = 2+u_1$

如果 $\tilde{u}_1$ 是 $\tilde{A}_1^2$ **那么** $b_2 = 1+u_1$

μ_1 表示 $\tilde{A}_1^1$ 的隶属函数；μ_2 表示 $\tilde{A}_1^2$ 的隶属函数。T-S 模糊系统的隶属函数如图 2-32 所示。令

$$y = \frac{b_1\mu_1 + b_2\mu_2}{\mu_1 + \mu_2} = b_1\mu_1 + b_2\mu_2 \tag{2-40}$$

当 $u_1>1$，$\mu_1=0$，$y=1+u_1$；当 $u_1<-1$，$\mu_2=0$，$y=2+u_1$；当 $-1\leqslant u_1\leqslant 1$，输出是两个直线之间的差补。

如果令 $g_i(\cdot)=a_{i,0}$，那么 T-S 模糊系统就是一个输出隶属函数在 $a_{i,0}$ 单一模糊化、采用中心解模糊的标准模糊系统。从这种意义上看，Takagi-Sugeno 模糊系统或者更广义上讲，函数模糊系统有时称为广义模糊系统。

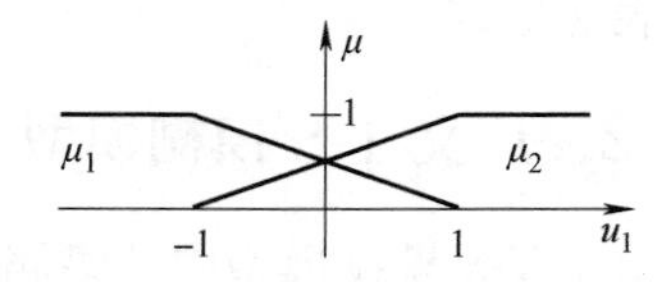

图 2-32 T-S 模糊系统的隶属函数

（2）线性系统之间的差补

T-S 模糊系统可以用任何线性映射（仿射）作为输出函数。实际应用中，一种非常重要的映射是把一个线性动态系统作为输出函数的映射，此时第 i 条 MISO 形式的规则为

如果 $\tilde{z}_1$ 是 $\tilde{A}_1^j$ **且** $\tilde{z}_2$ 是 $\tilde{A}_2^k$ **且**，…，**且** $\tilde{z}_p$ 是 $\tilde{A}_p^l$ **那么** $\dot{\boldsymbol{x}}^i(t) = \boldsymbol{A}_i\boldsymbol{x}(t) + \boldsymbol{B}_i u_1$

其中，$\dot{\boldsymbol{x}}^i(t)$ 为动态系统输出；$\boldsymbol{x}(t) = (x_1(t), x_2(t), \cdots, x_n(t))^{\mathrm{T}}$ 是 n 维状态（n 可以不是输入的个数）；$\boldsymbol{u}(t) = (u_1(t), u_2(t), \cdots, u_m(t))^{\mathrm{T}}$ 是 m 维模型输入；$\boldsymbol{A}_i$ 和 $\boldsymbol{B}_i$（$i=1,2,\cdots,R$）是适当维的状态和输入矩阵；$\boldsymbol{z}(t) = (z_1(t), z_2(t), \cdots, z_p(t))^{\mathrm{T}}$ 是 p 维的模糊系统输入。可以把此模糊系统看作 R 个线性系统之间的非线性差补器。T-S 模糊系统以 $z(t)$ 作为输入，有一个输出

$$\dot{\boldsymbol{x}}(t)=\frac{\sum_{i=1}^{R}(\boldsymbol{A}_i\boldsymbol{x}(t)+\boldsymbol{B}_i\boldsymbol{u}(t))\mu_i(\boldsymbol{z}(t))}{\sum_{i=1}^{R}\mu_i(\boldsymbol{z}(t))} \tag{2-41}$$

或者

$$\dot{\boldsymbol{x}}(t)=\left(\sum_{i=1}^{R}\boldsymbol{A}_i\boldsymbol{\xi}_i(\boldsymbol{z}(t))\right)\boldsymbol{x}(t)+\left(\sum_{i=1}^{R}\boldsymbol{B}_i\boldsymbol{\xi}_i(\boldsymbol{z}(t))\right)\boldsymbol{u}(t) \tag{2-42}$$

其中

$$\boldsymbol{\xi}^{\mathrm{T}}=(\xi_1,\cdots,\xi_R)=\frac{1}{\sum_{i=1}^{R}\mu_i}(\mu_1,\cdots,\mu_R) \tag{2-43}$$

如果 $R=1$，就得到一个标准线性系统。一般来讲，对于 $R>1$ 和给定的 $\boldsymbol{z}(t)$ 值，只有某些规则激活产生输出。$\boldsymbol{z}(t)$ 可以有多种选择，如假设 $\boldsymbol{z}(t)=\boldsymbol{x}(t)$，$p=n=m=1$，$R=2$，规则如下：

如果 $\tilde{x}_1$ 是 $\tilde{A}_1^1$ **那么** $\dot{x}^1=-x_1+2u_1$

如果 $\tilde{x}_1$ 是 $\tilde{A}_1^2$ **那么** $\dot{x}^2=-2x_1+u_1$

假设如图 2-32 所示的 μ_1 和 μ_2 分别表示 $\tilde{A}_1^1$ 和 $\tilde{A}_1^2$ 的隶属函数，则针对

$$\dot{x}_1(t)=(-\mu_1-2\mu_2)x_1(t)+(2\mu_1+\mu_2)u_1(t)$$

如果 $x_1(t)<-1$，则 $\mu_1=0$，$\mu_2=1$，非线性系统的特性由 $\dot{x}_1(t)=-2x_1(t)+u_1(t)$ 确定，这是由第二条规则 2 定义的线性系统。如果 $x_1(t)<-1$，则 $\mu_1=1$，$\mu_2=0$，非线性系统的特性由 $\dot{x}_1(t)=-x_1(t)+2u_1(t)$ 确定。对于 $-1\leqslant x_1(t)\leqslant 1$，T-S 模糊系统是两个线性系统之间的非线性差补。随着 $x_1(t)$ 值的变化，规则结论中的两个线性系统会对非线性系统产生不同的量。

上述 T-S 模糊系统可看作是分别在 μ_1 和 μ_2 量化的状态空间区域(模糊边界)有效的线性系统。对于更高维的情况，用条件隶属函数来确定结论中的线性系统是否在状态空间的特定区域有效。随着状态的变化，不同的规则被激活，这意味着应该使用不同的线性模型组合。总之，T-S 模糊系统作为各线性模型之间的非线性差补器，为非线性系统提供了一个非常直观的表达形式。

2.3.2 广义 T-S 模糊模型

由于 T-S 模糊模型中的隶属函数不具有自适应性，而且系统模糊规则数的确定性带有很大的人为主观性，T-S 模糊模型在实际建模中难以达到与实际模型的最佳匹配。为此，这里介绍一种广义 T-S 模型。

定义 2.13　广义高斯函数

若 $\mu_{\mathrm{F}}(x)$ 表达式为

$$\mu_{\mathrm{F}}(x)=\exp\left(-\left|\frac{x-b}{a}\right|^c\right) \tag{2-44}$$

则称其为一类广义高斯隶属函数。其中，$a>0$，$b\in R$，$c\geqslant 0$。

图 2-33 给出了 $a=1$、$b=0$ 时广义高斯函数 $\mu_{\mathrm{F}}(x)=\exp(-|x|^c)$ 的曲线族。从图中可以看出，选择合适的 c 值，可以使广义隶属函数近似三角形、梯形和高斯型等隶属函数。若进一步改变参数 a 和 b 的值，还可以对广义隶属函数进行平移、压缩或扩展，更能逼近三角形、梯形、高斯型或一些其他隶属函数。因此，广义高斯函数具有自适应性。

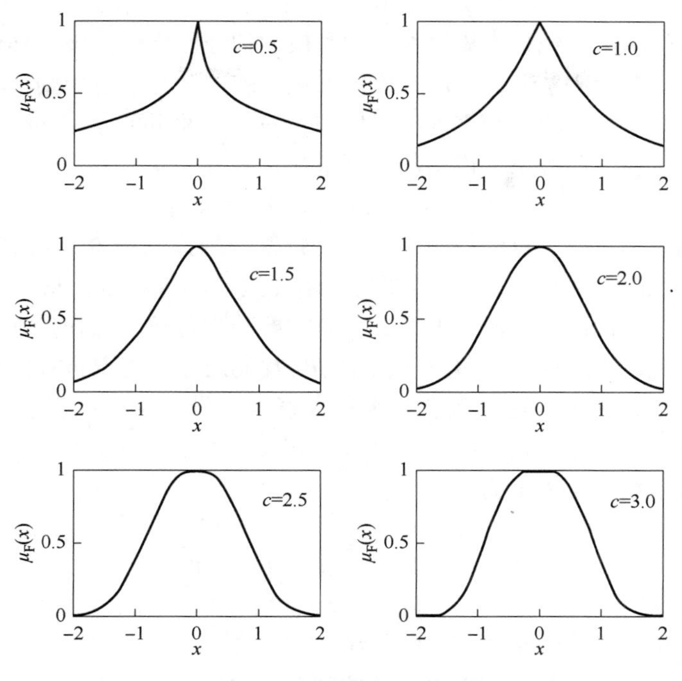

图 2-33 广义高斯函数的曲线族($a=1,b=0$)

定义 2.14 广义 T-S 模糊系统

若 T-S 系统中的隶属函数均采用广义高斯函数形式，则可得到具有 m 输入单输出、模糊规则数为 n 的广义 T-S 系统的输出为

$$\tilde{y} = \sum_{i=1}^{n} y^i G^i \Big/ \sum_{i=1}^{n} G^i \tag{2-45}$$

$$G^i = \prod_{j=1}^{m} A_j^i(x_{j0}) = \prod_{j=1}^{m} \exp\left(-\left|\frac{x^i - b_j^i}{a_j^i}\right|^{c_j^i}\right)(x_{j0}) \tag{2-46}$$

式中，a_j^i、b_j^i、c_j^i($i=1,2,\cdots,n$, $j=1,2,\cdots,m$)为需要辨识的前提参数。

从定义 2.14 中可以得出广义 T-S 模糊系统是通常的 T-S 模糊系统的扩展。如果将隶属函数的参数定为常数的话，就可以得到普通的 T-S 模糊系统，这也是将其称为广义 T-S 模糊系统的原因。

广义 T-S 模糊系统能否进行实际建模的充分必要条件是该系统能否以任意精度逼近实际模型，即该系统是否具有全局逼近性。

2.4 基于 MATLAB 的锅炉蒸汽压力双模糊控制仿真

MATLAB 是 MathWorks 公司于 1984 年推出的一套高性能的数值计算和可视化软件，它集数值分析、矩阵运算、信号处理和图形显示于一体，构成了一个使用方便、界面友好的用户环境。各个领域的专家学者相继推出了 30 多个 MATLAB 工具箱，如信号处理工具箱、控制系统工具箱、神经网络工具箱、优化设计工具箱、模糊逻辑工具箱等。

模糊逻辑工具箱提供了 MATLAB 基于模糊逻辑的系统设计工具。其中，图形用户界面(Graphic User Interface, GUI)可以指导用户完成模糊逻辑系统的设计，同时还提供了很多设计一般模糊逻辑的函数，包括模糊聚类技术和模糊神经网络等。该工具箱能够让用户使用简单的逻辑规则建立复杂的系统，然后在模糊推理系统中运行这些规则。一方面，可以把模糊逻辑工具箱作为一个独立的模糊推理工具使用；另一方面也可以在 Simulink 工具箱中使用模糊推理结构，仿真整个动态系统模型的模糊系统。

下面针对锅炉燃烧系统中的锅筒蒸汽压力自动控制设计基于 MATLAB 的双模糊控制系统。煤粉锅炉的锅筒蒸汽压力自动控制是一个比较复杂的控制系统，当锅炉负荷增大(蒸汽流量增大)时，锅筒压力将下降，系统需要自动增加进炉的煤粉量，从而增加蒸发量以保持锅筒压力恒定；反之，锅筒蒸汽压力上升，系统需要减少进炉的煤粉量，从而减少蒸发保持锅筒压力恒定。因此，锅炉锅筒的蒸汽压力是燃烧控制对象的主要被控制量，引起蒸汽压力变化的因素很多，如燃料量、送风量、给水量、蒸汽流量以及各种引起燃烧情况变化的原因。本设计选择燃料量作为控制系统的控制量，其余因素作为系统的干扰。被控对象为一时变非线性对象，数学模型可表示为

$$G(s)=\frac{P(s)}{M(s)}=\frac{K\mathrm{e}^{-\tau s}}{T_1 s(T_2 s+1)}$$

式中，P 为锅炉锅筒的蒸汽压力；T_1、T_2 为时间常数；M 为给煤粉燃料量；τ 为延迟时间；K 为系统的比例系数。系统的参数选取为：$T_1=120\text{s}$，$T_2=60\text{s}$；$\tau=20\text{s}$，$K=1$，采用 MATLAB 提供的 Simulink 工具箱实现双模糊控制系统的设计与仿真。

双模糊控制器设计原理如图 2-34 所示，系统由两个参数不同的模糊控制器构成。单模糊控制器主要用于快速响应和大误差的消除，在单模糊控制器中，增大其误差量化因子 K_e，相当于缩小了误差的基本论域，进而增大了对误差变量的控制作用；增大其误差变化量化因子 K_{ce}，可以减小系统超调；减小输出比例因子 K_u，可以起到减小系统振荡的作用。假设 e_0 为确定大、小误差的临界值(可根据需要设定)，当系统误差较大时，用单模糊控制器(1)控制，达到快速响应和消除误差的目的；当系统误差较小时，用单模糊控制器(2)控制，由于此控制器将论域进一步细分，因此可以大大改善模糊控制器对于系统小误差的控制效果，从而达到消除静态误差的目的，保证系统取得满意的控制效果。

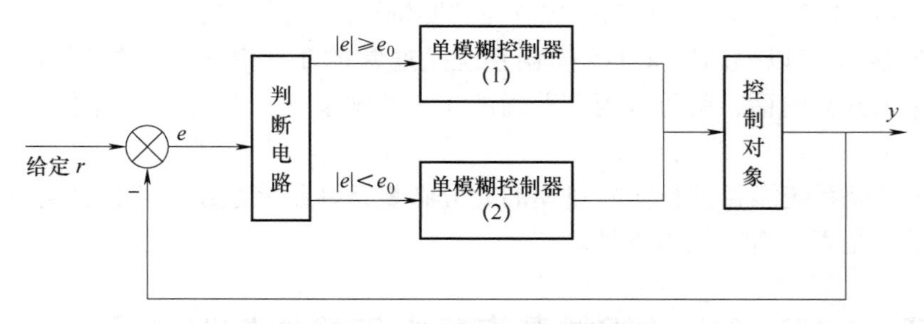

图 2-34　双模糊控制器设计原理

首先，进行模糊量化。根据精确量的实际变化范围[a,b]，合理选择模糊变量论域为[$-n,n$]，通过量化因子 $K=\frac{2n}{b-a}$，将其转换成若干等级的离散论域。根据双模糊控制器设计原理，令控制器输入变量为(E、EC)，输出变量为 U，取 E、EC 和 U 的论域为{-6,6}。其中，E 的模糊子集分为{负大，负中，负小，负零，正零，正小，正中，正大}8 个等级，记

为{NB,NM,NS,NO,PO,PS,PM,PB}；*EC* 和 *U* 的模糊子集分为{负大，负中，负小，零，正小，正中，正大}7 个等级，记为{NB,NM,NS,ZO,PS,PM,PB}。*E*、*EC* 和 *U* 的隶属函数选为梯形(trapmf 函数)，如图 2-35 所示。

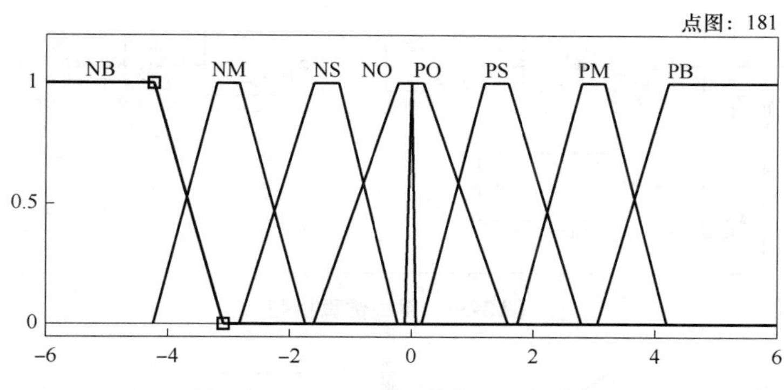

图 2-35　*E*、*EC*、*U* 的隶属函数曲线

在总结专家经验和过程知识的基础上，可以得到模糊控制规则见表 2-3。

表 2-3　模糊控制规则表

EC	*E*							
	NB	NM	NS	NO	PO	PS	PM	PB
	U							
NB	PB	PB	PB	PB	PB	PM	PS	ZO
NM	PB	PB	PM	PM	PM	PS	ZO	NS
NS	PB	PB	PM	PS	PS	ZO	NM	NM
ZO	PB	PM	PS	PS	ZO	NS	NM	NM
PS	PM	PM	ZO	ZO	NS	NM	NB	NB
PM	PS	ZO	NS	NM	NM	NM	NB	NB
PB	ZO	PS	NM	NB	NB	NB	NB	NB

采用了常用的重心法进行解模糊运算。

下面详细介绍控制系统的 MATLAB 设计和仿真实验结果分析。在 MATLAB 的命令窗口输入 Simulink 命令，并回车，就会弹出 Simulink 模块库和一个未命名的新窗口。然后从 Simulink 模块库中找出需要的模块，建立如图 2-36 所示的系统仿真模型。图 2-36 中 Subsystem 和 Subsystem1 的结构如图 2-37 所示，两个控制器的不同之处在于其控制参数 K_e、K_{ce}、K_u 的取值不同，以实现各自的作用。

为了比较双模糊控制系统的效果，可以同时设计普通模糊控制和 PID 控制，三种控制器的仿真模型如图 2-38 所示。给系统加单位阶跃信号，则三种控制系统的仿真曲线如图 2-39 所示。由仿真曲线可以看出，普通单模糊控制器控制的输出波形虽然在超调、响应时间等参数上优于普通 PID 控制，但在其稳定的情况下仍然存在着一定的偏差，即稳态误差。这一误差是单模糊控制器自身无法克服的，在工程实际中势必要影响到控制的性能和效果。而采用双模糊控制器不仅有效地减小了稳态误差，而且使响应时间、超调量、稳定时间等性能也明显优于上述两种控制器，极大地改善了控制系统的控制精度与稳态性能，将其应用于工程实际，无疑将具有很好的使用价值。

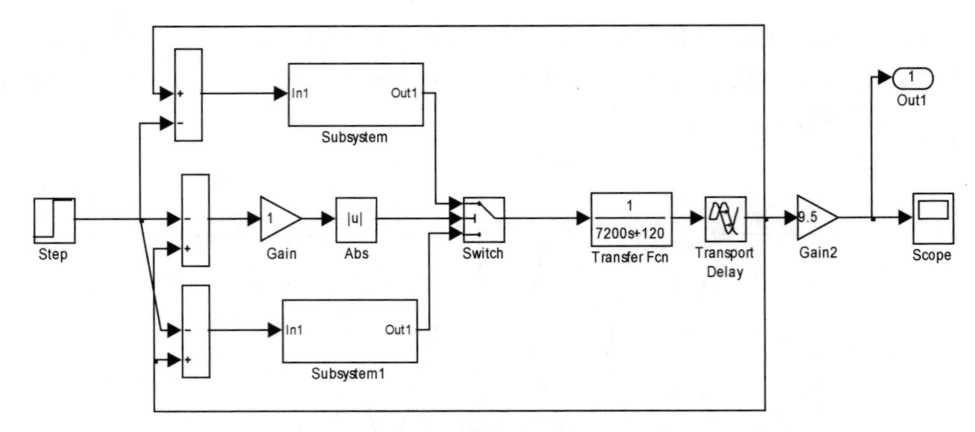

图 2-36　系统仿真模型

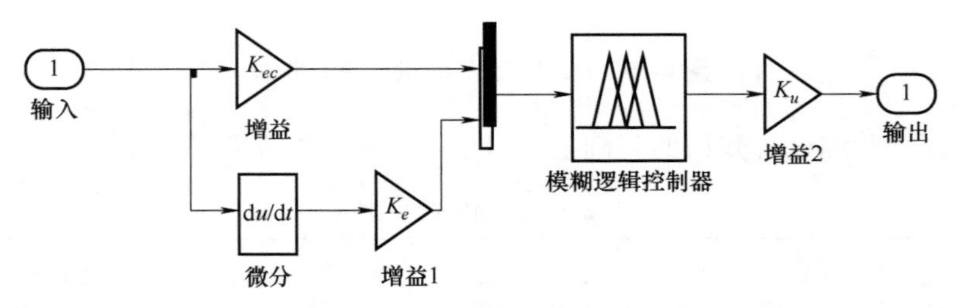

图 2-37　Subsystem 和 Subsystem1 的结构

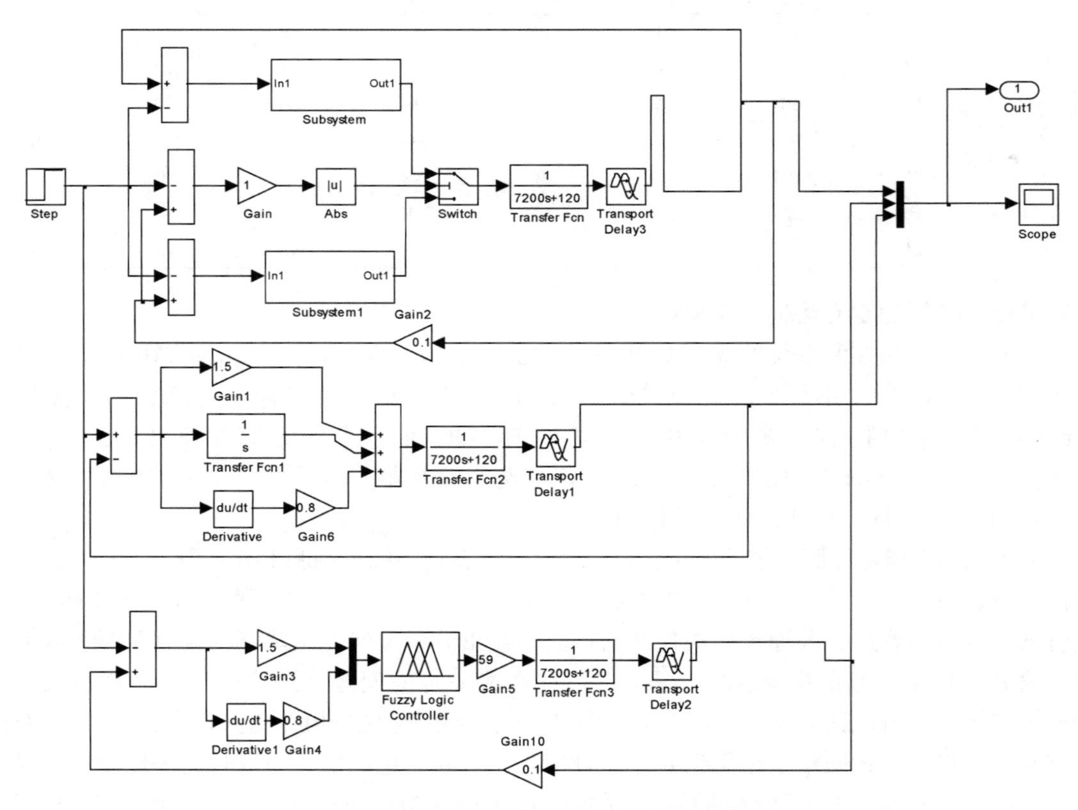

图 2-38　三种控制器的仿真模型

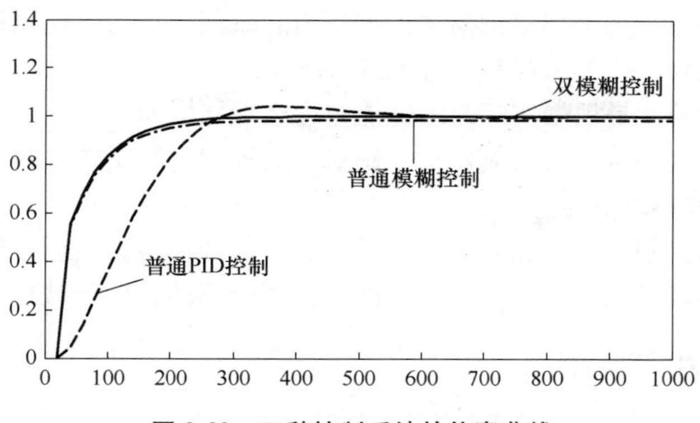

图 2-39　三种控制系统的仿真曲线

2.5　自适应模糊控制

模糊控制是主要针对具有非线性和不确定性的复杂控制系统而提出的一种智能控制算法。模糊控制器的设计不需要建立被控对象的精确数学模型，且控制策略基于人类的思维，一般情况下采取模糊控制的系统鲁棒性强，方法简便易于掌握。但是，模糊控制完全依赖专家和操作者的经验知识，遇到突发情况或专家经验差异，控制效果将会受到较大影响。将很好适应非线性控制行为的模糊控制与适应不确定性系统的自适应控制方法相结合，形成先进的自适应模糊控制，为解决时变时滞、非线性、大滞后的复杂工业系统的控制提供了很好的思路。

自适应模糊控制是指具有自适应学习算法的模糊逻辑系统，其学习算法依靠数据信息调整模糊逻辑的参数，使系统保持不变的控制性能。一个自适应模糊控制器可以用一个单一的自适应模糊系统构成，也可以用若干个自适应模糊系统构成。由单一自适应模糊系统构成的自适应模糊控制器结构框图如图 2-40 所示，图中 $\hat{\Omega}(x)$ 是系统的不确定性或者外部扰动的逼近值。与传统的自适应控制器相比，自适应模糊控制器的最大优越性在于自适应模糊控制器可以利用操作者提供的语言性模糊信息，而传统的自适应控器则不具有这项功能。

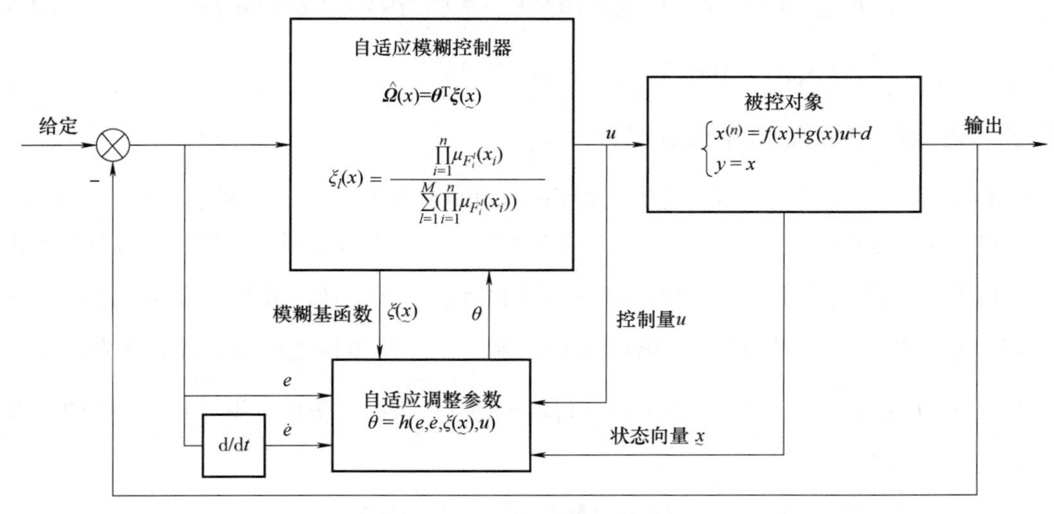

图 2-40　自适应模糊控制器结构框图

按照系统的模糊控制规则和模糊描述信息利用的原则，自适应模糊控制可以分为直接自适应模糊控制和间接自适应模糊控制两种形式。

直接自适应模糊控制是根据实际系统性能与理想性能之间的偏差，通过一定的方法直接调整控制器的参数。这种直接自适应模糊控制器中的模糊逻辑系统可以作为控制器使用，即可以直接利用模糊控制规则。

间接自适应模糊控制是通过在线辨识获得控制对象的模型，然后根据所得模型在线设计模糊控制器。这种间接自适应模糊控制器中的模糊逻辑系统适用于被控对象建模。

2.5.1 问题的提出与阐述

考虑 n 阶 SISO 被控对象

$$\begin{cases}x^{(n)}=f(x,\dot{x},\cdots,x^{(n-1)})+g(x,\dot{x},\cdots,x^{(n-1)})u+d\\ y=x\end{cases}\tag{2-47}$$

式中，f 和 g 为未知非线性函数；$u\in R$ 和 $y\in R$ 分别为系统的输入和输出；d 表示有界、未知的外部扰动。令 $\tilde{\boldsymbol{x}}=(x,\dot{x},\cdots,x^{(n-1)})^{\mathrm{T}}\in R^{n}$ 为系统的状态变量，并假设可测。为了使上述系统可控，要求在 $\tilde{x}$ 的一个确定可控区域内，$g(\tilde{x})\neq0$。

控制目标是使系统输出 y 跟踪给定的参考信号 y_m。定义系统跟踪误差 e 和参数误差 θ 为

$$\begin{cases}e=y_m-y\\ \theta=\theta-\theta^{*}\end{cases}\tag{2-48}$$

式中，θ 为模糊逻辑系统的估计参数；θ^{*} 为模糊逻辑系统的最优估计参数。令 ω 为模糊系统逼近 $f(\tilde{x})$ 和 $g(\tilde{x})$ 的模糊逼近误差和外部扰动 d 之和。设计目标是设计一个自适应模糊控制算法，当 $\omega=0$ 时，获得式(2-49)描述的渐进稳定跟踪误差动态方程。即

$$e^{(n)}+k_1e^{(n-1)}+\cdots+k_ne=0\tag{2-49}$$

式(2-49)的系数 $\boldsymbol{K}=(k_n,k_{n-1},\cdots,k_1)^{\mathrm{T}}$ 为多项式 $h(s)=s^n+k_1s^{n-1}+\cdots+k_{n-1}s+k_n$ 在 S 平面左半平面根的系数。当 $\omega\neq0$ 时，对于给定的权值矩阵 $\boldsymbol{Q}=\boldsymbol{Q}^{\mathrm{T}}\geqslant0$，$\boldsymbol{P}=\boldsymbol{P}^{\mathrm{T}}\geqslant0$，自适应增益 $\gamma>0$，预定的衰减度水平 ρ，要求满足 H^{∞} 跟踪性能

$$\int_0^T\tilde{\boldsymbol{e}}^{\mathrm{T}}\boldsymbol{Q}\tilde{\boldsymbol{e}}\,\mathrm{d}t\leqslant\tilde{\boldsymbol{e}}^{\mathrm{T}}(0)\boldsymbol{Q}\tilde{\boldsymbol{e}}(0)+\frac{1}{\gamma}\bar{\boldsymbol{\theta}}^{\mathrm{T}}(0)\bar{\boldsymbol{\theta}}(0)+\rho^2\int_0^T\boldsymbol{\omega}^{\mathrm{T}}\boldsymbol{\omega}\mathrm{d}t\tag{2-50}$$

$\forall T\in[0,\infty]$，$\omega\in L_2[0,T]$，其中 $\tilde{\boldsymbol{e}}=(e,\dot{e},\cdots,e^{(n-1)})^{\mathrm{T}}$。

2.5.2 间接自适应模糊控制器设计

令 $\boldsymbol{K}=(k_n,k_{n-1},\cdots,k_1)^{\mathrm{T}}\in R^n$ 是差分方程式(2-49)的系数向量，如果非线性函数 $f(x)$ 和 $g(x)$ 已知，则可以选择控制规律 u 消除非线性性质，然后再根据线性控制理论设计控制器。

如果 $f(x)$ 和 $g(x)$ 未知，可以根据模糊系统的万能逼近定理，采用 $\hat{f}(\tilde{x}/\theta_f)$ 和 $\hat{g}(\tilde{x}/\theta_g)$ 分别逼近 $f(x)$ 和 $g(x)$。以 $\hat{f}(\tilde{x}/\theta_f)$ 逼近 $f(x)$ 为例，采用两步构造模糊系统。首先，对变量 $x_i(i=1,2,\cdots,n)$ 定义 p_i 个模糊集合 $A_i^{l_i}(l_i=1,2,\cdots,p_i)$；其次，采用以下 $\prod_{i=1}^{n}p_i$ 条模糊规则来构造模糊系统，即

$$R^{(j)}:\text{IF}\quad x_1\text{ is }A_1^{l_1}\quad\text{AND}\cdots\text{AND}\quad x_n\text{ is }A_n^{l_n}\text{ THEN}\quad f(\tilde{x})\text{ is }E^{l_1\cdots l_n}\tag{2-51}$$

式中，$l_i=1,2,\cdots,p_i$；$i=1,2,\cdots,n$。

设模糊集 $E^{l_1\cdots l_n}$ 的中心值为 $\bar{y}_f^{l_1\cdots l_n}$，采用乘积推理机、单值模糊器和中心平均解模糊方法，则模糊系统的输出为

$$\hat{f}(\tilde{x}/\theta_f)=\frac{\sum_{l_1=1}^{p_1}\cdots\sum_{l_n=1}^{p_n}\bar{y}_f^{l_1\cdots l_n}\left(\prod_{i=1}^{n}\mu_{A_i}^{l_i}(x_i)\right)}{\sum_{l_1=1}^{p_1}\cdots\sum_{l_n=1}^{p_n}\left(\prod_{i=1}^{n}\mu_{A_i}^{l_i}(x_i)\right)} \tag{2-52}$$

其中，$\mu_{A_i}^{l_i}(x_i)$ 为 x_i 的隶属函数，分子表示规则前提之间、规则前提与结论之间的逻辑与运算，以及规则之间的逻辑或运算。

同理，可构造模糊系统 $\hat{g}(\tilde{x}/\theta_g)$ 逼近 $g(x)$。

采用模糊系统逼近系统的非线性函数 $f(x)$ 和 $g(x)$，可得到控制率为

$$\begin{cases}u_c=\dfrac{1}{\hat{g}(\tilde{x}/\boldsymbol{\theta}_g)}\left[-\hat{f}(\tilde{x}/\boldsymbol{\theta}_f)+y_m^{(n)}+K^{\mathrm{T}}\tilde{\boldsymbol{e}}-u_1\right]\\ \hat{f}(\tilde{x}/\boldsymbol{\theta}_f)=\boldsymbol{\theta}_f^{\mathrm{T}}\boldsymbol{\zeta}(\tilde{x}),\hat{g}(\tilde{x}/\boldsymbol{\theta}_g)=\boldsymbol{\theta}_g^{\mathrm{T}}\boldsymbol{\eta}(\tilde{x})\end{cases} \tag{2-53}$$

代入式(2-47)中，可以得到跟踪误差动态方程为

$$\dot{\tilde{\boldsymbol{e}}}=\boldsymbol{A}\tilde{\boldsymbol{e}}+\boldsymbol{B}u_1+\boldsymbol{B}\{\hat{f}(\tilde{x}/\boldsymbol{\theta}_f)-f(\tilde{x})+[\hat{g}(\tilde{x}/\boldsymbol{\theta}_g)-g(\tilde{x})]u_c\}-\boldsymbol{B}d \tag{2-54}$$

其中

$$\boldsymbol{A}=\begin{pmatrix}0&1&0&\cdots&0\\0&0&1&\cdots&0\\\vdots&\vdots&\vdots&&\vdots\\-k_n&-k_{n-1}&-k_{n-1}&\cdots&-k_1\end{pmatrix}\quad\boldsymbol{B}=\begin{pmatrix}0\\0\\\vdots\\1\end{pmatrix}$$

定义最优化估计参数 $\boldsymbol{\theta}_f^*$ 和 $\boldsymbol{\theta}_g^*$ 为

$$\begin{cases}\boldsymbol{\theta}_f^*=\arg\min\limits_{\theta_f\in\Omega_f}\left(\sup\limits_{\tilde{x}\in R^n}|\hat{f}(\tilde{x}/\boldsymbol{\theta}_f)-f(\tilde{x})|\right)\\ \boldsymbol{\theta}_g^*=\arg\min\limits_{\theta_g\in\Omega_g}\left(\sup\limits_{\tilde{x}\in R^n}|\hat{g}(\tilde{x}/\boldsymbol{\theta}_g)-g(\tilde{x})|\right)\end{cases} \tag{2-55}$$

式中，Ω_f 和 Ω_g 分别为 $\boldsymbol{\theta}_f$ 和 $\boldsymbol{\theta}_g$ 的集合。定义最小逼近误差为

$$\boldsymbol{\omega}_e=\hat{f}(\tilde{x}/\boldsymbol{\theta}_f^*)-f(\tilde{x})+[\hat{g}(\tilde{x}/\boldsymbol{\theta}_g^*)-g(\tilde{x})]u_c \tag{2-56}$$

跟踪误差动态方程式(2-54)可以重写为

$$\dot{\tilde{\boldsymbol{e}}}=\boldsymbol{A}\tilde{\boldsymbol{e}}+\boldsymbol{B}u_1+\boldsymbol{B}\left\{\hat{f}(\tilde{x}/\boldsymbol{\theta}_f)-f(\tilde{x}/\boldsymbol{\theta}_f^*)+[\hat{g}(\tilde{x}/\boldsymbol{\theta}_g)-g(\tilde{x}/\boldsymbol{\theta}_g^*)]u_c\right\}+\boldsymbol{B}(\omega_e-d) \tag{2-57}$$

式(2-57)清晰地描述了跟踪误差和控制参数 $\boldsymbol{\theta}_f$、$\boldsymbol{\theta}_g$ 之间的关系。自适应律的任务是为 $\boldsymbol{\theta}_f$、$\boldsymbol{\theta}_g$ 确定一个调节机理，使得跟踪误差 $\tilde{\boldsymbol{e}}$ 和参数误差 $\overline{\boldsymbol{\theta}}_f=\boldsymbol{\theta}_f-\boldsymbol{\theta}_f^*$、$\overline{\boldsymbol{\theta}}_g=\boldsymbol{\theta}_g-\boldsymbol{\theta}_g^*$ 达到最小。

对于 n 阶 SISO 被控对象式(2-47)，设计控制率 u_1 和参数自适应律为

$$u_1=-\frac{1}{r}\boldsymbol{B}^{\mathrm{T}}\boldsymbol{P}\tilde{\boldsymbol{e}} \tag{2-58}$$

$$\begin{cases}\dot{\boldsymbol{\theta}}_f=-\gamma_1\boldsymbol{\xi}^{\mathrm{T}}(\tilde{x})\boldsymbol{B}^{\mathrm{T}}\boldsymbol{P}\tilde{\boldsymbol{e}}\\ \dot{\boldsymbol{\theta}}_g=-\gamma_2\boldsymbol{\xi}^{\mathrm{T}}(\tilde{x})\boldsymbol{B}^{\mathrm{T}}\boldsymbol{P}\tilde{\boldsymbol{e}}u_c\end{cases} \tag{2-59}$$

选择 Lyapunov 函数

$$V=\frac{1}{2}\tilde{\boldsymbol{e}}^{\mathrm{T}}\boldsymbol{P}\tilde{\boldsymbol{e}}+\frac{1}{2\gamma_1}\bar{\boldsymbol{\theta}}_f^{\mathrm{T}}\bar{\boldsymbol{\theta}}_f+\frac{1}{2\gamma_2}\bar{\boldsymbol{\theta}}_g^{\mathrm{T}}\bar{\boldsymbol{\theta}}_g \tag{2-60}$$

式中，γ_1、γ_2 为正的常数；$\boldsymbol{P}$ 为正定矩阵。

求 V 对时间的导数，可得

$$\dot{V}=\frac{1}{2}\dot{\tilde{\boldsymbol{e}}}^{\mathrm{T}}\boldsymbol{P}\tilde{\boldsymbol{e}}+\frac{1}{2}\tilde{\boldsymbol{e}}^{\mathrm{T}}\boldsymbol{P}\dot{\tilde{\boldsymbol{e}}}+\frac{1}{2\gamma_1}\dot{\bar{\boldsymbol{\theta}}}_f^{\mathrm{T}}\bar{\boldsymbol{\theta}}_f+\frac{1}{2\gamma_2}\dot{\boldsymbol{\theta}}_g^{\mathrm{T}}\bar{\boldsymbol{\theta}}_g \tag{2-61}$$

由于 $\dot{\bar{\boldsymbol{\theta}}}_f=\boldsymbol{\theta}_f$，$\dot{\bar{\boldsymbol{\theta}}}_g=\boldsymbol{\theta}_g$，将式(2-57)和式(2-58)代入式(2-61)，可得

$$\begin{aligned}\dot{V}=&\frac{1}{2}\tilde{\boldsymbol{e}}^{\mathrm{T}}\left(\boldsymbol{P}\boldsymbol{A}+\boldsymbol{A}^{\mathrm{T}}\boldsymbol{P}-\frac{2}{r}\boldsymbol{P}\boldsymbol{B}\boldsymbol{B}^{\mathrm{T}}\boldsymbol{P}\right)\tilde{\boldsymbol{e}}+\left(\tilde{\boldsymbol{e}}^{\mathrm{T}}\boldsymbol{P}\boldsymbol{B}\boldsymbol{\xi}^{\mathrm{T}}(\tilde{x})+\frac{1}{\gamma_1}\dot{\bar{\boldsymbol{\theta}}}_f^{\mathrm{T}}\right)\bar{\boldsymbol{\theta}}_f+\\&\left(\tilde{\boldsymbol{e}}^{\mathrm{T}}\boldsymbol{P}\boldsymbol{B}\boldsymbol{\xi}^{\mathrm{T}}(\tilde{x})u_c+\frac{1}{\gamma_2}\dot{\bar{\boldsymbol{\theta}}}_g^{\mathrm{T}}\right)\bar{\boldsymbol{\theta}}_g+\frac{1}{2}(\boldsymbol{\omega}^{\mathrm{T}}\boldsymbol{B}^{\mathrm{T}}\boldsymbol{P}\tilde{\boldsymbol{e}}+\tilde{\boldsymbol{e}}^{\mathrm{T}}\boldsymbol{P}\boldsymbol{B}\boldsymbol{\omega})\end{aligned} \tag{2-62}$$

由式(2-59)和黎卡提方程式可得

$$\begin{aligned}\dot{V}&=-\frac{1}{2}\tilde{\boldsymbol{e}}^{\mathrm{T}}\boldsymbol{Q}\tilde{\boldsymbol{e}}-\frac{1}{2\rho^2}\tilde{\boldsymbol{e}}^{\mathrm{T}}\boldsymbol{P}\boldsymbol{B}\boldsymbol{B}^{\mathrm{T}}\boldsymbol{P}\tilde{\boldsymbol{e}}+\frac{1}{2}(\boldsymbol{\omega}^{\mathrm{T}}\boldsymbol{B}^{\mathrm{T}}\boldsymbol{P}\tilde{\boldsymbol{e}}+\tilde{\boldsymbol{e}}^{\mathrm{T}}\boldsymbol{P}\boldsymbol{B}\boldsymbol{\omega})\\&=-\frac{1}{2}\tilde{\boldsymbol{e}}^{\mathrm{T}}\boldsymbol{Q}\tilde{\boldsymbol{e}}-\frac{1}{2}\left(\frac{1}{\rho}\boldsymbol{B}^{\mathrm{T}}\boldsymbol{P}\tilde{\boldsymbol{e}}-\rho\boldsymbol{\omega}\right)^{\mathrm{T}}\left(\frac{1}{\rho}\boldsymbol{B}^{\mathrm{T}}\boldsymbol{P}\tilde{\boldsymbol{e}}-\rho\boldsymbol{\omega}\right)+\frac{1}{2}\rho^2\boldsymbol{\omega}^{\mathrm{T}}\boldsymbol{\omega}\\&\leqslant-\frac{1}{2}\tilde{\boldsymbol{e}}^{\mathrm{T}}\boldsymbol{Q}\tilde{\boldsymbol{e}}+\frac{1}{2}\rho^2\boldsymbol{\omega}^{\mathrm{T}}\boldsymbol{\omega}\end{aligned} \tag{2-63}$$

从 0 到 T 积分式(2-63)，得

$$V(T)-V(0)\leqslant-\frac{1}{2}\int_0^T\tilde{\boldsymbol{e}}^{\mathrm{T}}\boldsymbol{Q}\tilde{\boldsymbol{e}}\,\mathrm{d}t+\frac{1}{2}\int_0^T\rho^2\boldsymbol{\omega}^{\mathrm{T}}\boldsymbol{\omega}\mathrm{d}t \tag{2-64}$$

由于 $V(T)\geqslant0$，则式(2-64)变换为

$$\frac{1}{2}\int_0^T\tilde{\boldsymbol{e}}^{\mathrm{T}}\boldsymbol{Q}\tilde{\boldsymbol{e}}\,\mathrm{d}t\leqslant V(T)-V(0)+\frac{1}{2}\rho^2\int_0^T\boldsymbol{\omega}^{\mathrm{T}}\boldsymbol{\omega}\mathrm{d}t \tag{2-65}$$

由式(2-60)，可将式(2-65)等价为

$$\int_0^T\tilde{\boldsymbol{e}}^{\mathrm{T}}\boldsymbol{Q}\tilde{\boldsymbol{e}}\,\mathrm{d}t\leqslant\tilde{\boldsymbol{e}}^{\mathrm{T}}(0)\boldsymbol{P}\tilde{\boldsymbol{e}}(0)+\frac{1}{\gamma_1}\dot{\boldsymbol{\theta}}_f^{\mathrm{T}}(0)\bar{\boldsymbol{\theta}}_f(0)+\frac{1}{\gamma_2}\dot{\bar{\boldsymbol{\theta}}}_g^{\mathrm{T}}(0)\bar{\boldsymbol{\theta}}_g(0)+\rho^2\int_0^T\boldsymbol{\omega}^{\mathrm{T}}\boldsymbol{\omega}\mathrm{d}t \tag{2-66}$$

式(2-66)即为式(2-50)的形式。因此，所设计的间接自适应模糊控制算法获得了 H^∞ 跟踪性能。

2.5.3 直接自适应模糊控制器设计

对于式(2-47)描述的非线性系统，如果 $f(x)$ 和 $g(x)$ 是未知的，由直接自适应模糊控制系统设计一个反馈控制器 $u=\bar{u}(\tilde{x}/\theta)-\dfrac{u_\infty}{g(\tilde{x})}$，$\bar{u}(\tilde{x}/\theta)$ 采用模糊逻辑系统

$$\bar{u}(\tilde{x}/\theta)=\boldsymbol{\theta}^{\mathrm{T}}\boldsymbol{\xi}(\tilde{x}) \tag{2-67}$$

可以获得控制率为

$$u=\boldsymbol{\xi}(\tilde{x})^{\mathrm{T}}\boldsymbol{\theta}-\frac{u_\infty}{g(\tilde{x})} \tag{2-68}$$

将 u 替换成 u^*，非线性系统的跟踪误差动态方程为

$$\dot{\tilde{e}} = A\tilde{e} + Bu_\infty - Bg(\tilde{x})[u(\tilde{x}/\theta) - u] - Bd \tag{2-69}$$

为了使模糊逻辑系统能最优逼近控制率 u，定义最优参数向量

$$\theta^* = \arg\min_{\theta\in\Omega_\theta}[\sup_{\tilde{x}\in R^n}|u(\tilde{x}/\theta) - u|] \tag{2-70}$$

式中，Ω_θ 为 θ 和 θ_g 的集合。令最小逼近误差为

$$\omega_c = -g(\tilde{x})[u(\tilde{x}/\theta^*) - u] \tag{2-71}$$

跟踪误差动态方程式(2-69)可以重写为

$$\dot{\tilde{e}} = A\tilde{e} + Bu_\infty - Bg(\tilde{x})[u(\tilde{x}/\theta) - u(\tilde{x}/\theta^*)] - Bd + B\omega_c \tag{2-72}$$

由式(2-68)和式(2-72)可得

$$\dot{\tilde{e}} = A\tilde{e} + Bu_\infty - Bg(\tilde{x})\xi(\tilde{x})^{\mathrm{T}}(\theta - \theta^*) + B(\omega_c - d) \tag{2-73}$$

令 $\bar{\theta}=\theta-\theta^*$，$\omega=\omega_c-d$，则式(2-73)简化为

$$\dot{\tilde{e}} = A\tilde{e} + Bu_\infty - Bg(\tilde{x})\xi(\tilde{x})^{\mathrm{T}}\bar{\theta} + B\omega \tag{2-74}$$

H^∞ 控制项 u_∞ 选为

$$u_\infty = -\frac{1}{r}B^{\mathrm{T}}P\tilde{e} \tag{2-75}$$

式中，r 为正常量；$P=P^{\mathrm{T}}\geqslant 0$ 为黎卡提方程的解。选择自适应律

$$\dot{\theta} = -\gamma\xi(\tilde{x})B^{\mathrm{T}}P\tilde{e} \tag{2-76}$$

定义 Lyapunov 函数

$$V = \frac{1}{2}\tilde{e}^{\mathrm{T}}P\tilde{e} + \frac{1}{2\gamma}\bar{\theta}^{\mathrm{T}}\bar{\theta} \tag{2-77}$$

式中，参数 γ 为正的常数；P 为正定矩阵且满足 Lyapunov 方程

$$A^{\mathrm{T}}P + PA = -Q \tag{2-78}$$

式中，Q 为一个任意的正定矩阵；A 由式(2-79)给出，其特征根实部为负。

$$A = \begin{pmatrix} 0 & 1 & 0 & \cdots & 0 \\ 0 & 0 & 1 & \cdots & 0 \\ \vdots & \vdots & \vdots & & \vdots \\ -k_n & -k_{n-1} & -k_{n-1} & \cdots & -k_1 \end{pmatrix} \tag{2-79}$$

对式(2-77)求导，可得

$$\dot{V} = \frac{1}{2}\dot{\tilde{e}}^{\mathrm{T}}P\tilde{e} + \frac{1}{2}\tilde{e}^{\mathrm{T}}P\dot{\tilde{e}} + \frac{1}{2\gamma}\dot{\bar{\theta}}^{\mathrm{T}}\bar{\theta} + \frac{1}{2\gamma}\bar{\theta}^{\mathrm{T}}\dot{\bar{\theta}} \tag{2-80}$$

由于 $\dot{\bar{\theta}}=\dot{\theta}$，将式(2-73)代入式(2-80)得

$$\begin{aligned}\dot{V} = \frac{1}{2}\Big[&\tilde{e}^{\mathrm{T}}A^{\mathrm{T}}P\tilde{e} + u_\infty^{\mathrm{T}}B^{\mathrm{T}}P\tilde{e} - \bar{\theta}^{\mathrm{T}}\xi(\tilde{x})g(\tilde{x})B^{\mathrm{T}}P\tilde{e} + \omega^{\mathrm{T}}B^{\mathrm{T}}P\tilde{e}\ \frac{1}{\gamma}\dot{\bar{\theta}}^{\mathrm{T}}\bar{\theta} + \\ &\tilde{e}^{\mathrm{T}}PA\tilde{e} + \tilde{e}^{\mathrm{T}}PBu_\infty - \tilde{e}^{\mathrm{T}}PBg(\tilde{x})\xi^{\mathrm{T}}(\tilde{x})\bar{\theta} + \tilde{e}^{\mathrm{T}}PB\omega + \frac{1}{\gamma}\bar{\theta}^{\mathrm{T}}\dot{\bar{\theta}}\Big]\end{aligned} \tag{2-81}$$

由式(2-74)得

$$\dot{V}=\frac{1}{2}\tilde{e}^{\mathrm{T}}\left(PA+A^{\mathrm{T}}P-\frac{2}{\gamma}PBB^{\mathrm{T}}P\right)\tilde{e}-\bar{\theta}^{\mathrm{T}}\left[\xi(\tilde{x})g(\tilde{x})B^{\mathrm{T}}P\tilde{e}-\frac{1}{\gamma}\dot{\bar{\theta}}\right]+\frac{1}{2}\omega^{\mathrm{T}}B^{\mathrm{T}}P\tilde{e}+\frac{1}{2}\tilde{e}^{\mathrm{T}}PB\omega \tag{2-82}$$

由式(2-75)和式(2-76)得

$$\begin{aligned}\dot{V}&=-\frac{1}{2}\tilde{e}^{\mathrm{T}}Q\tilde{e}-\frac{1}{2\rho^2}\tilde{e}^{\mathrm{T}}PBB^{\mathrm{T}}P\tilde{e}+\frac{1}{2}(\omega^{\mathrm{T}}B^{\mathrm{T}}P\tilde{e}+\tilde{e}^{\mathrm{T}}PB\omega)\\&=-\frac{1}{2}\tilde{e}^{\mathrm{T}}Q\tilde{e}-\left(\frac{1}{\rho}B^{\mathrm{T}}P\tilde{e}-\rho\omega\right)^{\mathrm{T}}\left(\frac{1}{\rho}B^{\mathrm{T}}P\tilde{e}-\rho\omega\right)+\frac{1}{2}\rho^2\omega^{\mathrm{T}}\omega\\&\leqslant-\frac{1}{2}\tilde{e}^{\mathrm{T}}Q\tilde{e}+\frac{1}{2}\rho^2\omega^{\mathrm{T}}\omega\end{aligned} \tag{2-83}$$

式(2-83)从0到T的积分，可得

$$V(T)-V(0)\leqslant-\frac{1}{2}\int_0^T\tilde{e}^{\mathrm{T}}Q\tilde{e}\,\mathrm{d}t+\frac{1}{2}\int_0^T\rho^2\omega^{\mathrm{T}}\omega\mathrm{d}t \tag{2-84}$$

由式(2-77)得

$$\int_0^T\tilde{e}^{\mathrm{T}}Q\tilde{e}\mathrm{d}t\leqslant\tilde{e}^{\mathrm{T}}(0)P\tilde{e}(0)+\frac{1}{\gamma_1}\dot{\bar{\theta}}_f^{\mathrm{T}}(0)\bar{\theta}_f(0)+\frac{1}{\gamma_2}\dot{\bar{\theta}}_g^{\mathrm{T}}(0)\bar{\theta}_g(0)+\rho^2\int_0^{\mathrm{T}}\omega^{\mathrm{T}}\omega\mathrm{d}t \tag{2-85}$$

式(2-85)即为式(2-50)的形式。因此，所设计的直接自适应模糊控制算法获得了H^∞跟踪性能。

2.5.4 单级倒立摆自适应模糊控制设计仿真实例

下面以小车上的单级倒立摆为研究对象，详细介绍基于MATLAB的间接自适应模糊控制器的设计与仿真。

首先，在MATLAB的命令窗口输入Simulink命令，建立如图2-41所示的系统仿真模型。被控对象为单级倒立摆(见图2-15)，其动态方程为

$$\dot{x}_1=x_2$$

$$\dot{x}_2=\frac{g_0\sin x_1-mlx_2^2\cos x_1\sin x_1/(m_c+m)}{l[4/3-m\cos^2x_1/(m_c+m)]}+\frac{\cos x_1/(m_c+m)}{l[4/3-m\cos^2x_1/(m_c+m)]}u=f(x)+g(x)u$$

式中，x_1和x_2分别为摆角和摆速；$g_0=9.8\mathrm{m/s^2}$；小车的质量$m_c=1\mathrm{kg}$；$m=0.1\mathrm{kg}$为摆杆质量；l为摆长的一半，且$l=0.5\mathrm{m}$；u为控制输入。

倒立摆的位置为$x_d(t)=0.1\sin\pi t$，取如下五种隶属函数，对应的隶属度如图2-42所示。

$$\mu_{\mathrm{NM}}(x_i)=\exp\{-[(x_i+\pi/6)/(\pi/24)]^2\}$$
$$\mu_{\mathrm{NS}}(x_i)=\exp\{-[(x_i+\pi/12)/(\pi/24)]^2\}$$
$$\mu_{\mathrm{Z}}(x_i)=\exp\{-[x_i/(\pi/24)]^2\}$$
$$\mu_{\mathrm{PS}}(x_i)=\exp\{-[(x_i-\pi/12)/(\pi/24)]^2\}$$
$$\mu_{\mathrm{PM}}(x_i)=\exp\{-[(x_i-\pi/6)/(\pi/24)]^2\}$$

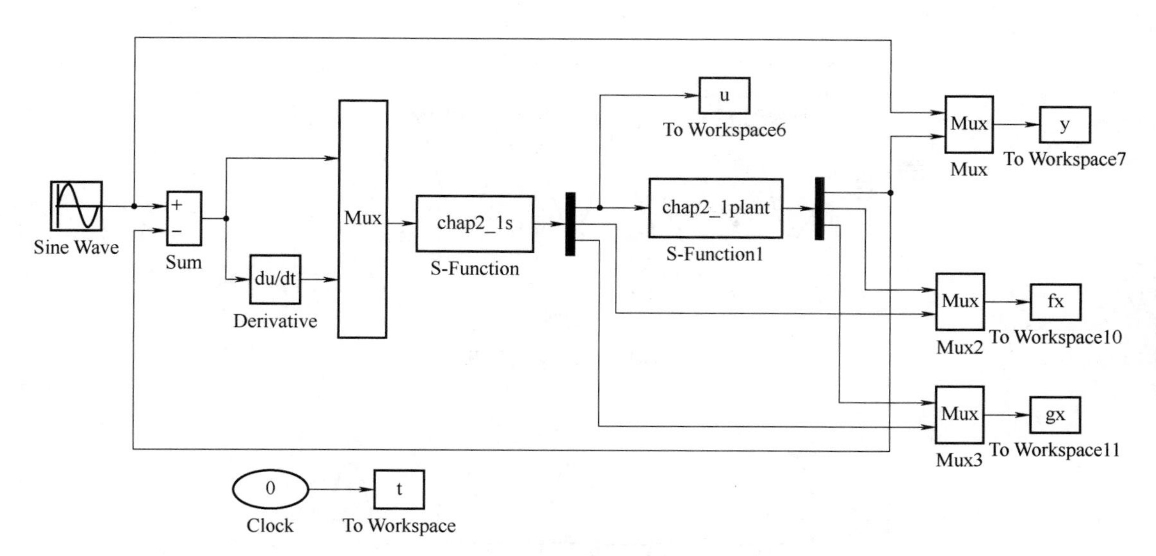

图 2-41　自适应模糊控制系统仿真模型

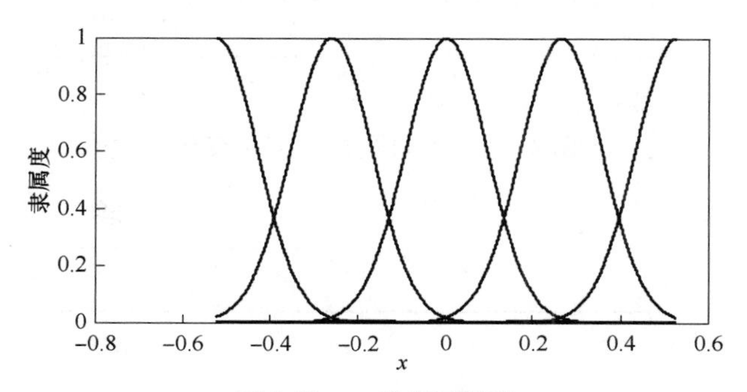

图 2-42　x_i 的隶属函数

用于逼近$f(x)$和$g(x)$的模糊规则有 25 条。假设倒立摆的初始状态为$[\pi/60,0]$，θ_f 和 θ_g 中元素的初始值取 0.1，自适应律采用式(2-59)；取$\boldsymbol{Q}=\begin{pmatrix}10 & 0\\0 & 10\end{pmatrix}$，$k_1=2$，$k_2=1$。考虑到$f(x_1,x_2)$的取值范围比$g(x_1,x_2)$大得多，自适应参数取$\gamma_1=50$，$\gamma_2=1$。MATLAB 仿真程序见附录 2.1。

附录 2.1　单级倒立摆间接自适应模糊控制

在 MATLAB 中，分别用 FS1、FS2 和 FS 表示模糊系统$\xi(x)$的分子、分母及$\xi(x)$，仿真结果如图 2-43~图 2-46 所示。

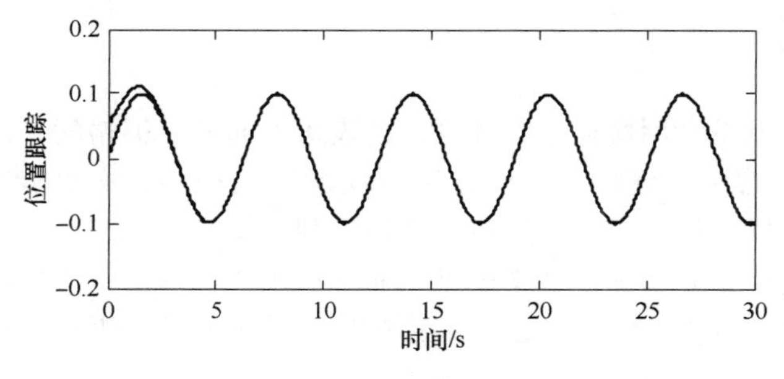

图 2-43　位置跟踪

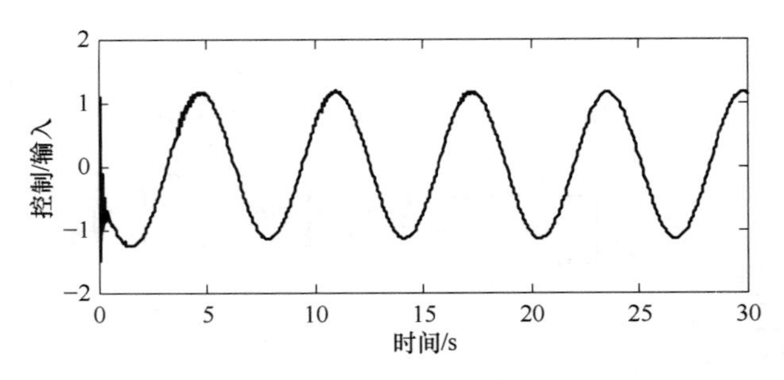

图 2-44　控制输入信号

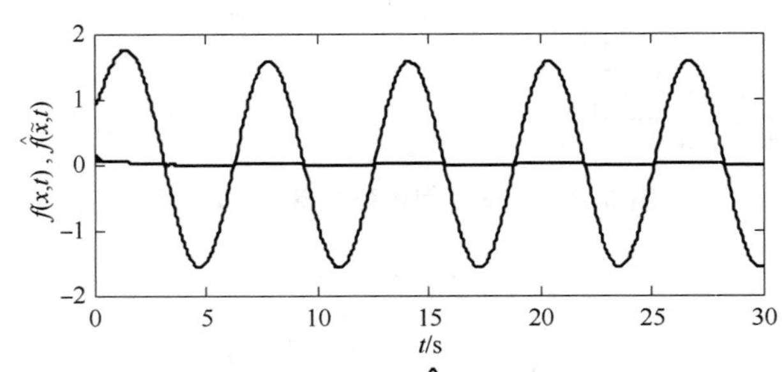

图 2-45　$f(x,t)$ 及 $\hat{f}(\tilde{x},t)$ 的变化

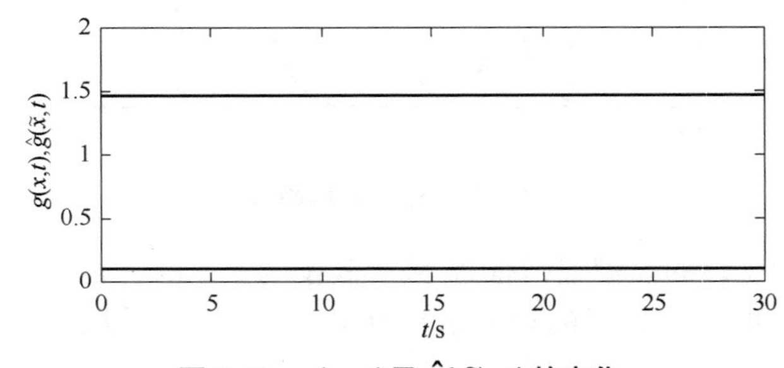

图 2-46　$g(x,t)$ 及 $\hat{g}(\tilde{x},t)$ 的变化

由图 2-45 和图 2-46 可以看出，$f(x)$ 与 $\hat{f}(\tilde{x}/\theta_f)$、$g(x)$ 与 $\hat{g}(\tilde{x}/\theta_g)$ 之间的逼近具有较大误差，这是因为位置指令频率信息不够丰富，且 $\hat{f}(\tilde{x}/\theta_f)$ 和 $\hat{g}(\tilde{x}/\theta_g)$ 之间线性相关。除了理想的 $f(x)$ 和 $g(x)$ 组合之外，也可以有许多 $f(x)$ 和 $g(x)$ 的组合满足 $\dot{V}\leqslant 0$。

2.6　本章小结

模糊控制的核心就是利用模糊集合理论，把表达人的控制策略的自然语言转化为计算机能够接受的算法语言的控制算法，这种方法不仅能实现控制，而且能模拟人的思维方式，对一些无法构造数学模型的被控对象进行有效的控制。模糊控制与一般的自动控制的根本区别在于模糊控制不需要建立精确的数学模型，而是运用模糊理论将人的经验知识与思维推理相结合，其控制过程的方法与策略是由所谓模糊控制器来实现。因此，模糊控制设计的核心是模糊控制器的设计。

2.1 节简单介绍了模糊控制器的组成、设计步骤、性能评价，详细介绍了选择隶属函数、建立规则库、模糊推理和解模糊的基本方法。通过模糊控制器数学特性的学习使读者对模糊控制系统有了初步的了解。

2.2 节以一阶倒立摆为例，以一个双输入单输出的模糊控制器设计为例，详细讲述了一个简单模糊控制器的设计过程，使读者通过设计实例对模糊控制系统有了进一步的理解。

在介绍了标准模糊系统以后，2.3 节介绍了函数模糊系统的特例——Takagi-Sugeno 模糊系统（简称 T-S 模糊系统），指出在本质上 T-S 模糊系统完成了线性映射之间的差补，模糊系统具有通用近似特性。另外还介绍了它的扩展形式——广义的 T-S 系统。

2.4 节以锅炉蒸汽压力为例，设计基于 MATLAB 的锅炉蒸汽压力的双模糊控制系统，并给出了实际工程仿真程序。

针对具有非线性和不确定性的复杂控制系统提出了自适应模糊控制方法。2.5 节介绍了自适应模糊控制系统的问题提出和设计需求，按照系统的模糊控制规则和模糊描述信息利用的原则，分别介绍了间接自适应模糊控制器和自适应模糊控制器的设计，最后以单级倒立摆为例，详细给出了自适应模糊控制的 MATLAB 设计与仿真，加深对模糊控制器的理解。

习题

2-1　简述模糊控制器组成及各部分的作用。

2-2　简述常用的解模糊方法。目前常用的模糊推理有哪些方法?

2-3　画出以下两种情况的隶属函数。

1）精确集合 $A=\{x \mid \pi/4 \leqslant x \leqslant \pi/2\}$ 的隶属函数。

2）写出单一模糊隶属函数的数学表达形式，并画出隶属函数。

2-4　画出以下应用场合下适当的隶属函数。

1）绝对相信$\dfrac{\pi}{4}$附近的 $e(t)$ 是“正小”，只有当 $e(t)$ 足够远离$\dfrac{\pi}{4}$时才失去 $e(t)$ 是“正小”的信心。

2）相信$\dfrac{\pi}{2}$附近的 $e(t)$ 是“正大”，而对于远离$\dfrac{\pi}{2}$的 $e(t)$ 很快失去信心。

3）随着 $e(t)$ 从$\dfrac{\pi}{4}$向左移动很快失去信心，而随着 $e(t)$ 从$\dfrac{\pi}{4}$向右移动较慢失去信心。

2-5　一个倒立摆系统有两个输入，并且每个输入有 7 个语言变量值与其对应。试问最多可以得到多少条规则。

2-6　一个模糊系统的输入和输出的隶属函数如图 2-47 所示。当 $e(t)=0$，$\dfrac{\mathrm{d}}{\mathrm{d}t}e(t)=\pi/16$ 时，试计算以下条件和规则的隶属函数。

1）规则 1：如果误差是零且误差变化率是零那么力是零。均使用最小化操作表示蕴含。

2）规则 2：如果误差是零且误差变化率是正小那么力是负小。均使用乘积操作表示蕴含。

2-7　用 COG 法对如图 2-48 所示的蕴含模糊集进行解模糊。

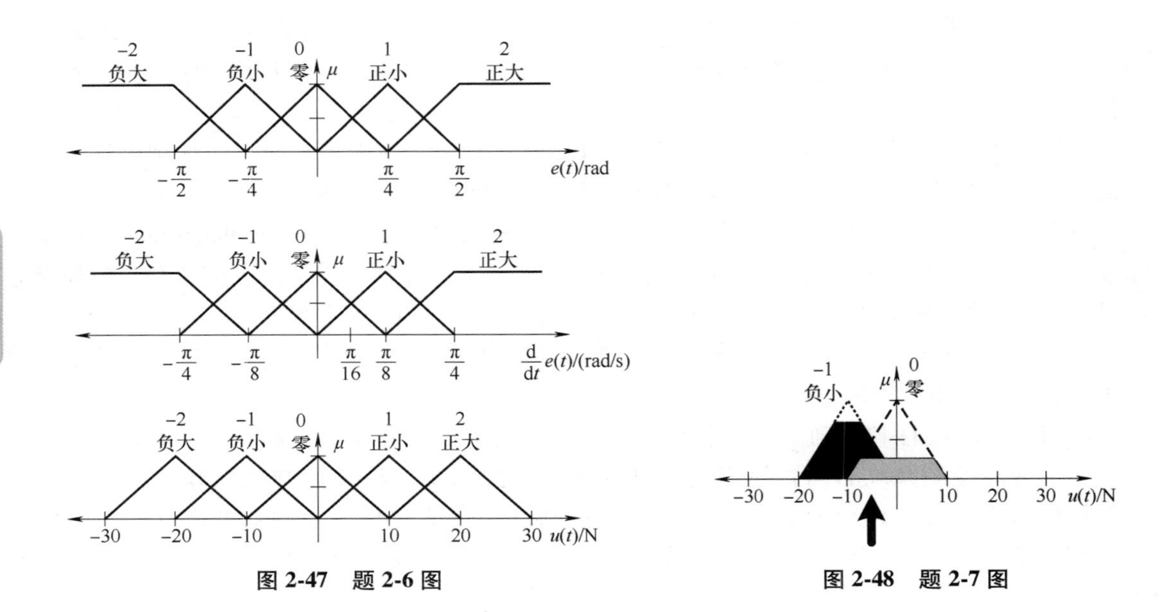

图 2-47　题 2-6 图　　　　图 2-48　题 2-7 图

2-8　假设对象的状态方程为

$$\dot{x} = ax + bu$$

其中 $b>0$，$a<0$（即系统是稳定的）。现在设计一个模糊控制器 ϕ，使对象的输入决定对象的状态，即 $u=\phi(x)$。假设一个模糊控制器 ϕ 已设计完成，而且 $\phi(0)=0$，而 $\phi(x)$ 是连续的。Lyapunov 函数为：$V(x)=\dfrac{1}{2}x^2$。

1）证明：如果 x 和 $\phi(x)$ 的符号相反，那么 $x=0$ 时系统是稳定的。

2）模糊控制系统在 $x=0$ 时是哪种稳定状态？

3）为什么要假设 $\phi(0)=0$？

参考文献

[1] PASSINO K M，YURKOVICH S. Fuzzy control[M]. Beijing：Tsinghua University Press，2001.

[2] ZADEH L A. Fuzzy sets[J]. Information and Control，1965，8(3)：338-353.

[3] DUBOIS D，PRADE H. Fuzzy sets and systems：theory and applications[M]. New York：Academic Press，1980.

[4] JANG J-S R，SUN C T，MIZUTANI E. Neuro-fuzzy and soft computing：a computational approach to learning and machine intelligence[J]. IEEE Transactions on Automatic Control，1997，42(10)：1482-1484.

[5] LEE C C. Fuzzy logic in control systems：fuzzy logic controller-part Ⅰ[J]. IEEE Transactions on Systems Man & Cybernetics，1990，20(2)：404-418.

[6] LEE C C. Fuzzy logic in control systems：fuzzy logic controller-part Ⅱ[J]. IEEE Transactions on Systems Man & Cybernetics，1990，20(2)：419-435.

[7] 卢志刚，吴士昌，于灵慧，等. 非线性自适应逆控制及其应用[M]. 北京：国防工业出版社，2004.

[8] Math Works. Fuzzy logic toolbox 2. 2. 5[CP]. https://www.mathworks. com/products/fuzzy-logic.html.

[9] 师黎，陈铁军，李晓媛，等. 智能控制实验与综合设计指导[M]. 北京：清华大学出版社，2008.

[10] 胡春风，张永胜，刘鸿兵. 锅炉锅筒压力控制系统的应用及改进[J]. 内蒙古石油化工，2004，30(1)：104-105.

[11] 方志明. 自适应模糊控制算法的研究[D]. 镇江：江苏大学，2003.
[12] 刘金琨. 智能控制[M]. 4版. 北京：电子工业出版社，2017.
[13] 石如冬. 自适应模糊控制算法研究及其实现[D]. 哈尔滨：哈尔滨工业大学，2008.
[14] FRANCIS B A. A course in $H\infty$ control theory[M]. Berlin：Springer-Verlay，1987.
[15] STOORVOGEL A A. The $H\infty$ control problem：a state space approach[M]. Upper Saddle River，NJ：Prentice Hall，1992.
[16] 王立新. 模糊系统与模糊控制教程[M]. 北京：清华大学出版社，2003.

第 3 章

模糊建模和模糊辨识

教学重点

掌握几类模糊模型以及模糊辨识和估计的方法：最小二乘法、梯度法、聚类法和复合法。

教学难点

对模糊辨识和估计的几种方法的准确把握和理解，关键是应用这几种方法实现模糊辨识和估计。

基于模糊集合理论、模糊 if-then 规则和模糊推理的模糊推理系统是一种流行的计算框架，已经在自动控制、故障诊断、数据库管理、可视计算、医疗及心理等多领域广泛应用。由于其丰富的内涵，模糊推理系统也可以称为模糊专家系统、模糊建模、模糊联想存储和模糊逻辑控制器等。一般来讲，模糊建模能充分利用系统或对象的结构知识和数据信息，采用传统的系统辨识技术建立其非参数化模型，为复杂非线性系统提供了一种有发展前景的建模方法。

3.1 模糊模型的类型与分割形式

常用的模糊模型有三类：Mamdani 模糊模型、函数模糊系统和 Tsukamoto 模糊模型。

3.1.1 Mamdani 模糊模型

Mamdani 模糊模型最初提出是为了用从有经验的人类操作者获得的一套语言规则来实现蒸汽机和锅炉的控制。图 3-1 说明了一个两规则 Mamdani 模糊推理系统有两个精确输入 x 和 y 时，系统得到总的输出 z。

如果采用乘积和最大化分别作为交和或的算子，并且用最大-乘积合成替代原来的最大-最小合成，那么结论的模糊推理如图 3-2 所示，图中每条规则推得的输出是一个通过代数乘积把激活强度按比例进行缩减的模糊集合。对模糊交(T-范数)和并(T-协范数)算子的选择不同，则会有其他变化。

在 Mamdani 模糊模型应用中，为了调节锅炉的蒸汽压力和发动机的速度，应用两个模糊推理系统作为两个控制器分别控制锅炉和发动机气缸的开节流阀的热量输入。因为对象都采用精确值作为输入，故需要使用一个解模糊器把模糊集合转换成精确值。解模糊是指从一个模糊

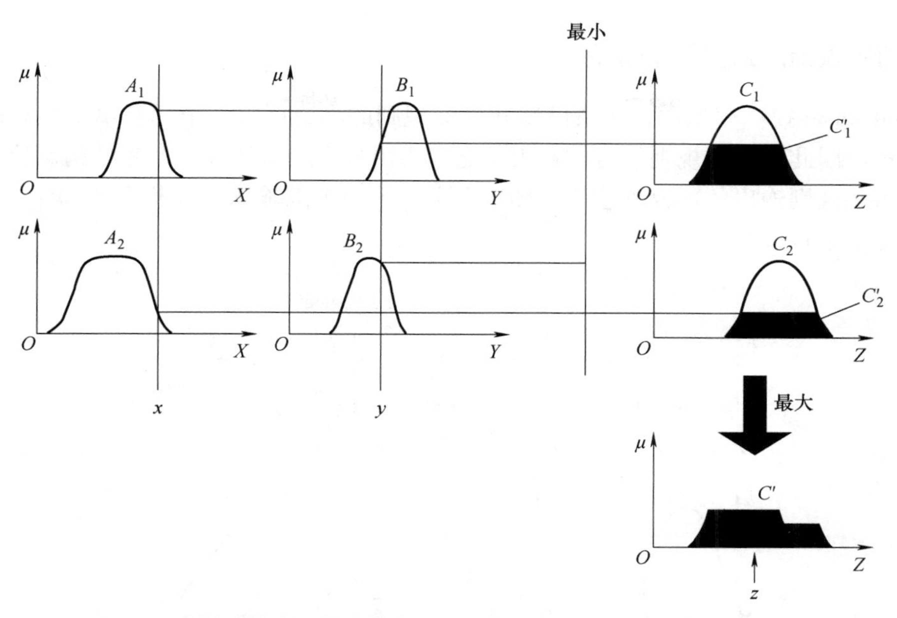

图 3-1　分别用最小和最大表示交和或操作的 Mamdani 模糊推理系统

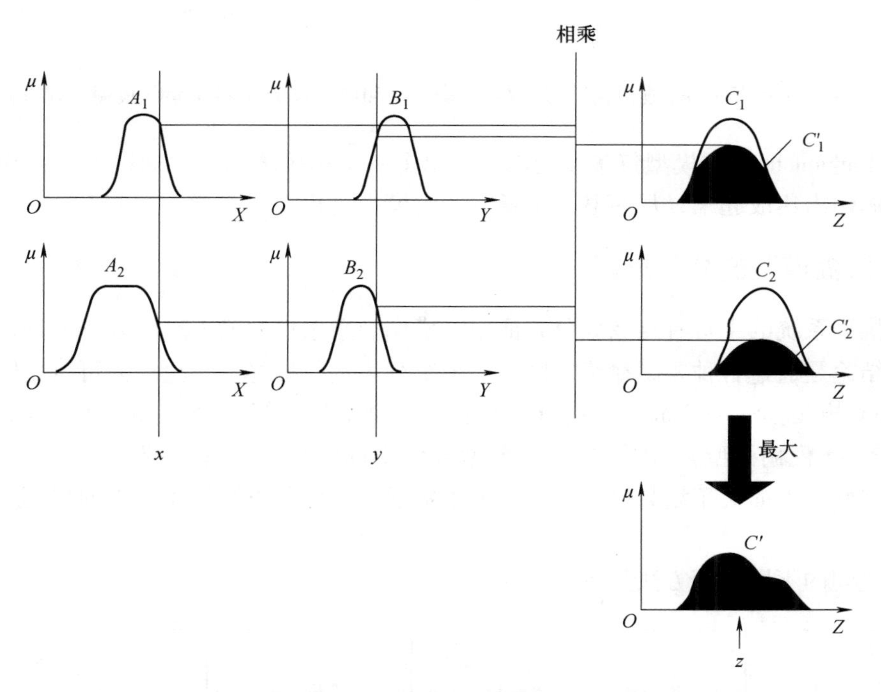

图 3-2　分别用相乘和最大表示交和或操作的 Mamdani 模糊推理系统

集合中抽取一个精确值作为其代表值的方法。最常用的解模糊方法是重心法，定义如下：

$$z_{\mathrm{COA}}=\frac{\int_Z \mu_{C'}(z)z\mathrm{d}z}{\int_Z \mu_{C'}(z)\mathrm{d}z} \tag{3-1}$$

式中，$\mu_{C'}(z)$为总隶属函数。

3.1.2 Tsukamoto 模糊模型

在 Tsukamoto 模糊模型中，每条模糊 if-then 规则的结论可由一个具有单调隶属函数的模糊集合表示。因此，每条规则推得的输出可定义为由规则的激活强度产生的精确值，总的输出可以取每条规则输出的加权平均值。图 3-3 说明了一个双输入、双规则 Tsukamoto 模糊推理系统的全部推理过程。

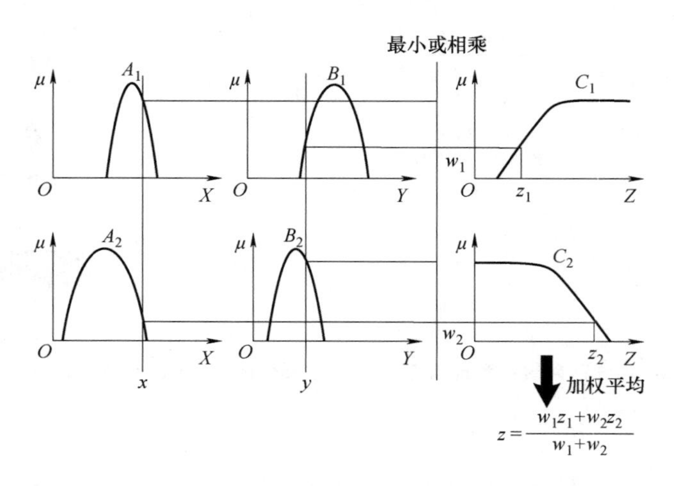

图 3-3 分别用最小(或相乘)和加权平均表示交和或操作的 Tsukamoto 模糊推理系统

因为 Tsukamoto 模糊模型每条规则都推导出了一个精确输出，并通过加权平均的方法把每条规则的输出集成起来，从而避免了耗时的解模糊过程。

3.1.3 模糊模型的分割形式

模糊推理系统的主旨有点像划分和征服。模糊规则条件把输入空间划分成许多局部模糊区域，而结论是通过各种要素在给定区域对系统行为进行描述。结论要素可以是输出隶属函数(Mamdani 模糊模型和 Tsukamoto 模糊模型)、一个常量(零阶 T-S 模糊模型)或者一个线性方程(一阶 T-S 模糊模型)。不同的结论要素导致不同的模糊推理系统，但它们的条件总是相同的。因此，下面关于划分输入空间形成模糊规则条件的方法适用于上面提到的三种模糊系统。

输入空间的不同分割方法如图 3-4 所示。

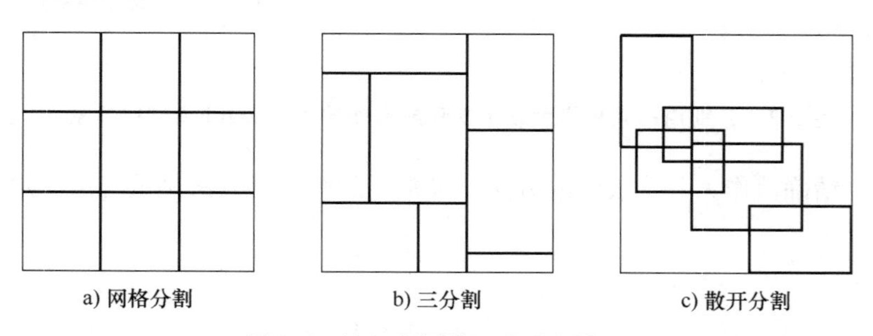

图 3-4 输入空间的不同分割方法

（1）网格分割

图 3-4a 是二维输入空间中的一个典型网格分割。设计仅含有几个输入状态变量的模糊控制器通常选用这种分割方法。这种分割方法仅需要每个输入隶属函数的一小部分。然而，当输入相当多时，如对于一个具有 10 个输入且每个输入有 2 个隶属函数的模糊模型，就会有 $2^{10}=1024$ 个模糊 if-then 规则，对应用而言计算量太大。这时通常可通过三分割和散开分割法解决。

（2）三分割

图 3-4b 所示为一个典型的三分割，每个区域通过相应的决定树被唯一指定。三分割可解决规则数按指数增长的问题，但为了定义这些模糊区域的每个输入需要定义更多的隶属函数，并且这些隶属函数通常没有清楚的语言意义，如“小”和“大”等。

（3）散开分割

如图 3-4c 所示，通过覆盖整个输入空间的一个子集，也就是输入向量可能发生的区域，散开分割可以把规则数限制到一个合理的数量上。

3.2　模糊系统的通用近似特性

3.2.1　模糊基函数

考虑一个 MISO 模糊系统，它的输入变量为 $x_1,x_2,\cdots,x_n$，用向量 $\boldsymbol{x}=(x_1,x_2,\cdots,x_n)^{\mathrm{T}}$ 表示，$\boldsymbol{x}$ 的论域是实空间上的紧密集，即 $\boldsymbol{x}\in U\subset R^n$。模糊系统的输出变量为 y，y 的论域是实数域上的紧密集，即 $y\in V\subset R$，模糊规则的一般形式为

$$R_j:\text{如果 } x_1 \text{ 是 } A_1^j \text{ 且 } x_2 \text{ 是 } A_2^j \text{ 且 } \cdots \text{ 且 } x_n \text{ 是 } A_n^j \text{ 那么 } y \text{ 是 } B^j \tag{3-2}$$

式中，$j=1,2,\cdots,M$（M 为规则数）；A_i^j 为 x_i 的模糊集合，隶属函数为 $\mu_{A_i^j}(x_i)$，$i=1,2,\cdots,n$；B^j 为 y 的模糊集合，隶属函数为 $\mu_{B^j}(y)$。假设输入变量模糊集合的隶属函数为高斯函数，即

$$\mu_{A_i^j}(x_i)=\exp\left[-\frac{1}{2}\left(\frac{x_i-\bar{x}_i^j}{\sigma_i^j}\right)^2\right] \tag{3-3}$$

输出变量的隶属函数为单一模糊化（Singleton），即

$$\mu_{B^j}(y)=\begin{cases}1 & y=\tilde{y}^j\\ 0 & y\neq\tilde{y}^j\end{cases} \tag{3-4}$$

若采用和-积（sum-product）推理方法和加权平均解模糊方法，模糊系统的输出为

$$y=f(x)=\sum_{j=1}^{M}\bar{y}^j\left[\prod_{i=1}^{n}\mu_{A_i^j}(x_i)\right]\Big/\sum_{j=1}^{M}\left[\prod_{i=1}^{n}\mu_{A_i^j}(x_i)\right] \tag{3-5}$$

如果输入变量的隶属函数参数 $\bar{x}_i^j$、σ_i^j 已设计好不变，只调节输出变量 y^j 的隶属函数参数，那么式（3-7）可改写为

$$y=f(x)=\sum_{j=1}^{M}\bar{y}^j\cdot p_j(x) \tag{3-6}$$

其中

$$p_j(x)=\prod_{i=1}^{n}\mu_{A_i^j}(x_i)\Big/\sum_{j=1}^{M}\left[\prod_{i=1}^{n}\mu_{A_i^j}(x_i)\right] \tag{3-7}$$

称为模糊基函数(Fuzzy Basis Function, FBF),而式(3-6)称为模糊系统的模糊基函数展开式。

模糊基函数具有下列特点:

1) 每条规则对应一个基函数。

2) 基函数是输入向量 x 的函数。一旦输入变量的模糊集合个数及隶属函数确定,模糊基函数也即确定。

3) 模糊基函数展开式是以 $\bar{y}_j$ 为变量的线性回归方程,可用最小二乘法辨识 $\bar{y}_j$。

3.2.2 模糊系统的通用逼近性

模糊系统具有非常强的函数近似功能。也就是说,如果适当构造,模糊系统能够完成非常复杂的操作。实际上,许多模糊系统满足通用近似性质。

模糊系统可以用模糊基函数的线性组合来描述,它能够用来辨识和控制的前提是能逼近任意连续实函数。下面是其理论证明。

定理 3.1 (Stone-Weierstrass)定理

假设 Z 是一个在紧密集论域 U 上的连续实函数的集合,如果

1) Z 对加法、乘法和数乘运算是封闭的。

2) 对于任意 x, $y\in U$, $x\neq y$, 存在 $f\in Z$, 使得 $f(x)\neq f(y)$。

3) 对每个 $x\in U$, 存在 $f\in Z$, 使得 $f(x)\neq 0$。

那么,Z 的一致闭包(Uniform Closure)包含 U 上所有的连续实函数,即 (Z,d_∞) 在 $(C[U],d_\infty)$ 中是密集的。

其中,$d_\infty(f_1,f_2)=\sup_{x\in U}\{|f_1(x)-f_2(x)|\}$ 是无穷大范数(Sup-Metric);$(C[U],d_\infty)$ 为一个赋范空间,$C[U]$ 是 U 上所有连续实函数的集合。

定理 3.2 FBF 展开式的通用逼近性

假设 Y 是所有 FBF 展开式式(3-8)的集合,对于在紧密集 $U\subset R^n$ 上的任何给定的连续实函数 g 和任何 $\varepsilon>0$, 都存在 $f\in Y$, 使得

$$\sup_{x\in U}\{|g(x^0)-f(x)|\}<\varepsilon \tag{3-8}$$

证明:

1) 首先证明 (Y,d_∞) 对代数运算的封闭性。

假设 f_1, $f_2\in Y$, 它们可以表示为

$$f_1(x)=\sum_{j=1}^{k_1}\left[\bar{z}_1^j\prod_{i=1}^{n}\mu_{A_{1i}^j}(x_i)\right]\Big/\sum_{j=1}^{k_1}\left[\prod_{i=1}^{n}\mu_{A_{1i}^j}(x_i)\right]$$

$$f_2(x)=\sum_{j=1}^{k_2}\left[\bar{z}_2^j\prod_{i=1}^{n}\mu_{A_{2i}^j}(x_i)\right]\Big/\sum_{j=1}^{k_2}\left[\prod_{i=1}^{n}\mu_{A_{2i}^j}(x_i)\right]$$

那么,$cf_1(c\in R)$、$f_1(x)+f_2(x)$、$f_1(x)\cdot f_2(x)$ 可以分别表示为

$$cf_1(x)=\sum_{j=1}^{k_1}\left[c\bar{z}_1^j\prod_{i=1}^{n}\mu_{A_{1i}^j}(x_i)\right]\Big/\sum_{j=1}^{k_1}\left[\prod_{i=1}^{n}\mu_{A_{1i}^j}(x_i)\right] \tag{3-9}$$

$$f_1(x)+f_2(x)=\frac{\displaystyle\sum_{j_1=1}^{k_1}\sum_{j_2=1}^{k_2}(\bar{z}_1^{j_1}+z_2^{j_2})\left[\prod_{i=1}^{n}\mu_{A_{1i}^{j_1}}(x_i)\mu_{A_{2i}^{j_2}}(x_i)\right]}{\displaystyle\sum_{j_1=1}^{k_1}\sum_{j_2=1}^{k_2}\left[\prod_{i=1}^{n}\mu_{A_{1i}^{j_1}}(x_i)\mu_{A_{2i}^{j_2}}(x_i)\right]} \tag{3-10}$$

$$f_1(x)\cdot f_2(x)=\frac{\sum_{j_1=1}^{k_1}\sum_{j_2=1}^{k_2}(\bar{z}_1^{j_1}z_2^{j_2})\left[\prod_{i=1}^{n}\mu_{A_{1i}^{j_1}}(x_i)\mu_{A_{2i}^{j_2}}(x_i)\right]}{\sum_{j_1=1}^{k_1}\sum_{j_2=1}^{k_2}\left[\prod_{i=1}^{n}\mu_{A_{1i}^{j_1}}(x_i)\mu_{A_{2i}^{j_2}}(x_i)\right]} \tag{3-11}$$

因为隶属函数是高斯型，它们的乘积也是高斯型，所以 cf_1、$f_1(x)+f_2(x)$、$f_1(x)\cdot f_2(x)$ 仍然保持模糊系统的形式，即式(3-5)，即 $cf_1\in Y$，$f_1(x)+f_2(x)\in Y$，$f_1(x)\cdot f_2(x)\in Y$。

2）其次证明 (Y,d_∞) 可以分离 U 中的元素。

假设任意 x^0，$y^0\in U$，$x^0\neq y^0$，构造一个 $f\in Y$，使得 $f(x^0)\neq f(y^0)$。设计只有两条规则，即

$$R_1:\text{if } x_1 \text{ is } A_1^1 \text{ and } x_2 \text{ is } A_2^1 \text{ and}\cdots\text{and } x_n \text{ is } A_n^1 \text{ then } z=\bar{z}_1$$

$$R_2:\text{if } x_1 \text{ is } A_1^2 \text{ and } x_2 \text{ is } A_2^2 \text{ and}\cdots\text{and } x_n \text{ is } A_n^2 \text{ then } z=\bar{z}_2$$

若向量 $\boldsymbol{x}^0=(x_1^0,x_2^0,\cdots,x_n^0)^{\mathrm{T}}$，$\boldsymbol{y}^0=(y_1^0,y_2^0,\cdots,y_n^0)^{\mathrm{T}}$，定义模糊集合 A_i^1 和 A_i^2 的隶属函数为

$$\mu_{A_i^1}(x_i)=\exp\left[-\frac{(x_i-x_i^0)^2}{2}\right]$$

$$\mu_{A_i^2}(x_i)=\exp\left[-\frac{(x_i-y_i^0)^2}{2}\right]$$

当 x 分别取 x^0 和 y^0 时，$f(x^0)$ 和 $f(y^0)$ 可根据式(3-5)求得，即

$$f(x^0)=\frac{\bar{z}^1+\bar{z}^2\prod_{i=1}^{n}\exp[-(x_i^0-y_i^0)/2]}{1+\prod_{i=1}^{n}\exp[-(x_i^0-y_i^0)/2]}=\alpha\bar{z}^1+(1-\alpha)\bar{z}^2$$

$$f(y^0)=\frac{\bar{z}^2+\bar{z}^1\prod_{i=1}^{n}\exp[-(x_i^0-y_i^0)/2]}{1+\prod_{i=1}^{n}\exp[-(x_i^0-y_i^0)/2]}=\alpha\bar{z}^2+(1-\alpha)\bar{z}^1$$

其中

$$\alpha=\frac{1}{1+\prod_{i=1}^{n}\exp[-(x_i^0-y_i^0)/2]}$$

因为 $x^0\neq y^0$，总有某个 i，$x_i^0\neq y_i^0$，使得 $\exp\left[-\frac{(x_i^0-y_i^0)^2}{2}\right]\neq 1$，$\alpha\neq 1-\alpha$。只要选择 $\bar{z}^1=0$，$\bar{z}^2=1$，那么 $f(x^0)=1-\alpha$，$f(y^0)=\alpha$，即

$$f(x^0)\neq f(y^0)$$

3）最后证明 (Y,d_∞) 对 U 中的任何 x 都有 f，使得 $f(x)\neq 0$。

假设 $x^0\in U$，权值修改公式为

$$\omega(n+1)=\omega(n)+\mu\frac{\tau_i}{|A^*|}$$

式中，$\tau_i=F_0^i-F(s_i)$，F_0^i 为应有的输出，$F(s_i)$ 和 $|A^*|=c$ 为综合聚类神经元数，只要选择所有的 $\bar{z}^j>0(j=1,2,\cdots,M)$，就可使 $f(x^0)\neq 0$，因此这样的 f 是存在的。

因为 FBF 是连续实函数，$f(x)$ 作为 FBF 的线性展开式也是连续实函数。Y 是在紧密集 $U \subset R^n$ 上的一个连续实函数的集合，并且满足以上三个条件，根据 Stone-Weierstrass 定理，Y 包含 U 上的所有连续实函数。所以，总有 $f(x)$ 能以任意精度逼近紧密集 U 上的任意连续实函数 $g(x)$。

3.2.3 用于函数近似的模糊系统求解

通用近似性质只是保证存在一种方法来定义一个模糊系统 $f(u)$，如通过选择隶属函数的参数，也就是说，只是保证了存在这样一个模糊系统，但是没有说明如何去发现这个模糊系统，而这往往又是非常困难的。进一步的研究显示实现任意精度的近似意味着需要任意多的规则。

(1) 模糊系统求解

模糊系统的通用近似性质只是说明如果在调整参数时操作者足够努力，就应该能够得到满足要求的模糊系统。尤其是对于控制，这意味着在用模糊控制器实现非线性函数时有很大的灵活性。不过一般来讲，通过适当调整给定的模糊控制器不能保证一定满足稳定性和性能指标，还需要选择合适的控制器输入和输出，这是因为对于某些对象，无论操作者如何努力地去调整模糊控制器，模糊系统会存在一些根本的限制，如非最小相位系统所能取得的性能指标就有某些限制，使模糊控制器无法达到某些控制目标。

假设系统 g 的第 i 组输入-输出数据对用(x^i,y^i)表示，其中 $x^i \in X$，$y^i \in Y$，且 $y^i=g(x^i)$。令 $\boldsymbol{x}^i=(x_1^i,x_2^i,\cdots,x_n^i)$表示第 i 个输入数据向量。训练数据集合表示为

$$G=\{(x^1,y^1),(x^2,y^2),\cdots,(x^M,y^M)\} \tag{3-12}$$

式中，M 是 G 中所含输入-输出数据对的组数。

如果只有有限的数据集合 G，寻找一个模糊系统 f 和映射 G 匹配是十分困难的。另外，又如何保证在整个输入空间 X 可以用 f 近似 g?

定义 3.1 如果

$$\sup_{x \in X}\{|g(x)-f(x|\theta)|\} \tag{3-13}$$

存在，定义为估计误差的上限。

根据这个定义，要求 g 完全已知，但这正是所要求解的，已知的只有一个有限的数据集合 G。因此只能在由某些输入-输出数据集合给出的一些点，通过计算 $g(x)$和$f(x|\theta)$之间的误差来评价估计的准确性。这些输入-输出数据集合称为测试集合，用 Γ 表示，即

$$\Gamma=\{(x^1,y^1),(x^2,y^2),\cdots,(x^{M_\Gamma},y^{M_\Gamma})\} \subset X \times Y \tag{3-14}$$

式中，M_Γ 为测试集合中已知的输入-输出数据的数目。注意：Γ 中的数据不一定包含在 G 中，反之亦然。本书更希望二者不完全相同，这样可以更真实地评价近似的准确性。不知道对于每个 $x \in X$ 用测试集合 Γ 计算的函数 $g(x)$ 和模糊系统 $f(x|\theta)$ 之间的估计误差能否和 $g(x)$和$f(x|\theta)$之间的真实测量误差相同，但这是利用已知信息所唯一能做的。因此需要测量估计误差，即

$$\sup_{(x^i,y^i) \in \Gamma}\{|g(x)-f(x|\theta)|\} \tag{3-15}$$

$$\sum_{(x^i,y^i) \in \Gamma}[g(x)-f(x|\theta)]^2 \tag{3-16}$$

从本质上讲，只有式(3-14)和式(3-15)的结果足够小，才能保证函数近似的准确性。特

别强调的是所选择函数 f 的类型对最终的函数近似准确性有很大影响。

（2）辨识、估计和预测之间的关系

模糊系统 $f(\boldsymbol{x}\mid\boldsymbol{\theta})$ 定义如下：

$$f(\boldsymbol{x}\mid\boldsymbol{\theta})=\boldsymbol{\theta}^{\mathrm{T}}\boldsymbol{x}(k) \tag{3-17}$$

其中

$$\boldsymbol{x}(k)=(y(k-1),\cdots,y(k-\bar{q}),u(k),\cdots,u(k-\bar{p}))^{\mathrm{T}} \tag{3-18}$$

$$\boldsymbol{\theta}=(\theta_{a_1},\cdots,\theta_{a_{\bar{q}}},\theta_{b_0},\cdots,\theta_{b_{\bar{p}}})^{\mathrm{T}} \tag{3-19}$$

令 $N=\bar{q}+\bar{p}+1$，$\boldsymbol{x}(k)$ 和 $\boldsymbol{\theta}$ 是 $N\times1$ 维向量。

类似于传统的线性系统辨识，对于模糊辨识，在式(3-17)定义一个合适的递归向量 $\boldsymbol{x}$，通过调节模糊系统 $f(\boldsymbol{x}\mid\boldsymbol{\theta})$ 使得 $e(\boldsymbol{x})$ 减小。因为模糊系统 $f(\boldsymbol{x}\mid\boldsymbol{\theta})$ 比线性系统具有更好的函数近似能力，适当调节模糊系统的参数可以更准确地完成非线性系统的辨识。

3.3　模糊辨识和估计的算法

3.3.1　模糊辨识的数据选择

根据辨识参数 θ 的方法的不同，有两种选择训练数据的方法。一种是数据应均匀分布覆盖整个输入空间。因为一般来讲精度取决于各个区域 $g(x)$ 的斜率。在 $g(x)$ 斜率较大的区域，需要更多的数据点来保证近似的精度；在斜率较小的区域，则不需要很多的数据点。另一种选择训练数据的方法是根据 $g(x)$ 的斜率，适当增减训练数据，恰当调节 θ，以保证近似的精度。

注意：X 中均匀覆盖的数据集合和系统辨识中足够丰富信号的信息有着密切联系。在系统辨识中，选择信号 u 来充分激励系统的动态特性，通过对象的输入-输出数据来观测系统。一般来讲，选择白噪声输入就可以充分激励系统，能比较好地辨识系统的动态特性。用含噪声的信号来激励是为了获得整个空间的数据信息，但是对于非线性系统则是被均匀覆盖。因此对于函数近似问题，如何挑选 u 来获得好的试验数据是非常重要的。目前还没有统一的方法，根据应用的系统的不同有多种选择。

上面集中研究了如何最好构造数据集合以便提供构造模糊系统 f 的有用信息。要强调的是语言信息在构造模糊系统中也起着重要作用。

假设从数据信息构造了一个模糊系统 f，且已获得了一些语言信息，并用这些信息构造了另一个模糊系统 f_{L}。如果研究的是系统辨识问题，那么 f_{L} 可能含有有关输入和输出的启发性知识，可以提供关于某一给定系统输入-输出数据估计器猜测的启发性信息。

假设模糊系统 f 和 f_{L} 具有相同的形式，为了把模糊系统 f_{L} 中的语言信息和模糊系统 f 中的数据信息结合起来，只需把两个模糊系统合并。

3.3.2　最小二乘算法

（1）成批最小二乘算法

首先通过讨论线性系统辨识问题，介绍用于训练模糊系统的成批最小二乘算法。令 g 为要辨识的物理系统，把这个系统产生的输入输出实验数据定义为训练集合 G。线性系统辨识

模型为

$$y(k)=\sum_{i=1}^{\bar{q}}\theta_{a_i}y(k-i)+\sum_{i=0}^{\bar{p}}\theta_{b_i}u(k-i)$$

式中，$u(k)$和$y(k)$分别为k时刻系统的输入和输出。

这种情况下，可定义函数

$$f(\boldsymbol{x}|\boldsymbol{\theta})=\boldsymbol{\theta}^{\mathrm{T}}\boldsymbol{x}(k) \tag{3-20}$$

其中，$\boldsymbol{x}(k)=(y(k-1),\cdots,y(k-\bar{q}),u(k),\cdots,u(k-\bar{p}))^{\mathrm{T}}$；$\boldsymbol{\theta}=(\theta_{a_1},\cdots,\theta_{a_{\bar{q}}},\theta_{b_0},\cdots,\theta_{b_{\bar{p}}})^{\mathrm{T}}$。

$f(\boldsymbol{x}|\boldsymbol{\theta})$不是一个模糊系统，令$N=\bar{q}+\bar{p}+1$，这样$\boldsymbol{x}(k)$和$\boldsymbol{\theta}$是$N\times1$维向量，通常称$\boldsymbol{x}(k)$为回归向量(Regression Vectors)。

总之，系统辨识是用数据集合G调整θ，使得对于所有的$x\in X$，满足$f(x|\theta)\approx g(x)$。对于线性系统辨识，为了构成数据集合G，选择$x^i=x(i)$，$y^i=y(i)$，并令$G=\{(x^i,y^i):i=1,2,\cdots,M\}$。要完成辨识，必须选择合适的初始条件。

下面推导成批最小二乘算法，定义

$$\boldsymbol{Y}(M)=(y^1,y^2,\cdots,y^M)^{\mathrm{T}}$$

是$M\times1$维输出数据向量。其中，$y^i(i=1,2,\cdots,M)$是G的元素，即y^i满足$(x^i,y^i)\in G$。

令

$$\boldsymbol{\Phi}(M)=\begin{pmatrix}(x^1)^{\mathrm{T}}\\(x^2)^{\mathrm{T}}\\\vdots\\(x^M)^{\mathrm{T}}\end{pmatrix}$$

是一个由嵌入的x^i数据向量组成的$M\times N$维矩阵，即x^i满足$(x^i,y^i)\in G$。$\varepsilon_i=y^i-(x^i)^{\mathrm{T}}\theta$是用$\theta$近似数据对$(x^i,y^i)\in G$所产生的误差。

定义$\boldsymbol{E}(M)=(\varepsilon_1,\varepsilon_2,\cdots,\varepsilon_M)^{\mathrm{T}}$，使得$\boldsymbol{E}=\boldsymbol{Y}-\boldsymbol{\Phi}\boldsymbol{\theta}$。

对于给定的$\boldsymbol{\theta}$值，选择

$$\boldsymbol{V}(\boldsymbol{\theta})=\frac{1}{2}\boldsymbol{E}^{\mathrm{T}}\boldsymbol{E}$$

作为衡量所有实际观测值和计算值之间近似程度高低的指标。通过选择θ使得$\boldsymbol{V}(\theta)$最小。

注意：$\boldsymbol{V}(\theta)$对θ是收敛的，这样局部最小就是全局最小。

如果θ对V求偏导，并令偏导数等于0，则得到$\hat{\theta}$的方程，即得到了未知参数θ的最好估计值(从最小二乘意义上讲)。另一种得到θ最好估计值的方法为

$$2\boldsymbol{V}=\boldsymbol{E}^{\mathrm{T}}\boldsymbol{E}=\boldsymbol{Y}^{\mathrm{T}}\boldsymbol{Y}-\boldsymbol{Y}^{\mathrm{T}}\boldsymbol{\Phi}\boldsymbol{\theta}-\boldsymbol{\theta}^{\mathrm{T}}\boldsymbol{\Phi}^{\mathrm{T}}\boldsymbol{Y}+\boldsymbol{\theta}^{\mathrm{T}}\boldsymbol{\Phi}^{\mathrm{T}}\boldsymbol{\Phi}\boldsymbol{\theta}$$

假设$\boldsymbol{\Phi}^{\mathrm{T}}\boldsymbol{\Phi}$是可逆的，令

$$2\boldsymbol{V}=\boldsymbol{Y}^{\mathrm{T}}\boldsymbol{Y}-\boldsymbol{Y}^{\mathrm{T}}\boldsymbol{\Phi}\boldsymbol{\theta}-\boldsymbol{\theta}^{\mathrm{T}}\boldsymbol{\Phi}^{\mathrm{T}}\boldsymbol{Y}+\boldsymbol{\theta}^{\mathrm{T}}\boldsymbol{\Phi}^{\mathrm{T}}\boldsymbol{\Phi}\boldsymbol{\theta}+\boldsymbol{Y}^{\mathrm{T}}\boldsymbol{\Phi}(\boldsymbol{\Phi}^{\mathrm{T}}\boldsymbol{\Phi})^{-1}\boldsymbol{\Phi}^{\mathrm{T}}\boldsymbol{Y}-\boldsymbol{Y}^{\mathrm{T}}\boldsymbol{\Phi}(\boldsymbol{\Phi}^{\mathrm{T}}\boldsymbol{\Phi})^{-1}\boldsymbol{\Phi}^{\mathrm{T}}\boldsymbol{Y}$$

可以变换为它的二次方形式(只在方程的末尾加了一项，又减了同一项)，即

$$2\boldsymbol{V}=\boldsymbol{Y}^{\mathrm{T}}[\boldsymbol{I}-\boldsymbol{\Phi}(\boldsymbol{\Phi}^{\mathrm{T}}\boldsymbol{\Phi})^{-1}\boldsymbol{\Phi}^{\mathrm{T}}]\boldsymbol{Y}+[\boldsymbol{\theta}-(\boldsymbol{\Phi}^{\mathrm{T}}\boldsymbol{\Phi})^{-1}\boldsymbol{\Phi}^{\mathrm{T}}\boldsymbol{Y}]^{\mathrm{T}}\boldsymbol{\Phi}^{\mathrm{T}}\boldsymbol{\Phi}[\boldsymbol{\theta}-(\boldsymbol{\Phi}^{\mathrm{T}}\boldsymbol{\Phi})^{-1}\boldsymbol{\Phi}^{\mathrm{T}}\boldsymbol{Y}]$$

方程的第一项与$\boldsymbol{\theta}$无关，故不能通过这一项减小$\boldsymbol{V}$，因此可忽略第一项。为得到最小的$\boldsymbol{V}$值，选择$\boldsymbol{\theta}$使得第二项等于零。用$\hat{\boldsymbol{\theta}}$来标记使$\boldsymbol{V}$最小的$\boldsymbol{\theta}$值。因为可以使上面方程的后一项等于零，因此

$$\hat{\boldsymbol{\theta}}=(\boldsymbol{\Phi}^{\mathrm{T}}\boldsymbol{\Phi})^{-1}\boldsymbol{\Phi}^{\mathrm{T}}\boldsymbol{Y} \tag{3-21}$$

这就是成批最小二乘公式。利用该公式，可以从嵌入 $\boldsymbol{\Phi}$ 和 $\boldsymbol{Y}$ 的批量数据直接计算最小二乘估计值 $\hat{\boldsymbol{\theta}}$。如果挑选系统的输入使得系统能充分激励，那么就能确保 $\boldsymbol{\Phi}^{\mathrm{T}}\boldsymbol{\Phi}$ 可逆。如果数据是来自具有未知参数 $\bar{q}$ 和 $\bar{p}$ 的线性对象，则只要 M 足够大就能得到对象参数的精确估计。

在加权成批最小二乘估计中，令

$$V(\boldsymbol{\theta})=\frac{1}{2}\boldsymbol{E}^{\mathrm{T}}\boldsymbol{W}\boldsymbol{E} \tag{3-22}$$

式中，$\boldsymbol{W}$ 可以是 $M\times M$ 对角阵，其对角线元素 $w_i>0$，$i=1,2,\cdots,M$，非对角线元素为零。w_i 用于增加 G 中某些元素的重要性。

（2）递推最小二乘算法

已证明成批最小二乘算法对于各种实际应用是非常成功的，但是从本质上讲，成批最小二乘算法是离线算法。显然当 M 较小时，可以对收集到的所有数据重复批量计算，但由于 $\boldsymbol{\Phi}^{\mathrm{T}}\boldsymbol{\Phi}$ 求逆的计算以及 $\boldsymbol{\Phi}$ 和 $\boldsymbol{Y}$ 的维数都取决于 M，随着收集数据的增加，成批最小二乘算法的计算就会变得不可能。下面介绍成批最小二乘算法的递推形式，即每当得到一对新数据时，就更新 $\hat{\theta}$ 估计值。递推算法在计算中没有用过去所有时刻的数据，也没有计算 $\boldsymbol{\Phi}^{\mathrm{T}}\boldsymbol{\Phi}$ 的逆。

考虑连续增加 G 的大小，假设在每一步 G 增加 1，令 $k=M$ 为时间指数，i 满足 $0\leqslant i\leqslant k$。令

$$\boldsymbol{P}(k)=(\boldsymbol{\Phi}^{\mathrm{T}}\boldsymbol{\Phi})^{-1}=\left[\sum_{i=1}^{k}\boldsymbol{x}^i(\boldsymbol{x}^i)^{\mathrm{T}}\right]^{-1} \tag{3-23}$$

用 $\hat{\theta}(k-1)$ 表示基于 $k-1$ 时刻数据对的最小二乘估计值，$\boldsymbol{P}(k)$ 为协方差矩阵。假设对所有的 k，$\boldsymbol{\Phi}^{\mathrm{T}}\boldsymbol{\Phi}$ 是非奇异的，令

$$\boldsymbol{P}^{-1}(k)=\boldsymbol{\Phi}^{\mathrm{T}}\boldsymbol{\Phi}=\textstyle\sum_{i=1}^{k}\boldsymbol{x}^i(\boldsymbol{x}^i)^{\mathrm{T}}$$

从累加和中提取出最后一项，可得

$$\boldsymbol{P}^{-1}(k)=\sum_{i=1}^{k-1}\boldsymbol{x}^i(\boldsymbol{x}^i)^{\mathrm{T}}+\boldsymbol{x}^k(\boldsymbol{x}^k)^{\mathrm{T}}$$

因此

$$\boldsymbol{P}^{-1}(k)=\boldsymbol{P}^{-1}(k-1)+\boldsymbol{x}^k(\boldsymbol{x}^k)^{\mathrm{T}} \tag{3-24}$$

应用式(3-21)，可得

$$\begin{aligned}\hat{\boldsymbol{\theta}}(k)&=(\boldsymbol{\Phi}^{\mathrm{T}}\boldsymbol{\Phi})^{-1}\boldsymbol{\Phi}^{\mathrm{T}}\boldsymbol{Y}\\&=\left[\sum_{i=1}^{k}\boldsymbol{x}^i(\boldsymbol{x}^i)^{\mathrm{T}}\right]^{-1}\left(\sum_{i=1}^{k}\boldsymbol{x}^i\boldsymbol{y}^i\right)\\&=\boldsymbol{P}(k)\left(\sum_{i=1}^{k}\boldsymbol{x}^i\boldsymbol{y}^i\right)\\&=\boldsymbol{P}(k)\left(\sum_{i=1}^{k-1}\boldsymbol{x}^i\boldsymbol{y}^i+\boldsymbol{x}^k\boldsymbol{y}^k\right)\end{aligned} \tag{3-25}$$

所以

$$\hat{\boldsymbol{\theta}}(k-1)=\boldsymbol{P}(k-1)\left(\sum_{i=1}^{k-1}\boldsymbol{x}^i\boldsymbol{y}^i\right)$$

$$\boldsymbol{P}^{-1}(k-1)\hat{\boldsymbol{\theta}}(k-1)=\sum_{i=1}^{k-1}\boldsymbol{x}^i\boldsymbol{y}^i$$

用式(3-24)的结果代替上式的 $\boldsymbol{P}^{-1}(k-1)$，可得

$$[\boldsymbol{P}^{-1}(k)-\boldsymbol{x}^k(\boldsymbol{x}^k)^{\mathrm{T}}]\hat{\boldsymbol{\theta}}(k-1)=\sum_{i=1}^{k-1}\boldsymbol{x}^i\boldsymbol{y}^i$$

由式(3-25)的结果，可得

$$\begin{aligned}\hat{\boldsymbol{\theta}}(k)&=\boldsymbol{P}(k)[\boldsymbol{P}^{-1}(k)-\boldsymbol{x}^k(\boldsymbol{x}^k)^{\mathrm{T}}]\hat{\boldsymbol{\theta}}(k-1)+\boldsymbol{P}(k)\boldsymbol{x}^k\boldsymbol{y}^k\\&=\hat{\boldsymbol{\theta}}(k-1)-\boldsymbol{P}(k)\boldsymbol{x}^k(\boldsymbol{x}^k)^{\mathrm{T}}\hat{\boldsymbol{\theta}}(k-1)+\boldsymbol{P}(k)\boldsymbol{x}^k\boldsymbol{y}^k\\&=\hat{\boldsymbol{\theta}}(k-1)+\boldsymbol{P}(k)\boldsymbol{x}^k[\boldsymbol{y}^k-(\boldsymbol{x}^k)^{\mathrm{T}}\hat{\boldsymbol{\theta}}(k-1)]\end{aligned}\tag{3-26}$$

式(3-26)提供了一种在每一时间步长 k，根据过去的估计值 $\hat{\boldsymbol{\theta}}(k-1)$ 和最新得到的数据对 $(\boldsymbol{x}^k,\boldsymbol{y}^k)$ 计算参数 $\hat{\boldsymbol{\theta}}(k)$ 估计值的方法。注意：$[\boldsymbol{y}^k-(\boldsymbol{x}^k)^{\mathrm{T}}\hat{\boldsymbol{\theta}}(k-1)]$ 是用 $\hat{\boldsymbol{\theta}}(k-1)$ 估计 y^k 的误差。

为了更新式(3-26)中的 $\hat{\boldsymbol{\theta}}$，需要计算 $\boldsymbol{P}(k)$，由

$$\boldsymbol{P}^{-1}(k)=\boldsymbol{P}^{-1}(k-1)+\boldsymbol{x}^k(\boldsymbol{x}^k)^{\mathrm{T}}\tag{3-27}$$

可知，要计算 $\boldsymbol{P}(k)$，需要在每一时间步长 k 计算一个矩阵的逆，显然，这是在实时实现中所不期望的，所以应该避免。解决这个问题就要用到矩阵求逆定理，即如果 $\boldsymbol{A}$、$\boldsymbol{C}$ 和 $(\boldsymbol{C}^{-1}+\boldsymbol{DA}^{-1}\boldsymbol{B})$ 是非奇异的方阵，则 $\boldsymbol{A}+\boldsymbol{BCD}$ 是可逆的，并且

$$(\boldsymbol{A}+\boldsymbol{BCD})^{-1}=\boldsymbol{A}^{-1}-\boldsymbol{A}^{-1}\boldsymbol{B}(\boldsymbol{C}^{-1}+\boldsymbol{DA}^{-1}\boldsymbol{B})^{-1}\boldsymbol{DA}^{-1}$$

用上式就可以避免计算式(3-27)中的逆矩阵 $\boldsymbol{P}^{-1}(k)$，再由式(3-26)进行 $\hat{\boldsymbol{\theta}}$ 更新。注意：由

$$\begin{aligned}\boldsymbol{P}(k)&=[\boldsymbol{\Phi}^{\mathrm{T}}(k)\boldsymbol{\Phi}(k)]^{-1}\\&=[\boldsymbol{\Phi}^{\mathrm{T}}(k-1)\boldsymbol{\Phi}(k-1)+\boldsymbol{x}^k(\boldsymbol{x}^k)^{\mathrm{T}}]^{-1}\\&=[\boldsymbol{P}^{-1}(k-1)+\boldsymbol{x}^k(\boldsymbol{x}^k)^{\mathrm{T}}]^{-1}\end{aligned}$$

如果 $\boldsymbol{A}=\boldsymbol{P}^{-1}(k-1)$，$\boldsymbol{B}=\boldsymbol{x}^k$，$\boldsymbol{C}=\boldsymbol{I}$，$\boldsymbol{D}=(\boldsymbol{x}^k)^{\mathrm{T}}$，利用矩阵求逆定理，可得

$$\boldsymbol{P}(k)=\boldsymbol{P}(k-1)-\boldsymbol{P}(k-1)\boldsymbol{x}^k[\boldsymbol{I}+(\boldsymbol{x}^k)^{\mathrm{T}}\boldsymbol{P}(k-1)\boldsymbol{x}^k]^{-1}(\boldsymbol{x}^k)^{\mathrm{T}}\boldsymbol{P}(k-1)\tag{3-28}$$

和

$$\hat{\boldsymbol{\theta}}(k)=\hat{\boldsymbol{\theta}}(k-1)+\boldsymbol{P}(k)\boldsymbol{x}^k[\boldsymbol{y}^k-(\boldsymbol{x}^k)^{\mathrm{T}}\hat{\boldsymbol{\theta}}(k-1)]\tag{3-29}$$

式(3-29)由式(3-26)求得，称为递推最小二乘算法(Recursive Least Squares，RLS)。从根本上讲，矩阵求逆定理就是把矩阵的逆转换成标量的逆，即 $[\boldsymbol{I}+(\boldsymbol{x}^k)^{\mathrm{T}}\boldsymbol{P}(k-1)\boldsymbol{x}^k]^{-1}$ 是一个标量。

初始化 RLS 算法即选择 $\hat{\boldsymbol{\theta}}(0)$ 和 $\boldsymbol{P}(0)$。一种方法是选择 $\hat{\boldsymbol{\theta}}(0)=0$，$\boldsymbol{P}(0)=\boldsymbol{P}_0$，$\alpha>0$ 是一个比较大的数，$\boldsymbol{P}_0=\alpha\boldsymbol{I}$。这种选择在实际中常用。有时还可以选择 $\boldsymbol{P}(0)=\boldsymbol{P}_0$，但要求选择的 $\hat{\boldsymbol{\theta}}(0)$ 是操作者认为最好的参数猜测值。

同样，也有加权递推最小二乘算法(Weighted Recursive Least Squares，WRLS)。假设实际系统的参数 $\boldsymbol{\theta}$ 缓慢变化，选择

$$V(\boldsymbol{\theta},k)=\frac{1}{2}\sum_{i=1}^{k}\lambda^{k-i}[\boldsymbol{y}^i-(\boldsymbol{x}^i)^{\mathrm{T}}\boldsymbol{\theta}]^2$$

式中，$0<\lambda\leqslant 1$ 为遗忘因子。在优化中，λ 能给最近时刻的数据较高的权值(注意：应用这种性能指标 V 也能获得加权成批最小二乘)。应用类似的方法进行推导，可得加权递推最小二

乘算法为

$$\boldsymbol{P}(k)=\frac{1}{\lambda}\{\boldsymbol{I}-\boldsymbol{P}(k-1)\boldsymbol{x}^k[\lambda\boldsymbol{I}+(\boldsymbol{x}^k)^{\mathrm{T}}\boldsymbol{P}(k-1)\boldsymbol{x}^k]^{-1}(\boldsymbol{x}^k)^{\mathrm{T}}\}\boldsymbol{P}(k-1) \tag{3-30}$$

$$\hat{\boldsymbol{\theta}}(k)=\hat{\boldsymbol{\theta}}(k-1)+\boldsymbol{P}(k)\boldsymbol{x}^k[\boldsymbol{y}^k-(\boldsymbol{x}^k)^{\mathrm{T}}\hat{\boldsymbol{\theta}}(k-1)] \tag{3-31}$$

当 $\lambda=1$ 时，WRLS 就是标准的 RLS。

（3）模糊系统的调整

应用前面介绍的最小二乘算法可以调整离线或者在线的模糊系统，下面讨论如何利用最小二乘算法训练模糊系统，即如何调整具有多输入、单输出的标准模糊系统和 T-S 模糊系统。

首先，考虑标准模糊系统

$$y=f(\boldsymbol{x}|\theta)=\frac{\sum_{i=1}^{R}b_i\mu_i(x)}{\sum_{i=1}^{R}\mu_i(x)} \tag{3-32}$$

式中，$\boldsymbol{x}=(x_1,x_2,\cdots,x_n)^{\mathrm{T}}$；$\mu_i(x)$是第 i 条规则的条件确定度（即隶属度），$b_i(i=1,2,\cdots,R)$是输出隶属函数的中心。由

$$f(\boldsymbol{x}|\theta)=\frac{b_1\mu_1(x)}{\sum_{i=1}^{R}\mu_i(x)}+\frac{b_2\mu_2(x)}{\sum_{i=1}^{R}\mu_i(x)}+\cdots+\frac{b_R\mu_R(x)}{\sum_{i=1}^{R}\mu_i(x)}$$

如果定义

$$\boldsymbol{\xi}_i(x)=\frac{\mu_i(x)}{\sum_{i=1}^{R}\mu_i(x)} \tag{3-33}$$

则

$$f(x|\boldsymbol{\theta})=b_1\xi_1(x)+b_2\xi_2(x)+\cdots+b_R\xi_R(x)$$

如果定义

$$\boldsymbol{\xi}(x)=(\xi_1,\xi_2,\cdots,\xi_R)^{\mathrm{T}}$$

$$\boldsymbol{\theta}=(b_1,b_2,\cdots,b_R)^{\mathrm{T}}$$

则

$$\boldsymbol{y}=f(\boldsymbol{x}|\boldsymbol{\theta})=\boldsymbol{\theta}^{\mathrm{T}}\boldsymbol{\xi}(x) \tag{3-34}$$

事实上，如果给定 μ_i，则 $\boldsymbol{\xi}(x)$ 也是确定的。将 $\boldsymbol{\xi}(x)$ 看作已知的衰退向量，这就是标准最小二乘算法的形式。从根本上讲，最小二乘算法是把训练数据 $\boldsymbol{x}^i$ 映射到 $\boldsymbol{\xi}(\boldsymbol{x}^i)$，产生输出隶属函数中心 b_i 的最佳估计值。这意味着成批或递推最小二乘算法均可用于训练某些类型的模糊系统，即某些类型的模糊系统可通过参数化描述成式（3-34）形式的参数线性化系统。在成批最小二乘算法中形成的向量 $\boldsymbol{\Phi}$ 和递推最小二乘算法式（3-30）中，所要做的就是用 $\boldsymbol{\xi}(\boldsymbol{x}^i)$ 代替 $\boldsymbol{x}^i$。因此，可以用最小二乘算法对某些模糊系统进行在线或离线训练。对于输入隶属函数 $\boldsymbol{\xi}(x)$ 的选择采用一些启发式的思想，也可用任何已知函数代替向量 $\boldsymbol{\xi}(x)$ 中任一元素 ξ_i，或采用一些标准选择，如选择均匀分布，这些选择对于某些模糊系统应用效果很好。

T-S 模糊系统也可以参数化，采用成批或递推最小二乘法算法进行训练。选择合适的隶属函数（如均匀分布），就可以获得一个由最小方差构成的线性输出函数之间的非线性插补。当给定 T-S 模糊系统为

$$y=\frac{\sum_{i=1}^{R}g_i(x)\mu_i(x)}{\sum_{i=1}^{R}\mu_i(x)}$$

式中，$g_i(x)=a_{i,0}+a_{i,1}x_1+\cdots+a_{i,n}x_n$。

采用与标准模糊系统同样的方法，可得

$$y=\frac{\sum_{i=1}^{R}a_{i,0}\,\mu_i(x)}{\sum_{i=1}^{R}\mu_i(x)}+\frac{\sum_{i=1}^{R}a_{i,1}x_1\,\mu_i(x)}{\sum_{i=1}^{R}\mu_i(x)}+\cdots+\frac{\sum_{i=1}^{R}a_{i,n}x_n\,\mu_i(x)}{\sum_{i=1}^{R}\mu_i(x)} \tag{3-35}$$

第一项是标准模糊系统。用式(3-33)中定义的$\boldsymbol{\xi}_i(x)$，重新定义$\boldsymbol{\xi}(x)$和$\boldsymbol{\theta}$为

$$\boldsymbol{\xi}(x)=(\xi_1(x),\xi_2(x),\cdots,\xi_R(x),x_1\xi_1(x),x_1\xi_2(x),\cdots,x_1\xi_R(x),\cdots,$$
$$x_n\xi_1(x),x_n\xi_2(x),\cdots,x_n\xi_R(x))^{\mathrm{T}}$$
$$\boldsymbol{\theta}=(a_{1,0},a_{2,0},\cdots,a_{R,0},a_{1,1},a_{2,1},\cdots,a_{R,1},\cdots,a_{1,n},a_{2,n},\cdots,a_{R,n})^{\mathrm{T}}$$

因此

$$y=f(\boldsymbol{x}|\boldsymbol{\theta})=\boldsymbol{\theta}^{\mathrm{T}}\boldsymbol{\xi}(x)$$

表示 T-S 模糊系统，可以看出它也是参数的线性形式。正如标准模糊系统那样，可以用批量或递推最小二乘算法训练$f(\boldsymbol{x}|\boldsymbol{\theta})$。也就是说，简单地预先选择一个$\mu_i(x)$和向量$\boldsymbol{\xi}_i(x)$，通过$\boldsymbol{\xi}(x)$处理训练数据$\boldsymbol{x}^i$，其中$(\boldsymbol{x}^i,\boldsymbol{y}^i)\in G$，在成批最小二乘算法中形成向量$\boldsymbol{\Phi}$或者递推最小二乘算法的式(3-30)中，用$\boldsymbol{\xi}(\boldsymbol{x}^i)$代替$\boldsymbol{x}^i$。

最后，要注意上面的训练方法适用于任意非线性系统，只要求这种非线性是参数的线性化形式。

在应用成批最小二乘算法训练模糊系统时，需要考虑如何调整模糊系统，即

$$f(x|\theta)=\frac{\sum_{i=1}^{R}b_i\prod_{j=1}^{n}\exp\left[-\frac{1}{2}\left(\frac{x_j-c_j^i}{\sigma_j^i}\right)^2\right]}{\sum_{i=1}^{R}\prod_{j=1}^{n}\exp\left[-\frac{1}{2}\left(\frac{x_j-c_j^i}{\sigma_j^i}\right)^2\right]}$$

式中，b_i为输出空间中第i条规则的输出隶属函数获得最大值的点；c_j^i为第j个输入论域中第i条规则的隶属函数获得最大值的点；$\sigma_j^i>0$为第j个输入和第i条规则的隶属函数的相对宽度。显然，模糊系统采用了中心平均法解模糊，对于条件和隐含采用了乘积运算。注意：最外面的输入隶属函数不能饱和。

在应用递推最小二乘算法进行模糊系统训练时，在式(3-30)中，用$\boldsymbol{\xi}(\boldsymbol{x}^k)$替代$\boldsymbol{x}^k$，可得

$$\boldsymbol{P}(k)=\frac{1}{\lambda}\{\boldsymbol{I}-\boldsymbol{P}(k-1)\boldsymbol{\xi}(\boldsymbol{x}^k)\{\lambda\boldsymbol{I}+[\boldsymbol{\xi}(\boldsymbol{x}^k)]^{\mathrm{T}}\boldsymbol{P}(k-1)\boldsymbol{\xi}(\boldsymbol{x}^k)\}^{-1}[\boldsymbol{\xi}(\boldsymbol{x}^k)]^{\mathrm{T}}\}\boldsymbol{P}(k-1)$$

$$\hat{\boldsymbol{\theta}}(k)=\hat{\boldsymbol{\theta}}(k-1)+\boldsymbol{P}(k)\boldsymbol{\xi}(\boldsymbol{x}^k)\{\boldsymbol{y}^k-[\boldsymbol{\xi}(\boldsymbol{x}^k)]^{\mathrm{T}}\hat{\boldsymbol{\theta}}(k-1)\} \tag{3-36}$$

由式(3-36)可以计算模糊系统的参数向量。

3.3.3 梯度算法

梯度算法同最小二乘算法一样，试图构造一个能够通过适当差补来近似函数$g(x)$的模糊系统$f(x|\theta)$。从本质上讲，$g(x)$由训练数据G描述。使用梯度算法优化的目的是为了寻找能很好近似$g(x)$的参数θ，即使得$f(x|\theta)$尽可能地接近$g(x)$，但梯度算法不能确保找到的θ是参数的最好近似。不过，它提供了一种调整模糊系统所有参数的方法。例如，除了调整输出隶属函数的中心之外，使用梯度算法还可以调整输入隶属函数的中心和宽度。下面讨论单输出的标准模糊系统和 T-S 模糊系统的梯度训练算法，并推广到多输入、多输出模糊系统。

(1) 标准模糊系统的训练

模糊系统采用了单一模糊化，输入隶属函数为高斯型，中心为 c_j^i，宽度为 σ_j^i，输出隶属函数的中心为 b_i，条件和隐含采用乘积操作，中心法解模糊。模糊系统表示为

$$f(x \mid \theta)=\frac{\sum_{i=1}^{R} b_i \prod_{j=1}^{n} \exp\left[-\frac{1}{2}\left(\frac{x_j-c_j^i}{\sigma_j^i}\right)^2\right]}{\sum_{i=1}^{R} \prod_{j=1}^{n} \exp\left[-\frac{1}{2}\left(\frac{x_j-c_j^i}{\sigma_j^i}\right)^2\right]} \tag{3-37}$$

式中，c_j^i 为在第 j 个论域上第 i 条规则的中心；b_i 为第 i 条规则输出隶属函数的中心；σ_j^i 为在第 j 个论域上第 i 个规则的宽度。注意：在整个论域中对所有输入采用高斯型隶属函数，此处所研究的训练方法适用于其他模糊系统。

假设给定第 m 个训练数据对 $(x^m, y^m) \in G$，令

$$e_m = \frac{1}{2}[f(x^m \mid \theta) - y^m]$$

在梯度算法中，通过选择参数 θ 最小化 e_m。对于所研究的模糊系统，θ 包括 b_i、c_j^i 和 σ_j^i，$i=1,2,\cdots,R$，$j=1,2,\cdots,n$，$\theta(k)$ 表示在 k 时刻模糊系统的参数值。另一种方法是最小化 G 中数据子集或者所有数据的误差累加和，但会增加计算量，而且算法的性能指标也不一定好。

对于输出隶属函数中心 b_i 更新法则，首先应该考虑如何调整 b_i 以最小化 e_m。使用一个更新公式，即

$$b_i(k+1) = b_i(k) - \lambda_1 \left.\frac{\partial e_m}{\partial b_i}\right|_k$$

式中，$i=1,2,\cdots,R$；$k \geqslant 0$ 为参数更新步的指数；e_m 为当前数据对 (x_m, y_m) 和模糊系统的误差。通过选择 b_i 来最小化二次型函数 e_m 就是所谓的梯度下降算法。如果 e_m 是 θ 的二次型函数，这种更新方法将使 b_i 沿着 e_m 误差表面负梯度的方向移动，也就是说沿着球形误差表面下降，符合期望。试想一下在山谷中向下滑雪的路径，梯度下降法就是通往山谷底部的一条路。参数 $\lambda_1>0$ 表示步长，它表示沿着 e_m 误差表面下降一步有多大。如果 λ_1 选择得太小，那么 b_i 调整很慢；如果 λ_1 选择得太大，收敛很快，则有可能会失去 e_m 的最小值(可能永远不会收敛到最小值)。研究表明，如果误差衰减很快，采用大的步长；若误差衰减很慢，则采用小的步长，从而既加快了收敛又不会错过最小值。

接着简化 b_i 的更新公式，应用微积分的链规则

$$\frac{\partial e_m}{\partial b_i} = [f(x^m \mid \theta) - y^m] \frac{\partial f(x^m \mid \theta)}{\partial b_i}$$

可得

$$\frac{\partial e_m}{\partial b_i}=[f(x^m \mid \theta)-y^m] \frac{\prod_{j=1}^{n} \exp\left[-\frac{1}{2}\left(\frac{x_j^m-c_j^i}{\sigma_j^i}\right)^2\right]}{\sum_{i=1}^{R} \prod_{j=1}^{n} \exp\left[-\frac{1}{2}\left(\frac{x_j^m-c_j^i}{\sigma_j^i}\right)^2\right]}$$

为了简化符号，令

$$\mu_i(x^m,k)=\prod_{j=1}^{n}\exp\left[-\frac{1}{2}\left(\frac{x_j^m-c_j^i(k)}{\sigma_j^i(k)}\right)^2\right] \tag{3-38}$$

令

$$\varepsilon_m(k)=f(x^m|\theta(k))-y^m$$

可得

$$b_i(k+1)=b_i(k)-\lambda_1\varepsilon_m(k)\frac{\mu_i(x^m,k)}{\sum_{i=1}^{R}\mu_i(x^m,k)} \tag{3-39}$$

式(3-39)为 b_i 的更新方程，$i=1,2,\cdots,R,k\geqslant0$。

对于输入隶属函数中心 c_j^i 的更新法则，使用

$$c_j^i(k+1)=c_j^i(k)-\lambda_2\frac{\partial e_m}{\partial c_j^i}\bigg|_k$$

式中，$\lambda_2>0$ 为步长；$i=1,2,\cdots,R$；$j=1,2,\cdots,n;k\geqslant0$。

在 k 时刻使用微积分的链规则

$$\frac{\partial e_m}{\partial c_j^i}=\varepsilon_m(k)\frac{\partial f(x^m|\theta(k))}{\partial\mu_i(x^m,k)}\frac{\partial\mu_i(x^m,k)}{\partial c_j^i}$$

$$\frac{\partial f(x^m|\theta(k))}{\partial\mu_i(x^m,k)}=\frac{\left[\sum_{i=1}^{R}\mu_i(x^m,k)\right]b_i(k)-\left[\sum_{i=1}^{R}b_i(k)\mu_i(x^m,k)\right]}{\left[\sum_{i=1}^{R}\mu_i(x^m,k)\right]^2}$$

则

$$\frac{\partial f(x^m|\theta(k))}{\partial\mu_i(x^m,k)}=\frac{b_i(k)-f(x^m|\theta(k))}{\sum_{i=1}^{R}\mu_i(x^m,k)}$$

同样

$$\frac{\partial\mu_i(x^m,k)}{\partial c_j^i}=\mu_i(x^m,k)\frac{x_j^m-c_j^i(k)}{(\sigma_j^i(k))^2}$$

于是，对所有 $c_j^i(k)(i=1,2,\cdots,R,\ j=1,2,\cdots,n,k\geqslant0)$ 得到了一种更新方法，即

$$c_j^i(k+1)=c_j^i(k)-\lambda_2\varepsilon_m(k)\frac{b_i(k)-f(x^m|\theta(k))}{\sum_{i=1}^{R}\mu_i(x^m,k)}\mu_i(x^m,k)\frac{x_j^m-c_j^i(k)}{[\sigma_j^i(k)]^2} \tag{3-40}$$

式中，$i=1,2,\cdots,R$；$j=1,2,\cdots,n$；$k\geqslant0$。

对于输入隶属函数宽度 $\sigma_j^i(k)$（隶属函数方差）更新法则，步骤同上，可得

$$\sigma_j^i(k+1)=\sigma_j^i(k)-\lambda_3\frac{\partial e_m}{\partial\sigma_j^i}\bigg|_k$$

式中，$\lambda_3>0$ 为步长；$i=1,2,\cdots,R,\ j=1,2,\cdots,n$；$k\geqslant0$。使用微积分的链规则，可得

$$\frac{\partial e_m}{\partial\sigma_j^i}=\varepsilon_m(k)\frac{\partial f(x^m|\theta(k))}{\partial\mu_i(x^m,k)}\frac{\partial\mu_i(x^m,k)}{\partial\sigma_j^i}$$

因为

$$\frac{\partial\mu_i(x^m,k)}{\partial\sigma_j^i}=\mu_i(x^m,k)\frac{[x_j^m-c_j^i(k)]^2}{[\sigma_j^i(k)]^3}$$

所以

$$\sigma_j^i(k+1)=\sigma_j^i(k)-\lambda_3\varepsilon_m(k)\frac{b_i(k)-f(x^m|\theta(k))}{\sum_{i=1}^{R}\mu_i(x^m,k)}\mu_i(x^m,k)\frac{[x_j^m-c_j^i(k)]^2}{[\sigma_j^i(k)]^3} \tag{3-41}$$

式中，$i=1,2,\cdots,R$；$j=1,2,\cdots,n$；$k\geqslant 0$。

以上完成了标准模糊系统梯度算法的定义，模糊系统参数 θ 的更新公式归纳为式(3-39)~式(3-41)。

注意：上面描述的梯度训练方法是针对输入隶属函数为高斯型的情况而讨论的。如果选择其他形式的隶属函数，更新公式会发生相应变化。例如，如果选择三角形隶属函数，就需要重新推导参数更新公式。在这种情况下，操作者必须特别注意在隶属函数的峰值如何定义其微分。

梯度算法适用于在线方式或者离线方式。换句话说，可以在离线状态下应用梯度算法训练一个模糊系统，实现系统的辨识，或者在在线状态下训练一个模糊系统来完成实时参数的估计。

（2）T-S 模糊系统的训练

要训练的 T-S 模糊系统的形式为

$$f(\boldsymbol{x}\mid\theta(k))=\frac{\sum_{i=1}^{R}g_i(\boldsymbol{x},k)\ \mu_i(\boldsymbol{x},k)}{\sum_{i=1}^{R}\mu_i(\boldsymbol{x},k)}$$

式中，$\mu_i(\boldsymbol{x},k)$的定义见式(3-38)(也可以用其他形式的定义)；$\boldsymbol{x}=(x_1,x_2,\cdots,x_n)^{\mathrm{T}}$，$g_i(\boldsymbol{x},k)=a_{i,0}(k)+a_{i,1}(k)x_1+a_{i,2}(k)x_2+\cdots+a_{i,n}(k)x_n$。因为将要更新 $a_{i,j}$，所以增加指数 k。下面讨论 T-S 模糊系统的参数更新公式。

遵循与标准模糊系统训练相同的步骤，需要更新函数 $g_i(\boldsymbol{x},k)$中的参数 $a_{i,j}$和 c_j^i、σ_j^i。在式(3-39)和式(3-40)中，如果用 $g_i(x^m,k)$取代 $b_i(k)$，就可以得到 T-S 模糊系统中参数 c_j^i 和 σ_j^i 的更新公式。

参数 $a_{i,j}$的更新公式为

$$a_{i,j}(k+1)=a_{i,j}(k)-\lambda_4\frac{\partial e_m}{\partial a_{i,j}}\bigg|_k \tag{3-42}$$

式中，$\lambda_4>0$ 为步长。注意：对于所有的 $i=1,2,\cdots,R$，$j=1,2,\cdots,n$(加上 $j=0$)，有

$$\frac{\partial e_m}{\partial a_{i,j}}=\varepsilon_m(k)\ \frac{\partial f(x^m\mid\theta(k))}{\partial g_i(x^m,k)}\ \frac{\partial g_i(x^m,k)}{\partial a_{i,j}(k)}$$

并且对于所有的 $i=1,2,\cdots,R$，有

$$\frac{\partial f(x^m\mid\theta(k))}{\partial g_i(x^m,k)}=\frac{\mu_i(x^m,k)}{\sum_{i=1}^{R}\mu_i(x^m,k)}$$

同样，对于所有的 $i=1,2,\cdots,R$，$j=1,2,\cdots,n$，有

$$\frac{\partial g_i(x^m,k)}{\partial a_{i,0}(k)}=1$$

$$\frac{\partial g_i(x,k)}{\partial a_{i,j}(k)}=x_j$$

以上给出了 T-S 模糊系统中所有参数的更新公式。前面针对标准模糊系统的步长和参数初始值的选择、如何通过 G 中训练数据进行循环以及某些收敛问题的所有这些讨论也与 T-S 模糊模型训练相关。在更广义的函数模糊系统中，g_i 可以取更一般的形式，其处理方法类似。

事实上，对于任一满足

$$\frac{\partial g_i(x^m,k)}{\partial a_{i,j}(k)}$$

是解析函数的模糊系统，更新公式都容易得到。

3.3.4 模糊聚类法

所谓聚类就是以数据间的相似性为基础把数据进行归类的方法，是一种无监督的分类。模糊聚类是根据数据的相似性把同类数据归纳为模糊集合或聚类，即通过模糊集合定义软边界从而把数据聚类。模糊划分的概念最早由 V. Ruspini 提出，利用这一概念人们提出了多种聚类方法，比较典型的有基于相似性关系和模糊关系的方法(包括聚合法和分裂法)、基于模糊等价关系的传递闭包方法、基于模糊图论最大树方法，以及基于数据集的凸分解、动态规划和难以辨识关系等方法。然而由于上述方法不适用于大数据量情况，难以满足实时性要求高的场合，因此实际应用不够广泛。相比之下在实际中受到广泛应用的是基于目标函数的方法，该方法设计简单、解决问题的范围广，最终还可以转化为优化问题而借助经典数学的非线性规划理论求解，并易于计算机实现。因此，随着计算机的应用和发展，该类方法成为聚类研究的热点。这其中与模式识别有密切关系的模糊聚类主要有两种方法：C-聚类法和最近邻聚类法。这两种方法都与传统方法有着密切的联系。

下面首先用 C-聚类与最小二乘算法相结合的方法来训练 T-S 模糊系统，然后简单地介绍用最近邻聚类法训练标准模糊系统。在 C-聚类算法中，条件模糊隶属函数参数用传统最优化方法来寻找聚类中心，结论模糊隶属函数参数用前面学习过的加权最小二乘算法来获得。最近邻聚类法同样也是用一种最优化的方法来得到聚类中心的结构，即模糊系统。

(1) 优化输出预解模糊的聚类方法

这里将介绍一种优化输出预解模糊的聚类方法来训练 T-S 模糊系统，并通过简单的例子来说明这种方法的有效性。

对于规则前提条件的聚类采用模糊 C-聚类的方法，它通过最小化目标函数来寻找隶属度 μ_{ij}(比例系数)和聚类中心 $\underline{\boldsymbol{\nu}}^j$($n\times1$ 的向量)。目标函数为

$$J=\sum_{i=1}^{M}\sum_{j=1}^{R}(\mu_{ij})^m\,|x^i-\underline{\boldsymbol{\nu}}^j|^2 \tag{3-43}$$

式中，$m>1$ 为一个要设置的参数；M 为训练数据集合 G 中输入、输出数据对的数目；R 为期望得到的聚类的个数(规则数目)；$x^i(i=1,2,\cdots,M)$ 为训练输入、输出数据对的输入部分；$\underline{\boldsymbol{\nu}}^j=(\nu_1^j,\nu_2^j,\cdots,\nu_n^j)^{\mathrm{T}}(j=1,2,\cdots,R)$ 为聚类中心；$\mu_{ij}(i=1,2,\cdots,M,\ j=1,2,\cdots,R)$ 为 x^i 在第 j 个聚类的隶属度，且 $|\boldsymbol{x}|=\sqrt{\boldsymbol{x}^{\mathrm{T}}\boldsymbol{x}}$，$\boldsymbol{x}$ 是一个向量。显然，最小化 J 是为了得到以聚类中心表示的数据的分组。

模糊聚类被用来产生所构造的模糊系统中 if-then 规则中的条件部分，优化输出预解模糊过程被用来产生规则中的结论部分。把模糊聚类和优化输出预解模糊相结合构建多输入单输出模糊系统。构建多输入多输出模糊系统可以通过对每一个输出重复上面的过程予以实现。

对于 T-S 模糊系统，if-then 规则的结论部分形式为

$$\text{if } H^j \text{ then } g_j(x)=a_{j,0}+a_{j,1}x_1+\cdots+a_{j,n}x_n \tag{3-44}$$

式中，n 为输入的个数；H^j为一个输入模糊集合，其形式为

$$H^j = \{(x, \mu_{H^j}(x)) : x \in \chi_1 \times \cdots \times \chi_n\} \tag{3-45}$$

式中，χ_i 为第 i 个论域；H^j为第j条规则的确定度；$\mu_{H^j}(x)$为 H^j隶属函数；$g_j(x)=\underline{\boldsymbol{a}}_j^{\mathrm{T}}\hat{\boldsymbol{x}}$，其中 $\underline{\boldsymbol{a}}_j=(a_{j,0},a_{j,1}\cdots,a_{j,n})^{\mathrm{T}}$，$\hat{\boldsymbol{x}}=(1,\boldsymbol{x}^{\mathrm{T}})^{\mathrm{T}}(j=1,2,\cdots,R)$。最后通过对输出 $g_j(x)(j=1,2,\cdots,R)$ 求加权平均值得到结果模糊系统形式为

$$f(x \mid \theta)=\frac{\sum_{j=1}^{R} g_j(x)\mu_{H^j}(x)}{\sum_{j=1}^{R}\mu_{H^j}(x)} \tag{3-46}$$

式中，R 为规则库中的规则个数。

下面将用 T-S 模糊模型、模糊聚类和优化输出预解模糊来决定模糊系统的参数 $\underline{a}_j$ 和 $\mu_{H^j}(x)$。

假设模糊因子 $m>1$，它是确定聚类重叠量的一个参数。如果 $m>1$ 比较大，那么较少隶属于第 j 个聚类的点对新的聚类中心的影响就很小。下面确定期望得到的聚类数目 R。聚类的数目 R 等于规则库中规则的个数，同时必须小于或等于训练数据集 G 中数据对的个数，如 $R \leqslant M$。给定误差容许 $\varepsilon_c>0$，它是在计算聚类中心时允许的误差量。通过一个随机数据发生器初始化聚类中心 $\underline{\boldsymbol{v}}_0^j$，这样 $\underline{\boldsymbol{v}}_0^j$ 的每一个元素都不大于(或小于)训练数据中输入部分的最大的元素(或最小的元素)。由于 $\underline{\boldsymbol{v}}_0^j$ 的选择是随意的，这势必影响最后的结果。

最小化 J 的必要条件为

$$\underline{\boldsymbol{v}}_{\text{new}}^j=\frac{\sum_{i=1}^{M} x^i(\mu_{ij}^{\text{new}})^m}{\sum_{i=1}^{M}(\mu_{ij}^{\text{new}})^m} \tag{3-47}$$

其中

$$\mu_{ij}^{\text{new}}=\left[\sum_{k=1}^{R}\left(\frac{|x^i-\underline{\boldsymbol{v}}_{\text{old}}^j|^2}{|x^i-\underline{\boldsymbol{v}}_{\text{old}}^k|^2}\right)^{\frac{1}{m-1}}\right]^{-1}\quad i=1,2,\cdots,M,\ j=1,2,\cdots,R \tag{3-48}$$

$\sum_{j=1}^{R}\mu_{ij}^{\text{new}}=1$(且 $|\boldsymbol{x}|^2=\boldsymbol{x}^{\mathrm{T}}\boldsymbol{x}$)。在方程式(3-48)中，可能存在一个 $i=1,2,\cdots,M$ 使得对于某一 $j=1,2,\cdots,R$ 满足 $|x^i-\underline{\boldsymbol{v}}_{\text{old}}^k|^2=0$。在这种情况下，$\mu_{ij}^{\text{new}}$是未定义的。为了解决这个问题，令 μ_{ij}对所有 i 是非负的数，使得如果 $|x^i-\underline{\boldsymbol{v}}_{\text{old}}^k|^2\neq 0$，则$\sum_{j=1}^{R}\mu_{ij}=1$ 且 $\mu_{ij}=0$。

比较当前的聚类中心 $\underline{\boldsymbol{v}}_{\text{new}}^j$ 和前面得到的聚类中心 $\underline{\boldsymbol{v}}_{\text{old}}^j$之间的距离(第一次比较时 $\underline{\boldsymbol{v}}_{\text{old}}^j=\underline{\boldsymbol{v}}_0^j$)。如果对于所有的$j=1,2,\cdots,R$, $|\underline{\boldsymbol{v}}_{\text{new}}^j-\underline{\boldsymbol{v}}_{\text{old}}^j|<\varepsilon_c$，那么聚类中心 $\underline{\boldsymbol{v}}_{\text{new}}^j$准确地表示了输入数据，同时模糊聚类算法终止，转入用优化输出预解模糊算法计算。否则，继续用方程式(3-47)和方程式(3-48)计算，直到找到对于所有的 $j=1,2,\cdots,R$，满足$|\underline{\boldsymbol{v}}_{\text{new}}^j-\underline{\boldsymbol{v}}_{\text{old}}^j|<\varepsilon_c$ 的新的聚类中心 $\underline{\boldsymbol{v}}_{\text{new}}^j$。

用 $\underline{\boldsymbol{v}}^j(j=1,2,\cdots,R)$的终值来定义第 i 条规则的条件隶属函数为

$$\mu_{H^j}(x)=\left[\sum_{k=1}^{R}\left(\frac{|x-\underline{\boldsymbol{v}}^j|^2}{|x-\underline{\boldsymbol{v}}^k|^2}\right)^{\frac{1}{m-1}}\right]^{-1}\quad j=1,2,\cdots,R \tag{3-49}$$

其中，$\underline{\boldsymbol{v}}^j(j=1,2,\cdots,R)$是通过最后一次用方程式(3-47)和方程式(3-48)计算得到的聚类中心。可以发现，对于较大的 m 可以得到更平滑的隶属函数，这是选择 m 值的主要依据；通常情况下 $m=2$ 是一个合适的选择。注意：$\mu_{H^j}(x)$和曾经考虑过的任何条件隶属函数都不同，这可以保证迭代模糊 C-聚类算法的收敛性。

定义了规则的条件，接着讨论结论部分的计算。对训练数据应用最小二乘算法确定规则的结论，计算每条规则的函数 $g_j(x)=\underline{\boldsymbol{a}}_j^{\mathrm{T}}\hat{\boldsymbol{x}}(j=1,2,\cdots,R)$，即确定参数 $\underline{\boldsymbol{a}}_j$。

1）方法 1：对于每个聚类中心 $\underline{\boldsymbol{v}}^j$，希望函数 $g_j(x)$和训练数据集的输出部分之间的误差

的二次方最小。令 $\hat{\boldsymbol{x}}^i=(1,(\boldsymbol{x}^i)^{\mathrm{T}})^{\mathrm{T}}$，其中$(\boldsymbol{x}^i,\boldsymbol{y}^i)\in G$。希望最小化的代价函数为

$$J=\sum_{i=1}^{M}(\mu_{ij})^2[\boldsymbol{y}^i-(\hat{\boldsymbol{x}}^i)^{\mathrm{T}}\underline{\boldsymbol{a}}_j]^2 \quad j=1,2,\cdots,R \tag{3-50}$$

式中，μ_{ij}为从上面聚类算法收敛后得到的第 j 聚类的第 i 个数据对的输入部分的隶属度；$\boldsymbol{y}^i$ 为第 i 个数据对 $d^{(i)}=(\boldsymbol{x}^i,\boldsymbol{y}^i)$的输出部分，$(\hat{\boldsymbol{x}}^i)^{\mathrm{T}}$ 与 $\underline{\boldsymbol{a}}_j$ 的乘积定义为与第 i 个训练数据的第 j 条规则相关的输出。

从方程式(3-50)可以看出通过选择 $\underline{a}_j$ 来最小化 J_j 是一个加权最小二乘问题。用加权最小二乘算法求得 $\underline{\boldsymbol{a}}_j(j=1,2,\cdots,R)$为

$$\underline{\boldsymbol{a}}_j=(\hat{\boldsymbol{X}}^{\mathrm{T}}\boldsymbol{D}_j^2\hat{\boldsymbol{X}})^{-1}\hat{\boldsymbol{X}}^{\mathrm{T}}\boldsymbol{D}_j^2\boldsymbol{Y} \tag{3-51}$$

其中 $\hat{\boldsymbol{X}}=\begin{pmatrix}1\cdots1\\ x^1\cdots x^M\end{pmatrix}^{\mathrm{T}}$

$\boldsymbol{Y}=(y^1,\cdots,y^M)^{\mathrm{T}}$

$\boldsymbol{D}_j^2=(\mathrm{diag}((\mu_{1j},\cdots,\mu_{Mj})))^2$

2）方法 2：作为一种替代的方法，它不是求解 R 次最小二乘问题。对于每一条规则，可以用最小二乘算法确定其 T-S 模糊系统的结论参数。为此，仅参数化方程式(3-46)中 T-S 模糊系统使得结论参数具有线性化形式为

$$f(\boldsymbol{x}\mid\boldsymbol{\theta})=\boldsymbol{\theta}^{\mathrm{T}}\boldsymbol{\xi}(\boldsymbol{x})$$

$$\begin{aligned}\boldsymbol{\xi}(\boldsymbol{x})=\ &(\xi_1(x),\xi_2(x),\cdots,\xi_R(x),x_1\xi_1(x),x_1\xi_2(x),\cdots,\\&x_1\xi_R(x),\cdots,x_n\xi_1(x),x_n\xi_2(x),\cdots,x_n\xi_n(x))^{\mathrm{T}}\end{aligned} \tag{3-52}$$

其中，$\boldsymbol{\theta}$ 包括了所有的 $a_{i,j}$参数；$\boldsymbol{\xi}(\boldsymbol{x})$由式(3-52)定义。用批量最小二乘算法或递推最小二乘法计算 $\boldsymbol{\theta}$。

（2）最近邻聚类方法

这种方法的目标是构建一个模糊估计系统来逼近训练数据集 G 所代表的函数 g。采用单一模糊化、高斯隶属函数、乘积推理和中心平均法解模糊，要训练的模糊系统定义为

$$f(x\mid\theta)=\frac{\sum_{i=1}^{R}A_i\prod_{j=1}^{n}\exp\left[-\left(\frac{x_j-\underline{\boldsymbol{\nu}}^j}{2\sigma}\right)^2\right]}{\sum_{i=1}^{R}B_i\prod_{j=1}^{n}\exp\left[-\left(\frac{x_j-\underline{\boldsymbol{\nu}}^j}{2\sigma}\right)^2\right]} \tag{3-53}$$

式中，R 为聚类(规则)的个数；n 为输入的个数；$\underline{\boldsymbol{\nu}}^j=(\nu_1^j,\nu_2^j,\cdots,\nu_n^j)^{\mathrm{T}}$ 为聚类中心；σ 为常数，即隶属函数的宽度；A_i 和 B_i 为参数。

从方程式(3-53)可以定义一个参数向量 $\boldsymbol{\theta}$ 为

$$\boldsymbol{\theta}=(A_1,\cdots,A_R,B_1,\cdots B_R,\nu_1^1,\cdots,\nu_n^1,\nu_1^R,\cdots,\nu_n^R,\sigma)^{\mathrm{T}}$$

$\boldsymbol{\theta}$ 由聚类(规则)数目 R 和输入数目 n 决定。

下面讨论如何用最近邻聚类法通过选择参数向量 $\boldsymbol{\theta}$ 构建一个模糊系统。

首先要确定代表隶属函数宽度的参数 σ。一个小的 σ(即窄的隶属函数)可能产生一个不平滑的模糊系统映射，这可能导致模糊系统映射对不在训练集中的数据点不适宜。增大参数 σ 将导致一个更加平滑的模糊系统映射。接下来确定数量 ε_f，它定义了聚类中心之间所允许的最大距离。ε_f 越小，代表函数 g 的聚类就越准确。同时通过初始化参数 A_1、B_1 和 $\underline{\boldsymbol{\nu}}^l$ 来定义初始模糊系统。令 $A_1=y^1$，$B_1=1$ 和 $\nu_j^1=x_j^1(j=1,2,\cdots,n)$，如果用第一个数据对$(x^1,y^1)$形

成对于$f(x \mid \theta)$的第一个聚类(规则)，用第二个数据对(x^2, y^2)计算数据对的输入和已经存在的R个聚类中心之间的距离，同时令最近的距离是$|x^i - \underline{\boldsymbol{\nu}}^l|$(如对$x^i$最近的聚类中心是$\underline{\boldsymbol{\nu}}^l$)，其中$|\boldsymbol{x}| = \sqrt{\boldsymbol{x}^{\mathrm{T}}\boldsymbol{x}}$。如果$|x^i - \underline{\boldsymbol{\nu}}^l| < \varepsilon_f$，那么就不必对已经存在的系统添加聚类(规则)，但是要对最近的聚类中心$\underline{\boldsymbol{\nu}}^l$更新已经存在的参数$A_l$和$B_l$，以计算训练数据对集合$R$中当前输入、输出数据对$(x^i, y^i)$的输出$y^i$。令

$$A_l : A_l^{\mathrm{old}} + y^i$$

$$B_l : B_l^{\mathrm{old}} + 1$$

A_l、B_l值的增加是为了表示增加另外一对数据对已存在聚类的影响。举例来说，增加A_l，使得方程式(3-53)分母的总和改变，从而在不增加另一个规则的情况下包含了另外的数据的作用。B_l值的增加表示增加了另一对数据的影响。这种情况并没有修改聚类中心，修改的仅仅是A_l、B_l的值。因此，没有修改条件部分(通过聚类中心和σ参数化修改)，只是修改了跟新数据最接近的已经存在规则的结论部分。

假定$|x^i - \underline{\boldsymbol{\nu}}^l| > \varepsilon_f$，通过修改参数向量$\boldsymbol{\theta}$和令$R=2$(即增加聚类的数目)来增加另一个聚类(规则)表示包含在数据对(x^2, y^2)中的函数g的信息，即$\nu_j^R = x_j^R (j=1,2,\cdots,n)$，$A_R = y^2$，$B_R = 1$。这些变量的设定只是表示模糊系统增加一条规则。最近邻聚类算法通过重复应用上述算法直到在G中的所有M个数据对全部被用过。

3.3.5 混合算法

模糊辨识可以采用最小二乘算法、梯度算法、聚类算法和样本学习算法及其修正算法等方法来训练标准模糊系统和 T-S 模糊系统。下面将研究混合算法，即把上面提到的两个或多个算法结合起来以训练模糊系统。

从基本上讲，混合算法可以归纳为混合初始化/训练、混合条件/结论训练和混合交叉训练三类。

(1) 混合初始化/训练

用一种方法初始化模糊系统的参数，然后用另一种方法训练该模糊系统。例如，可以用最小二乘算法初始化一个标准模糊系统的输出中心，然后用一个梯度算法来调整条件参数和更好的输出中心。

(2) 混合条件/结论训练

用一种方法训练规则的条件部分，而用另一种方法训练规则的结论部分。例如，在优化输出预解模糊的聚类方法中，用聚类算法来确定条件参数，用最小二乘算法来训练结论函数；在 ANFIS 复合训练算法中，用最小二乘算法训练 T-S 模糊系统的结论函数(已经被线性化)，用梯度算法训练条件部分(非线性的)。

(3) 混合交叉训练

用一种算法训练后，用另一种算法继续训练，然后再换一种算法训练，以此类推。例如，可以用样本学习算法来初始化模糊系统参数，然后用一种梯度算法训练模糊系统，并用最小二乘算法定期更新输出隶属函数的中心。

总之，以上模糊辨识方法各有优缺点。在实际应用中，应该根据计算复杂性、辨识的精度要求、数据量、训练的时间等具体情况和需要，灵活选择辨识方法。

3.4 本章小结

模糊辨识作为非线性系统建模的重要方法，不仅可以利用系统的结构知识和模糊信息，而且能够应用优化技术用数据来建模。

本章较系统地介绍了模糊辨识理论，主要内容可以概括为：

1）模糊系统的通用近似特性。这是模糊辨识的根本理论基础，是利用模糊辨识进行非线性系统建模的理论依据。

2）模糊辨识的主要算法：最小二乘算法、梯度算法、模糊聚类算法和混合算法等。这些算法用于模糊辨识中系统结构和参数的优化，不仅适用于模糊辨识，同样也适用于作为神经网络的学习算法。与传统的系统辨识问题类似，模糊辨识也包括结构辨识和参数辨识。其中，结构辨识包含模糊空间分割和规则抽取，参数辨识指的是模糊隶属函数参数的选取和优化。利用信息得到模糊辨识模型主要有两种策略：一种是使用专家知识(先验知识)，一种是基于输入、输出数据。当不能得到足够和正确的专家信息，特别是面对复杂的未知模型时，基于输入、输出数据的方法具有明显的优势。

习题

3-1 模糊模型有哪几种类型?

3-2 什么是模糊基函数?

3-3 简述辨识、估计和预测之间的关系。

3-4 模糊辨识和估计有哪几种算法?

3-5 请解释模糊辨识的概念。

3-6 什么是模糊的聚类? 模糊的聚类的主要方法有哪些?

参考文献

[1] 师黎，孔金生. 反馈控制系统导论[M]. 北京：科学出版社，2005.

[2] TSUKAMOTO Y. An approach to fuzzy reasoning method[J]. Readings in Fuzzy Sets for Intelligent Systems, 1993：523-529.

[3] HORIKAWA S I, FURUHASHI T, UCHIKAWA Y. On fuzzy modeling using fuzzy neural networks with the back-propagation algorithm[J]. IEEE Transactions on Neural Networks. 1992, 3(5)：801-806.

[4] WANG L X. Fuzzy systems are universal approximations[C]//Proceedings of the IEEE Fuzzy Systems, IEEE 1992：1163-1170.

[5] 卢志刚，吴士昌，于灵慧. 非线性自适应逆控制及其应用[M]. 北京：国防工业出版社，2004.

[6] LJUNG L. System identification：theory for the user[M]. 2nd ed. Upper Saddle River, NJ：Prentice Hall, 1999.

[7] PASSINO K M, YURKOVICH S, REINFRANK M. Fuzzy control[M]. Menlo Park, CA：Addison-Wesley, 1998.

第 4 章 神经网络控制

教学重点

1）人工神经网络模型和神经网络的各种学习算法。

2）前馈神经网络和反馈神经网络的结构及学习算法。

3）神经网络 PID 控制。

教学难点

神经网络的各种学习算法以及神经网络 PID 控制。

4.1 神经网络理论基础

人工神经网络(Artificial Neural Networks，ANNs)也简称为神经网络(NNs)或连接模型(Connectionist Model)，是对动物神经网络若干基本特性的抽象和模拟，一般由大量的神经元节点按照一定的连接特性分层次组织成大规模的并行连接结构网络。著名神经网络研究专家 R. Hecht-Nielsen 给出的人工神经网络的定义为：“人工神经网络是由人工建立的以有向图为拓扑结构的动态系统，通过对连续或断续的输入作状态响应而进行信息处理。”

自 1943 年美国心理学家 W. S. McCulloch 与数学家 W. Pitts 首次从人脑信息处理的观点出发提出第一个神经计算 MP 模型以来，神经网络的研究经历了发展、高潮、萧条和再发展的曲折道路。神经网络作为多学科交叉融合的前沿研究技术，具有充分逼近任意复杂的非线性能力、并行分布处理能力、自适应能力、自学习能力、较强的鲁棒性和容错能力等，越来越受到人们的重视，并且广泛地应用于信息处理、模式识别、智能检测与控制、容错诊断等各种领域。

4.1.1 神经网络原理

1. 生物神经元结构

人脑是人类神经系统中典型的一个小系统，大约包含了 10^{11} 个神经元，每个神经元又与 1000 个左右的其他神经元高度互连，形成精细复杂又灵活多变的神经网络。神经元是神经系统的结构和功能的基本单位，一个典型的神经元结构如图 4-1 所示。神经元的基本结构包括细胞体(Soma)、树突(Dendrites)和轴突(Axon)三部分。细胞体是神经元的代谢中心，由细胞核、细胞质和细胞膜组成。细胞体表面向外伸出的许多短而呈树状分支的突起称为树突，它接收周围神经元传入的输入信号部分，并将神经冲动传向细胞体。另一种从细胞体延伸出来的一条长长的呈细索状而分支少的突起称为轴突，末端分支称为轴突末梢，轴突周围包有髓鞘。轴突是神经元的输出通道，将细胞体发出的神经冲动传递给其他一个或多个神经元。

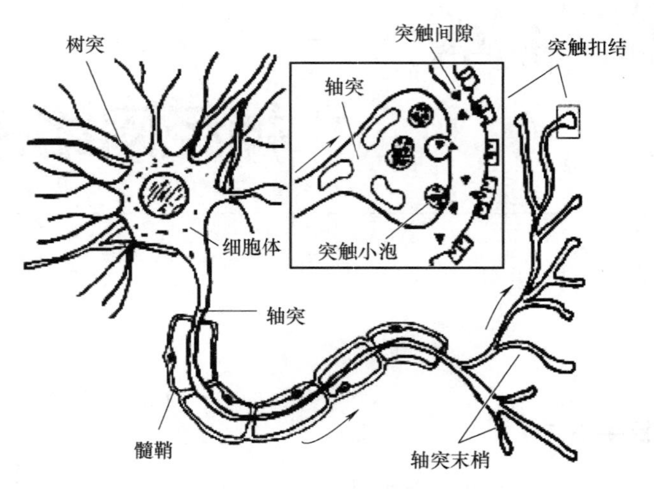

图 4-1　神经元结构示意图

从信息传递的角度分析，一个神经元细胞体受到刺激后如果产生兴奋，它就会转化成一个脉冲沿着轴突向下一直传输到神经元之间的特殊的连接处——突触。在两个神经元之间有突触间隙，突触根据所接收的脉冲强度产生化学物质释放到突触间隙中，化学分子在间隙中迅速扩散，从而使下一个神经元细胞体的局域电位发生改变，进而改变其发生兴奋的程度或者决定神经元的状态。当一个处于抑制状态的神经元接收到的信号超过一定的兴奋阈值，神经元即转变为兴奋态；兴奋态在传送过程中可能逐渐衰减为抑制态，且在一段时间不对外加信号做出响应。

从生物控制论的观点来看，神经元具有时空整合、信息传递的动态极化、兴奋和抑制状态、结构的可塑性、突触传递信息具有延迟和不应期，以及相应的学习、遗忘和饱和效应等特点，这也是构造人工神经元模型的重要理论基础。

2. 人工神经元模型

模拟生物神经元传递信息所具有的多输入、单输出非线性特性，1943 年 W. S. McCulloch 和 W. Pitts 提出了 MP 神经元模型，如图 4-2a 所示。其输入、输出数学表达式为

$$y=f(X) \tag{4-1}$$

$$X=\sum_{i=1}^{n}w_i x_i-\theta \tag{4-2}$$

式中，$x_i(i=1,2,\cdots,n)$为从其他神经元传入的输入信号；w_i 为连接权值；θ 为该神经元激活阈值；y 为神经元输出；$f(\cdot)$为输出变换函数(也称为激励函数)，一般为非线性函数。MP 神经元模型的激励函数如图 4-2b 所示。

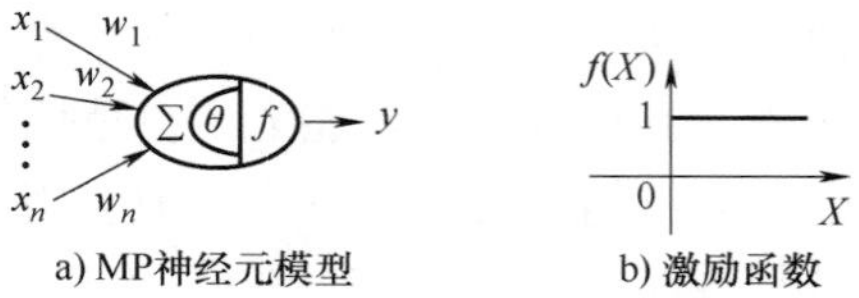

a) MP神经元模型　　b) 激励函数

图 4-2　MP 神经元模型及其激励函数

MP 神经元模型将每一个神经元看作二进制阈值元件，其输出为“0”或“1”，分别表示“抑制”或“兴奋”两种状态，输出为

$$y=f(X)=\begin{cases}1 & X\geqslant 0\\0 & X<0\end{cases} \tag{4-3}$$

当神经元的输入信号经过加权求和超过阈值 θ 时，神经元输出为“1”，即为“兴奋”状态；否则，神经元输出为“0”，表示“抑制”状态。

概括来讲，一个人工神经元模拟生物神经元包括三个基本功能步骤：对输入信号传递强度变化可调进行模拟，确定其强度(权值)；对神经元的输出响应是各个输入的综合作用进行模拟，求所有输入加权和；对神经元输出状态(兴奋或抑制)的模拟，寻找其激励函数。

根据神经元的响应要求和特点不同，可以选用不同的激励函数。常用的激励函数如图4-3所示，分别为：

1）饱和型函数：

$$f(X)=\begin{cases}1 & X\geqslant a\\ kX & -a<X<a\\ -1 & X\leqslant -a\end{cases} \tag{4-4}$$

2）Sigmoid 函数(简称S型函数)：

$$f(X)=\frac{1}{1+e^{-aX}}\quad a>0 \tag{4-5}$$

3）双曲正切S型函数

$$f(X)=\frac{1-e^{-aX}}{1+e^{-aX}}\quad a>0 \tag{4-6}$$

4）高斯函数：

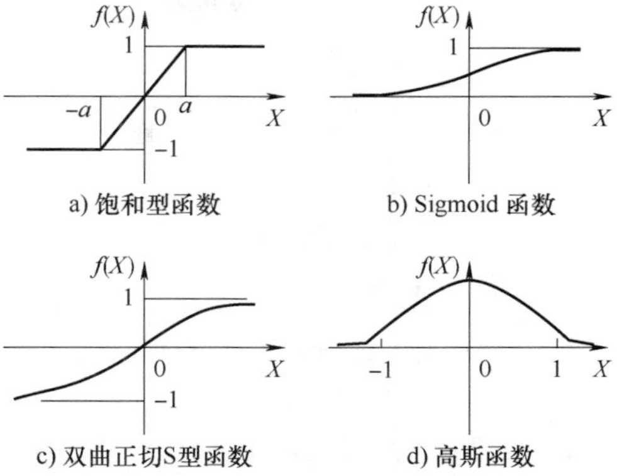

$$f(X)=\exp\left(-\frac{X^2}{\delta^2}\right) \tag{4-7}$$

a) 饱和型函数　b) Sigmoid 函数

c) 双曲正切S型函数　d) 高斯函数

图4-3　常用的几种激励函数

3. 神经网络

加拿大麦克马斯特(McMaster)大学的 Simon Haykin 教授认为“神经网络是由简单的信息处理单元组成的巨量并行处理、平行计算和分布式存储的处理器，具有存储经验知识并利用有用知识处理问题的功能，可以把神经网络看成是一个自适应系统。”这个定义包含了几层含义：首先，神经网络是对大脑的一种描述，可以看成是一个数学模型或一种数值算法，可以用电子线路或计算机程序来模拟实现；其次，神经网络的每个基本组成单元——神经元的特性非常简单，神经元之间高度互连实现并行处理而表现出的群体特性非常复杂，甚至是混沌的；最后，利用神经网络通过学习过程可以从周围环境获取知识，中间神经元的连接强度(权值)用来表示存储的知识。

4.1.2　神经网络的结构和特点

针对不同目的和不同起源而构造的神经网络模型有很多种。迄今为止，已提出的神经网络模型大概有100余种。神经网络的结构由大量功能简单的神经元通过一定的拓扑结构组织起来，可以看成是有向图形式，其神经网络的特性和功能主要取决于模型的连接方式和学习算法。一般来讲，人工神经网络的结构可以分成前馈网络和反馈网络两种基本类型。

1. 前馈网络(Feed-Forward Networks，FFN)

前馈型神经网络中的神经元按层排列，属于层状结构，分为单层和多层前馈网络。如图4-4所示，单层前馈网络结构是一个只包含输入和输出节点层的单向非循环连通网络，这里所定义的“单层”是指输出神经元节点层数，不包含没有计算功能的输入节点层。多层前馈网络是由两层或两层以上神经元组成的具有递阶分层结构的网络，如图4-5所示。网络从输入层到输出层通过单向连接流通，只有前后相邻两层之间的神经元是相互全连接，同层的神经元之间没有连接，各神经元之间也没有反馈。多层前馈网络一般分为输入层、隐含层(或称中间层，可以有若干层)和输出层。

前馈型神经网络是一种静态的非线性映射，大部分前馈网络都是学习网络，比较适用于模式识别、分类和预测评价问题。典型的多层前馈网络有多层感知器(MLP)、误差反向传播网络(BP)、径向基函数神经网络(RBF)、学习向量量化网络(LVQ)和小脑模型连接控制(CMAC)网络等。

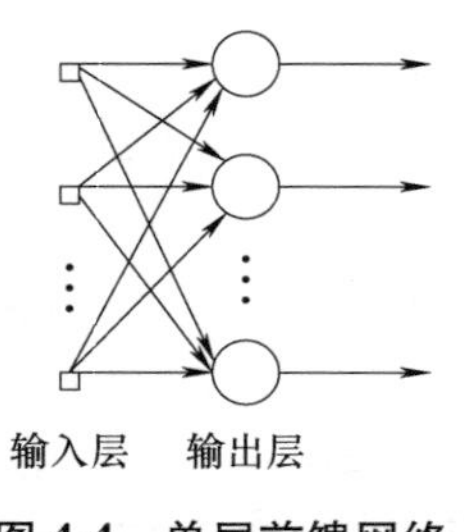

图 4-4 单层前馈网络

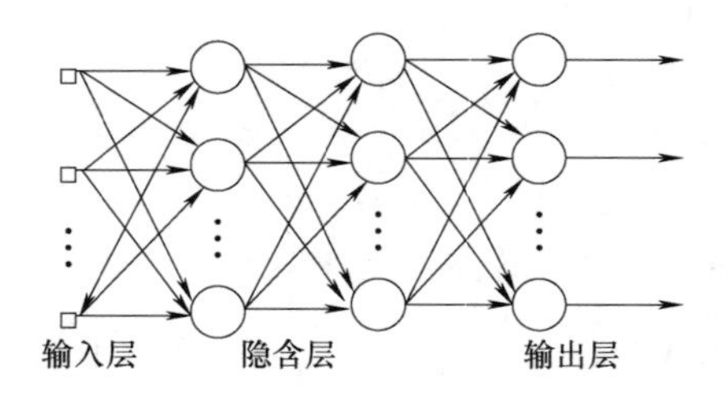

图 4-5 多层前馈网络

2. 反馈(递归)网络(Recurrent Networks)

反馈网络和前馈网络的区别主要在于神经元输出至少有一条反馈回路，信号可以正向或反向流通。例如，对于常见的单层神经元，每个输出信号均反馈到其他所有输入节点，结构如图 4-6 所示。反馈网络由于有反馈回路的存在，对神经网络的学习能力和决策都产生很大影响，需要一定的时间才能达到稳定。Hopfield 网络、Boltzmann 网络和 Kohonen 网络等都是典型的反馈网络。

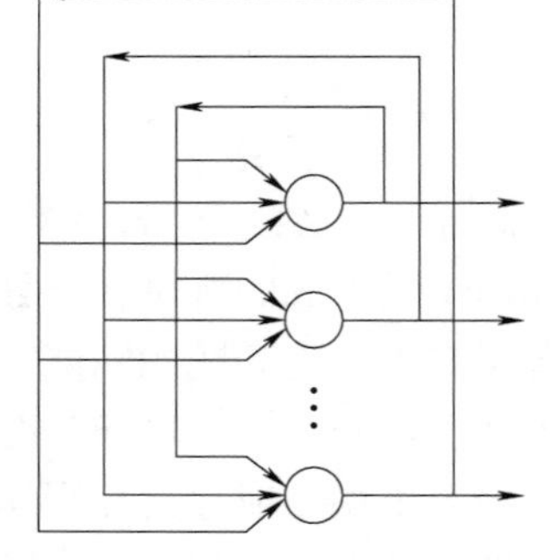

图 4-6 反馈网络

随着神经网络理论研究的新进展，人们又提出了分形神经网络、模糊神经网络、PID 神经网络等，并将多种模型相结合而产生新的神经网络模型，形成混合型多功能结构。

简单的神经元经过广泛并行互连组成结构复杂、数量庞大的具有适应性的神经网络，神经网络模型能够模拟生物神经系统，实现认知、决策及控制的智能行为。人工神经网络具有的突出优点，近年来引起人们的极大关注，并在工程上得到了广泛应用。

1）神经网络可以充分逼近任意复杂的非线性函数。神经网络的非线性的函数映射可以是连续的，也可以是离散的；其结构可以是单层的，也可以是多层的。

2）神经网络具有分布式信息存储的特点，有很强的鲁棒性和容错性。大量神经元之间通过不同连接方式和权值分布来表征特定的信息，个别神经元或局部网络受损时对整个网络功能影响很小，可实现对数据的联想记忆功能，因此具有较强的鲁棒性和容错能力。

3）神经网络具有巨量信息并行处理和大规模平行计算能力。各神经元之间可以并行、协同工作，对信息处理和推理过程具有大规模并行处理能力，提高了运算效率和复杂问题的寻优能力。

4）神经网络具有自组织、自学习功能，是自适应组织系统。神经网络模拟人脑的形象思维方法，能够依据外界环境的变化不断地修正自己的行为，具体体现在神经网络中各神经元之间的连接网络权值可以通过自学习不断地修正。另外，神经网络能在某些输入不确定或默认情况下，根据一定的学习规则自主地从样本中学习，达到自适应不确定的系统。

基于上述神经网络的特点，应用神经网络解决复杂的、大规模的、难以控制的问题成为可能。但是，神经网络一般不能为独立任务提供解决方法，通常被归结为对连续系统的工程研究。尤其针对复杂问题，通常分解为一系列相关的简单任务，神经网络通过匹配它们的固有特性任务子集被赋值。人类能够建造真正模仿人脑工作的机器道路还很漫长。

4.1.3　神经网络学习

1. 学习方式

从周围环境激励作用中学习，不断调整、适应的过程和能力是神经网络最显著的特点，这种行为改进方式是通过学习算法实现的。学习算法是指一系列事先定义好的解决学习问题的规则，它决定了调整神经网络连接权值的方式。在神经网络设计中，学习算法是和网络模型选择相对应的，学习算法不是唯一的，有各自的适应范围和优缺点。

神经网络的学习方式按照外界环境所提供的信息情况分成有教师学习、无教师学习和增强学习三种。

（1）有教师学习(Learning with a Teacher)

有教师学习又称为有监督学习(Supervised Learning)，结构如图 4-7 所示。设计训练过程由教师指导，提供从应用环境中选出的一系列期望输入-输出作为训练样本，通过期望输出与实际输出之间的误差不断地调整网络连接强度，直到达到满意的输入-输出关系为止。

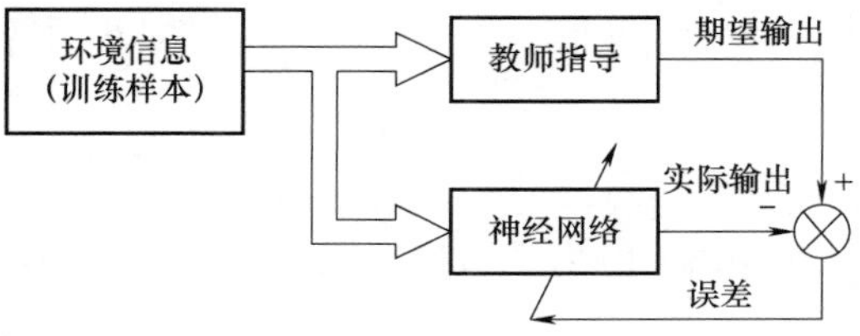

图 4-7　有教师学习结构

（2）无教师学习(Learning without a Teacher)

无教师学习又称为无监督学习(Unsupervised Learning)，训练过程中没有目标输出，按照输入数据统计规律把相似特征输入模式自动分类，结构如图 4-8 所示。这种学习方式网络中的权值调节不受外界信息的影响，但在网络内部对其性能进行自适应调节，大多数这类算法都是完成某种聚类操作。

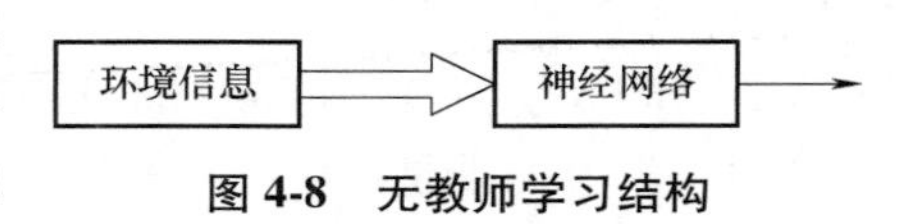

图 4-8　无教师学习结构

（3）增强学习(Reinforcement Learning)

增强学习算法采用一个评价函数实现给定输入对应神经网络输出的趋向评价，获得策略的改进，是一种以环境的反馈为输入的适应环境的机器学习方法，结构如图 4-9 所示。增强学习算法主要有 Q 学习算法、遗传算法、免疫算法和 DNA 软计算等。

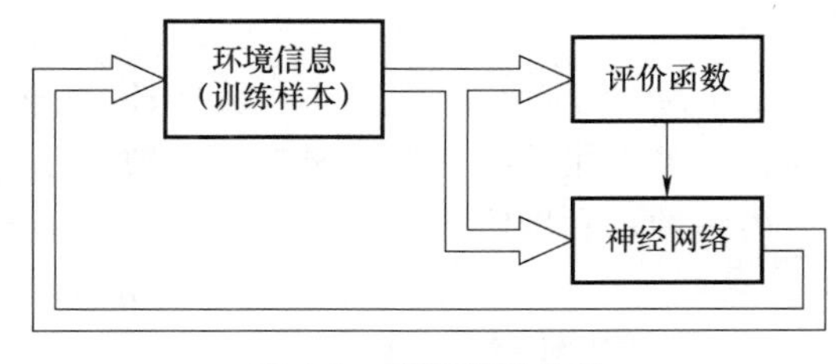

图 4-9　增强学习结构

2. 学习算法

学习算法涉及最优化理论、计算方法和信号处理等学科领域，除了一些基本算法之外，还可以结合具体问题对经典算法进行改进或者从其他领域借鉴，如遗传算法、模拟退火算法、扰动算法和粒子群算法等。下面介绍几种神经网络中常用的学习规则。

（1）误差修正规则(Error-Correction Learning)

误差修正规则也称为 Delta(δ)学习规则，是有教师学习。图 4-10 所示为 Delta 学习规则示意图，这里只给出了多层前向网络的输出层第 k 个神经元结构。输入 $x(n)$是从隐含层传过来的其他神经元的输出，$f(\cdot)$为激励函数，定义神经元 k 在 n 时刻的误差信号为 $e_k(n)=d_k(n)-y_k(n)$，$d_k(n)$为期望输出，$y_k(n)$为网络的实际输出。目标函数常用均方误差表示，

定义为

$$E=\frac{1}{2}\sum_{k=1}^{N}(d_k(n)-y_k(n))^2=\frac{1}{2}\sum_{k=1}^{N}e_k^2(n) \tag{4-8}$$

误差修正学习的目的是如何调整权值 $\boldsymbol{W}_k=(w_{k1},w_{k2},\cdots,w_{km})^{\mathrm{T}}$，使目标函数达到最小，将输出神经元的实际输出在统计意义上最逼近于期望输出。常用梯度下降法来求解，即沿着 E 的负梯度方向求解对权值的极小值。针对某一个权值 w_{kj}的目标函数

$$E_k=\frac{1}{2}(d_k(n)-y_k(n))^2=\frac{1}{2}e_k^2(n) \tag{4-9}$$

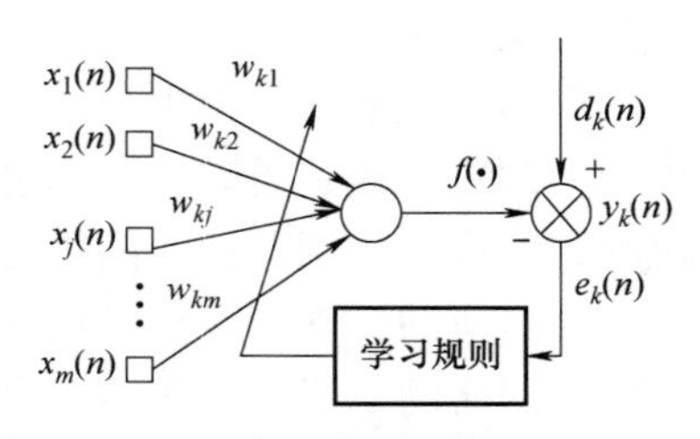

图 4-10　Delta 学习规则示意图

权值调整的数学表达式为

$$\Delta w_{kj}(n)=\eta\left(-\frac{\partial E_k}{\partial w_{kj}}\right) \tag{4-10}$$

$$\frac{\partial E_k}{\partial w_{kj}}=\frac{\partial E_k}{\partial y_k}\frac{\partial y_k}{\partial w_{kj}}=-e_k(n)f'(\boldsymbol{W}_k x(n))x_j(n) \tag{4-11}$$

式中，$\eta(0<\eta<1)$为学习速率或步长。定义函数

$$\delta=e_k(n)f'(\boldsymbol{W}_k x(n)) \tag{4-12}$$

则式(4−10)变换为

$$\Delta w_{kj}(n)=\eta e_k(n)f'(\boldsymbol{W}_k x(n))x_j(n)=\eta\delta x_j(n) \tag{4-13}$$

因此也称为 δ 学习规则。

（2）Hebb 学习规则(Hebbian Learning)

Hebb 学习规则是 1949 年加拿大心理学家 D. O. Hebb 在他出版的《行为组织》一书中根据神经元突触调整的可能机制提出的，是最早的神经网络学习规则。他认为，如果一个突触两侧的神经元同时被激活，则它们之间的连接强度增强，否则连接强度减弱。按照 Hebbian 假设，将神经元 j 到神经元 k 的网络权值 w_{kj}在 n 时刻的调整量用数学方式描述为

$$\Delta w_{kj}(n)=\eta y_k(n)x_j(n) \tag{4-14}$$

式中，η 为学习速率。式(4-14)表明 Hebb 学习规则是一种无教师学习方式，不需要提供任何与目标输出相关的信息，只是根据神经元的激活水平调整连接权值，也称为相关学习。

另一种是利用协方差规则对 Hebb 规则权值的取值结果进行限制。网络权值 w_{kj}调整量为

$$\Delta w_{kj}(n)=\eta(y_k(n)-\bar{y})(x_j(n)-\bar{x}) \tag{4-15}$$

式中，$\bar{x}$ 和 $\bar{y}$ 为神经元的阈值。

Hebb 学习规则还可以用于有教师学习，网络权值 w_{kj}调整量描述为

$$\Delta w_{kj}(n)=\eta d_k(n)x_j(n) \tag{4-16}$$

式中，$d_k(n)$为目标输出。详细应用可参考文献[10]。

（3）竞争学习(Competitive Learning)

竞争学习是无教师学习方式，其基本思想是输出层神经元对输入模式的响应进行竞争，在某一时刻只能有一个输出神经元被激活，竞争获胜的神经元修改与其相关的连接权值或阈值，模拟人类根据过去的经验自适应外界环境变化的特性。这个特点使得竞争学习非常适用于发现输入模式的统计特征，并自动地对输入模式进行分类。

最常用的竞争学习规则有以下三种形式：

Kohonen 规则：$\Delta w_{ij}(k)=\begin{cases}\eta(x_i-w_{ij}) & \text{神经元 } k \text{ 为竞争获胜}\\ 0 & \text{神经元 } k \text{ 为竞争失败}\end{cases}$

Instar 规则：$\Delta w_{ij}(k)=\begin{cases}\eta y_j(x_i-w_{ij}) & \text{神经元 } k \text{ 为竞争获胜}\\ 0 & \text{神经元 } k \text{ 为竞争失败}\end{cases}$

Outstar 规则：$\Delta w_{ij}(k)=\begin{cases}\eta(x_i-w_{ij})/x_i & \text{神经元 } k \text{ 为竞争获胜}\\ 0 & \text{神经元 } k \text{ 为竞争失败}\end{cases}$

当然，也有些自组织神经网络采用模式识别与输入最匹配的节点的方法，定义竞争层中所有神经元的距离 d_j，并由最近距离来决定获胜神经元。

4.2 前馈神经网络

下面详细介绍感知器、BP 神经网络、RBF 神经网络和 LVQ 神经网络四种典型的前馈神经网络。

4.2.1 感知器

1957 年美国学者 F. Rosenblett 提出了用于模式分类的感知器（Perceptron）模型。感知器的学习属于有教师学习。按照神经网络的拓扑结构可以分成单层感知器（SLP）和多层感知器（MLP）。单层感知器网络结构如图 4-11 所示。

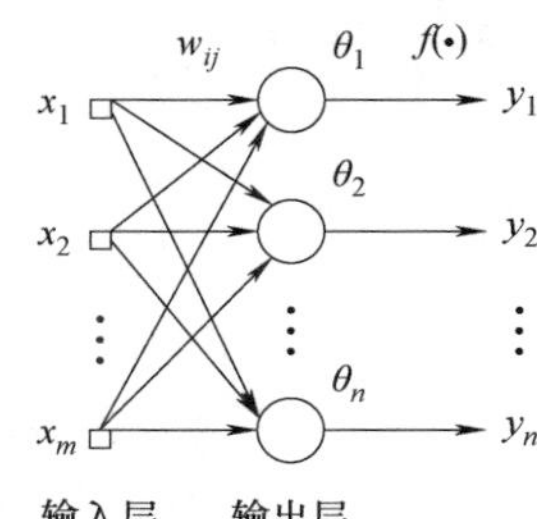

图 4-11　单层感知器网络结构

单层感知器实际上是一个具有单层神经元，采用阈值激活函数的前向网络，通过期望输出与实际输出的差调整网络权值，达到输入向量的响应为二值目标输出，从而实现对输入模式的分类。下面介绍一种感知器的学习规则。

输出层第 j 个神经元总的输入与输出分别为

$$s_j=\sum_{i=1}^{m}w_{ij}x_i-\theta_j \tag{4-17}$$

$$y_j=f(s_j)\quad j=1,2,\cdots,n \tag{4-18}$$

式中，$\boldsymbol{X}=(x_1,x_2,\cdots,x_m)^{\mathrm{T}}$ 为输入特征向量，各分量为 $x_i(i=1,2,\cdots,m)$；w_{ij} 为 x_i 到 y_j 的连接权值；输出量为 $\boldsymbol{Y}=(y_1,y_2,\cdots,y_n)$；$\theta_j$ 为输出神经元的阈值；$f(\cdot)$ 为激励函数，通常选用阶跃函数或双极值函数。如果激励函数选用阶跃限幅，则

$$f(s_j)=\begin{cases}1 & s_j\geqslant 0\\ 0 & s_j<0\end{cases} \tag{4-19}$$

设有 p 个训练样本，当给定的第 k 个样本输入向量为 $\boldsymbol{X}^k$，期望输出为 $\boldsymbol{Y}^k$，学习规则如下：

1）将连接权值 w_{ij} 和输出单元阈值 θ_j 赋较小的随机初值。

2）对第 k 个训练样本 $(\boldsymbol{X}^k,\boldsymbol{Y}^k)(k=1,2,\cdots,p)$ 计算网络实际输出为

$$y_j=f\left(\sum_{i=1}^{m}w_{ij}x_i-\theta_j\right) \tag{4-20}$$

激励函数选用阶跃函数或双极值函数。

3）计算输出层单元期望输出 y_j^k 与实际输出 y_j 之间的误差：

$$e_j^k=y_j^k-y_j \tag{4-21}$$

4）输出层神经元 j 的连接权值 w_{ij} 和阈值 θ_j 的修正公式为

$$\Delta w_{ij} = \eta e_j^k x_i^k \quad i = 1,2,\cdots,m;\ j = 1,2,\cdots,n \tag{4-22}$$

$$\Delta \theta_j = \eta e_j^k \quad j = 1,2,\cdots,n \tag{4-23}$$

式中，η 为学习速率，$0<\eta<1$。一般来讲，学习速率大，学习过程较快，网络收敛较快；但是学习速率较大时，学习过程可能不稳定，误差也会加大。

5）选取另一个训练样本，重复步骤 2）~4），直至对一切样本误差 $e_j^k(k=1,2,\cdots,p)$ 趋于零或小于给定误差限 ε，学习过程结束。

上面介绍的感知器的学习规则是有教师指导的 Hebb 学习规则，学习结束后的网络学习样本模式以连接权值的形式分布记忆；当网络提供一个输入模式时，可以计算出输出值 y_j，判断输入模式更接近于哪一种模式，这个过程也称为回想。

例 4-1 利用单神经元感知器解决简单的逻辑或问题。

单神经元感知器的网络结构如图 4-12 所示，输入为二维向量 $\boldsymbol{X}=(x_1,x_2)^{\mathrm{T}}$，输出为一维向量 y，根据逻辑或的原理，4 个训练样本为

$$\left\{\boldsymbol{X}^1=\begin{pmatrix}0\\0\end{pmatrix},\ y^1=0\right\};\left\{\boldsymbol{X}^2=\begin{pmatrix}0\\1\end{pmatrix},\ y^2=1\right\};\left\{\boldsymbol{X}^3=\begin{pmatrix}1\\0\end{pmatrix},\ y^3=1\right\};\left\{\boldsymbol{X}^4=\begin{pmatrix}1\\1\end{pmatrix},\ y^4=1\right\}$$

输出模式按照其输出值可以分两类：输出 y 为 0 的一类，用“○”表示；输出 y 为 1 的一类，用“×”表示。四种输入模式可以分布在二维空间中，如图 4-13 所示，其分界线为 $s=\sum_{i=1}^{2} w_i x_i-\theta=w_1x_1+w_2x_2-\theta$，为一直线。当 $s>0$ 时，输出模式 $y=1$；当 $s<0$ 时，输出模式 $y=0$。

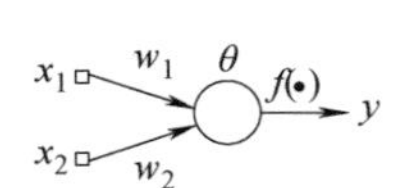

图 4-12 单神经元感知器的网络结构

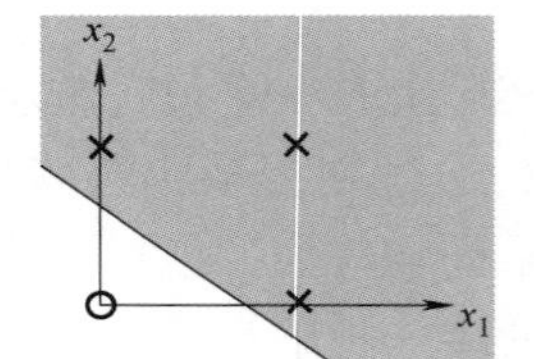

图 4-13 逻辑或输入模式分布图

单层感知器可以对线性可分性的输入模式进行分类，对不满足线性可分性的输入模式分类比较困难。若输入有 p 个训练样本，$\boldsymbol{X}^k(k=1,2,\cdots,p)$，且 $\boldsymbol{X}\in R^m$，则它们可用输入空间的 k 个向量表示，分界线为 $s_j=\sum_{i=1}^{m} w_{ij}x_i-\theta_j=0$。根据输入模式维数 m 的不同，分界线可以是平面 $m=3$ 或 $m-1$ 维超平面。

附录 4.1 单神经元感知器实现逻辑“或”运算

为了建立上述逻辑或函数，要建立一个两个输入、一个输出的单神经元感知器网络，根据感知器的学习算法步骤，MATLAB 仿真程序见附录 4.1，操作者也可以改变初始权值 w_{ij}、阈值 θ_j 和学习速率 η，观察网络的仿真学习步数和误差的变化。

由上可知，单层感知器只能解决线性可分的模式分类问题，不能解决简单的异或问题。解决任意模式分类问题，需要构建一个多层感知器模型，三层感知器网络结构如图 4-14 所示。

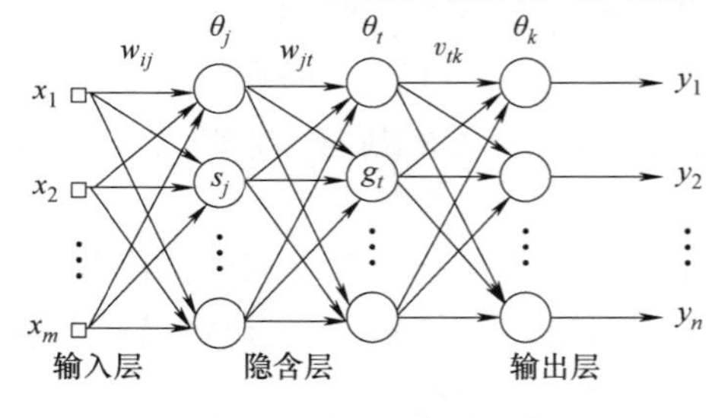

图 4-14 三层感知器网络结构

图 4-14 中，$\boldsymbol{X}=(x_1,x_2,\cdots,x_m)^{\mathrm{T}}$ 为输入特征向量，输入分量为 $x_i(i=1,2,\cdots,m)$；w_{ij} 为 x_i 到第一隐含层 s_j 的连接权值，θ_j 为第一隐含层神经元的阈值；w_{jt} 为 s_j 到第二隐含层 g_t 的连接权值，θ_t 为第二隐含层神经元的阈值；输出量 $\boldsymbol{Y}=(y_1,y_2,\cdots,y_n)$，输出分量为 $y_k(k=1,2,\cdots,n)$；v_{tk} 为 g_t 到输出层 y_k 的连接权值，θ_k 为输出神经元的阈值；$f(\cdot)$ 为激励函数，通常选用阶跃函数或双极值函数。网络模型的表达式为

第一隐含层：$s_j=f(\sum_{i=1}^{m}w_{ij}x_i-\theta_j)$

第二隐含层：$g_t=f(\sum_j w_{jt}s_j-\theta_t)$　（j 为第一隐含层的神经元个数）

第三层（输出层）：$y_k=f(\sum_t v_{tk}g_t-\theta_k)$　（t 为第二隐含层的神经元个数）

多层感知器可以完成对任意非交集合进行分类，学习算法可以采用 Hebb 学习规则。为了克服输入模式不能用多条线性分割的局限性，可以利用可微函数（如 Sigmoid 函数）作为激励函数，学习规则可以应用误差修正规则进行学习（如 BP 网络的梯度法修正权值）。因此，多层感知器通过不同的激励函数和学习算法的组合，具有很大的灵活性。理论证明只要隐含层具有足够的神经元，多层感知器几乎可以逼近任意函数。

例 4-2　讨论经典的逻辑异或分类问题，说明多层感知器的任意分类功能。

构建一个两层异或感知器网络，结构如图 4-15 所示，输入为二维向量 $\boldsymbol{X}=(x_1,x_2)^{\mathrm{T}}$，隐含层为二维向量 $\boldsymbol{S}=(s_1,s_2)^{\mathrm{T}}$，输出为一维向量 y，根据逻辑异或的原理，4 个训练样本为

$$\left\{\boldsymbol{X}^1=\begin{pmatrix}0\\0\end{pmatrix},y^1=0\right\};\left\{\boldsymbol{X}^2=\begin{pmatrix}0\\1\end{pmatrix},y^2=1\right\};\left\{\boldsymbol{X}^3=\begin{pmatrix}1\\0\end{pmatrix},y^3=1\right\};\left\{\boldsymbol{X}^4=\begin{pmatrix}1\\1\end{pmatrix},y^4=0\right\}$$

输出模式按照其输出值可以分成两类：输出 y 为 0 的一类，用“○”表示；输出 y 为 1 的一类，用“×”表示。四种输入模式可以分布在二维空间中，如图 4-16 所示，用一条分界线不能达到正确分类的目的，试图找出 2 条直线 $L1$ 和 $L2$ 相与，在两条直线围成的凸集合内侧，输出为 1，为阴影部分；外侧输出为 0，这样就可以把输入模式分成两类。

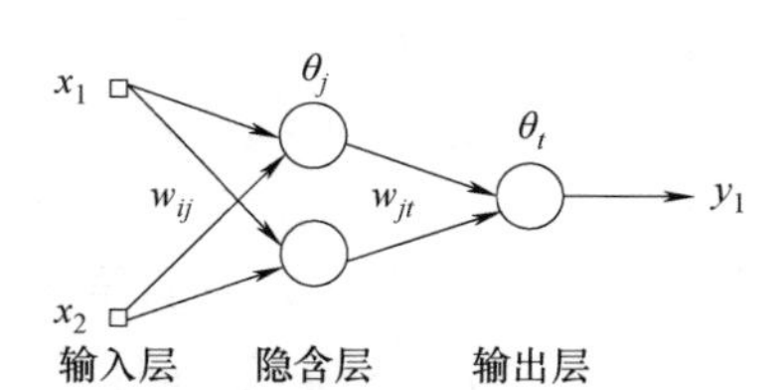

图 4-15　两层异或感知器网络结构

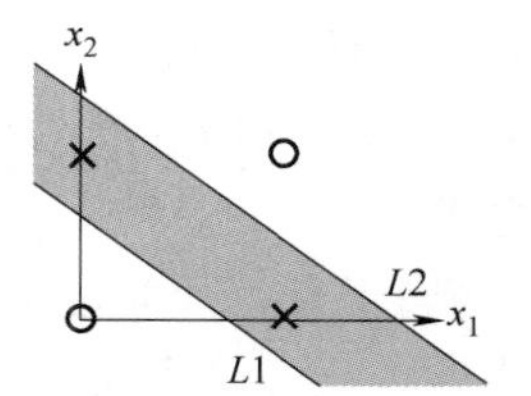

图 4-16　异或输入模式分布

根据两层感知器的网络结构，隐含层和输出层选用硬限幅传输函数，利用神经网络工具箱函数编写的 MATLAB 程序见附录 4.2。

附录 4.2　双层感知器实现逻辑“异或”运算

由上可知，两层感知器网络能够完成非线性的逻辑异或分类。需要强调的是，用上述神经网络训练时，隐含层的权值和阈值是由初始化函数随机给定的，在训练过程中不能调整，只能调整输出层的网络权值和阈值。有时可能会由于隐含层的随机初始值不恰当而引起网络无解的情况，可以重新运行程序获得初始化隐含层的权值和阈值。

如果两层感知器的隐含层激励函数选用 Sigmoid 函数，输出层激励函数选用线性函数 $g(x)=x$，学习算法利用 Hebb 学习规则，输出神经元 y 为

$y_t=g\left(\sum_{j=1}^{2}w_{jt}f(s_j)-\theta_t\right)=\sum_{j=1}^{2}w_{jt}f\left(\sum_{i=1}^{2}(w_{ij}x_i-\theta_j)\right)-\theta_t\quad j=1,2;t=1$

附录 4.3　BP 网络实现逻辑“异或”运算

这就是下面要介绍的运用 BP 网络实现逻辑“异或”运算，MATLAB 程序见附录 4.3。

4.2.2　BP 神经网络

1985 年，以美国科学家 D. Rumelhart 和 J. McClelland 为首的 PDP 研究小组提出了多层前馈网络的误差反向传播学习算法(Error Back Propagation Algorithm)，简称 BP 算法。将 BP 算法应用于多层前馈神经网络称之为 BP 神经网络，简称为 BP 网络。BP 神经网络很好地解决了多层感知器的算法缺陷，成为目前应用最广泛(约占神经网络 80%~90%)、通用性最好的神经网络模型，能够实现分类、模式识别、函数逼近和数学建模等，具有大规模并行处理的自学习、自组织和自适应的非线性模拟能力。

1. BP 神经网络模型

BP 神经网络通常包含一个或多个隐含层，一个输出层，各层之间实行全连接，与多层感知器的网络拓扑结构相似。三层 BP 神经网络网络结构如图 4-17 所示，隐含层神经元一般均采用 S 型函数作为激励函数，输出层神经元可以根据实际情况选择线性激励函数，则整个网络的输出可以取任意值；输出层神经元如果选择 S 型函数作为激励函数，则整个网络的输出就限定在一个较小的范围内。

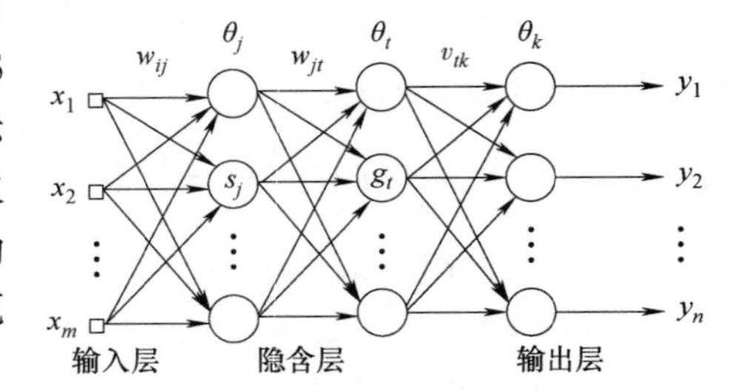

图 4-17　三层 BP 神经网络网络结构

BP 神经网络的输入与输出关系是一个高度非线性映射关系，如果输入节点数为 m，输出节点数为 n，则网络是从 m 维欧氏空间到 n 维欧氏空间的映射。BP 网络与多层感知器最主要的区别在于其基本处理单元选用 S 型函数，实现了输入与输出的高度非线性映射关系。

2. BP 学习算法

BP 学习算法属于有教师监督学习方式，包含了两类信号不同方向的传播过程：一类是施加输入信号由输入层经隐含层到输出层，产生输出响应的输入模式正向传播过程；另一类是期望输出与实际输出之间的误差信号由输出层返回隐含层和输入层，反向逐层修正连接权值和神经元输出阈值的误差逆传播过程。两种过程反复交替进行网络训练，最终达到全局误差向极小值收敛，结束学习过程。这种学习规则就是 δ 学习规则。

下面以图 4-17 为例详细介绍两种传播过程和 BP 学习算法。

假设有 P 个训练样本，当给定第 p 个样本输入向量为 $\boldsymbol{X}^p=(x_1,x_2,\cdots,x_m)^{\mathrm{T}}$，$m$ 为网络输入神经元个数；期望输出 $\boldsymbol{Y}^p=(y_1,y_2,\cdots,y_n)$，$n$ 为输出神经元个数；第一隐含层的神经元输出向量 $\boldsymbol{S}^p=(s_1,s_2,\cdots,s_a)^{\mathrm{T}}$，第二隐含层的神经元输出向量 $\boldsymbol{G}^k=(g_1,g_2,\cdots,g_b)^{\mathrm{T}}$，$a$ 和 b 分别为第一和第二隐含层的神经元个数；$w_{ij}(i=1,2,\cdots,m;j=1,2,\cdots,a)$ 为输入 x_i 到第一隐含层 s_j 的连接权值，θ_j 为第一隐含层神经元的阈值；$w_{jt}(j=1,2,\cdots,a;t=1,2,\cdots,b)$ 为 s_j 到第二隐含层 g_t 的连接权值，θ_t 为第二隐含层神经元的阈值；$v_{tk}(t=1,2,\cdots,b;k=1,2,\cdots,n)$ 为 g_t 到输出层 y_k 的连接权值，θ_k 为输出神经元的阈值；$f(\cdot)$ 为激励函数，隐含层和输出层均选用 Sigmoid 函数。

（1）输入模式正向传播过程

第一隐含层：$s_j = f(\sum_{i=1}^{m} w_{ij}x_i - \theta_j) = \dfrac{1}{1+e^{-\sum_{i=1}^{m} w_{ij}x_i + \theta_j}}$　$j=1,2,\cdots,a$　(4-24)

第二隐含层：$g_t = f(\sum_{j=1}^{a} w_{jt}s_j - \theta_t) = \dfrac{1}{1+e^{-\sum_{j=1}^{a} w_{jt}s_j + \theta_t}}$　$t=1,2,\cdots,b$　(4-25)

第三层(输出层)：$y_k = f(\sum_{t=1}^{b} v_{tk}g_t - \theta_k)$　$k=1,2,\cdots,n$　(4-26)

（2）误差的逆传播过程

误差的逆传播就是按照误差信号原连接通路反向修正各层的连接权值和阈值，使得误差信号减小到期望值。

假设第 p 个训练样本得出的网络期望输出与实际输出的偏差为

$$e_k^p = (Y_k^p - y_k^p) \quad k = 1,2,\cdots,n \tag{4-27}$$

取神经元输出的均方差为第 p 个训练样本输入时网络的目标函数，即

$$E^p = \sum_{k=1}^{n} \frac{1}{2}(e_k^p)^2 = \sum_{k=1}^{n} \frac{1}{2}(Y_k^p - y_k^p)^2 \tag{4-28}$$

对于所有的(P 个)训练样本，设网络的目标函数——全局误差为

$$E = \sum_{p=1}^{P} E^p = \sum_{p=1}^{P}\sum_{k=1}^{n} \frac{1}{2}(e_k^p)^2 = \sum_{p=1}^{P}\sum_{k=1}^{n} \frac{1}{2}(Y_k^p - y_k^p)^2 \tag{4-29}$$

选择 $f(\cdot)$ 为 S 型激励函数，应用梯度下降算法反向调整各层的权值和阈值，沿着 E 的负梯度方向求解目标函数极小值时的权值。BP 网络各层权值的修正量为

$$\Delta v_{tk}(n) = -\eta \frac{\partial E}{\partial v_{tk}} = -\eta \sum_{p=1}^{P} \frac{\partial E^p}{\partial v_{tk}} \tag{4-30}$$

$$\Delta w_{jt}(n) = -\eta \frac{\partial E}{\partial w_{jt}} = -\eta \sum_{p=1}^{P} \frac{\partial E^p}{\partial w_{jt}} \tag{4-31}$$

$$\Delta w_{ij}(n) = -\eta \frac{\partial E}{\partial w_{ij}} = -\eta \sum_{p=1}^{P} \frac{\partial E^p}{\partial w_{ij}} \tag{4-32}$$

下面按照误差逆向传播顺序逐层讨论修正规律。令

$$net_k^p = \sum_{t=1}^{b} v_{tk}g_t - \theta_k \tag{4-33}$$

将式(4-26)~式(4-29)、式(4-33)代入式(4-30)推导第二隐含层至输出层的连接权值修正量为

$$\begin{aligned}\Delta v_{tk}(n) &= -\eta \sum_{p=1}^{P} \frac{\partial E^p}{\partial v_{tk}} = -\eta \sum_{p=1}^{P} \frac{\partial E^p}{\partial y_k^p}\frac{\partial y_k^p}{\partial net_k^p}\frac{\partial net_k^p}{\partial v_{tk}} \\ &= -\eta \sum_{p=1}^{P} (Y_k^p - y_k^p)(-1)f'(net_k^p)g_t^p = \eta \sum_{p=1}^{P} e_k^p f'(net_k^p)g_t^p\end{aligned} \tag{4-34}$$

式中，η 为学习速率，通常取值 0~1。令

$$\delta_k^p = e_k^p f'(net_k^p) \tag{4-35}$$

为输出层各单元的一般化误差，则式(4-34)化简为

$$\Delta v_{tk}(n) = \eta \sum_{p=1}^{P} \delta_k^p g_t^p \tag{4-36}$$

令

$$net_t^p = \sum_{j=1}^{a} w_{jt}s_j - \theta_t \tag{4-37}$$

将式(4-25)、式(4-27)~式(4-29)、式(4-34)~式(4-36)代入式(4-31)，推导出第一隐含层至第二隐含层的连接权值修正量为

$$\Delta w_{jt}(n) = -\eta \sum_{p=1}^{P} \frac{\partial E^p}{\partial w_{jt}} = -\eta \sum_{p=1}^{P} \sum_{k=1}^{n} (Y_k^p - y_k^p)(-1) \frac{\partial y_k^p}{\partial net_k^p} \frac{\partial net_k^p}{\partial g_t^p} \frac{\partial g_t^p}{\partial net_t^p} \frac{\partial net_t^p}{\partial w_{jt}}$$

$$= \eta \sum_{p=1}^{P} \sum_{k=1}^{n} (Y_k^p - y_k^p) f'(net_k^p) v_{tk} f'(net_t^p) s_j^p \tag{4-38}$$

令

$$\delta_t^p = \sum_{k=1}^{n} (Y_k^p - y_k^p) f'(net_k^p) v_{tk} f'(net_t^p) = \sum_{k=1}^{n} \delta_k^p v_{tk} f'(net_t^p) \tag{4-39}$$

为第二隐含层各单元的一般化误差，则式(4-38)化简为

$$\Delta w_{jt}(n) = \eta \sum_{p=1}^{P} \delta_t^p g_j^p \tag{4-40}$$

令

$$net_j^p = \sum_{i=1}^{m} w_{ij} x_i - \theta_j \tag{4-41}$$

将式(4-24)、式(4-27)~式(4-29)、式(4-34)~式(4-41)代入式(4-32)，推导输入层至第一隐含层的连接权值修正量为

$$\Delta w_{ij}(n) = -\eta \sum_{p=1}^{P} \frac{\partial E^p}{\partial w_{ij}}$$

$$= -\eta \sum_{p=1}^{P} \sum_{k=1}^{n} \sum_{t=1}^{b} (Y_k^p - y_k^p)(-1) \frac{\partial y_k^p}{\partial net_k^p} \frac{\partial net_k^p}{\partial g_t^p} \frac{\partial g_t^p}{\partial net_t^p} \frac{\partial net_t^p}{\partial s_j^p} \frac{\partial s_j^p}{\partial net_j^p} \frac{\partial net_j^p}{\partial w_{ij}}$$

$$= \eta \sum_{p=1}^{P} \sum_{k=1}^{n} \sum_{t=1}^{b} (Y_k^p - y_k^p) f'(net_k^p) v_{tk} f'(net_t^p) w_{jt} f'(net_j^p) x_j^p \tag{4-42}$$

令第一隐含层各单元的一般化误差为

$$\delta_j^p = \sum_{k=1}^{n} \sum_{t=1}^{b} (Y_k^p - y_k^p) f'(net_k^p) v_{tk} f'(net_t^p) w_{jt} f'(net_j^p)$$

$$= \sum_{t=1}^{b} \delta_t^p w_{jt} f'(net_j^p) \tag{4-43}$$

式(4-40)化简为

$$\Delta w_{ij}(n) = \eta \sum_{p=1}^{P} \delta_j^p x_i^p \tag{4-44}$$

同理，可以将各层的阈值看作神经元输入为−1 的权值，α 为学习速率，则其修正量为

$$\Delta \theta_k(n) = \alpha \sum_{p=1}^{P} \delta_k^p \tag{4-45}$$

$$\Delta \theta_t(n) = \alpha \sum_{p=1}^{P} \delta_t^p \tag{4-46}$$

$$\Delta \theta_j(n) = \alpha \sum_{p=1}^{P} \delta_j^p \tag{4-47}$$

下面总结 BP 学习算法及其具体编程步骤。

1）初始化。设置网络的各连接权值$\{w_{ij}\}$、$\{w_{jt}\}$、$\{v_{tk}\}$和阈值$\{\theta_j\}$、$\{\theta_t\}$、$\{\theta_k\}$的初始值为$(-1,+1)$之间的随机数。

2）提供训练样本。选取一对训练样本$(\boldsymbol{X}^p, \boldsymbol{Y}^p)$，其中 $\boldsymbol{X}^p = (x_1, x_2, \cdots, x_m)^{\mathrm{T}}$，期望输出 $\boldsymbol{Y}^p = (y_1, y_2, \cdots, y_n)^{\mathrm{T}}$。

3）输入模式正向传播过程计算。

第一隐含层：$s_j = f(\sum_{i=1}^{m} w_{ij} x_i - \theta_j) \quad j=1,2,\cdots,a$

第二隐含层：$g_t = f(\sum_{j=1}^{a} w_{jt} s_j - \theta_t) \quad t=1,2,\cdots,b$

第三层(输出层)：$y_k = f(\sum_{t=1}^{b} v_{tk} g_t - \theta_k) \quad k=1,2,\cdots,n$

4）误差的逆传播过程计算。从输出层向输入层反向依次计算各层神经元的一般化误差 δ_k^p、δ_t^p、δ_j^p 值，然后返回步骤 2)依次对 P 对训练样本进行计算。

5）分别对各层的网络权值和阈值进行修正计算。

6）返回步骤 2)。根据修正的网络连接权值和阈值对每一个学习样本返回步骤 2)重新计

算，直到达到设定的网络目标函数——全局误差 $E<\varepsilon$，或者达到最大学习次数结束学习。

3. BP 网络设计和学习算法的缺陷

通过调整 BP 神经网络中的连接权值和阈值以及网络的规模(包括输入、隐含层和输出节点数)可以实现非线性分类等问题，并且可以任意精度逼近任意非线性函数，所以 BP 神经网络广泛应用于非线性建模、函数逼近和模式识别等方面。在实际应用中，还需要注意网络结构和相关参数对训练速度、网络的收敛性和泛化能力等问题的影响。

(1) BP 网络结构的选取及相关参数对训练的影响

在 BP 网络设计中最为关键的是隐含节点数的确定，它关系到收敛的快慢和计算的复杂度。

如果把神经网络看成输入节点为 m 到输出节点为 n 的高度非线性映射 f: $R^m \to R^n$，网络学习的目的就是求出一种映射函数 f 使得它在某种意义下是某个函数 g 的最佳逼近。

例 4-3　设计 BP 网络逼近函数 $g(x)=\cos k\pi x(-1\leqslant x\leqslant 1)$。

这里讨论隐含层节点固定时 BP 网络随着 k 增加函数逼近的情况。假设选取隐含层节点为 3 的 1-3-1 双层 BP 网络结构，隐含层的激励函数为双曲正切函数，输出层为线性激励函数。MATLAB 程序见附录 4. 4。

附录 4. 4　BP 网络逼近函数

图 4-18 分别为 $k=1$、2、4、8 时 BP 网络逼近余弦函数的情况。从图中可以看出，随着 k 的增加，在 $-1\leqslant x\leqslant 1$ 区间内存在更多的余弦波，逼近函数更加复杂，如果隐含层节点数固定，则很难达到复杂函数的逼近(如 $k=4$、8 时)。

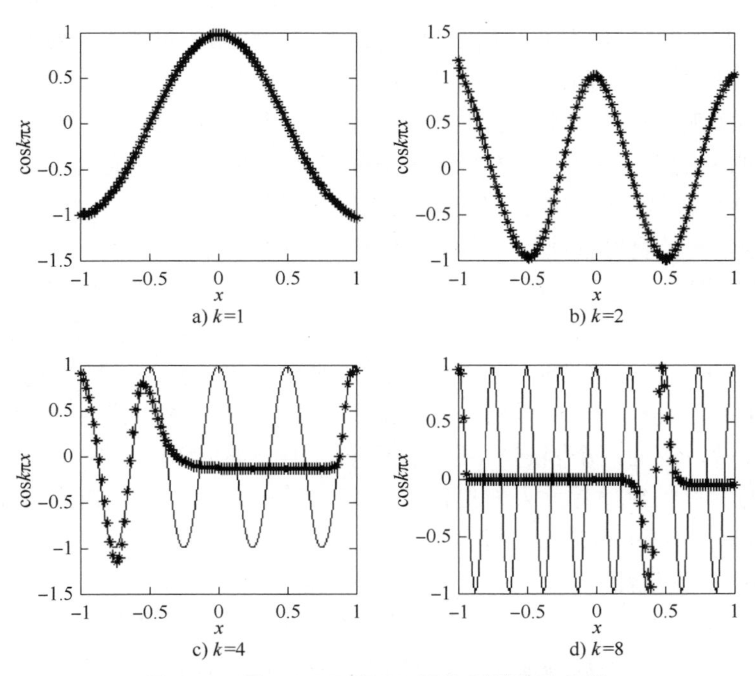

图 4-18　用 1-3-1 双层 BP 网络逼近余弦函数

下面讨论当 $k=4$ 固定，隐含层节点数增加时逼近余弦函数的情况，仿真结果如图 4-19 所示。由图 4-19 可知，适当增加隐含层的节点数，有利于提高逼近存在大量拐点的复杂非线性函数的精度。

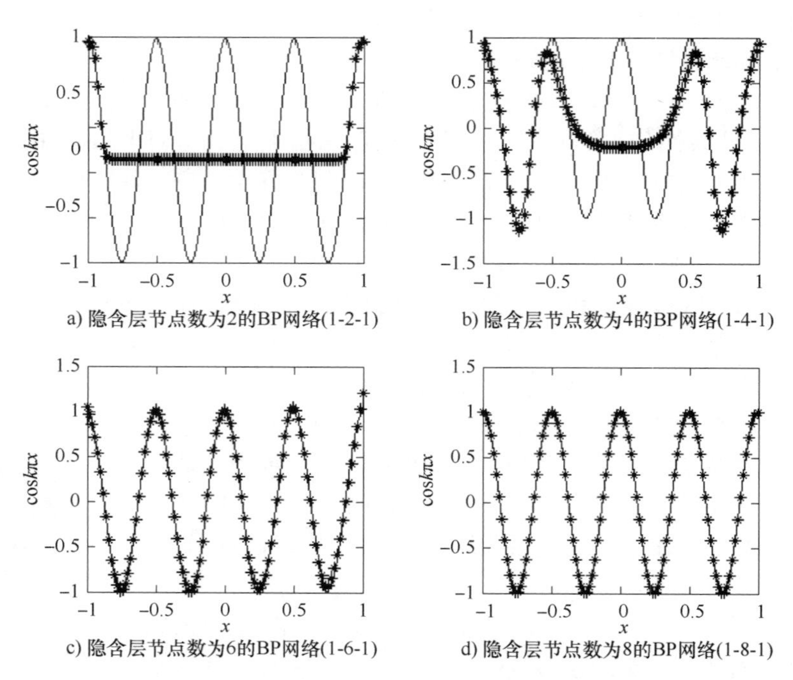

图 4-19　增加隐含层节点数的 BP 网络余弦逼近

另外，在 BP 学习算法中网络的初始权值和阈值的选取对网络的训练也有一定的影响，一般网络的初始权值和阈值是随机生成的，不同的初始值可能会导致在训练过程中陷入局部极小，造成学习失败。因此对于结构相同的神经网络在训练中一定要经过多次运行，确认网络是否能够实现要求的功能，避免因初值选取不当而造成的训练失败。针对一些比较特殊的应用，也可以根据一些已知的先验知识来确定 BP 网络的初始值。

近年来，一些学者针对 BP 神经网络易陷入局部极小的缺点，结合粒子群优化算法（PSO）在全局搜索上的良好性能，提出了一种新的 PSO-BP 混合算法。该算法先用 PSO 算法将 BP 网络的初始权值优化到全局极小点附近，然后用传统 BP 神经网络学习算法进行进一步优化。PSO-BP 混合算法很好地解决了 BP 神经网络对初始值敏感、易局部收敛的问题。

BP 学习算法中，学习速率 η 一般为固定值，取值范围为 $0<\eta\leqslant 1$，学习速率的大小对收敛速度和训练结果也具有一定的影响。学习速率太小，学习速度太慢；学习速率太大，则可能导致振荡或发散。因而一个固定学习速率不可能很好地适用于网络的整个学习过程，为实现快速而有效的学习收敛过程，人们提出了许多自适应地调节学习速率 η 的方法，这部分内容在 BP 学习算法改进中有详细讨论。

（2）BP 网络的收敛性

虽然 BP 网络可以模拟任意复杂的非线性函数，但是由于 BP 学习算法采用梯度下降法逐渐减小误差，有可能落入局部极小点，使算法不收敛，而达不到全局误差的最小点。

根据前面对网络全局误差的定义，E 是一个复杂的非线性函数，这就意味着由 E 构成的连接权空间不是只有一个极小点的抛物面，而是一个可能存在多个局部极小点、具有复杂形状（凸凹不平）的超曲面。二维权值的误差曲面如图 4-20 所示。

在 BP 神经网络学习过程中，训练从某一个起始点开始沿误差函数的斜面逐渐减小误差。由于 BP 学习算法采用梯度下降法，在学习过程中很可能陷入局部最小点而被冻结，无法收敛于全局极小值。因此，当 BP 网络收敛时，在不确定是否达到最优解的情况下，最好多试几个不同的初始值以确保收敛到全局最小极点，还可以采用附加动量法来解决。

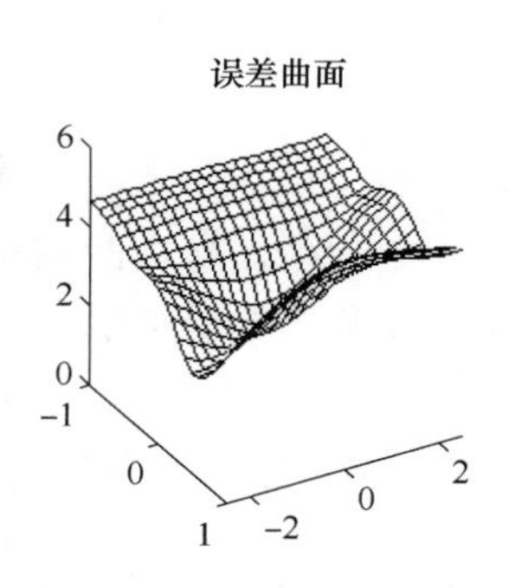

图 4-20　二维权值的误差曲面

（3）泛化能力

经过训练的 BP 网络，对于不是样本集中的输入也能给出合适的输出，这种性质称为泛化(Generalization)能力。泛化能力与网络的结构，即隐含层数和隐含层的节点数有关。文献[13]利用多层网络 BP 算法对复杂的函数进行逼近来讨论训练过程的训练误差和检验误差的关系，详细讨论了隐含节点的个数、最优隐含节点分布、复相关系数、检验误差以及网络输入维数与计算复杂度的关系。为了尽可能避免训练过程出现过拟合现象，保证足够高的网络性能和泛化能力，确定隐含节点数的最基本的原则是：在满足精度要求的前提下取尽可能紧凑的结构，即尽可能少的隐含节点数。

研究表明，隐含层节点数不仅与输入和输出的节点数有关，还与所解决问题的复杂度和激励函数的形式以及样本数据的特性有关。若隐含层节点数太少，网络性能很差；若隐含层节点数太多，会导致训练时间延长，且容易陷入局部极小点而得不到最优点，这也是训练时出现过拟合的内在原因。因此如果输入节点数为 2~15，含一个隐含层、一个输出层的 BP 网络在选择隐含节点数时一般无须超过 16，就可以达到训练网络所需的精度要求且泛化能力可达最强。

虽然 BP 网络是目前使用最广泛的神经网络模型，但它并不是一个十分完善的网络，也存在着自身的限制与缺陷，根据前面的讨论，归纳为以下几点：

1）由于 BP 算法实质上是非线性优化问题的梯度算法，不可避免地存在收敛问题，主要是容易陷入局部极小值，不能保证收敛到全局最小点。

2）学习收敛速度太慢，且收敛速度与网络的权值和阈值的初始值有关，需要反复测试以确保达到最优解。目前有研究尝试采用免疫计算、机器学习等智能方法进行神经网络参数的优化，具体见第 7 章。

3）网络的结构设计尚无理论性的指导，包括隐含层数和隐含层节点数以及激励函数、训练算法等的选取均根据经验设计，只能通过实验计算获得，对网络造成较大的冗余，无形中增加了研究工作量和编程计算量。

4）BP 网络训练结束后即确定了网络权值和阈值，但当加入新的记忆模式时，需要重新学习训练得到网络权值和阈值，不具备自适应学习能力。

5）BP 网络学习样本和泛化能力之间关系复杂，如何选取合适的训练样本解决网络的泛化能力问题，目前还没有明确的指导性理论。

4. 几种改进的 BP 学习算法

为了解决 BP 网络收敛速度慢、训练时间长等缺陷，国内外许多学者致力于此方面的研究，提出了许多改进算法，下面介绍几种常用的 BP 神经网络改进算法。

（1）加入动量项校正算法

标准 BP 算法在进行权值修正时只是按照前一时刻的负梯度方向进行修正，没有考虑以前积累的经验，导致收敛速度缓慢。引入附加动量项改进 BP 算法的网络连接权值修正公

式为

$$\Delta v_{tk}(n)=\eta\sum_{p=1}^{P}\delta_k^p g_t^p+\alpha\Delta v_{tk}(n-1) \tag{4-48}$$

式中，第一项为由本次误差梯度方法计算出的校正量；第二项为动量项，$\alpha(0<\alpha<1)$为动量因子。附加的动量项起到缓冲平滑的作用，减小学习过程中的振荡趋势和加速收敛。其余各层的连接权值和阈值的修正公式依此类推，这里不再详述。

（2）自适应学习速率调整算法

BP 学习算法中学习速率的大小直接影响收敛的速度和效果，为了克服固定学习速率带来的缺陷，提出了一种根据网络误差曲面上的不同区域的曲率变化自适应地调整学习速率的 MFBP 算法，网络连接权值和阈值修正公式为

$$v_{tk}(n+1)=v_{tk}(n)+\Delta v_{tk}(n)=v_{tk}(n)+\eta_{tk}(n)\sum_{p=1}^{P}\delta_k^p g_t^p \tag{4-49}$$

$$\theta_k(n+1)=\theta_k(n)+\Delta\theta_k(n)=\theta_k(n)+\alpha_k(n)\sum_{p=1}^{P}\delta_k^p \tag{4-50}$$

式中，$\eta_{tk}(n)$和$\alpha_k(n)$为网络连接权值和阈值修正变化的学习速率。且

$$\eta_{tk}(n+1)=\begin{cases}\eta_{tk}(n)\varepsilon & (\sum_{p=1}^{P}\delta_k^p g_t^p)\Delta_1(n-1)>0\\ \eta_{tk}(n)\beta & (\sum_{p=1}^{P}\delta_k^p g_t^p)\Delta_1(n-1)<0\\ \eta_{tk}(n) & \text{其他}\end{cases} \tag{4-51}$$

$$\alpha_k(n+1)=\begin{cases}\alpha_k(n)\varepsilon & (\sum_{p=1}^{P}\delta_k^p)\Delta_2(n-1)>0\\ \alpha_k(n)\beta & (\sum_{p=1}^{P}\delta_k^p)\Delta_2(n-1)<0\\ \alpha_k(n) & \text{其他}\end{cases} \tag{4-52}$$

$$\Delta_1(n)=\gamma\Delta_1(n-1)+(1-\gamma)(\sum_{p=1}^{P}\delta_k^p g_t^p) \tag{4-53}$$

$$\Delta_2(n)=\gamma\Delta_2(n-1)+(1-\gamma)(\sum_{p=1}^{P}\delta_k^p) \tag{4-54}$$

式中，$\varepsilon>1$、$0<\beta<1$、$0<\gamma<1$ 为任意选定的常数因子；$v_{tk}(0)$与$\theta_k(0)$为$[-1,1]$的初始化值；$\eta_{tk}(0)$和$\alpha_k(0)$为任意给定的较小的正数。

（3）动量-自适应学习速率法

将附加动量项算法和自适应学习速率算法相结合而发展起来的算法称为动量-自适应学习速率法，网络连接权值的修正公式为

$$\Delta v_{tk}(n)=\eta\sum_{p=1}^{P}\delta_k^p g_t^p+\alpha(n)\Delta v_{tk}(n-1) \tag{4-55}$$

$$\Delta\alpha(n)=\alpha(n)-\alpha(n-1) \tag{4-56}$$

式(4-55)、式(4-56)表明，$\Delta\alpha(n)$的调整可以随着校正不断地增加 α 动量系数，动量项所占的比重逐渐加大，从而达到加速收敛的目的。同样也可以依据误差函数的变化情况来调整动量系数，每次修正后如果降低了误差函数，则说明学习速度低，应增大学习速率；否则说明产生了过调，应减小学习速率。

（4）调整激励函数法

在传统的 BP 网络中激励函数是固定的，网络的训练过程只对各层神经元连接权值和阈值进行调整，制约了网络的非线性映射能力，可以采用调整激励函数的方法提高收敛效率。通常采用参数可调的 Sigmoid 激励函数模型，即

$$f(x)=a+\frac{1}{1+\mathrm{e}^{-\frac{x-\theta}{\lambda}}} \tag{4-57}$$

或

$$f(x)=a+\frac{b}{1+\mathrm{e}^{-\frac{x-\theta}{\lambda}}} \tag{4-58}$$

式中，a 为偏移参数，决定函数的垂直位置；θ 为阈值，决定函数的水平位置；λ 为陡度因子，决定函数的形状；b 为放大系数，决定函数的映射范围。显然，此函数比S型函数具有更丰富的非线性表达能力。

除了上述引入动量项、自适应学习速率调整和调整激励函数等优化BP学习算法外，还可以从调整权值和共轭梯度、改变神经网络结构（隐含层节点数和网络层数）、调整误差以及构建神经网络的方程求解网络权值等多方面改进BP算法，继而使网络的学习精度和收敛速度得到提高。

当然还可以引入其他的智能技术与BP算法融合，如遗传算法和DNA软计算等，吸收各自的优点形成综合的学习算法。近年来，模拟退火和遗传算法等全局随机优化方法受到人们的关注，并应用于神经网络的优化中，取得了很好的效果。

4.2.3 RBF神经网络

20世纪80年代末期，在求解多实变量插值问题时首次将RBF引入神经网络设计，从而构成一类新颖的前向网络——径向基函数（Radial Basis Function，RBF）神经网络。该神经网络具有很强的输入、输出非线性映射功能，并且从理论上已经证明，只要隐含层神经元的数量足够多，RBF网络能以任意的精度逼近任意单值连续函数，且当采用自组织有监督的学习算法进行训练时，其收敛速度也具有显著的优越性。由于RBF网络在函数逼近能力、学习速度和模式分类等方面均优于BP网络，因此在数值计算、函数拟合、模式识别与分类等领域得到了广泛的应用，取得了巨大的成果。

1. RBF网络的结构

一般的RBF神经网络由一个隐含层和一个输出层组成，其结构与一般的前向网络相似，如图4-21所示。输入节点有 m 个，各输入分量为 $x_i(i=1,2,\cdots,m)$，通过网络权值 w_{ij} 连接到隐含层神经元节点，θ_j 为隐含层神经元的阈值；v_{jk} 为隐含层与输出层的连接权值，θ_k 为输出层神经元的阈值；s_j 和 g_k 分别为隐含层和输出层的激励函数；输出为 n 个分量，输出层 y_k 对隐含层的输出实行线性加权组合，从而实现隐含层空间到输出层空间的线性变换。

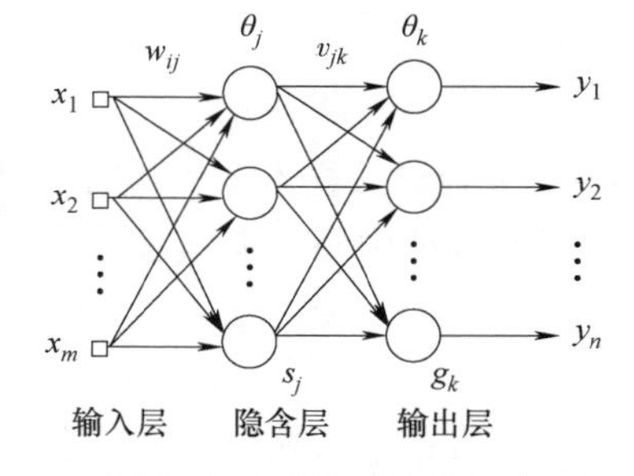

图4-21 RBF网络的结构

RBF网络与其他前馈网络的重要区别在于网络隐含层神经元的非线性作用过程采用RBF激励函数作为隐含层神经元的基构成隐含层空间，代表从 m 维输入空间到 n 维输出空间的非线性映射 $f:R^m\to R^n$，径向基函数的基本形式为

$$s_j(x)=\varphi_j(\|x-\boldsymbol{c}_j\|)\quad j=1,2,\cdots,a$$

式中，a 为隐含层的节点数；$s_j(x)$ 为隐含层第 j 个神经元的输出；$\varphi_j(\cdot)$ 为基函数；$\|\cdot\|$ 表示欧氏范数；$\boldsymbol{c}_j$ 为隐含节点基函数的聚类的中心点或中心向量，表明隐含层的神经元输出由网络的输入与基函数的中心之间的距离决定。常用的径向基函数有下列三种形式：

1）多二次函数：$\varphi_j(\|x-\boldsymbol{c}_j\|)=\sqrt{(x-\boldsymbol{c}_j)^{\mathrm{T}}(x-\boldsymbol{c}_j)+\delta_j^2}\quad j=1,2,\cdots,a$

2）逆多二次函数：$\varphi_j(\|x-\boldsymbol{c}_j\|)=\dfrac{1}{\sqrt{(x-\boldsymbol{c}_j)^{\mathrm{T}}(x-\boldsymbol{c}_j)+\delta_j^2}}\quad j=1,2,\cdots,a$

3）高斯函数：$\varphi_j(\|x-\boldsymbol{c}_j\|)=\exp\left[-\dfrac{(x-\boldsymbol{c}_j)^{\mathrm{T}}(x-\boldsymbol{c}_j)}{\delta_j^2}\right]\quad j=1,2,\cdots,a$

式中，δ_j 为第 j 个隐含层节点的规一化参数，也称为基函数的宽度参数。这些基函数都是径向对称的。在 RBF 网络中，高斯函数由于具有表达形式简单、解析性和光滑性好、任意阶次可微等优点而成为最常用的径向基函数。

2. RBF 网络的学习算法

下面以图 4-21 所示的 RBF 网络为例，介绍 RBF 学习算法。

设有 P 个训练样本集 $X=\{X^1,X^2,\cdots,X^P\}$，其中第 p 个样本输入向量 $\boldsymbol{X}^p$ 对应的期望输出为 $\boldsymbol{Y}^p$，系统的实际输出为 $\boldsymbol{y}^p$，系统对所有 P 个训练样本总的误差目标函数为

$$J=\sum_{p=1}^{P}J^p=\frac{1}{2}\sum_{p=1}^{P}\sum_{k=1}^{n}(\boldsymbol{Y}_k^p-\boldsymbol{y}_k^p)^2=\frac{1}{2}\sum_{p=1}^{P}\sum_{k=1}^{n}e_k^{p\,2} \tag{4-59}$$

RBF 网络有三类可调参数，分别为中心向量 $\boldsymbol{c}_j$、隐含层基函数的宽度参数 δ_j 和网络的连接权值或阈值。RBF 网络的学习过程分为有教师学习和无教师学习两个阶段。

（1）无教师学习

无教师学习也称非监督学习，是根据所有的输入样本集进行聚类，求得各隐含层节点的 RBF 中心向量 $\boldsymbol{c}_j$ 或隐含层基函数的宽度参数 δ_j。常用的聚类方法是用 k 均值算法实现实时调整中心向量，将训练样本聚成若干类，以聚类最小距离为指标找出径向基函数的中心向量，使得各输入样本向量距离该中心向量的距离最小。k 均值算法调整中心点的具体步骤如下：

1）随机给定各隐含层节点的初始中心向量 $\boldsymbol{c}_j(0)\,(j=1,2,\cdots,a)$、初始学习速率 $\beta(0)$ 和误差目标函数限定值 ε。

2）计算当前的欧氏距离，并求出最小距离的节点 $r(1\leqslant r\leqslant a)$，即

$$d_j(t)=\|x(t)-\boldsymbol{c}_j(t-1)\|\quad j=1,2,\cdots,a$$

$$\mathrm{d}\min d_{j\,r_{\min}}$$

式中，r 为输入样本 $x(t)$ 与中心向量 $\boldsymbol{c}_j(t-1)$ 之间距离最小的隐含层节点序号。

3）调整中心，调整公式为

$$\boldsymbol{c}_j(t)=\boldsymbol{c}_j(t-1)\quad j=1,2,\cdots,a\text{，且 } j\neq r$$

$$\boldsymbol{c}_r(t)=\boldsymbol{c}_r(t-1)+\beta(t)[x(t)-\boldsymbol{c}_r(t-1)]$$

4）修正学习速率，修正公式为

$$\beta(t+1)=\frac{\beta(t)}{\sqrt{1+\mathrm{int}(t/a)}}$$

式中，$0\leqslant\beta(t)\leqslant1$ 为学习速率；int（·）表示取整函数。经过某个样本对隐含层节点的运算，修正中心向量和学习速率。

5）对于下一个样本 $p(p=1,2,\cdots,P)$ 从步骤 2）重复计算，直到满足误差目标函数 $J=\sum_{p=1}^{P}J^p\leqslant\varepsilon$，聚类结束。

（2）有教师学习

当隐含层各节点的中心向量 $\boldsymbol{c}_j$ 确定后，训练由隐含层到输出层之间的连接权值 v_{jk} 或阈值 θ_k。由于输出层相当于一个隐含层基函数输出的加权和的线性化运算，则权值的更新相当

于线性优化问题，可以利用各种线性优化算法确定，不存在 BP 神经网络中的极小值问题。下面介绍最小均方(Least Mean Square，LMS)算法和递推最小二乘(RLS)法两种修正权值的学习算法。

1) LMS 算法。LMS 算法是利用 Delta(δ)学习规则，按照梯度方向修正权值或阈值的一种算法。根据 BP 神经网络学习算法的修正公式，对于 RBF 网络的第 p 个训练样本对 $\{X^p, Y^p\}$，隐含层和输出层之间的连接权值或阈值的修正公式为

$$\Delta v_{jk}(t) = \boldsymbol{\eta}(Y_k - y_k)\frac{\varphi_j^p(\|x - \boldsymbol{c}_j\|)}{\|\boldsymbol{\varphi}^p\|^2} \quad j = 1,2,\cdots,a;k = 1,2,\cdots,n$$

式中，$\boldsymbol{\eta}$ $(0\leqslant\boldsymbol{\eta}\leqslant1)$为学习速率；$Y_k - y_k$ 表示第 k 个输出分量的误差；$\boldsymbol{\varphi}^p = (\varphi_1^p, \varphi_2^p, \cdots, \varphi_a^p)^{\mathrm{T}}$，$\varphi_j^p(\|x - \boldsymbol{c}_j\|)$为隐层节点的径向基函数。

对于 P 个训练样本集重复计算网络权值的修正量，直到满足误差目标函数 $J = \sum_{p=1}^{P} J^p \leqslant \varepsilon$ 结束。

2) RLS 算法。定义目标函数为

$$J = \sum_{p=1}^{P} J^p = \frac{1}{2}\sum_{p=1}^{P}\boldsymbol{\Lambda}(p)[Y^p - y^p(t)]^2$$

式中，$\boldsymbol{\Lambda}(p)$为加权因子矩阵。为了求解一组权值估计值 v_{jk} 使得目标函数 J 最小，令

$$\frac{\partial J(t)}{\partial \boldsymbol{\Lambda}} = \mathbf{0}^{\mathrm{T}}$$

隐含层至输出层的权值为 $v_{jk}(t)$，隐含层的输出向量 $\boldsymbol{\varphi}^p(t) = (\varphi_1^p(t), \varphi_2^p(t), \cdots, \varphi_a^p(t))^{\mathrm{T}}$，输出层第 k 个估计输出为$\hat{y}_k^p(t) = \sum_{j=1}^{a} v_{jk}\boldsymbol{\varphi}_j^p(t)$。利用最小二乘递推法，权值的递推公式为

$$\hat{v}_{jk}(t) = \hat{v}_{jk}(t-1) + \boldsymbol{K}(t)\{\boldsymbol{Y}^p - [\boldsymbol{\varphi}^p(t)]^{\mathrm{T}}\hat{v}_{jk}(t-1)\}$$

$$\boldsymbol{K}(t) = \boldsymbol{P}(t-1)\boldsymbol{\varphi}^p(t)\left\{[\boldsymbol{\varphi}^p(t)]^{\mathrm{T}}\boldsymbol{P}(t-1)\boldsymbol{\varphi}^p(t) + \frac{1}{\boldsymbol{\Lambda}(p)}\right\}^{-1}$$

$$\boldsymbol{P}(t) = \{\boldsymbol{I} - \boldsymbol{K}(t)[\boldsymbol{\varphi}^p(t)]^{\mathrm{T}}\}\boldsymbol{P}(t-1)$$

3. 有关 RBF 网络的问题讨论

1) 对于 RBF 和 BP 网络，从理论上可以证明，只要隐含层神经元的数量足够多，都能以任意精度逼近任何单值连续函数。两者的主要区别在于采用了不同的激励函数，BP 网络隐含层神经元采用 S 型函数，对输入信号无限大的范围内均会产生非零值，作用函数具有全局接收域；而 RBF 网络隐含层神经元采用高斯函数等径向基函数，只有距离基函数中心较近的范围产生较大输出，作用函数具有局部化接收域，属于局部映射网络。

2) 结构方面 BP 网络一般是双层网络，但也可以由三层甚至更多层组成；而 RBF 网络只有一个隐含层和一个输出层组成的两层形式。

3) RBF 网络隐含层和输出层之间是线性方程组合，理论证明网络具有唯一最佳逼近特性，且无局部极小值问题。

4) RBF 网络与 BP 网络相比较具有训练收敛速度快、函数逼近能力和模式分类能力强等优点，因此比较适合系统的实时辨识和在线控制，而且在数值计算、函数拟合、模式识别与分类等领域也得到了广泛的应用。但 BP 网络的泛化能力要好于 RBF 网络。

5) RBF 网络的学习过程分为两个比较直观的阶段，但是具体求解 RBF 网络隐含节点的中心向量 $\boldsymbol{c}_j$ 和隐含层基函数的宽度参数 δ_j 比较困难。

6）RBF 网络的隐含层节点个数 a 一般由经验确定，没有理论性的指导。目前，通常采用计算机选择、设计和校验的方法确定，使网络的学习达到一定的精度要求。

7）径向基函数具有多种形式，如何选取合适的径向基函数也是 RBF 网络设计的难点。

4. RBF 网络的应用实例

例 4-4 利用 MATLAB 中的神经网络函数创建一个 RBF 网络，并对非线性函数 $y=x^3(-2\leqslant x\leqslant 2)$ 进行逼近。

附录 4.5 RBF 网络实现非线性函数

通过 MATLAB 中的神经网络函数 newrbe 创建一个目标误差为 10^{-5} 的 RBF 网络，MATLAB 程序见附录 4.5。

当隐含层神经元的个数为 20 时，RBF 网络训练的误差曲线如图 4-22 所示，函数逼近输出结果曲线如图 4-23 所示。

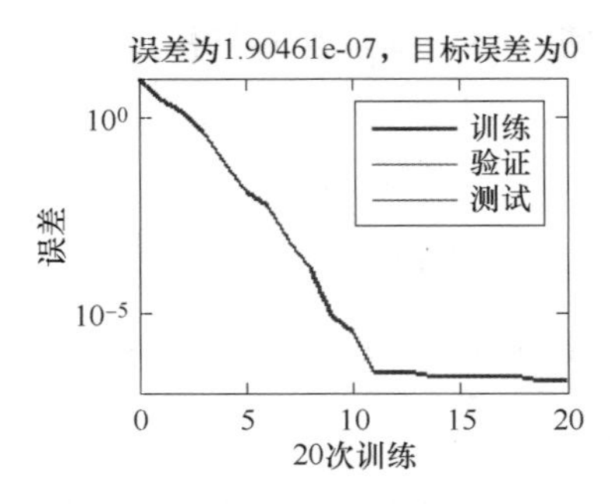

图 4-22 RBF 网络训练的误差曲线

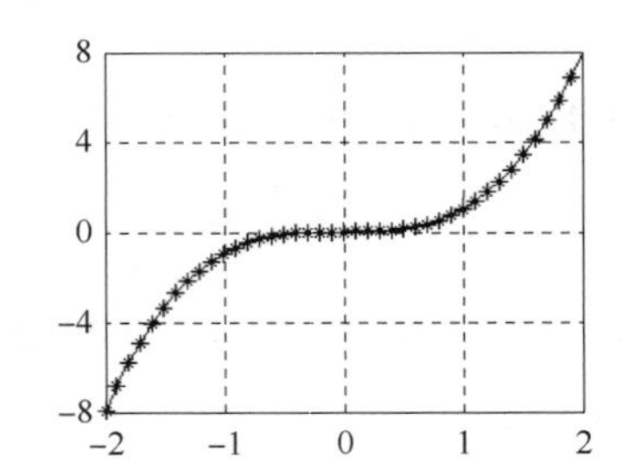

图 4-23 函数逼近输出结果曲线

例 4-5 应用 BP 网络和 RBF 网络对电动机故障诊断进行建模研究。

异步电动机（尤其是笼型异步电动机）因可靠性高、结构简单、成本低、使用寿命长和维修方便等特点广泛应用于工农业生产中。异步电动机一旦发生故障，将带来较大的经济损失，因此异步电动机的故障诊断显得尤为重要。

综合实际异步电动机所发生的常见故障及其在定子电流中对应的故障特征，确定基于神经网络的转子断条、气隙偏心以及定子绕组故障三类故障进行识别。三类故障作为故障模式在模式空间中进行以下规定：若发生某类故障，则对应的故障状态为 1，否则为 0；因此将故障模式作为神经网络训练时的理想输出，输出层节点数为 3。

根据对电动机的故障分析，选择以下故障特征分量作为神经网络的输入：

参量 1——主要反映偏心故障的特征频率分量 $[1-(1-s)/p]f$；

参量 2——主要反映转子断条故障的特征频率分量 $(1-2s)f$；

参量 3——基波分量 f；

参量 4——主要反映转子断条故障的特征频率分量 $(1+2s)f$；

参量 5——主要反映偏心故障的特征频率分量 $[1+(1-s)/p]f$；

参量 6——主要反映定子绕组故障的特征频率分量 $\Delta a/120°$。

六个特征分量作为神经网络的输入。其中，p 为电动机极对数；s 为转差率；f 为电源频率；$\Delta a/120°$ 为三相定子电流相位偏离正常时的最大角度。

表 4-1 和表 4-2 分别列出了异步电动机故障诊断的实验样本数据和测试样本数据。对正常状态及各种故障状态下的电动机定子电流进行数据采样，经小波消噪处理后利用 FFT 及互相关函数分析求取所列的六个故障特征分量，再经无量纲归一化处理后作为训练样本

数据。

表 4-1 异步电动机故障诊断的样本数据及其对应故障模式

样本	故障特征参量						故障模式		
	参量 1	参量 2	参量 3	参量 4	参量 5	参量 6	转子故障	偏心故障	定子故障
1	0.0071	0.025	1	0.002	0.0072	0	0	0	0
2	0.0092	0.0092	1	0.0090	0.0094	0.0142	1	0	0
3	0.010	0.0092	1	0.0089	0.0071	0.0709	1	0	1
4	0.0341	0.0063	1	0.0064	0.0192	0	0	1	0
5	0.0272	0.0134	1	0.0132	0.0228	0.0922	1	1	1
6	0.0114	0.0088	1	0.0080	0.0096	0.0071	1	1	0
7	0.0084	0.0094	1	0.0078	0.0085	0.0072	1	0	0
8	0.0098	0.0031	1	0.0033	0.0091	0	0	0	0
9	0.0086	0.0051	1	0.0048	0.0083	0.0355	0	0	1

表 4-2 异步电动机故障诊断的测试样本数据

样本	故障特征参量						故障模式		
	参量 1	参量 2	参量 3	参量 4	参量 5	参量 6	转子故障	偏心故障	定子故障
1	0.0070	0.031	1	0.0029	0.0076	0.0071	0	0	0
2	0.0098	0.0095	1	0.0092	0.0085	0.0131	1	0	0
3	0.0433	0.0071	1	0.0069	0.0316	0	0	1	0
4	0.0184	0.0034	1	0.0039	0.0123	0.0993	0	0	1
5	0.0216	0.0139	1	0.0135	0.022	0.0810	1	1	1

根据上述分析，应用 MATLAB 对异步电动机的故障分别建立 BP 和 RBF 网络诊断模型，MATLAB 程序见附录 4.6。首先建立 6-10-3 拓扑结构的双层 BP 神经网络，隐含层激励函数为 Sigmoid 函数，输出层激励函数为线性函数，训练方法基于最速梯度下降原理的误差反传播的 BP 算法。另外，利用 MATLAB 中的 newrb 函数设计径向基函数 RBF 网络实现异步电动机的故障诊断。

附录 4.6 电动机故障诊断建模

仿真结果表明，BP 网络训练的时间比 RBF 网络的训练时间要长，而且随着训练精度的提高，RBF 网络在训练时间上的优势越明显。另外，只针对学习样本训练仿真时，RBF 网络的精度明显高于 BP 网络，且 BP 网络容易陷入局部最小，而 RBF 网络对学习样本精度很高，样本数据经过归一化处理后的正确率得到显著提升，能够达到 93%。

综合上述分析和应用，RBF 神经网络具有以任意精度逼近任意非线性函数的能力，且具有全局逼近能力，网络结构参数可实现分离学习，收敛速度快，学习精度高，是一种性能优良的前向神经网络。目前已成功地应用于识别(车型识别)、参数预测(土壤元素含量的空间预测和交通流预测等)、优化设计和模拟逼近等各个领域，具有非常广泛的应用前景。

4.2.4 LVQ 神经网络

学习向量量化(Learning Vector Quantization，LVQ)神经网络是由输入层、竞争层和线性输出层组成的前向网络，LVQ 算法是在有教师监督的学习模式下对竞争层进行训练的一种学习算法，于 1988 年由芬兰学者 T. Kohonen 等首次提出，并把它用于本身有类型交集的模式分类。LVQ 分类的核心是通过计算欧式距离，用最近领域来实现分类。

1. LVQ 神经网络的结构

LVQ 神经网络的结构如图 4-24 所示。LVQ 网络的输入层和竞争层(即隐含层)之间为完全连接，竞争层和线性输出层之间为部分相连，每个输出层神经元与竞争层神经元的不同组相连。竞争层和输出层的连接权值固定为 1。用输入层和竞争层间的连接权值建立参考向量的分量(对每个竞争神经元指定一个参考向量)，在网络训练过程中，这些权值按照一定规则修改。竞争神经元和输出神经元都具有二进制输出值。当某个输入模式送至网络时，参考向量中最接近输入模式的竞争神经元获得激发而赢得竞争，因而允许它产生一个输出 1，其他竞争神经元都被迫产生输出 0。与获胜竞争神经元相连的输出神经元也发出 1，而其他输出神经元均发出 0。产生 1 的输出神经元给出输入模式的类，每个输出神经元被表示为不同的类。

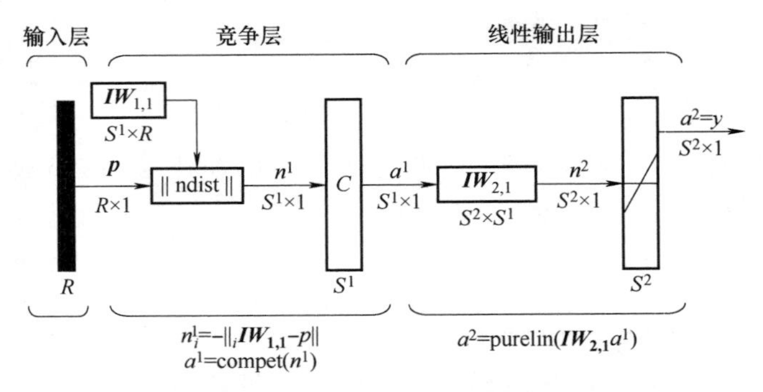

图 4-24 LVQ 神经网络的结构

2. LVQ 神经网络的学习算法

LVQ 网络学习规则是竞争和有教师监督的结合，其分类原理是首先通过一个竞争层从输入向量中发现子类，然后把子类归纳到目标类中。从图 4-24 中可知，R 为输入向量中元素的数目，S^1 为竞争层神经元的数目，S^2 为线性输出层神经元的数目，$\boldsymbol{p}$ 为输入向量，$\boldsymbol{IW}_{1,1}$为输入层与竞争层连接权值矩阵，$\boldsymbol{IW}_{2,1}$为竞争层与输出层连接权值矩阵。

下面调整$\boldsymbol{IW}_{1,1}$的第 i^* 行。如果 p 正确分类($a_k^{2\,*}=t_k^*=1$)，竞争层$\boldsymbol{IW}_{1,1}$第 i^* 行的新权值修正为

$$_{i^*}IW_{1,1}(q)={}_{i^*}IW_{1,1}(q-1)+\alpha[p(q)-{}_{i^*}IW_{1,1}(q-1)] \tag{4-60}$$

如果 p 没有正确分类($a_k^{2\,*}=t_k^*1$)，$\boldsymbol{IW}_{1,1}$第 i^* 行的新权值为

$$_{i^*}IW_{1,1}(q)={}_{i^*}IW_{1,1}(q-1)-\alpha[p(q)-{}_{i^*}IW_{1,1}(q-1)] \tag{4-61}$$

通过把输出误差反向传送到第一层，对$\boldsymbol{IW}_{1,1}$第 i^* 行的校正可以自动完成而不会影响$\boldsymbol{IW}_{1,1}$的其他行，把隐含的神经元移近使其归入一个子类的向量，而远离使其误入其他子类的向量。

为了改进 LVQ 学习算法准确性和稳定性，可以应用以下 LVQ 改进算法。

假定在第一层有两个接近输入向量的向量，一个属于正确分类而另外一个属于错误分类，进一步假定输入向量是落在了接近两个向量中间平面的“窗户”内。定义“窗户”为

$$\min\left(\frac{d_i}{d_j},\frac{d_j}{d_i}\right) > s \tag{4-62}$$

式中，$s=\dfrac{1-\omega}{1+\omega}$；$d_i$ 和 d_j 分别为 $\boldsymbol{p}$ 到 $_{i*}\boldsymbol{IW}_{1,1}$ 和 $_{j*}\boldsymbol{IW}_{1,1}$ 的欧式距离。

这里选择 ω 值在 0.2~0.3 之间。例如，选 $\omega=0.25$，那么 $s=0.6$。这意味着如果两个距离的比值最小值大于 0.6，那么调整这两个向量。换句话说，如果输入向量接近中间平面，调整两个向量使得输入向量 $\boldsymbol{p}$ 和 $_{j*}\boldsymbol{IW}_{1,1}$ 属于同一类，而 $\boldsymbol{p}$ 和 $_{i*}\boldsymbol{IW}_{1,1}$ 不属于同一类。

3. LVQ 神经网络的应用实例

例 4-6　根据给定的一组输入向量和目标向量，设计一个 LVQ 神经网络，将输入向量进行模式分类。

假设输入为 10 个二维向量，分别为

$$\boldsymbol{P}_1=\begin{pmatrix}-6\\0\end{pmatrix};\ \boldsymbol{P}_2=\begin{pmatrix}-4\\2\end{pmatrix};\ \boldsymbol{P}_3=\begin{pmatrix}-2\\-2\end{pmatrix};\ \boldsymbol{P}_4=\begin{pmatrix}0\\1\end{pmatrix};\ \boldsymbol{P}_5=\begin{pmatrix}0\\2\end{pmatrix}$$

$$\boldsymbol{P}_6=\begin{pmatrix}0\\-2\end{pmatrix};\ \boldsymbol{P}_7=\begin{pmatrix}0\\-1\end{pmatrix};\ \boldsymbol{P}_8=\begin{pmatrix}2\\2\end{pmatrix};\ \boldsymbol{P}_9=\begin{pmatrix}4\\-2\end{pmatrix};\ \boldsymbol{P}_{10}=\begin{pmatrix}6\\0\end{pmatrix}$$

输出目标的分类为 $\boldsymbol{C}=(1\ 1\ 1\ 2\ 2\ 2\ 2\ 1\ 1\ 1)$。MATLAB 代码见附录 4.7。

附录 4.7　LVQ 网络将输入向量进行模式分类

图 4-25 为输入向量的分布情况，两边的 * 表示模式 1，中间的+表示模式 2；建立 LVQ 神经网络，经过训练后竞争层的神经元权值发生变化，有助于对两类模式进行分类。利用两个测试样本：(0　0.2)属于模式 2、(1　0)属于模式 1，利用仿真函数 sim( )进行测试验证，输出结果 $\boldsymbol{C}=(2\quad 1)$ 表示第一个测试样本属于模式 2，第二个测试样本属于模式 1，与实际情况相符，说明设计的 LVQ 神经网络的分类性能良好。

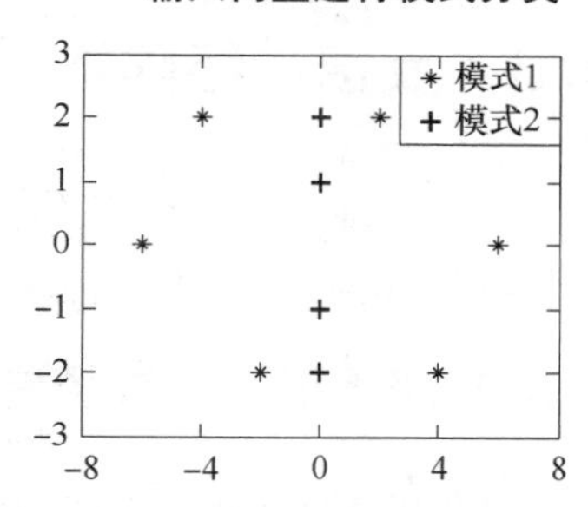

图 4-25　输入向量的分布情况

例 4-7　LVQ 神经网络在乳腺肿瘤诊断中的应用。

传统乳腺肿瘤诊断方法是对病灶部位进行医学影像，专家根据经验对影像进行判断，给出患者的肿瘤分类结果，这种依靠人工经验的诊断方法主观性强，正确率较低。由于乳腺病灶组织和正常组织的细胞核显微图像不同，利用 LVQ 神经网络结构简单，只通过内部单元的相互作用即可完成十分复杂的分类处理操作，以及不需要对输入向量进行归一化、正交化处理等优点，提出基于 LVQ 神经网络的乳腺肿瘤诊断方法，以提高诊断精度。

乳腺肿瘤诊断原理为：收集整理乳腺肿瘤病例，建立乳腺肿瘤病灶组织的细胞核显微图像数据库，数据库中包含了与乳腺肿瘤有着密切关系的细胞核图像的 10 个量化特征(细胞核半径、质地、周长、面积、光滑性、紧密性、凹陷度、凹陷点数、对称度、断裂度)，作为神经网络的输入，输出为表征肿瘤性质(良性或恶性)的诊断结果。

实际利用 LVQ 神经网络进行乳腺肿瘤的诊断步骤包括：首先，从某医院收集乳腺肿瘤病例 569 个，良性 357 例，恶性 212 例，建立数据集。数据文件中每组数据共分 32 个字段，

第1个字段为病例编号，第2个字段为确诊结果，第3~12字段为该病例肿瘤病灶组织的各细胞核显微图像的10个量化特征的平均值，第13~22字段是相应的10个量化特征的标准差，第23~32字段是相应的最坏值。随机选取其中的500例作为训练集，剩余69组作为测试集。然后，利用MATLAB神经网络工具箱函数构建LVQ神经网络，利用训练集的500个病例进行神经网络训练；当网络达到了预定的精度或训练次数后，保存网络，并将69例测试集数据进行测试，得到诊断结果。最后，根据得到的仿真结果进行分析，确定网络诊断的正确率(或误诊率)，实现性能评价。MATLAB程序见附录4.8，乳腺肿瘤疾病样本的统计分布和诊断结果见表4-3。

附录4.8　LVQ肿瘤检测

表4-3　乳腺肿瘤疾病样本的统计分布和诊断结果

	样本总数	良性	恶性	良性确诊	恶性确诊	良性确诊率 p_1(%)	恶性确诊率 p_2(%)
总病例	569	357	212				
训练集	500	316	184				
测试集	69	41	28	39	21	95.12	75

LVQ神经网络是自组织特征映射网络一种有监督形式的扩展，竞争学习和有监督学习有效结合能够发挥两者的优点，具有训练时间快、学习精度高的特点。目前LVQ神经网络已经成功地应用在车型识别、人脸识别和手写字母识别等多个领域，具有广泛的应用前景。

4.3　反馈神经网络

下面详细介绍三种典型的反馈神经网络：离散型Hopfield神经网络、连续型Hopfield神经网络和Kohonen神经网络。

4.3.1　Hopfield神经网络

基本的Hopfield神经网络是一个由非线性元件构成的全连接型单层反馈系统，其设计目标是使网络存储一个或多个稳定的目标向量，网络在给定初始条件后开始运行，最终会在平衡点处停止，即整个网络是递归的。根据其选取的激励函数不同，可分为离散型Hopfield网络和连续型Hopfield网络。

1. 离散型Hopfield网络

Hopfield神经网络是一种循环神经网络，从输出到输入均有反馈连接，每一个神经元跟所有其他神经元相互连接，又称为全互连网络，结构如图4-26所示。最早提出的离散型Hopfield网络的激励函数为双极值函数或阶跃函数，神经元的输出只取$\{0,1\}$或者$\{-1,1\}$二值状态，分别表示神经元处于抑制和激活状态，如图4-27所示。

Hopfield网络是一个单层反馈网络，假设网络共有n个神经元节点，输入向量为$\boldsymbol{X}=(x_1,x_2,\cdots,x_n)^{\mathrm{T}}$，输出向量为$\boldsymbol{Y}=(y_1,y_2,\cdots,y_n)^{\mathrm{T}}$，$y_j(t)$ $(j=1,2,\cdots n)$为第j个神经元在t时刻的输出量，θ_j为神经元的阈值，w_{ij}为第j个输出神经元到第i个输入神经元的反馈连接权值，对于一个由n个神经元组成的Hopfield网络，则有$n\times n$维连接权系数矩阵$\boldsymbol{W}$。对于离散型

Hopfield 网络，输出时刻 $t\in\{0,1,2,\cdots\}$ 为离散的时间变量，$f(\cdot)$ 是网络的激励函数。如果第 j 个神经元的输出信息大于阈值 θ_j，那么，神经元的输出就取值为 1；否则，如果第 j 个神经元的输出信息小于阈值 θ_j，则神经元的输出就取值为 0 或 -1。

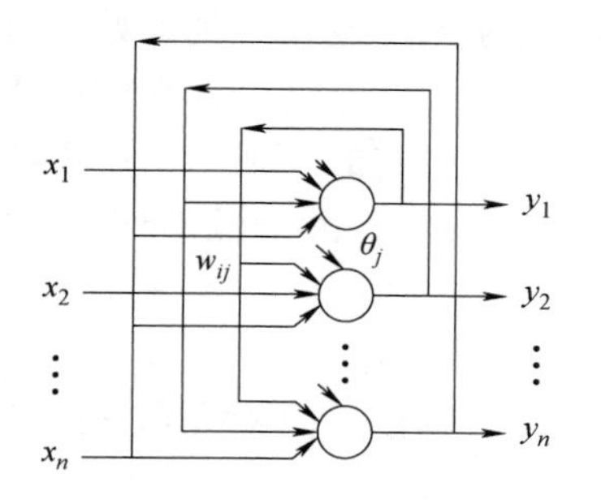

图 4-26 离散型 Hopfield 网络结构

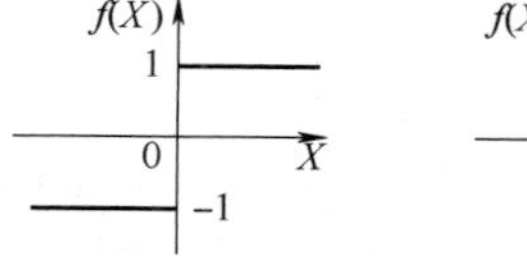

图 4-27 离散型 Hopfield 网络的激励函数

网络的第 j 个神经元的输入、输出关系为

$$x_i(t)=y_i(t)\quad i=1,2,\cdots,n \tag{4-63}$$

$$s_j(t)=\sum_{i=1}^{n}w_{ij}x_i(t)-\theta_j\quad i,j=1,2,\cdots,n \tag{4-64}$$

$$y_j(t+1)=f(s_j(t))=f\left(\sum_{i=1}^{n}w_{ij}x_i(t)-\theta_j\right)\quad i,j=1,2,\cdots,n \tag{4-65}$$

针对上述两种二值阈值函数，神经元在 $t+1$ 时刻的输出为

$$y_j(t+1)=f(s_j(t))=\begin{cases}1 & s_j(t)\geqslant 0\\ -1 & s_j(t)<0\end{cases} \tag{4-66}$$

或者

$$y_j(t+1)=f(s_j(t))=\begin{cases}1 & s_j(t)\geqslant 0\\ 0 & s_j(t)<0\end{cases} \tag{4-67}$$

研究表明，当连接加权系数矩阵无自连接且具有对称性时，Hopfield 网络是收敛的。即

$$w_{ii}=0,w_{ij}=w_{ji}\quad i\neq j;\ i,j=1,2,\cdots,n$$

下面从 Hopfield 网络的工作方式、网络的稳定性、网络的吸引域网络的设计和网络的记忆容量等几个方面进行分析和讨论。

（1）Hopfield 网络的工作方式

如果 Hopfield 网络是一个能收敛的稳定网络，则这个反馈与迭代的计算过程所产生的变化将越来越小，一直达到稳定平衡状态，网络就会输出一个稳定的恒值。离散型 Hopfield 网络修改网络连接权系数有串行和并行两种不同的工作方式。

1）串行（异步）工作方式。在某 t 时刻，只有某一个神经元 j 的状态按照式(4-64)产生变化，而其他 $n-1$ 个神经元的输出状态保持不变，这时称为串行（异步）工作方式。状态发生变化的神经元可以随机选取或者按照一定的顺序进行。第 j 个神经元的输出状态变化为

$$y_j(t+1)=f(s_j(t))=f\left(\sum_{i=1}^{n}w_{ij}x_i(t)-\theta_j\right)$$
$$y_i(t+1)=y_i(t)\quad(i\neq j) \tag{4-68}$$

2）并行（同步）工作方式。在任意 t 时刻，有多个神经元的输出状态发生变化，其余神经元的状态保持不变，这时称为并行（同步）工作方式。状态发生变化的神经元可以随机选取或者按照一定的顺序进行。如果所有的神经元的输出状态同时都产生变化，则称为全并行

工作方式，神经元的输出状态变化为

$$y_j(t+1)=f(s_j(t))=f(\sum_{i=1}^{n}w_{ij}x_i(t)-\theta_j),\ j=1,2,\cdots,n \tag{4-69}$$

（2）Hopfield 网络的稳定性

稳定性是反馈网络一个非常重要的性能指标。当神经网络从 $t=0$ 时刻开始，有初始状态 $\boldsymbol{X}(0)=\boldsymbol{Y}(0)$，对于任何 $\Delta t>0$ 的有限步权值调整达到 $\boldsymbol{Y}(t+\Delta t)=\boldsymbol{Y}(t)$，则称网络是稳定的，此时的状态 $\boldsymbol{Y}(t)$ 称为稳定状态或者吸引子。如果系统是稳定的，则网络可以从任意一个初始状态收敛到稳态；如果系统是不稳定的，由于网络节点神经元的输出均为二值状态，因此输出只能出现一定幅值的自持振荡或极限环。

下面简单介绍几个离散型 Hopfield 网络的稳定定理，证明从略。

定理 4.1 Hopfield 网络如果权系数矩阵 $\boldsymbol{W}$ 的元素是对称的，且对角线元素为 0，则 Hopfield 网络收敛到稳定状态。

定理 4.2 对于离散型 Hopfield 网络，若按异步工作方式调整状态，且连接权值矩阵 $\boldsymbol{W}$ 是对称的，则对于任意初始状态，网络最终收敛到一个稳定状态。

定理 4.2 是对定理 4.1 的一般化扩充。

定理 4.3 对于离散型 Hopfield 网络，若按同步工作方式调整状态，且连接权值矩阵 $\boldsymbol{W}$ 是非负定对称矩阵，则对于任意初始状态，网络最终收敛到一个稳定状态。

定理 4.4 如果 $\boldsymbol{Y}(t)$ 是 Hopfield 网络的稳定状态，且对于所有的 j，$\theta_j=0$，$\sum_{i=1}^{n}w_{ij}y_i(t)\neq 0$，则 $-\boldsymbol{Y}(t)$ 也一定是该网络的稳定状态。

定理 4.5 如果 $\boldsymbol{Y}^k(t)$ 是 Hopfield 网络的稳定状态，则与 $\boldsymbol{Y}^k(t)$ 的海明距离 $d_{\mathrm{H}}(\boldsymbol{Y}^k,\boldsymbol{Y}^r)=1$ 的 $\boldsymbol{Y}^r(t)$ 一定不是稳定状态。海明距离定义为两个向量中不相同的元素个数。

从上述定理可以看出，同步工作方式要求矩阵 $\boldsymbol{W}$ 是非负定对称矩阵才能稳定，如果不满足要求网络可能出现自持振荡或极限环。因此，异步工作方式比同步工作方式有更好的稳定性，通常情况下 Hopfield 网络采用异步工作方式，但会失去神经网络并行处理的优点。

（3）Hopfield 网络的吸引域

Hopfield 网络的一个重要功能是可用于联想记忆，即人们见到一些类同过去接触的景物，容易产生对过去情景的回味和思忆。那么，如何实现联想记忆呢？人们把 Hopfield 网络看作非线性动力学系统，当给定网络的初始状态后，将按照 Hopfield 工作规则沿着能量递减的方向变化，达到能量极小的平衡点（吸引子），网络状态稳定在记忆模式所对应的状态，从而完成了由部分信息到记忆模式的联想过程。

对于每一个吸引子应该有一定的吸引范围，称为吸引域。对于异步工作方式，如果状态的调整顺序不一样，有可能进入不同的吸引子 $\boldsymbol{Y}^k$，称为状态 $\boldsymbol{Y}$ 弱吸引到 $\boldsymbol{Y}^k$；如果对于任意调整顺序均进入吸引子 $\boldsymbol{Y}^k$，则称状态 $\boldsymbol{Y}$ 强吸引到 $\boldsymbol{Y}^k$。对于串行同步方式，由于没有调整顺序的问题，所以吸引域没有强弱之分。

但是，Hopfield 网络实现联想记忆是一个十分复杂的过程，存在着一定的缺陷和限制，可能由于网络的记忆模式对应的网络能量函数的各个极小点，即谷底的深度、谷面的宽度和山谷的陡度不同而形成不同的吸引子控制域。

（4）Hopfield 网络的设计

1984 年，美国物理学家 J. Hopfield 开发了一种用 n 维 Hopfield 网络作为联想存储器的结构，通过对网络的 n 个神经元之间的连接权值矩阵 $\boldsymbol{W}$ 和输出阈值 θ_j 的设计，使得所记忆的信息对应网络能量的最小值。下面介绍两种比较简单、在一定的约束条件下的连接权值设计方法。

1）网络的激励函数为双极值函数，即节点状态为{-1,1}。

设有P个样本存储向量$\boldsymbol{Y}^k(k=1,2,\cdots,P)$，为了实现联想记忆功能，要求连接权值矩阵$\boldsymbol{W}$为对称矩阵，将$P$个样本向量存储在网络中，则两个节点之间的权系数和阈值分别为

$$w_{ij}=\begin{cases}\alpha\sum_{k=1}^{P}y_i^k y_j^k & i\neq j\\ 0 & i=j\end{cases} \tag{4-70}$$

$$\theta_j=0 \tag{4-71}$$

当系数$\alpha=1$时，用向量矩阵表示为

$$\boldsymbol{W}=\sum_{k=1}^{P}\boldsymbol{Y}^k(\boldsymbol{Y}^k)^{\mathrm{T}}-P\boldsymbol{I} \tag{4-72}$$

2）网络的激励函数为阶跃函数，即节点状态为{0,1}。

设有P个样本存储向量$\boldsymbol{Y}^k(k=1,2,\cdots,P)$，为了实现联想记忆功能，要求连接权值矩阵$\boldsymbol{W}$为对称矩阵，将$P$个样本向量存储在网络中，则两个节点之间的权系数和阈值分别为

$$w_{ij}=\begin{cases}\alpha\sum_{k=1}^{P}(2y_i^k-1)(2y_j^k-1) & i\neq j\\ 0 & i=j\end{cases} \tag{4-73}$$

$$\theta_j=0 \tag{4-74}$$

当系数$\alpha=1$时，用向量矩阵表示为

$$\boldsymbol{W}=\sum_{k=1}^{P}(2\boldsymbol{Y}^k-\boldsymbol{e})(2\boldsymbol{Y}^k-\boldsymbol{e})^{\mathrm{T}}-P\boldsymbol{I} \tag{4-75}$$

其中，$\boldsymbol{e}=(1\quad 1\quad \cdots\quad 1)^{\mathrm{T}}$。

给定一个输入向量$\boldsymbol{Y}$进行联想检索，按动力学系统原则进行节点之间的权系数和阈值设计，经过不断调整变化，最终状态稳定在和给定向量$\boldsymbol{Y}$最接近的样本向量，也就是给定向量联想检索结果。这个过程说明即使给定向量并不完全或部分不正确，也能找到正确的结果。

（5）Hopfield网络的记忆容量

所谓记忆容量是指在网络结构参数一定的条件下，保证联想记忆功能正确实现的网络所能存储的最大样本数。记忆容量与网络的结构、参数、样本的性质和吸引域的大小等多种因素有关，严格分析和精确确定记忆容量是非常困难的。

对于同样结构的网络，当网络参数（指连接权值和阈值）有所变化时，网络能量函数的极小点（称为网络的稳定平衡点）的个数和极小值的大小也将变化。记忆容量和样本的性质也有关系，从Hebb规则可以证明，当网络只记忆一个模式时，按照上述规则设计的Hopfield网络具有最大的纠错能力，可以达到$\frac{n}{2}$的海明距离。但是，当需要记忆多个样本模式时，各模式之间会产生相互影响，如果保证输入样本是正交的，则可以获得最大的记忆容量，即网络可存储的模式数等于神经元个数n。另外，记忆容量与吸引域的大小也有关系，要求的吸引域越大，记忆容量越小。如果样本按照随机分布，则其记忆容量的范围为$P\leqslant 0.15n$。当$n\to\infty$时，其记忆容量为

$$P<\frac{(1-2\alpha)^2 n}{2\ln n} \tag{4-76}$$

式中，α为吸引半径。

（6）离散型Hopfield网络的应用

例4-8 试设计一个离散型Hopfield网络，具有联想记忆功能，使其能正确识别0~9的

阿拉伯数字。

假设网络由 10 个初始稳态值 0~9 构成，每个稳态由 10×10 的矩阵构成，如图 4-28 为数字 1 和 2 的数字点阵分布。利用数字 0~9 的 10 个向量构成训练样本，并利用 MATLAB 构建 Hopfield 网络，实现网络训练。然后再给出一些受噪声污染的数字点阵，考察所建立的 Hopfield 网络是否具有联想记忆功能，能否正确识别有噪声的数字点阵。MATLAB 程序见附录 4.9。

附录 4.9　离散 Hopfield 网络识别数字

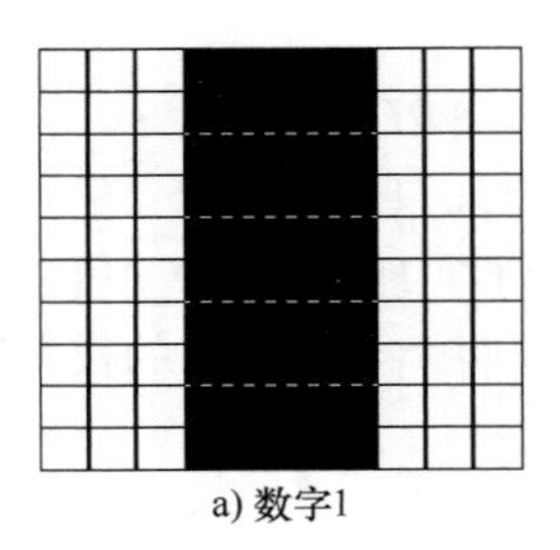

a) 数字1

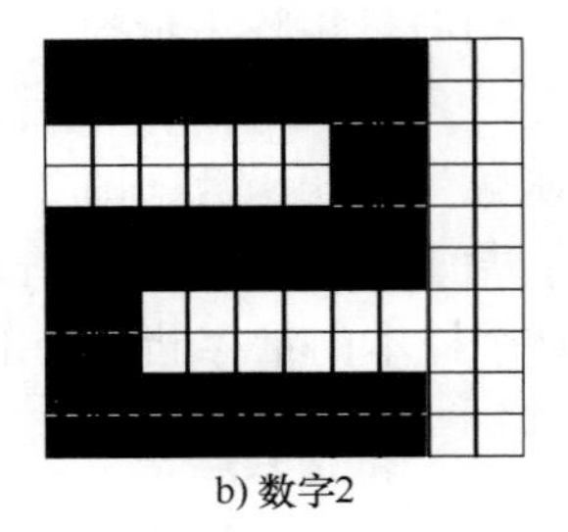

b) 数字2

图 4-28　数字 1 和 2 的数字点阵分布

2. 连续型 Hopfield 网络

连续型 Hopfield 网络的拓扑结构和离散型 Hopfield 网络的结构相同(见图 4-26)。二者的主要区别在于连续型 Hopfield 网络的激励函数 $f(\cdot)$ 采用连续可微的单调递增的 S 型函数，网络的输入和输出不再是离散的二值量，而是在一定范围内变化的连续量。

由于连续型 Hopfield 网络在时间上是连续的，所以，网络中各神经元处于同步方式工作，对于网络中的第 j 个神经元，其输入、输出关系为

$$s_j=\sum_{i=1}^{n}w_{ij}y_i-\theta_j \quad i,j=1,2,\cdots,n \tag{4-77}$$

$$\frac{\mathrm{d}x_j}{\mathrm{d}t}=-\frac{1}{\tau}x_j+s_j \tag{4-78}$$

$$y_j=f(x_j) \quad i,j=1,2,\cdots,n \tag{4-79}$$

式中，s_j 为神经元的输入加权和；x_j 为神经元的输入状态。二者之间的动态方程为一阶惯性环节。

连续型 Hopfield 网络单个神经元电路模型，如图 4-29 所示。图中，u_j 为神经元内部膜电位状态；C_j 为细胞膜输入电容；R_j 为细胞膜的传递电阻；V_j 为输出电压；I_j 为外部输入电流；R_{ij} 为神经元 i 和 j 之间的反馈电阻。

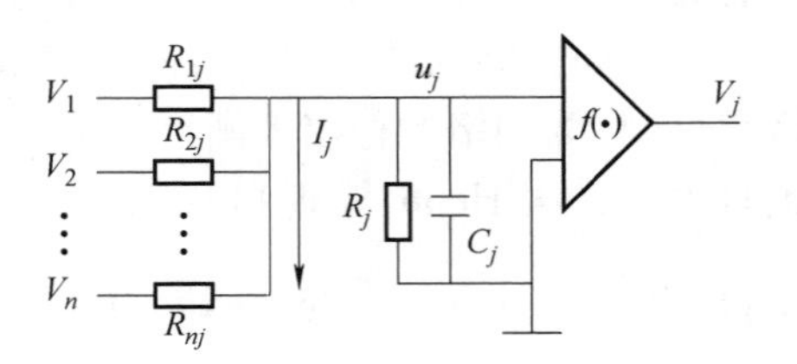

图 4-29　连续型 Hopfield 网络单个神经元电路模型

利用电路的节点电流、电压定理可列出单个神经元的输入、输出动态方程为

$$C_j\frac{\mathrm{d}u_j}{\mathrm{d}t}+\frac{u_j}{R_j}+I_j=\sum_{i=1}^{n}\frac{V_i-u_j}{R_{ij}} \tag{4-80}$$

$$V_j=f(u_j) \tag{4-81}$$

如果令 $u_j=x_j$，$V_i=y_i$，$\sum_{i=1}^{n}\frac{1}{R_{ij}C_j}+\frac{1}{R_jC_j}=\frac{1}{\tau_j}$，$\frac{1}{R_{ij}C_j}=w_{ij}$，$\frac{I_j}{C_j}=\theta_j$，则式(4-80)和式(4-81)

可以等效成式(4-78)和式(4-79)的形式。

从上面的推导分析可以看出，Hopfield 神经网络的实际应用可以用一系列的微分方程来描述。当给定网络的初始状态 $Y_j(0)$，如果系统稳定，可以通过求解微分方程组的解使网络的运动轨迹最终收敛到一个稳定状态。连接权值的强度由 R_{ij} 和 C_j 的乘积决定，时间常数 τ_j 由输入电容为 C_j、传递电阻 R_j 和反馈电阻 R_{ij} 决定。

（1）连续型 Hopfield 网络的稳定性

众所周知，Hopfield 神经网络的实际应用(如最优化设计和联想记忆)关键是对其动力学行为的考察，因此，在神经网络设计中研究 Hopfield 神经网络的稳定性动力特征成为必不可少的问题。利用 Lyapunov 稳定性分析递归网络，并定义连续型 Hopfield 网络的能量函数为

$$E=-\frac{1}{2}\sum_{j=1}^{n}\sum_{i=1}^{n}w_{ij}y_iy_j+\sum_{j=1}^{n}y_j\theta_j+\sum_{j=1}^{n}\frac{1}{\tau_j}\int_0^{y_j}f^{-1}(y)\,\mathrm{d}y \tag{4-82}$$

式(4-82)写成向量矩阵的形式为

$$E=-\frac{1}{2}\boldsymbol{Y}^{\mathrm{T}}\boldsymbol{W}\boldsymbol{Y}-\boldsymbol{Y}^{\mathrm{T}}\boldsymbol{\theta}+\sum_{j=1}^{n}\frac{1}{\tau_j}\int_0^{y_j}f^{-1}(y)\,\mathrm{d}y \tag{4-83}$$

连续型 Hopfield 网络和离散型 Hopfield 网络一样，其稳定的充分条件也要求权值矩阵为实对称矩阵，即 $w_{ij}=w_{ji}$。下面给出连续型 Hopfield 网络的稳定定理。

定理 4.6　如果连续型 Hopfield 网络中神经元的激励函数是单调增长且连续有界的函数，并且权值矩阵为实对称矩阵，即 $w_{ij}=w_{ji}$，则有：$\frac{\mathrm{d}E}{\mathrm{d}t}\leqslant 0$，当且仅当$\frac{\mathrm{d}y_j}{\mathrm{d}t}=0$ 时，恒有$\frac{\mathrm{d}E}{\mathrm{d}t}=0$。

根据 Lyapunov 稳定性定理，对于一个系统如果随着时间的增加，网络的能量会下降或不变，则网络状态收敛到稳定状态或者出现一定幅值的自持振荡。

上述定理可以解释为：当网络神经元的传递函数是 S 型函数且网络权值矩阵对称时，随着时间变化网络的能量会下降，而且仅当输出电位随时间变化不变时，网络的能量才会不变。换言之，如果在上述条件下网络能量不变或下降，则可以收敛到一个稳定状态。

（2）连续型 Hopfield 网络的应用实例

例 4-9　设计一个连续型 Hopfield 神经网络用于解决旅行商问题。

连续型 Hopfield 神经网络的一个成功经典应用是利用 Hopfield 网络引入能量函数求解旅行商问题的优化解，为解决这类 NP 完全问题提供了一条可行路径。

旅行商问题(Traveling Saleman Problem，TSP)也称售货员路径问题，要求是：假设有 n 个城市 $x_1,x_2,\cdots,x_n$；城市 x_i 和 x_j 之间的距离 d_{xixj}为已知，且 $d_{xixj}=d_{xjxi}$，试求取一条合理的路线使每个城市均被访问且只经过一次，最后回到原地得到总的路径 d 为最短。

对于 n 个城市的 TSP，存在的不同路径有$\frac{(n-1)!}{2}$条，当 n 很大时，路径的数量是相当惊人。用 Hopfield 神经网络可以快速而有效的求解这类问题。对于求解 n 个城市的 TSP，用 Hopfield 神经网络求解时需要用 n^2 个神经元，任何一个城市在一条路径上的位置次序可以用一个 n 维向量来表示，在相对应的次序位置输出为 1，其余次序位置输出为 0；对于所有的 n 个城市建立一个 $n\times n$ 维的关联矩阵，即由一个行代表城市号码、列代表访问次序号码的矩阵来表示。以 10 个城市的 TSP 为例，设原始有效路径关联矩阵见表 4-4。

表 4-4　10 个城市的 TSP 原始有效路径关联矩阵表

城市 x	访问顺序 i									
	1	2	3	4	5	6	7	8	9	10
x_1	1	0	0	0	0	0	0	0	0	0
x_2	0	1	0	0	0	0	0	0	0	0
x_3	0	0	1	0	0	0	0	0	0	0
x_4	0	0	0	1	0	0	0	0	0	0
x_5	0	0	0	0	1	0	0	0	0	0
x_6	0	0	0	0	0	1	0	0	0	0
x_7	0	0	0	0	0	0	1	0	0	0
x_8	0	0	0	0	0	0	0	1	0	0
x_9	0	0	0	0	0	0	0	0	1	0
x_{10}	0	0	0	0	0	0	0	0	0	1

从表 4-4 可以看出，关联矩阵表示了有效路径为 $x_1 \to x_2 \to \cdots \to x_{10}$ 的顺序排列，路径的总长度为 $d=d_{x_1x_2}+d_{x_2x_3}+d_{x_3x_4}+d_{x_4x_5}+d_{x_5x_6}+d_{x_6x_7}+d_{x_7x_8}+d_{x_8x_9}+d_{x_9x_{10}}$。

对一条有效路径的定义包含：关联矩阵的每一行只能有一个元素为 1，其余为 0，表示每个城市只访问一次；每一列也只有一个元素为 1，其余为 0，表示一次只能访问一个城市。所有关联矩阵各元素的和为 n，表示应该访问城市的总数为 n。

根据 TSP 的要求，优化的目标函数为

$$E_A(v)=\frac{1}{2}\sum_y \sum_{y\neq z} \sum_i d_{y,z} V_{y,i}(V_{z,i+1}+V_{z,i-1})=\min \tag{4-84}$$

式中，y、z 为城市 $x_1,x_2,\cdots,x_n$；i、j 为访问城市的次序；$V_{y,i}$ 为神经元的输出，表示关联矩阵中第 y 行第 i 列的元素值，当 $V_{y,i}=0$ 时，表示第 i 步不访问城市 y，当 $V_{y,i}=1$ 时，表示第 i 步访问城市 y，相应去寻找与 i 相邻列的其他城市 z 的关联矩阵元素。由于每个距离要计算两次，因此用 2 除。优化的目标函数表示任意一条有效循环路径的总路程，期望 $E_A(v)=\min$。

考虑到约束条件，分别有

$$E_B(v)=\sum_i \sum_y \sum_{y\neq z} V_{y,i} V_{z,i}=0 \tag{4-85}$$

$$E_C(v)=\sum_y \sum_i \sum_{j\neq i} V_{y,i} V_{y,j}=0 \tag{4-86}$$

$$E_D(v)=\sum_y \sum_i V_{y,i}-n=0 \tag{4-87}$$

式(4-85)表示列约束条件，含义为置换矩阵每列至多只能有一个元素值为 1，即同一时刻只能访问一个城市，满足此条件的能量值最小为 0；式(4-86)表示行约束条件，含义为置换矩阵在每行中只有至多一个元素值为 1，表示每个城市只能访问一次，同样满足此条件的能量值最小为 0；式(4-87)则保证了置换矩阵的每行每列确有一个元素值为 1，保证置换矩阵的所有元素和为 n，即每个城市均要访问一次。

引入 Lagrange 函数，把目标函数和约束条件进行统一，作为一个多目标优化问题，把众多的目标函数加权平均，则将上述约束优化问题转化为无约束优化问题，采用总能量函数

$$E=AE_A(v)+\frac{B}{2}E_B(v)+\frac{C}{2}E_C(v)+\frac{D}{2}E_D^2(v)$$

$$= \frac{A}{2}\sum_{y}\sum_{y\neq z}\sum_{i} d_{y,z}V_{y,i}(V_{z,i+1} + V_{z,i-1}) + \frac{B}{2}\sum_{i}\sum_{y}\sum_{y\neq z} V_{y,i}V_{z,i} + \frac{C}{2}\sum_{y}\sum_{i}\sum_{j\neq i} V_{y,i}V_{y,j} + \frac{D}{2}\left(\sum_{y}\sum_{i}V_{y,i}-n\right)^2 \tag{4-88}$$

其中，各项加权系数 $A,B,C,D>0$，确保总能量 $E>0$。

把优化变量 $V_{y,i}$ 作为 Hopfield 网络的单个神经元的输出，神经元的总数为 n^2 个，简记第(y,i)个神经元输出到(z,j)神经元输入间的连接权值为 $W_{yi,zj}$，将式(4-88)能量函数与式(4-82)的能量函数相比较，并令 $\tau_j=1$，则可得网络的连接权值 $W_{yi,zj}$ 为

$$\begin{cases} W_{yi,zj} = -Ad_{y,z}(\delta_{j,i-1} + \delta_{j,i+1}) - B\delta_{i,j}(1-\delta_{y,z}) - C\delta_{y,z}(1-\delta_{i,j}) - D \\ \theta_i = -Dn \end{cases} \tag{4-89}$$

式中，δ 为 Kronecker 函数，即满足

$$\delta_{i,j}\begin{cases} 1 & i=j \\ 0 & i\neq j \end{cases} \tag{4-90}$$

每个神经元的输出取 S 曲线，满足

$$V_{y,i} = f(x_{y,i}) = \frac{1}{2}\left[1 + \tanh\left(\frac{x_{y,i}}{x_0}\right)\right] \tag{4-91}$$

根据上述推导，可以把 TSP 归结为以下连续型 Hopfield 网络形式的最优化求解。

$$\begin{cases} \dfrac{\mathrm{d}x_{y,i}}{\mathrm{d}t} = -x_{y,i} + \sum_{z}\sum_{j}W_{yi,zj}V_{z,j} - \theta_i \\ V_{y,i} = f(x_{y,i}) = \dfrac{1}{2}\left[1+\tanh\left(\dfrac{x_{y,i}}{x_0}\right)\right] \end{cases} \tag{4-92}$$

假设 10 个城市的位置分布见表 4-5，设计连续型 Hopfield 网络实现 10 个城市最佳路径的 TSP 求解。由于 MATLAB 工具箱中只提供了离散型 Hopfield 网络的仿真函数，没有提供连续型的仿真函数，所以本例中将微分方程(4-92)化为差分方程求解，当网络运行至稳定状态时，矩阵 **V** 的输出即代表 TSP 的可行解。MATLAB 程序见附录 4. 10。

附录 4. 10　连续 Hopfield 网络解决旅行商问题

表 4-5　10 个城市的位置分布

城市	位置	城市	位置
x_1	(0. 10　0. 10)	x_6	(0. 70　0. 90)
x_2	(0. 90　0. 50)	x_7	(0. 10　0. 45)
x_3	(0. 90　0. 10)	x_8	(0. 45　0. 10)
x_4	(0. 45　0. 90)	x_9	(0. 10　0. 68)
x_5	(0. 90　0. 80)	x_{10}	(0. 95　0. 88)

原始路径如图 4-30a 所示，可以看出，如果按照原始的城市循序将所有城市遍历一次，路程会长很多，实际应用中会造成成本的大量增加，所以路径的优化十分必要。经过连续型 Hopfield 网络优化后的路径如图 4-30b 所示，能量函数随着迭代次数的增加迅速下降，最终

的结果为 $x_4 \to x_9 \to x_7 \to x_1 \to x_8 \to x_3 \to x_2 \to x_{10} \to x_5 \to x_6$，总的路径长度达到最小。

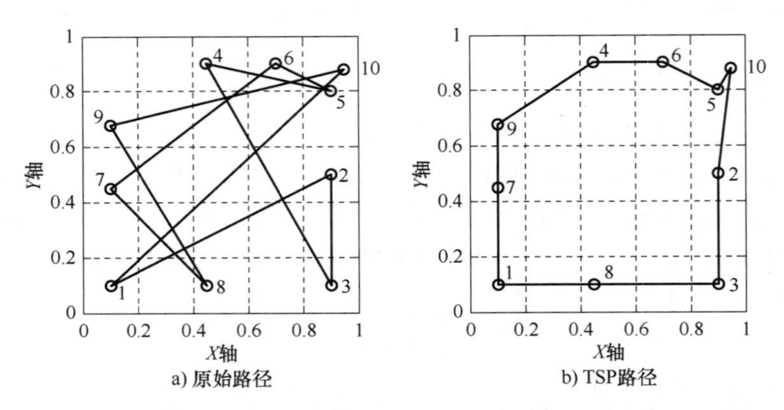

图 4-30　10 个城市原始路径图和连续型 Hopfield 网络寻优的 TSP 路径

4.3.2　Kohonen 网络

Kohonen 网络又称为自组织特征映射网络(Self-Organizing Feature Map，SOFM 或 SOM)，是 1981 年由芬兰赫尔辛基大学 T. Kohonen 教授提出的一种模拟大脑神经系统自组织特征映射功能的竞争型学习网络，属于无教师监督的学习方式。竞争型神经网络可以自动地向外界环境学习，通过无教师监督方式进行训练，自动对输入模式进行分类，从而拓宽了神经网络在聚类分析、模式识别、图像处理、故障诊断、预测控制等领域的应用。

竞争型神经网络与其他类型的神经网络相比，有着鲜明的特点。在网络结构上，竞争型神经网络一般是由输入层(模拟视网膜神经元)和竞争层(模拟大脑皮层神经元，也称输出层)构成的两层网络。两层之间的各神经元实现双向全连接，网络中没有隐含层，有的竞争层各神经元之间还存在横向连接。竞争型神经网络一般采用竞争方法决定竞争层获胜的神经元，并且只将与获胜神经元有关的各连接权值进行修正，使之朝着更有利于竞争的方向调整。另外还可以通过抑制手段获取胜利，即网络竞争层各神经元抑制所有其他神经元对输入模式的响应机会，从而使自己“脱颖而出”，成为获胜神经元。除此之外还有一种称为侧抑制的方法，即每个神经元只抑制与自己邻近的神经元，而对远离自己的神经元不抑制。

竞争型神经网络根据其网络结构和竞争学习规则的不同组合，有自组织特征映射网络(Kohonen 网络)、自适应共振理论网络(ART 网络)、反传网络(CP 网络)和协同神经网络(SNN)等。

1. Kohonen 网络的拓扑结构和工作原理

Kohonen 网络的扑结构如图 4-31 所示，网络由输入层和竞争层构成。输入层有 n 个输入神经元，输出层(也称竞争层)神经元一般排成 $m \times m$ 二维节点矩阵，每个神经元是输入样本的代表。输入层与竞争层之间实行全互连接，有时竞争层各神经元之间还实行侧抑制连接。一般情况下，生物学神经细胞对外界信息所引起的兴奋性刺激是以某个细胞为中心的一个神经区域，即竞争获胜的神经元 g，在其周围 N_g 的区域内神经元在不同程度上获得兴奋，而在 N_g 区域以外的神经元都被抑制。神经元的激励作用与神经细胞间距的关系可以用墨西哥草帽函数表示，如图 4-32 所示。N_g 区域的大小和形状可以根据参数调整，一种典型的二维点阵分布结构如图 4-33 所示，表示生物竞争系统中的神经细胞加强/抑制交互作用的情况。

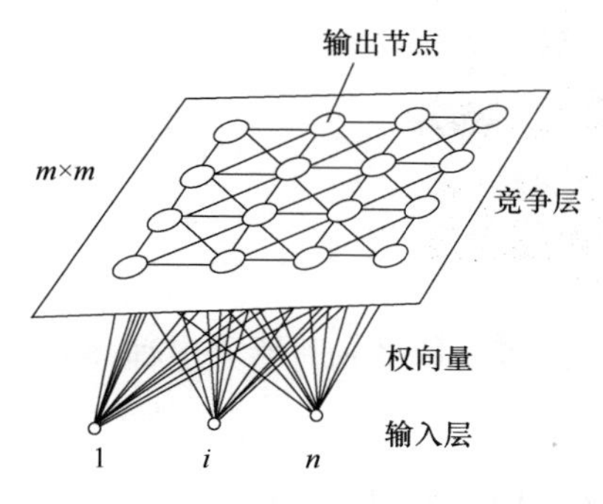

图 4-31 Kohonen 网络的拓扑结构

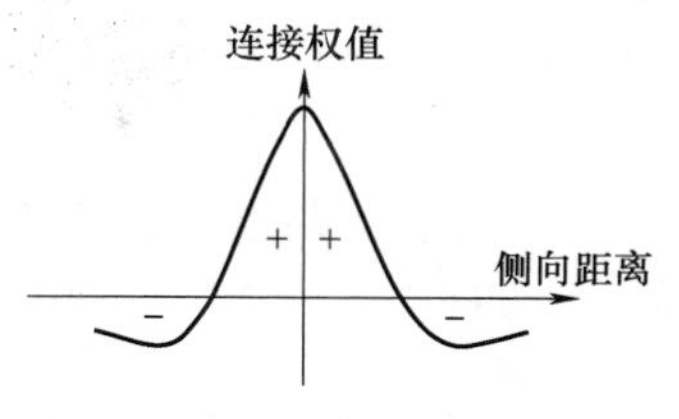

图 4-32 墨西哥草帽函数

Kohonen 网络在结构上模拟了大脑皮层中神经元的二维空间点阵结构，基本的 Kohonen 网络具有对输入特征进行自动聚类、识别聚类中心的能力。通过算法模拟神经元之间的侧反馈，Kohonen 网络可以实现自组织特征映射和自学习功能，即在输出层实现聚类中心按照输入特征模式保持一定的拓扑结构。

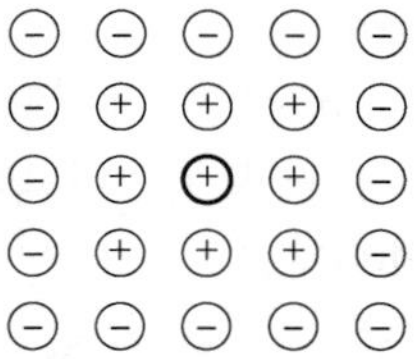

图 4-33 二维点阵分布结构

2. Kohonen 网络的学习算法

设网络的输入层节点个数为 n，网络的竞争层为 $m\times m=M$ 个神经元，p 个输入模式为 $\boldsymbol{X}^k=(x_1^k,x_2^k,\cdots,x_n^k),k=1,2,\cdots,p$；网络的连接权值为 $\{w_{ij}\},i=1,2,\cdots,n,\ j=1,2,\cdots,M$；相对应的连接权向量 $\boldsymbol{W}_j=(w_{1j},w_{2j},\cdots,w_{nj}),\ j=1,2,\cdots,M$。

自组织特征映射网络的学习过程一般可描述为可调权值的单元总数固定，对于每一个输入模式，只有部分权值需要调整，调整的目标是使权值向量更接近或更偏离向量，这一过程称为竞争。当输入向量输入到自组织神经网络后，网络利用随机选取的权值进行运算，并找到获胜的神经元。在自组织网络开始进行学习以前，需要对所有的权系数 $\{w_{ij}\}$ 随机赋初值。学习开始后，从输入向量集合中依次随机地选出一个向量送进网络。当输入一个模式 $\boldsymbol{X}^k$，与神经元 j 获得最佳匹配，即它们之间的欧氏距离最短，送到各神经元的加权中必有一个最大值，通过侧反馈的作用，在这个最大值的神经元临近的小区域被激励而形成一个气泡，气泡中的各神经元具有最大饱和输出，气泡以外各神经元受抑制作用而使输出为 0。

Kohonen 网络的学习算法可归纳为如下步骤：

1）初始化。将网络的连接权 $\{w_{ij}\}(i=1,2,\cdots,n;\ j=1,2,\cdots,M)$ 赋予 $[0,1]$ 区间内的随机值。确定学习速率 $\eta(t)$ 的初始值 $\eta(0)(0<\eta(0)<1)$，一般学习速率的初值选为 0.5 左右。确定邻域 $N_g(t)$ 的初始值 $N_g(0)$，$N_g(t)$ 是以竞争层获胜神经元 g 为中心的邻域范围，$N_g(t)$ 区域可以为正方形、六边形或其他形状。确定总学习次数 Num，总学习次数在 500～10000 次之间较合理。

2）任选 p 个学习模式中的一个模式 $\boldsymbol{X}^k=(x_1^k,x_2^k,\cdots,x_n^k)$ 提供给网络的输入层，并进行归一化处理，即

$$\overline{\boldsymbol{X}^k}=\frac{\boldsymbol{X}^k}{\|\boldsymbol{X}^k\|}=\frac{(x_1^k,x_2^k,\cdots,x_n^k)}{\sqrt{(x_1^k)^2+(x_2^k)^2+\cdots+(x_n^k)^2}} \tag{4-93}$$

3）对连接权向量 $\boldsymbol{W}_j=(w_{1j},w_{2j},\cdots,w_{nj})$ 进行归一化处理 $\overline{\boldsymbol{W}_j}$，计算 $\overline{\boldsymbol{W}_j}$ 与 $\overline{\boldsymbol{X}^k}$ 之间的欧氏距离，即

$$\overline{W_j} = \frac{W_j}{\|W_j\|} = \frac{(w_{1j}, w_{2j}, \cdots, w_{nj})}{\sqrt{(w_{1j})^2 + (w_{2j})^2 + \cdots + (w_{nj})^2}} \tag{4-94}$$

$$d_j = \sqrt{\sum_{i=1}^{n}(\overline{x_i^k} - \overline{w_{ij}})^2} \quad j = 1, 2, \cdots, M \tag{4-95}$$

4）找出最小距离 d_g，确定获胜神经元 g，即

$$d_g = \min[d_j] \quad j = 1, 2, \cdots, M \tag{4-96}$$

5）进行连接权值的调整。对竞争层邻域 $N_g(t)$ 内所有神经元与输入层神经元之间的连接权值进行修正，即

$$w_{ij}(t+1) = \overline{w_{ij}(t)} + \eta(t)[\overline{x_i^k} - \overline{w_{ij}(t)}]$$
$$j \in N_g(t); j = 1, 2, \cdots, M; 0 < \eta(t) < 1 \tag{4-97}$$

$$w_{ij}(t+1) = \overline{w_{ij}(t)} \quad j \notin N_g(t) \tag{4-98}$$

其中，$\eta(t)$ 为 t 时刻的学习速率。

6）选取另一个学习模式提供给网络的输入层，返回步骤 3)，直至 p 个学习模式全部提供给网络。

7）更新学习速率 $\eta(t)$ 及邻域 $N_g(t)$，即

$$\eta(t) = \eta(0)\left(1 - \frac{t}{Num}\right) \tag{4-99}$$

式中，$\eta(0)$ 为初始学习率；t 为学习次数；Num 为总的学习次数；$\eta(t)$ 为关于学习次数 t 的单调下降函数。

设竞争层某神经元在二维列阵中的坐标值为 (a_g, b_g)，则邻域的半径为 $N_g(t)$，一种范围是以点 $(a_g - N_g(t), b_g - N_g(t))$ 和点 $(a_g + N_g(t), b_g + N_g(t))$ 为左下角和右上角的正方形。当然，也可以使用矩形或六边形的邻域，神经网络的性能对邻域的形状并不太敏感。其修正公式为

$$N_g(t) = \mathrm{int}\left(N_g(0)\left(1 - \frac{t}{Num}\right)\right) \tag{4-100}$$

式中，$\mathrm{int}(x)$ 为取整符号；$N_g(0)$ 为 $N_g(t)$ 的初始值。$N_g(t)$ 随着 t 的增加逐渐收缩，最后只包括神经元 g。

8）令 $t = t+1$，返回步骤 2)，直至 $t = Num$ 为止。

训练过程结束后，几何上相近的输出节点所连接的权向量既相互联系又相互区别，从而保证了对某一类输入模式获胜节点能够做出最大响应，而相邻节点做出较大响应，几何上相邻节点代表特征上相近的模式类别。

3. Kohonen 网络的应用实例

例 4-10 构建 Kohonen 网络用于汽轮机减速箱运行状态模式识别。

由于 Kohonen 网络具有很强的自适应能力、无监督的学习能力和容错能力等优势，在机械故障识别中具有重要的作用。综合考虑减速箱运行状态，将其运行状态分为三类。类别 1 表示某汽轮机减速箱状态正常，类别 2 表示状态轻微异常，类别 3 表示状态严重异常。以汽轮机减速箱运行状态的特征数据为输入，采用 Kohonen 网络方法，随机选取该汽轮机减速箱运行状态的几组特征数据进行训练，实现减速箱运行状态的模式识别。

汽轮机减速箱运行状态的特征数据见表 4-6，将 1～7 组样本作为训练样本集；8～14 组样本作为测试样本集。

表 4-6　汽轮机减速箱运行状态的特征数据

样本号	样本输入特征								故障模式
1	−1. 7817	−0. 2786	−0. 2954	−0. 2394	−0. 1842	−0. 1572	−0. 1584	−0. 1998	1
2	−1. 8710	−0. 2957	−0. 3494	−0. 2904	−0. 1460	−0. 1387	−0. 1492	−0. 2228	1
3	−1. 8347	−0. 2817	−0. 3566	−0. 3476	−0. 1820	−0. 1435	−0. 1778	−0. 1849	1
4	−1. 4087	−0. 2773	−0. 2759	−0. 2181	−0. 0575	−0. 0829	−0. 0592	−0. 1240	2
5	−0. 5247	−0. 1839	−0. 1432	−0. 0694	0. 0285	0. 0991	0. 1326	0. 0592	3
6	−0. 7915	−0. 1018	−0. 0737	−0. 0945	−0. 0955	0. 0044	0. 0467	0. 0719	3
7	−1. 0242	−0. 1461	−0. 1018	−0. 0778	−0. 0363	−0. 0476	0. 0160	−0. 0253	3
8	−1. 4151	−0. 2282	−0. 2124	−0. 2147	−0. 1271	−0. 0680	−0. 0872	−0. 1684	2
9	−1. 8809	−0. 2467	−0. 2316	−0. 2419	−0. 1938	−0. 2103	−0. 2010	−0. 2533	1
10	−1. 2879	−0. 2252	−0. 2012	−0. 1298	−0. 0245	−0. 0390	−0. 0762	−0. 1672	2
11	−1. 5239	−0. 1979	−0. 1094	−0. 1402	−0. 0994	−0. 1394	−0. 1673	−0. 2810	2
12	0. 2741	0. 1442	0. 1916	0. 1662	0. 2120	0. 1631	0. 0318	0. 0337	3
13	0. 2045	0. 1078	0. 2246	0. 2031	0. 2428	0. 2050	0. 0704	0. 0403	3
14	0. 1605	−0. 0920	−0. 0160	0. 1246	0. 1802	0. 2087	0. 2234	0. 1003	3

创建一个 Kohonen 网络。由表 4-6 可知，汽轮机减速箱运行状态的特征数据有 8 个，构成一个内含 8 个分量的输入特征向量，该特征向量真实反映了汽轮机减速箱的运行状态；竞争层由 4(2×2)个神经元形成二维平面阵列，拓扑函数为 hextop，距离函数为 linkdisk。针对 7 个输入样本进行训练，并对后 7 个测试样本进行分类验证。MATLAB 程序见附录 4. 11。

附录 4. 11　Kohonen 网络汽轮机减速箱运行状态识别

初始权值采用随机值，此时的神经元位置是均匀分布的，网络还不具有对输入向量的分类能力。训练后神经元的位置发生了显著的变化，训练前后网络的权值向量变化如图 4-34 所示，表明通过训练网络能够对输入向量进行分类。

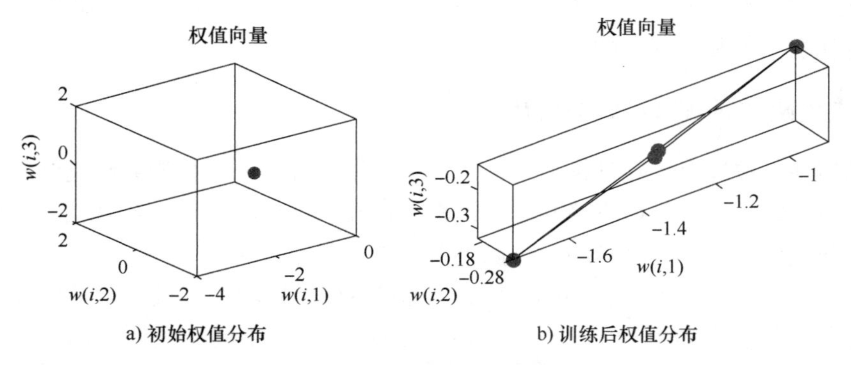

a) 初始权值分布　　b) 训练后权值分布

图 4-34　Kohonen 网络训练前后权值向量的变化

测试样本的聚类分析结果见表 4-7，表明 Kohonen 网络把输入样本分为三类，激活了三个神经元，将神经元 1 的激活定义为故障类型 1，神经元 2 的激活定义为故障类型 2，神经元 3 的激活定义为故障 3。测试样本中有一个样本未正确识别，正确识别率为 85.7%，表明 Kohonen 网络具有较强的自适应能力、无监督学习能力和容错能力，从而可以代替复杂耗时的传统算法，用于机械系统故障识别，更接近人类思维方式，具有较高的正确率。

表 4-7　测试样本的聚类分析结果

样本序号	实际类别	聚类类别	样本序号	实际类别	聚类类别
8	2	2	12	3	3
9	1	1	13	3	3
10	2	识别错误	14	3	3
11	2	2			

4.4　神经网络控制

基于神经网络的控制或以神经网络为基础构成的神经网络控制系统，通常称为神经网络控制(Neural Control，NC)，它是 20 世纪 80 年代以来在人工神经网络的理论研究基础上发展起来的智能控制方法，是智能控制的一个非常活跃的新兴分支。

神经网络在控制系统中的应用概括来讲可以分成辨识和控制两大类。辨识是利用神经网络实现控制系统的建模。如利用神经网络估计控制系统的模型参数；建立控制系统的静态或动态参数模型；与模糊运算、遗传算法和专家系统等方法结合建立非参数化的系统模型；利用神经网络进行优化计算；利用神经网络建立时变模型，预测参数的变化趋势，实现自适应预测控制；或者由系统现有运行状态信息和参数变化趋势，推断系统是否运行正常，实现故障诊断等。另一类是用神经网络构成控制系统的实时控制器，通过选定合适的结构和算法，经过训练、学习，使控制系统达到所要求的静态、动态性能。

神经网络控制主要解决复杂的非线性、不确定性系统的控制问题，利用神经网络所具有的并行处理、自学习能力使控制系统能对变化的环境具有自适应性。近年来，神经网络和智能控制的新技术、新方法结合，形成了模糊神经网络、神经网络专家系统、遗传免疫神经网络等多种新型的控制结构和算法，为智能控制技术在各领域的广泛应用提供了有力的保障。1997 年我国学者舒怀林提出了 PID 神经元网络及其控制系统，为神经网络理论研究提供了新思路，引起学术界和工程界的重视。

4.4.1　神经网络控制的基本思想

与传统的基于被控对象数学模型的控制方式相比，神经网络控制系统是针对复杂的非线性、不确定性，以及运行环境不确知等系统进行神经网络模型辨识，或者构成神经网络控制器，或者实现优化计算、故障诊断、预测评价等功能的系统。

图 4-35a 所示为一般反馈控制的原理图，控制系统的目的在于设计合适的控制器调整控制量 u，使系统获得期望的输出 $y \to y_d$。如果控制对象是复杂的非线性、不确定性系统，采用一般反馈控制无法达到控制要求，可以采用如图 4-35b 所示神经网络控制，用神经网络代

替一般控制系统中的控制器。

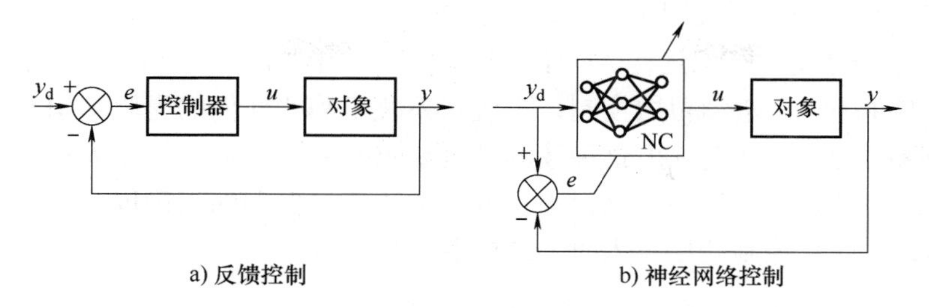

图 4-35　反馈控制与神经网络控制

设被控对象的输入 u 和系统的输出 y 满足非线性关系

$$y=g(u) \tag{4-101}$$

控制系统的目的是确定最佳的控制量 u，使系统的实际输出 y 等于期望输出 y_d，神经网络控制器可以采用某种前向多层网络，以参考输入量 y_d 和 e 为输入，u 为输出；也可以将神经网络看成是当 $e=0$ 时的输入-输出的某种非线性函数映射，其函数关系为

$$u=f(y_d) \tag{4-102}$$

将式(4-102)代入式(4-101)，可得

$$y=g(u)=g(f(y_d)) \tag{4-103}$$

当满足 $f(\cdot)=g^{-1}(\cdot)$ 时，得到 $y=y_d$。

从上面的推导可以看出，对于难以建模的复杂非线性、不确定性控制对象，可以利用神经网络的非线性函数的映射能力达到逆建模功能，即通过系统的误差 e 不断地调节神经网络的连接权值，经过神经网络的自学习过程直至达到误差 $e=y_d-y\rightarrow 0$ 的过程，就是神经网络实现直接控制的基本思想。

神经网络控制系统的结构种类划分目前尚没有统一的标准，不同结构的神经网络控制系统，神经网络所处的位置和功能不同，学习方法也不尽相同。英国学者 K. J. Hunt 等人将神经网络控制系统分为监视控制、直接逆控制、模型参考控制、内部模型控制、预测控制、自适应控制、系统辨识、滤波预报等多种形式。下面介绍几种神经网络控制系统。

4.4.2　神经网络直接逆动态控制

神经网络直接逆动态控制是非线性系统的神经网络自校正逆控制，其结构如图 4-36 所示。对于未知的动态系统 P，建立结构完全相同的神经网络 NN_1 和 NN_2，其中 NN_1 作为控制器，直接串联在被控对象之前，相当于逆辨识器，学习系统的逆动力学 P^{-1}，使得期望输出与动态系统实际输出之间构成映射关系，达到系统能跟踪期望的轨迹；神经网络 NN_2 作为被控对象的逆辨识模型，担负着网络的训练任务，学习系统的实际输入-输出特性。

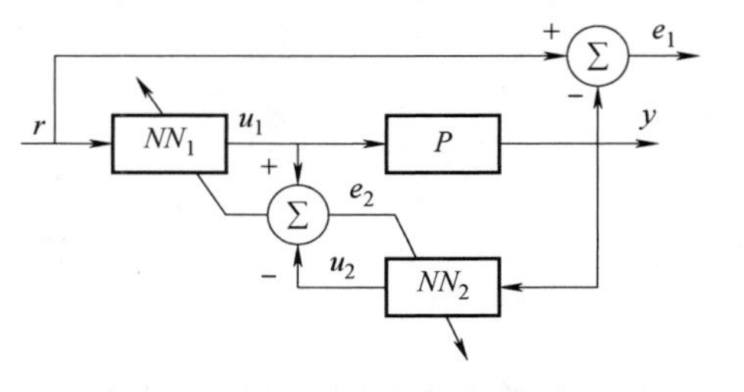

图 4-36　神经网络直接逆动态控制

图 4-36 所示的直接逆动态控制属于在线间接学习，将期望值 r 作为 NN_1 的输入，经过神经网络权值的学习训练得到控制量 u_1，非线性系统在 u_1 的作用下产生实际的输出 y。如果系统的误差 $e_1=r-y\rightarrow 0$，由于 NN_1 和 NN_2 的结构相同，则将 y 作为

NN_2 输入得到的输出控制量 u_2 与 u_1 相同，即 $e_2=u_1-u_2\to 0$。否则，可以通过 $e_2=u_1-u_2$ 的大小，对 NN_2 按照一定的学习规则进行网络权值的调整，直至达到针对所有样本的 NN_2 的平均误差 $\overline{e_2}\to 0$，由于系统可逆，且神经网络 NN_1 和 NN_2 结构相同，使得系统的误差 $e_1=r-y\to 0$。这种学习的优点在于它是边学习边控制，而且对系统不需要任何的先验知识，结构简单，可充分利用神经网络的建模功能。但这种控制结构要求系统是可逆的，很大程度上限制了该控制方法的应用，而且系统的控制特性很大程度上取决于逆模型的精确度，系统的初始响应取决于网络的初始权值，控制开始投入时系统的鲁棒性欠佳。

4.4.3　神经网络 PID 控制

PID 控制方法是经典控制算法中的典型代表，PID 控制器因其结构简单、参数物理意义明确、鲁棒性强等特点被广泛应用于工业过程控制中。在实际的控制系统中，被控对象的动态特性和静态特性很大程度上决定了 K_p、K_i、K_d 三个参数的整定。常规的 PID 控制要想取得较好的控制效果，需要对比例、积分、微分三种控制作用进行调整，实现最佳参数整定。然而由于现代工业生产工艺日益复杂，被控对象大多具有复杂的非线性和时变特性，难以建立精确的数学模型，并且由对象和环境的影响造成的变参数、变结构等不确定性同样使控制器参数整定困难，尤其不能在线整定，传统的 PID 控制方法往往难以满足闭环优化控制的要求。

利用神经网络所具有的非线性映射能力、自学习能力和概括推广能力，结合常规 PID 控制理论，形成一种神经网络 PID 控制新方法。该控制方法吸收两者的优势，使系统具有自适应性，可在线调节控制参数，适应被控过程的变化，提高控制性能和可靠性。神经网络 PID 控制对于时变对象和非线性系统具有较好的控制效果，在工业过程控制中占有重要地位。

神经网络与 PID 控制相结合的控制方法可以分为三类：基于单神经元的自适应 PID 控制(Single Neuronal PID Controller)、基于多层前向网络的 PID 控制(NN-PID Controller，如基于 BP 网络的 PID 控制和基于 RBF 网络的 PID 控制等)、基于多层网络的近似 PID 控制(Liked PID-NN Controller)。

1. 基于单神经元的 PID 控制

神经元是神经网络控制中最基本的控制元件，结合常规 PID 控制，将误差的比例、积分和微分作为单个神经元的输入量，就构成了单神经元 PID 控制系统，系统如图 4-37 所示。

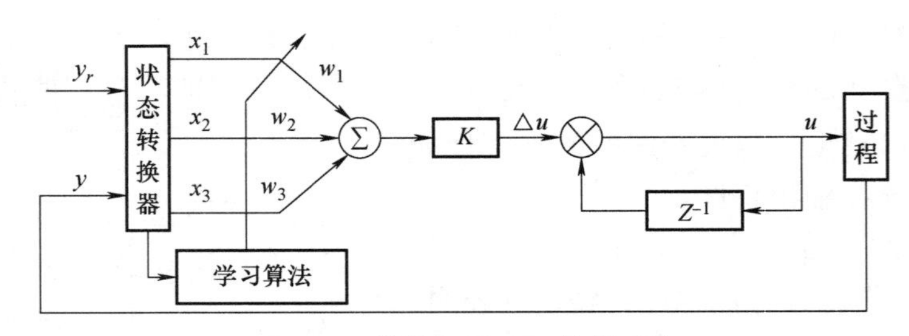

图 4-37　单神经元 PID 控制系统

状态转换器的输入反映被控过程及控制系统的设定状态，$y_r(k)$ 为系统设定值，$y(k)$ 为

系统的实际输出值，经过状态转换器变换成神经元的三个输入量。x_1，x_2，x_3 分别为

$$\begin{cases} x_1(k) = e(k) - e(k-1) \\ x_2(k) = e(k) \\ x_3(k) = e(k) - 2e(k-1) + e(k-2) \end{cases} \tag{4-104}$$

增量式数字 PID 控制算法为

$$\Delta u(k) = K_{\rm p}[e(k) - e(k-1)] + K_{\rm i}e(k) + K_{\rm d}[e(k) - 2e(k-1) + e(k-2)] \tag{4-105}$$

$w_i(k)(i=1,2,3)$为神经元权系数，神经元的输入-输出关系描述为

$$I = \sum_{i=1}^{3} w_i x_i$$

$$\Delta u = Kf(I) \tag{4-106}$$

式中，$f(\cdot)$为线性截断函数；$K>0$ 为神经元比例系数。单神经元控制器输出可写为

$$\Delta u(k) = K\sum_{i=1}^{3} w_i(k)x_i(k) \tag{4-107}$$

式(4-105)和式(4-107)形式完全相同，不同的只是式(4-105)中的参数 $K_{\rm p}$、$K_{\rm i}$、$K_{\rm d}$ 是预先整定好且不变的；而式(4-107)中的系数 $w_i(k)(i=1,2,3)$可以通过神经元的自学习功能进行自适应调整，从而可以大大提高控制器的鲁棒性。与常规的 PID 控制相比，神经网络 PID 控制无须精确的系统建模，对于不确定性系统的控制品质明显优于常规 PID 控制。下面介绍一种单神经元 PID 控制的有监督 Hebb 学习算法。

由增量式数字 PID 算法式(4-107)可以得出控制器的输出为

$$u(k) = u(k-1) + K\sum_{i=1}^{3} w_i(k)x_i(k) \tag{4-108}$$

按照有监督的 Hebb 学习算法，权系数 $w_i(k)$的修正学习规则为

$$\begin{cases} w_1(k+1) = w_1(k) + \eta_{\rm p}e(k)u(k)x_1(k) \\ w_2(k+1) = w_2(k) + \eta_{\rm i}e(k)u(k)x_2(k) \\ w_3(k+1) = w_3(k) + \eta_{\rm d}e(k)u(k)x_3(k) \end{cases} \tag{4-109}$$

式中，$\eta_{\rm p}$、$\eta_{\rm i}$、$\eta_{\rm d}$ 分别为比例、积分、微分的学习速率。为了保证学习算法的收敛性和控制的鲁棒性，对上述算法进行规范化处理后可得

$$\begin{cases} u(k) = u(k-1) + K\sum_{i=1}^{3} w_i'(k)x_i(k) \\ w_i'(k) = w_i(k) / \sum_{i=1}^{3} w_i(k) \\ w_1(k+1) = w_1(k) + \eta_{\rm p}e(k)u(k)x_1(k) \\ w_2(k+1) = w_2(k) + \eta_{\rm i}e(k)u(k)x_2(k) \\ w_3(k+1) = w_3(k) + \eta_{\rm d}e(k)u(k)x_3(k) \end{cases} \tag{4-110}$$

单神经元自适应 PID 学习算法的运行效果和比例系数 K，比例、积分、微分的学习速率 $\eta_{\rm p}$、$\eta_{\rm i}$、$\eta_{\rm d}$ 的选取均有关系。通过仿真与实验研究，上述参数选取的一般规则如下：

1）K 是系统最敏感的参数。K 值越大快速性越好，但超调量大，甚至可能使系统不稳定。当被控对象时延增大时，K 值必须减小，以保证系统稳定。K 值过小会使系统的快速性变差。K 选取恰当后，可根据规则 2）~5）调整 $\eta_{\rm p}$、$\eta_{\rm i}$、$\eta_{\rm d}$。

2）对于阶跃输入，若被控对象产生多次正弦衰减现象，应减小 $\eta_{\rm p}$，其他参数不变。

3）若被控对象响应特性出现上升时间短、超调过大现象，应减小 $\eta_{\rm i}$，其他参数不变。

4）若被控对象上升时间长，增大 $\eta_{\rm i}$ 又导致超调过大，可适当增大 $\eta_{\rm p}$，其他参数不变。

5）在开始调整时，η_d 选择较小值，调整 η_p、η_i 和 K 使被控对象具有良好特性，再逐渐增大 η_d，其他参数不变，使系统输出基本无波纹。

例 4-11 基于单个神经元 PID 控制器的仿真实例。

假定被控对象为

$$y(k)=0.368y(k-1)+0.26(k-2)+0.1u(k-1)+0.632u(k-2)+\varepsilon(k)$$

式中，$\varepsilon(k)$为干扰信号；$u(k)$为过程输入信号；$y(k)$为过程的输出。

在控制过程中，开始时输入为单位阶跃信号，到第 150 个周期开始加入幅度为-20%的阶跃干扰，在第 300 个周期干扰消失。设定单神经元 PID 控制的各参数为：$K=0.12$，$\eta_p=0.4$，$\eta_i=0.35$，$\eta_d=0.4$，实现单神经元 PID 控制器设计和仿真。MATLAB 程序见附录 4.12。

附录 4.12 单个神经元 PID 控制

2. 基于 BP 神经网络的 PID 控制

BP 神经网络具有任意非线性表达能力，并且结构简单、学习算法简洁明确，利用神经网络自学习的特性，结合传统 PID 控制思想，构造基于 BP 神经网络的 PID 控制器，实现了控制器参数的自动调整。基于 BP 神经网络的 PID 控制系统框图如图 4-38 所示，控制器的输出由两部分构成：

1）经典的 PID 控制器，直接对被控对象进行闭环控制，并且三个参数 K_p、K_i、K_d 为在线调整方式。

2）BP 神经网络(BPNN)，输出层神经元的输出状态对应于 PID 控制器的三个可调参数 K_p、K_i、K_d，根据系统的运行状态，通过 BP 神经网络的自学习、加权系数的自调整，使神经网络输出对应于最优控制下的 PID 控制器参数。

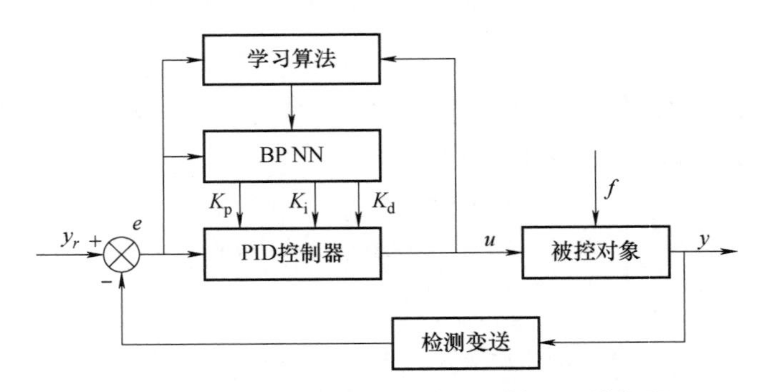

图 4-38 基于 BP 神经网络的 PID 控制系统框图

常规的数字 PID 控制表达式为

$$u(k)=K_pe(k)+K_i\sum_{j=1}^{k}e(j)T+K_d\frac{e(k)-e(k-1)}{T} \tag{4-111}$$

式中，$u(k)$为控制器在 k 时刻的输出；T 为采样周期；k 为采样序号；$e(k)$为 k 时刻的控制系统期望输出和实际输出的偏差，即 $e(k)=y_r(k)-y(k)$。

当执行机构采用增量式数字 PID 控制时，变换式(4-111)可得到增量式数字 PID 控制算法为

$$\Delta u(k)=K_p[e(k)-e(k-1)]+K_ie(k)+K_d[e(k)-2e(k-1)+e(k-2)] \tag{4-112}$$

式中，K_p、K_i、K_d 分别为 PID 控制器的比例、积分、微分系数，这三个系数是依赖于系统运行状态的可调参数。将控制器的输出 $u(k)$ 描述为与 K_p、K_i、K_d、$e(k)$、$e(k-1)$、$e(k-2)$ 等参数有关的非线性函数，形式为

$$\begin{aligned} u(k) &= u(k-1) + K_p[e(k) - e(k-1)] + K_i e(k) + K_d[e(k) - 2e(k-1) + e(k-2)] \\ &= f(u(k-1), K_p, K_i, K_d, e(k), e(k-1), e(k-2)) \end{aligned} \tag{4-113}$$

利用 BP 神经网络具有逼近任意非线性函数的能力，通过训练和学习实现最佳组合 PID 控制规律。选择 M-Q-3 的三层前向网络，即 M 个输入节点，Q 个隐含层节点和 3 个输出节点。

网络输入层节点对应所选的系统运行状态，如系统在不同时刻的输入、输出值，必要时应进行归一化处理，各节点状态为

$$\begin{cases} O_j^{(1)}(k) = x_j = e(k+1-j) \quad j = 1, 2, \cdots, M-1 \\ O_M^{(1)}(k) = 1 \end{cases} \tag{4-114}$$

其中，输入变量的个数 M 取决于被控系统的复杂程度。

网络隐含层的输入-输出关系为

$$\begin{cases} net_i^{(2)}(k) = \sum_{j=1}^{M} w_{ij}^{(2)} O_j^{(1)}(k) - \theta_i^{(2)} \\ O_i^{(2)}(k) = f(net_i^{(2)}(k)) \end{cases} \quad i = 1, 2, \cdots, Q \tag{4-115}$$

式中，$w_{ij}^{(2)}$ 为隐含层权值系数；$\theta_i^{(2)}$ 为隐含层阈值；$f(\cdot)$ 为输出变换函数（即激励函数），此处取正负对称的 Sigmoid 函数，即 $f(x) = \tanh(x) = \dfrac{e^x - e^{-x}}{e^x + e^{-x}}$。

网络输出层节点分别对应 PID 控制器的三个可调参数 K_p、K_i、K_d，由于参数不能为负数，所以输出层神经元的激励函数为非负 Sigmoid 函数。输出层各节点的输入-输出关系为

$$\begin{cases} net_l^{(3)}(k) = \sum_{i=1}^{Q} w_{li}^{(3)} O_i^{(2)}(k) - \theta_l^{(3)} \\ O_l^{(3)}(k) = g(net_l^{(3)}(k)) \end{cases} \quad l = 1, 2, 3 \tag{4-116}$$

式中，$w_{li}^{(3)}$ 为输出层权值系数；$\theta_l^{(3)}$ 为输出层阈值；$g(\cdot)$ 为输出层神经元的激励函数，即 $g(x) = \dfrac{1}{2}[1 + \tanh(x)]$。

式(4-114)～式(4-116)中的上角标(1)、(2)、(3)分别对应输入层、隐含层和输出层。三个可调参数 K_p、K_i、K_d 满足

$$\begin{cases} O_1^{(3)}(k) = K_p \\ O_2^{(3)}(k) = K_i \\ O_3^{(3)}(k) = K_d \end{cases} \tag{4-117}$$

取性能指标函数为

$$E(k) = \frac{1}{2}[y_r(k) - y(k)]^2 = \frac{1}{2}e^2(k) \tag{4-118}$$

按照梯度下降法修正网络的权值系数 $w(k)$，即按照 $E(k)$ 对加权系数的负梯度进行搜索调整，并附加一个使搜索快速收敛全局极小的惯性项，则有

$$\Delta w_{li}^{(3)}(k) = -\eta \frac{\partial E}{\partial w_{li}^{(3)}} + \alpha \Delta w_{li}^{(3)}(k-1) \tag{4-119}$$

式中，η 为学习速率；α 为惯性系数。

$$\frac{\partial E(k)}{\partial w_{li}^{(3)}}=\frac{\partial E(k)}{\partial y(k)}\frac{\partial y(k)}{\partial u(k)}\frac{\partial u(k)}{\partial O_l^{(3)}(k)}\frac{\partial O_l^{(3)}(k)}{\partial net_l^{(3)}(k)}\frac{\partial net_l^{(3)}(k)}{\partial w_{li}^{(3)}(k)} \tag{4-120}$$

由式(4-116)，可得

$$\frac{\partial net_l^{(3)}(k)}{\partial w_{li}^{(3)}(k)}=O_i^{(2)}(k) \tag{4-121}$$

由于$\frac{\partial y(k)}{\partial u(k)}$未知，所以近似用符号函数 $sgn\left(\frac{\partial y(k)}{\partial u(k)}\right)$ 取代，由此带来的计算不精确的影响可以通过调整学习速率 η 来补偿。

根据式(4-113)和式(4-117)可得

$$\frac{\partial u(k)}{\partial O_1^{(3)}(k)}=e(k)-e(k-1) \tag{4-122}$$

$$\frac{\partial u(k)}{\partial O_2^{(3)}(k)}=e(k) \tag{4-123}$$

$$\frac{\partial u(k)}{\partial O_3^{(3)}(k)}=e(k)-2e(k-1)+e(k-2) \tag{4-124}$$

由上述分析可得网络输出层权值系数的学习算法为

$$\Delta w_{li}^{(3)}(k)=\alpha\Delta w_{li}^{(3)}(k-1)+\eta\delta_l^{(3)}O_i^{(2)}(k) \tag{4-125}$$

$$\delta_l^{(3)}=e(k)sgn\left(\frac{\partial y(k)}{\partial u(k)}\right)\frac{\partial u(k)}{\partial O_l^{(3)}(k)}g'(net_l^{(3)}(k))\quad l=1,2,3 \tag{4-126}$$

同理可得隐含层加权系数的学习算法为

$$\Delta w_{ij}^{(2)}(k)=\alpha\Delta w_{ij}^{(2)}(k-1)+\eta\delta_i^{(2)}O_j^{(1)}(k) \tag{4-127}$$

$$\delta_i^{(2)}=f'(net_i^{(2)}(k))\sum_{l=1}^{3}\delta_l^{(3)}w_{li}^{(3)}(k)\quad i=1,2,\cdots,Q \tag{4-128}$$

其中

$$g'(\cdot)=g(x)[1-g(x)]$$

$$f'(\cdot)=[1-f^2(x)]/2$$

基于 BP 神经网络的 PID 控制器控制算法归纳如下：

1）确定 BP 网络的结构，即确定输入层节点数 M 和隐含层节点数 Q，并给出各层加权系数的初值 $w_{ij}^{(2)}(0)$、$w_{li}^{(3)}(0)$，选定学习速率 η 和惯性系数 α，此时 $k=1$。

2）采样得到 $y_r(k)$ 和 $y(k)$，计算 k 时刻的误差 $e(k)=y_r(k)-y(k)$。

3）对系统不同时刻的输入、输出、误差和控制量等进行归一化处理，作为神经网络的输入。

4）根据式(4-114)～式(4-117)计算神经网络(NN)各层神经元的输入、输出，NN 输出层的输出即为 PID 控制器的三个可调参数 K_p、K_i、K_d。

5）根据式(4-113)计算 PID 控制器的控制输出 $u(k)$。

6）根据式(4-125)～式(4-128)进行 BP 神经网络学习，在线调整加权系数 $w_{ij}^{(2)}(k)$ 和 $w_{li}^{(3)}(k)$，实现 PID 控制参数的自适应调整。

7）置 $k=k+1$，返回到步骤 2)，直到性能指标 $E(k)$ 满足要求。

例 4-12 基于 BP 神经网络的 PID 控制仿真实例。

设两个不同的被控对象的近似数学模型为

对象 1：$y(k)=\dfrac{a(k)y(k-1)}{1+y^2(k-1)}+u(k-1)$

对象 2：$y(k)=\dfrac{a(k)y(k-1)}{1+5y^2(k-1)}+u(k-1)$

其中，系数 $a(k)$ 是慢时变的，且 $a(k)=1.2(1-0.8\mathrm{e}^{-0.1k})$；神经网络结构选 4-10-3，输入层的 4 个神经元分别为模型的输入 $y_r(k)$、输出 $y(k)$、误差 $e(k)$ 和常量 1；学习速率 $\eta=0.25$；惯性系数 $\alpha=0.02$；加权系数初始值取区间[−0.5　0.5]上的随机数。MATLAB 程序见附录 4.13。

附录 4.13　BP 神经网络 PID 控制

1）对于对象 1，当输入信号为幅值是 1 的阶跃信号，即 $y_r(t)=1.0$ 时，取采样时间为 0.001s，其跟踪结果和 PID 控制参数自适应整定曲线如图 4-39 所示。

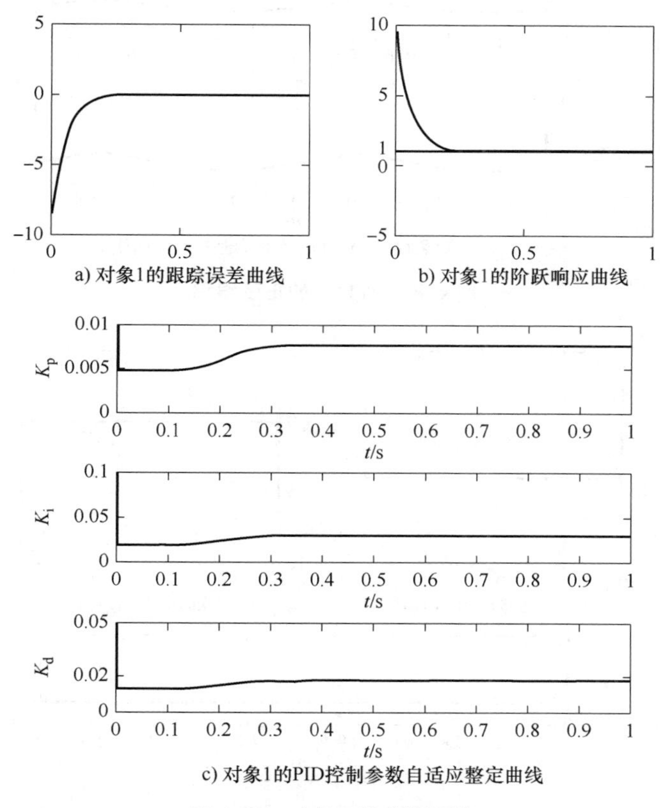

图 4-39　对象 1 的阶跃跟踪

2）对于对象 1，当输入信号为幅值是 1 的正弦信号，即 $y_r(t)=\sin 2\pi t$ 时，取采样时间为 0.001s，其跟踪结果和相应的整定曲线如图 4-40 所示。

3）对于对象 2，当输入信号为幅值是 1 的阶跃信号，即 $y_r(t)=1.0$ 时，取采样时间为 0.001s，其跟踪结果和相应的整定曲线如图 4-41 所示。

4）对于对象 2，当输入信号为幅值是 1 的正弦信号，即 $y_r(t)=\sin 2\pi t$ 时，取采样时间为 0.001s，其跟踪结果和相应的整定曲线如图 4-42 所示。

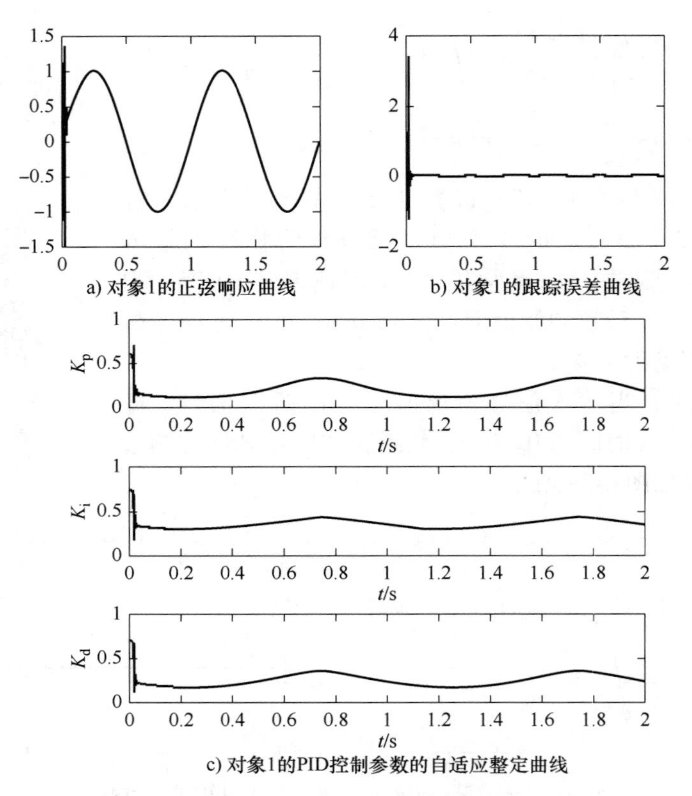

a) 对象1的正弦响应曲线

b) 对象1的跟踪误差曲线

c) 对象1的PID控制参数的自适应整定曲线

图 4-40　对象 1 的正弦跟踪

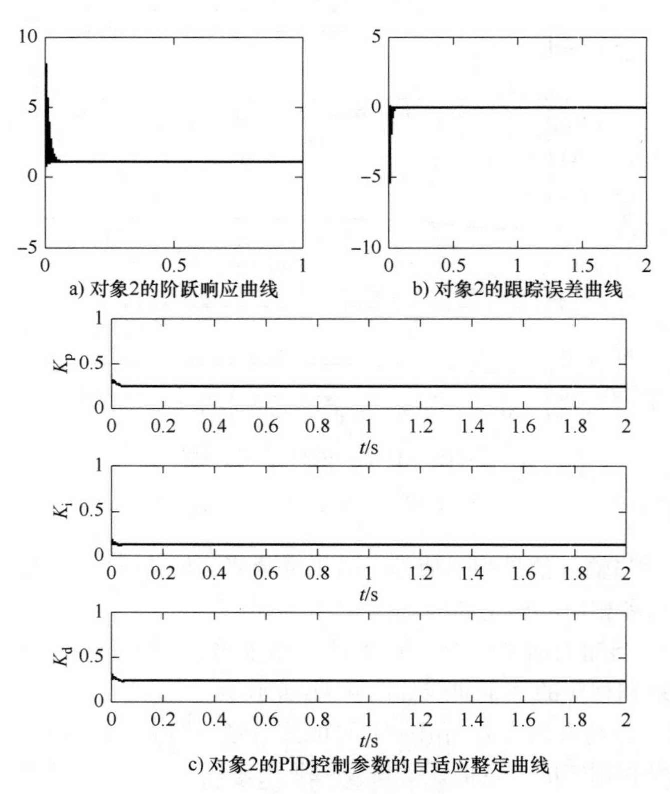

a) 对象2的阶跃响应曲线

b) 对象2的跟踪误差曲线

c) 对象2的PID控制参数的自适应整定曲线

图 4-41　对象 2 的阶跃跟踪

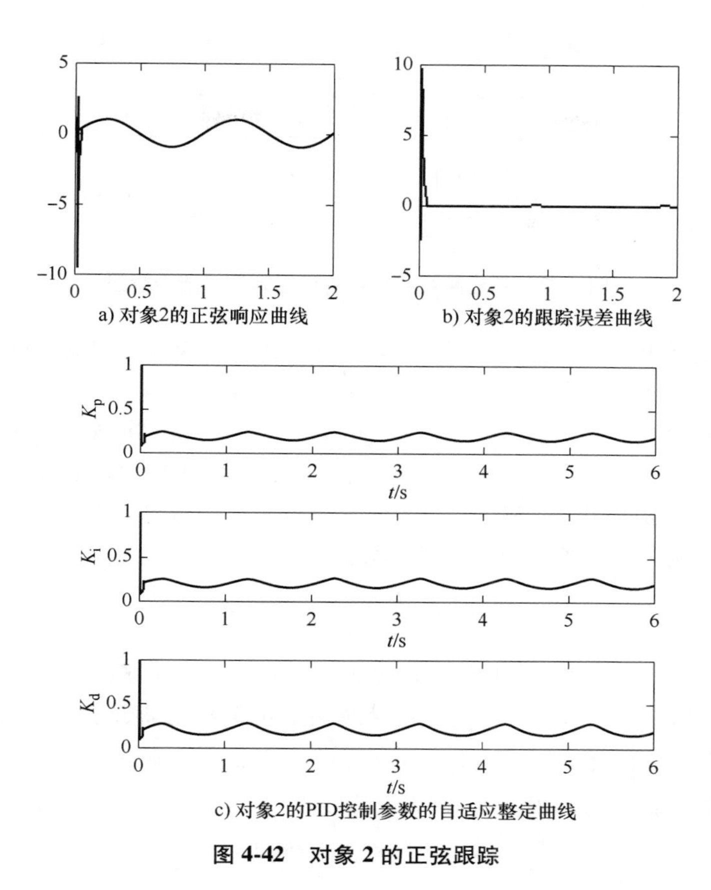

a) 对象2的正弦响应曲线　b) 对象2的跟踪误差曲线

c) 对象2的PID控制参数的自适应整定曲线

图 4-42　对象 2 的正弦跟踪

从上述仿真结果可以看出，基于 BP 神经网络的自整定 PID 控制器能够根据被控对象的变化，对 K_p、K_i、K_d 三个可调参数进行调整，在整定过程中三个参数总是不断地向最优值逼近，大大改进了控制的效果，同时克服了传统控制策略参数整定中对对象模型的过分依赖。

4.4.4　神经网络自适应控制

与常规自适应控制一样，神经网络自适应控制可以分为两类，即自校正控制(Self Tuning Control，STC)和模型参考自适应控制(Model Reference Adaptive Control，MRAC)。两者的差别在于：自校正控制根据受控系统的正向和(或)逆模型辨识结果直接调节控制器的内部参数，以期能够满足系统给定的性能指标；在模型参考自适应控制中，闭环控制系统的期望性能是由一个稳定的参考模型描述的，而该模型又是由输入/输出对$\{r(k), y_r(k)\}$确定的，控制系统的目标在于使受控对象或装置的输出 $y(k)$ 与参考模型的输出 $y_r(k)$ 一致渐近地匹配，即

$$\lim_{k\to\infty}\|y(k) - y_r(k)\| \leqslant e \quad e > 0 \tag{4-129}$$

1. 神经网络自校正控制

基于神经网络的自校正控制也分为直接控制和间接控制两种类型。神经网络直接自校正控制系统由一个神经网络控制器和一个可进行在线修正的神经网络辨识器组成，系统的结构基本上与直接逆控制相同。神经网络间接自校正控制系统由一个常规控制器和一个具有离线

辨识能力的神经网络辨识器组成，需要具有很高的建模精度，其结构框图如图 4-43 所示。

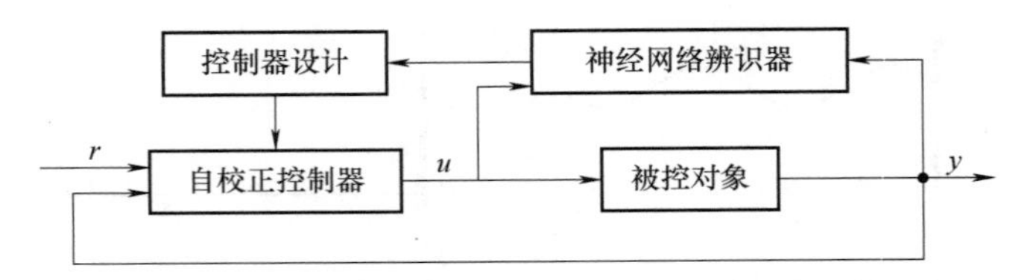

图 4-43　神经网络间接自校正控制系统结构框图

一般地，假设受控对象(或装置)为式(4-130)描述的单变量非线性系统，即

$$y(k+1)=f(y(k),y(k-1),\cdots,y(k-n);u(k),\cdots,u(k-m))+ g(y(k),y(k-1),\cdots,y(k-n);u(k),\cdots,u(k-m))u(k) \quad n\geqslant m \tag{4-130}$$

式中，$u(k)$为控制器 k 时刻的输出；$y(k+1)$为被控对象 $k+1$ 时刻的输出；$r(k+1)$为控制系统 $k+1$ 时刻的输入；函数$f(\cdot)$和$g(\cdot)$为非零函数。在函数$f(\cdot)$和$g(\cdot)$已知的情况下，根据确定性等价原则，控制器可以采用控制算法

$$u(k)=-\frac{f(\cdot)}{g(\cdot)}+\frac{r(k+1)}{g(\cdot)} \tag{4-131}$$

可使控制系统的输出 $y(k+1)$精确地跟踪系统的输入 $r(k+1)$，即期望输出。

当函数$f(\cdot)$和$g(\cdot)$未知时，则通过神经网络辨识器逐渐逼近被控对象，即由辨识器的$\hat{f}(\cdot)$和$\hat{g}(\cdot)$代替函数$f(\cdot)$和$g(\cdot)$，重新自校正控制规律。

为了简化计算，假设被控对象为一阶系统，即

$$y(k+1)=f(y(k))+g(y(k))u(k) \tag{4-132}$$

通过神经网络辨识器，利用

$$\hat{y}(k+1)=\hat{f}(y(k),w(k))+\hat{g}(y(k),v(k))u(k) \tag{4-133}$$

去逼近被控对象的模型。神经网络辨识器由 BP 或其他神经网络结构实现，$\hat{f}(\cdot)$和$\hat{g}(\cdot)$的阶次与式(4-131)中的$f(\cdot)$和$g(\cdot)$相同。其中，$w(k)$和$v(k)$为两个神经网络的权系数

$$w(k)=[w_0,w_1(k),w_2(k),\cdots,w_{2p}(k)] \quad p\text{ 为隐含节点的个数} \tag{4-134}$$

$$v(k)=[v_0,v_1(k),v_2(k),\cdots,v_{2q}(k)] \quad q\text{ 为隐含节点的个数} \tag{4-135}$$

且有

$$\hat{f}(0,w(k))=w_0,\quad \hat{g}(0,v(k))=v_0$$

根据式(4-131)的控制规律，用神经网络辨识器自校正的相应控制规律为

$$u(k)=-\frac{\hat{f}(y(k),w(k))}{\hat{g}(y(k),v(k))}+\frac{r(k+1)}{\hat{g}(y(k),v(k))} \tag{4-136}$$

将式(4-136)代入式(4-132)，得出

$$y(k+1)=f(y(k))+g(y(k))\left[-\frac{\hat{f}(y(k),w(k))}{\hat{g}(y(k),v(k))}+\frac{r(k+1)}{\hat{g}(y(k),v(k))}\right] \tag{4-137}$$

由式(4-137)可知，当且仅当$\hat{f}(\cdot)\to f(\cdot)$和$\hat{g}(\cdot)\to g(\cdot)$时，才能使 $y(k+1)\to r(k+1)$。

定义系统的输出误差准则函数为

$$E(k)=\frac{1}{2}[r(k+1)-y(k+1)]^2=\frac{1}{2}e^2(k+1) \tag{4-138}$$

神经网络的辨识过程就是通过网络权系数 $w(k)$ 和 $v(k)$ 的调整过程，使得 $E(k)$ 达到最小。利用 BP 学习算法，根据式(4-136)和式(4-137)有

$$\frac{\partial E(k)}{\partial w_i(k)}=\frac{g(y(k))}{\hat{g}(y(k),v(k))}\left[\frac{\partial \hat{f}(y(k),w(k))}{\partial w_i(k)}\right]e(k+1) \tag{4-139}$$

$$\frac{\partial E(k)}{\partial v_j(k)}=\frac{g(y(k))}{\hat{g}(y(k),v(k))}\left[\frac{\partial \hat{g}(y(k),v(k))}{\partial v_j(k)}\right]u(k)e(k+1) \tag{4-140}$$

则网络权系数 $w(k)$ 和 $v(k)$ 的调整量为

$$\Delta w_i(k)=-\eta_1\frac{\partial E(k)}{\partial w_i(k)}=-\eta_1\frac{g(y(k))}{\hat{g}(y(k),v(k))}\left[\frac{\partial \hat{f}(y(k),w(k))}{\partial w_i(k)}\right]e(k+1) \tag{4-141}$$

$$\Delta v_j(k)=-\eta_2\frac{\partial E(k)}{\partial v_j(k)}=-\eta_2\frac{g(y(k))}{\hat{g}(y(k),v(k))}\left[\frac{\partial \hat{g}(y(k),v(k))}{\partial v_j(k)}\right]u(k)e(k+1) \tag{4-142}$$

虽然 $g(y(k))$ 未知，但其符号已知，可用 $sgn(g(y(k)))$ 代替 $g(y(k))$，代入式(4-141)和式(4-142)得到 $w(k)$ 和 $v(k)$ 的调整规则为

$$w_i(k+1)=w_i(k)-\eta_1\frac{g(y(k))}{\hat{g}(y(k),v(k))}\left[\frac{\partial \hat{f}(y(k),w(k))}{\partial w_i(k)}\right]e(k+1) \tag{4-143}$$

$$v_j(k+1)=v_j(k)-\eta_2\frac{g(y(k))}{\hat{g}(y(k),v(k))}\left[\frac{\partial \hat{g}(y(k),v(k))}{\partial v_j(k)}\right]u(k)e(k+1) \tag{4-144}$$

式中，η_1 和 η_2 为学习速率，均为正数，其大小决定神经网络辨识器收敛于被控对象的速度。如果上述权值的修正算法收敛，所获得的控制规律即为最佳控制规律。

按照上述推导过程，可得神经网络自校正控制系统框图如图 4-44 所示。

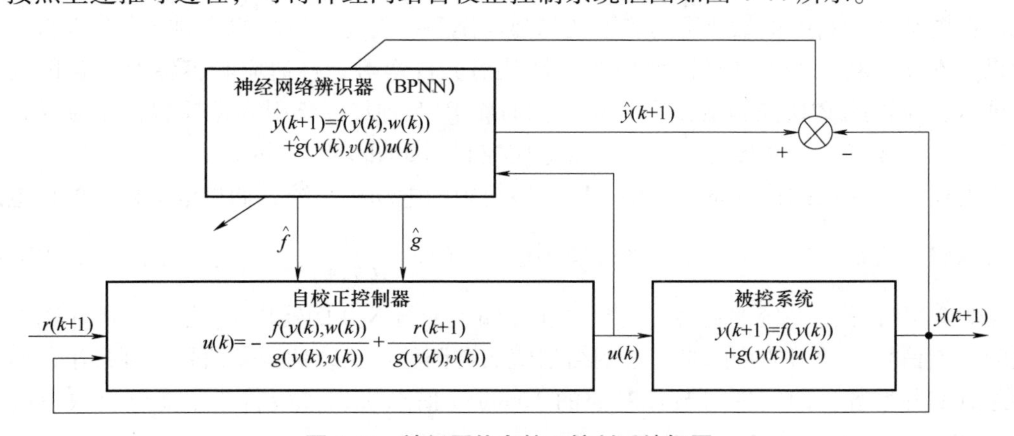

图 4-44　神经网络自校正控制系统框图

2. 神经网络模型参考自适应控制

基于神经网络的模型参考自适应控制(MRAC)也有直接型和间接型两种结构，其控制系统框图如图 4-45、图 4-46 所示。

对于神经网络直接模型参考自适应控制系统，神经网络控制器(NNC)的作用是力图维持受控对象输出与参考模型输出间的差 $e(k)=y(k)-y_r(k)\rightarrow 0$ 或者 $e(k)$ 的二次型最小。由于反向传播需要知道受控对象的数学模型，因而在非线性对象未知的情况下该神经网络控制器的学习与修正很难进行。为了克服学习修正中遇到的问题，增加了神经网络辨识器

(NNI)，它能够离线辨识被控对象的正向模型，并且由 $e_1(k)$ 进行在线学习与修正。显然，NNI 能为 NNC 提供误差 $e_2(k)$ 或者其变化率的反向传播，这就是神经网络间接模型参考自适应控制。

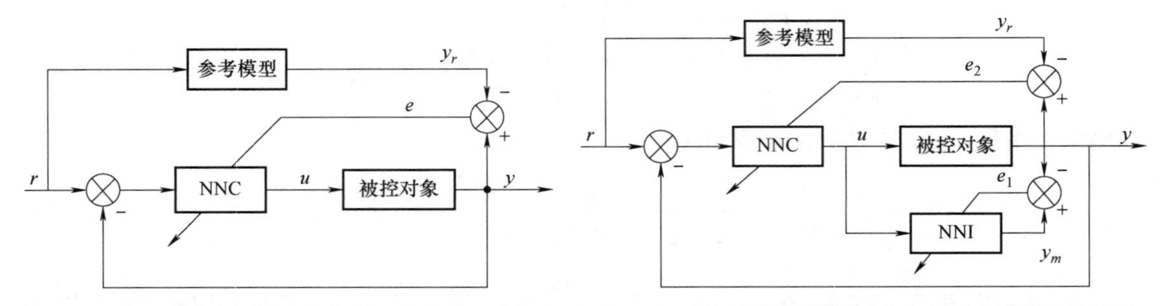

图 4-45　神经网络直接模型参考自适应控制系统框图　　图 4-46　神经网络间接模型参考自适应控制系统框图

下面重点讨论神经网络间接模型参考自适应控制问题。在图 4-46 所示的控制系统中，给定一个由输入-输出对 $\{u(k),y(k)\}$ 表征的被控对象和由输入-输出对 $\{r(k),y_r(k)\}$ 表征的参考模型，参考模型要求是稳定和完全可控的，控制的目的是确定控制序列 $u(k)$ 达到

$$E(k)=\lim_{k\to\infty}\|y(k)-y_r(k)\|\leqslant e\quad e>0 \tag{4-145}$$

式中，$E(k)$ 为在 k 采样点的控制误差。即当 $k>k_0$ 时，系统的输出 $y(k)$ 能跟踪模型参考输出 $y_r(k)$，$y(k)$ 渐渐趋近于 $y_r(k)$，从而获得期望的控制输出。

例 4-13　神经网络模型参考自适应控制在感应电动机系统中的应用。

感应电动机具有多变量、非线性、强耦合且电动机的参数会随着外界环境变化等复杂的特性，在电动机控制中很难获得精确不变的数学模型，因此，传统的控制方法难以得到预期的效果。本设计利用人工神经网络的非线性映射、自学习、自适应和容错及泛化能力，构造一种自适应智能 PID 控制器作为 NNC，同时将 RBF 神经网络引入逆控制，作为 NNI 用于系统辨识，构成了一种间接的模型参考自适应控制，如图 4-46 所示。

将上述设计完成的控制系统应用于随动系统中的电动机系统，如果电动机的电枢电感很小，可以将其近似为零，则电动机的传递函数为 $G(s)=\dfrac{K}{s(Ts+1)}$。首先，设计一个 RBF 神经网络作为 NNI 来描述系统的特性，对象的实际输出 y 与 NNI 的输出 y_m 之差为调整 RBF 网络权值的误差信号，学习的目的是通过网络权值的自调整使系统的误差信号达到最小，能更精确地逼近实际系统，即实现对被控对象的 Jacobian 信息辨识，最后建立能够反映系统的输入-输出关系的模型。本设计选用三层前向 RBF 网络作为 NNI，输入向量为 $\Delta\boldsymbol{u}(k)$、$\boldsymbol{y}(k)$ 和 $\boldsymbol{y}(k-1)$，输出向量为 $\boldsymbol{y}_m(k)$，隐含层神经元取 6 个。然后，训练一个单神经元作为自适应智能 PID 控制器(NNC)，此时调整权值的误差信号为对象的实际输出 y 与参考模型的输出 y_r 之差。神经元网络的输入向量采用增量式 PID，$r(k)=[e(k)-e(k-1)\quad e(k)\quad e(k)-2e(k-1)+e(k-2)]$，输出为 NNC 的输出 $u(k)=\sum_{i=1}^{3}\omega_i(k)r_i(k)$，学习算法采用 Delta 学习规则，MATLAB 仿真程序见附录 4.14。

附录 4.14　神经网络模型参考自适应控制在感应电机系统中的应用

参考模型的辨识结果如图 4-47 所示，正弦位置跟踪结果如图 4-48 所示，正弦跟踪误差曲线如图 4-49 所示。由仿真结果可以看出，基于 RBF 网络在线辨识的单神经元 PID 自适应控制算法提高了系统响应的快速性，同时在误差较小范围内用单神经元控制器的自适应能力达到了系统的完全跟踪，提高了控制的精确度。

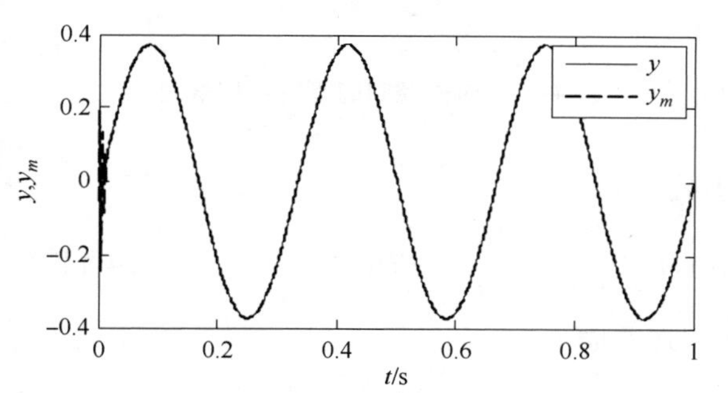

图 4-47　参考模型的辨识结果

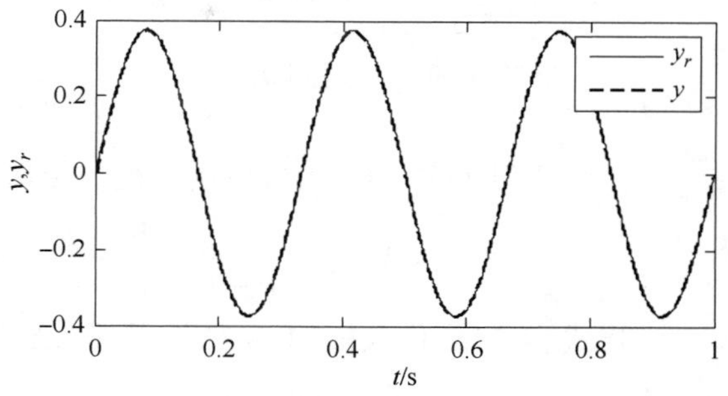

图 4-48　正弦位置跟踪结果

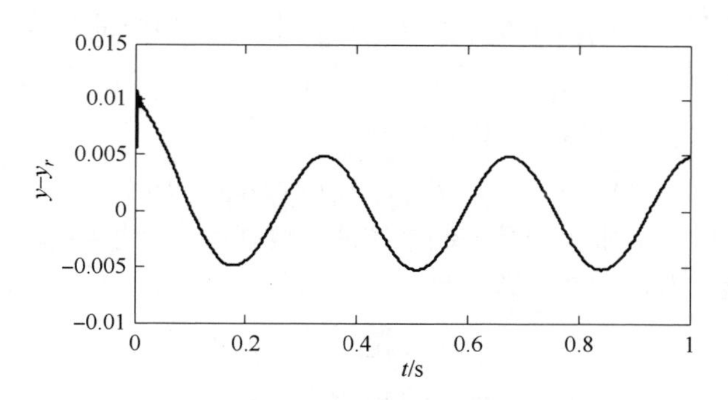

图 4-49　正弦跟踪误差曲线

4.4.5　神经网络内模控制

1. 内模控制原理

内模控制(Internal Mode Control，IMC)是一种基于被控过程的内部模型进行反馈修正控制器设计的新型控制策略。由于其设计简单，具有较强的鲁棒性和易于在线修正等方面的优点，使得内模控制不仅成为一种实用的先进控制算法，也发展成为研究非线性系统预测控制策略的重要理论基础。

内模控制是 1982 年由 C. E. Garcia 和 M. Morari 提出并发展的控制结构，其框图如图 4-50 所示。其中，$G_c(s)$为内模控制器；$G_p(s)$为被控对象(或过程)模型；$\hat{G}_p(s)$为内模；$G_d(s)$为干扰通道传递函数。

为了求取过程输出 $Y(s)$与输入 $R(s)$和干扰 $D(s)$之间的传递函数，可以将图 4-50 等价变换为图 4-51 所示的简单反馈控制系统形式，这就是 IMC 的等价结构。

其中，$G_c^*(s)$为等价的内环反馈控制器，则

$$G_c^*(s)=\frac{G_c(s)}{1-G_c(s)\hat{G}_p(s)} \tag{4-146}$$

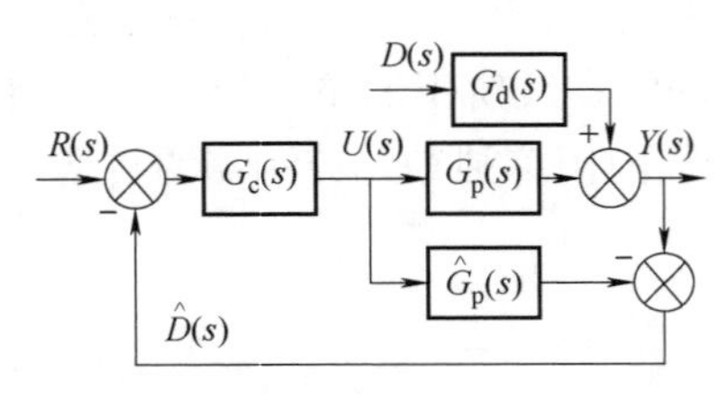

图 4-50　内模控制结构

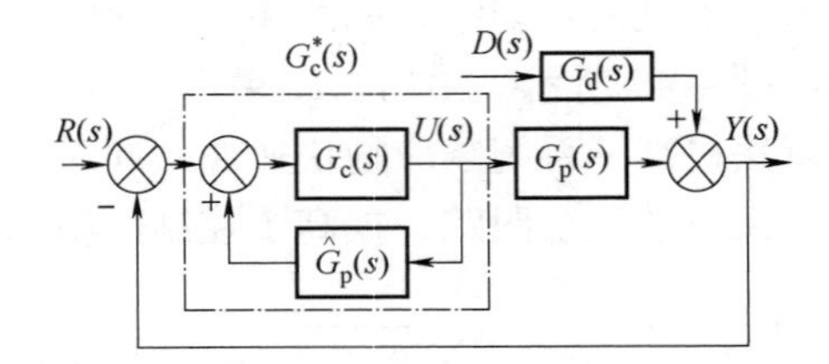

图 4-51　内模控制的等价结构框图

由图 4-51 可以得出内模控制系统的传递函数为

$$Y(s)=\frac{G_c^*(s)G_p(s)}{1+G_c^*(s)G_p(s)}R(s)+\frac{G_d(s)}{1+G_c^*(s)G_p(s)}D(s) \tag{4-147}$$

将式(4-146)代入式(4-147)，得到系统的闭环响应为

$$Y(s)=\frac{G_c(s)G_p(s)}{1+G_c(s)[G_p(s)-\hat{G}_p(s)]}R(s)+\frac{[1-G_c(s)\hat{G}_p(s)]G_d(s)}{1+G_c(s)[G_p(s)-\hat{G}_p(s)]}D(s) \tag{4-148}$$

假设模型准确不存在偏差，即 $G_p(s)=\hat{G}_p(s)$，则式(4-148)简化为

$$Y(s)=G_c(s)G_p(s)R(s)+[1-G_c(s)\hat{G}_p(s)]G_d(s)D(s) \tag{4-149}$$

若 $D(s)\neq 0$，$R(s)=0$，则式(4-149)简化为

$$Y(s)=[1-G_c(s)\hat{G}_p(s)]G_d(s)D(s) \tag{4-150}$$

在工业过程控制中，克服扰动是控制系统的主要任务。如果要消除由于干扰引起的平衡点变动，就要求模型具有可倒性，即满足

$$G_c(s)=\frac{1}{\hat{G}_p(s)} \tag{4-151}$$

将式(4-151)代入式(4-150)，可以推导出 $Y(s)=0$。这说明不管干扰 $D(s)$ 是何种形式，内模控制通过设计理想的控制器 $G_c(s)$ 均可以克服外界扰动对输出产生的影响。

在实际工业控制当中，除了扰动影响控制系统的质量，模型的不确定性也是难免的。若无外部扰动，即 $D(s)=0$，$R(s)\neq 0$，同样要求满足上述条件，即模型准确不存在偏差且模型可导，由式(4-149)推导出

$$Y(s)=G_c(s)G_p(s)R(s)=\frac{1}{\hat{G}_p(s)}G_p(s)R(s)=R(s) \tag{4-152}$$

说明内模控制器可以确保输出跟随设定值的变化。图 4-50 中反馈回路信号 $\hat{D}(s)$ 为

$$\hat{D}(s)=G_d(s)D(s)+[G_p(s)-\hat{G}_p(s)]U(s)=0 \tag{4-153}$$

在模型不确定和无未知输入的条件下，内模控制系统具有开环结构。这就清楚地表明，对开环稳定的过程而言，反馈的目的是克服过程的不确定性。内模控制系统中的反馈信号就反映了过程模型的不确定性和扰动的影响。

2. 实际内模控制器设计

根据上述推导，在被控过程稳定、模型准确且模型的逆存在并可以实现的假设条件下，如果理想的内模控制器满足 $G_c(s)=\frac{1}{\hat{G}_p(s)}$，则可以确保系统对于任何干扰都能加以克服，因

而能实现对参考输入的无偏差跟踪。但是在实际工作中，模型与实际过程总会存在偏差，无法确定闭环系统的鲁棒稳定性。此外，由于对象中存在常见的时滞和惯性环节，$\hat{G}_p(s)$ 中将出现纯超前和纯微分环节，因此，理想控制器很难实现。另外，$\hat{G}_p(s)$ 中可能包含非最小相位环节(其零点在右半平面)，其倒数会形成不稳定的环节。

为解决上述问题，在设计内模控制器时可分为两步进行。首先设计一个稳定的理想控制器，而不考虑系统的鲁棒性和约束；其次引入滤波器，通过调整滤波器的结构和参数来获得期望的动态品质和鲁棒性。可将过程模型分解为

$$\hat{G}_p(s)=\hat{G}_{p+}(s)\hat{G}_{p-}(s) \tag{4-154}$$

式中，$\hat{G}_{p+}(s)$ 为一个全通滤波器传递函数，包含了所有纯滞后和右半平面零点；$\hat{G}_{p-}(s)$ 为具有最小相位特征的传递函数，即稳定且不包含预测项。

在实际应用中，考虑到模型与对象失配的影响，通常在控制器前附加一个滤波器。也就是在设计控制器时，需在最小相位传递函数上增加滤波器，以确保系统的稳定性和鲁棒性。定义内模控制器为

$$G_c(s)=\frac{1}{\hat{G}_{p-}(s)}F(s) \tag{4-155}$$

式中，$F(s)$ 为低通滤波器，使内模控制器 $G_c(s)$ 变为有理式，从而保证 $G_c(s)$ 是物理可实现的和稳定的。$F(s)$ 的形式为

$$F(s)=\frac{1}{(\tau s+1)^n} \tag{4-156}$$

假设模型准确不存在偏差，即 $G_p(s)=\hat{G}_p(s)$，将式(4-154)、式(4-155)代入式(4-149)可得

$$Y(s)=\hat{G}_{p+}(s)F(s)R(s)+[1-F(s)\hat{G}_{p+}(s)]G_d(s)D(s) \tag{4-157}$$

当设定值变化，即 $D(s)=0$，$R(s)\neq 0$，系统的输出响应为

$$Y(s)=\hat{G}_{p+}(s)F(s)R(s) \tag{4-158}$$

表明闭环性能与滤波器 $F(s)$ 直接有关。

但在实际系统中，由于被控对象本身就存在不确定性，内模 $\hat{G}_p(s)$ 很难准确描述被控对象 $G_p(s)$，从而形成了模型误差为 $\dfrac{|G_p(s)-\hat{G}_p(s)|}{|\hat{G}_p(s)|}<l_m$，其中，$l_m$ 为模型不确定性的上界。

1983 年 Manfred Morari 证明存在模型误差的情况下，内模控制系统保持闭环鲁棒稳定的充要条件为

$$|\hat{G}_{p+}(s)F(s)|<\frac{1}{l_m}\quad \forall\omega \tag{4-159}$$

一般取 $|\hat{G}_{p+}(s)|=1$。由式(4-156)可知，滤波器参数 τ 是内模控制器仅有的设计参数，并决定了系统的响应速度，且近似地与闭环宽带成正比。针对具体的系统，可根据需要在线调整滤波器参数 τ 的值。

3. 神经网络内模控制设计

神经网络内模控制系统结构框图如图 4-52 所示，图中分别用两个神经网络取代图 4-50

中的 $G_c(s)$ 和 $\hat{G}_p(s)$。NNM 为神经网络状态估计器，与实际系统并行设置，通过在线正向辨识被控对象的动态模型。反馈信号由系统输出与模型输出之间的差得到，而且由 NNC(在正向控制通道上一个具有逆模型的神经网络控制器)进行处理，NNC 控制器应当与系统的逆有关。图中的滤波器通常为一个线性滤波器，而且可被设计满足必要的鲁棒性和闭环系统跟踪响应。

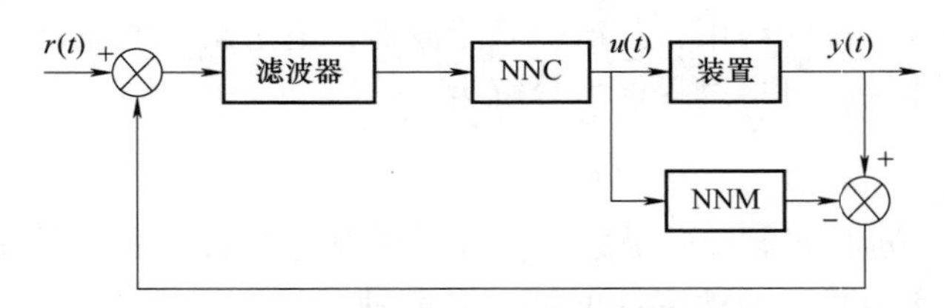

图 4-52　神经网络内模控制系统结构框图

下面讨论基于 RBF 网络的内模控制系统，系统结构框图如图 4-53 所示。

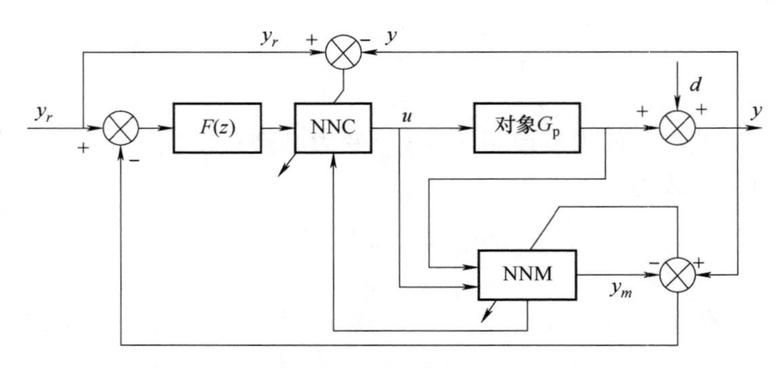

图 4-53　基于 RBF 网络的内模控制结构框图

假设被控对象为 SISO 离散时间非线性系统，其表达式为

$$y(k)=f(y(k-1),\cdots,y(k-n),u(k-1),\cdots,u(k-m))+d(k) \tag{4-160}$$

式中，$\{y(k)\}$、$\{u(k)\}$ 分别为阶次是 n、m 的输出、输入时间序列；$\{d(k)\}$ 为干扰噪声序列。NNM 为 RBF 网络构成的内部模型，NNC 为用 RBF 网络构成的逆系统模型。在运行过程中，神经网络模型根据输入输出数据不断进行加权系数修正，并给出控制量 $u(k)$ 实现控制。

(1) 神经网络内部模型(NNM)的建立

被控对象为 SISO 非线性系统，NNM 用离散时间非线性系统表示为

$$y_m(k)=f(y(k-1),\cdots,y(k-n),u(k-1),\cdots,u(k-m))+d(k) \tag{4-161}$$

采用 RBF 网络建立的系统内部模型，网络的输入层可描述为

$$x_i(k)=\begin{cases} y(k-i) & 1\leqslant i\leqslant n \\ u(k+n-i) & n+1\leqslant i\leqslant n+m \end{cases} \tag{4-162}$$

隐含层为

$$s_j(k)=\exp\left[\frac{\|x(k)-c_j(k)\|}{\sigma_j^2(k)}\right] \tag{4-163}$$

输出层为

$$y_m(k)=\sum_{j=1}^{a}s_j(k-1)v_j(k-1)\quad a\text{ 为隐含层的节点数} \tag{4-164}$$

性能指标函数为

$$J = \frac{1}{2}[y(k) - y_m(k)]^2 \tag{4-165}$$

用 RBF 网络算法进行训练。

（2）神经网络内模控制器(NNC)的建立

内模控制器是对象模型的逆，假设对象模型可逆，则系统逆动态模型为

$$u(k) = f^{-1}(y_r(k+1), \cdots, y_r(k-n+1), u(k-1), \cdots, u(k-m+1), e_m(k)) \tag{4-166}$$

其中，$y_r(k+1)$作为参考输入在 k 时刻可以认为是已知的，$e_m(k)=y(k)-y_m(k)$，同样采用 RBF 网络实现式(4-161)表示的非线性函数。输入层可以描述为

$$x_i(k) = \begin{cases} y(k-i) & 1 \leqslant i \leqslant n \\ u(k+n-i) & n+1 \leqslant i \leqslant n+m \\ e_m(k) & \end{cases} \tag{4-167}$$

隐含层为

$$h_j(k) = \exp\left[-\frac{\|x(k) - \alpha_j(k)\|}{\psi_j^2(k)}\right] \tag{4-168}$$

输出层为

$$u(k) = \sum_{j=1}^{b} h_j(k-1) v_j(k-1) \quad b\text{ 为隐含层的节点数} \tag{4-169}$$

为确定加权系数，用 RBF 网络算法进行训练。引入二次型误差指标函数

$$J_r = \frac{1}{2}[y_r(k+1) - y(k+1)]^2 \tag{4-170}$$

求出神经网络内模控制的闭环系统的输出方程为

$$y(k) = \frac{u(k) G_p[y_r(k) - d(k)]}{1 + u(k)(G_p - y_m)} + d(k) \tag{4-171}$$

其中，G_p 为被控对象。

闭环系统输出偏差方程为

$$E(k) = \frac{u(k) y_m - 1}{1 + u(k)(G_p - y_m)}[y_r(k) - d(k)] \tag{4-172}$$

由式(4-172)可知，当 NNM 完全描述了对象的动态特性、NNC 完全描述了对象的逆动态特性时，系统对阶跃输入和扰动的稳定偏差 $E(\infty)=0$，即系统可消除扰动，并实现对设定输入信号的无偏差跟踪。

算法具体步骤如下：

1）令 $k=1$，选取域值并初始化网络参数。

2）由 NNC 求得 $u(k)$。

3）采用 $y_r(k)$、$y(k)$，通过式(4-167)～式(4-169)求出 $y_m(k)$。

4）用 RBF 神经网络算法对正向模型 NNM 网络进行训练。

5）用 RBF 神经网络算法对逆向模型 NNC 网络进行训练。

6）令 $k \to k+1$，返回步骤 2）。

例 4-14　将基于神经网络的内模控制应用到具有大滞后的系统控制中，实现被控对象的

神经网络内模控制(MATLAB 程序见附录 4.15)。

附录 4.15 RBF 神经网络实现具有大滞后系统的内模控制

假设被控对象 1 的模型为一阶延迟系统，传递函数为

$$G_p(s)=\frac{Ke^{-\tau s}}{(T_0 s+1)}$$

其中，$K=2$，$\tau=9s$，$T_0=4s$。系统在单位阶跃扰动下的 RBF 网络内模控制输出响应曲线如图 4-54 所示。当原系统的参数发生变化，$T_0=3.5s$，对象与模型产生失配，内模控制的输出响应曲线如图 4-55 所示。可以看出，即使在控制过程中出现对象与模型的失配，神经网络内模控制仍然具有良好的控制品质。

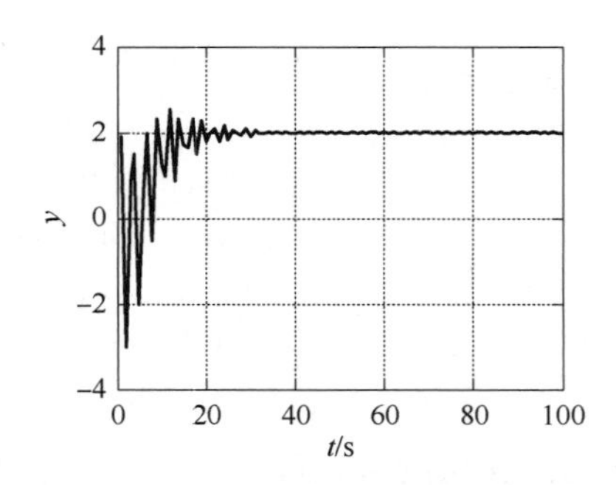

图 4-54 被控对象 1 单位阶跃扰动下的 RBF 网络内模控制输出响应曲线

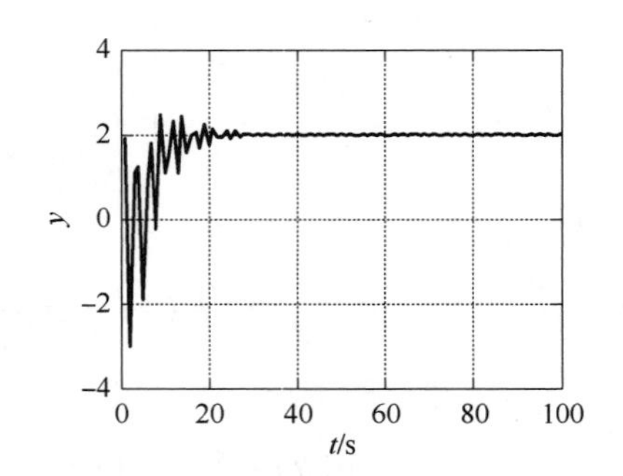

图 4-55 被控对象 1 模型失配时的内模控制输出响应曲线

当被控对象 2 的模型为二阶大滞后系统时，传递函数为

$$G_p(s)=\frac{Ke^{-\tau s}}{(T_1 s+1)(T_2 s+1)}$$

其中，$K=3$，$\tau=9s$，$T_1=1s$，$T_2=3s$。系统在单位阶跃扰动下的 RBF 网络内模控制输出响应曲线如图 4-56 所示。当系统的参数发生变化，对象的参数 T_1 由 1s 变化为 1.2s，T_2 由 3s 变化为 3.3s，K 由 3 变化为 3.2，对象与模型产生严重失配，内模控制输出响应曲线如图 4-57 所示。仿真结果表明，即使在控制过程中出现对象与模型的严重失配，神经网络内模控制仍然可以克服因参数变化而造成的不良后果，具有良好的控制效果。

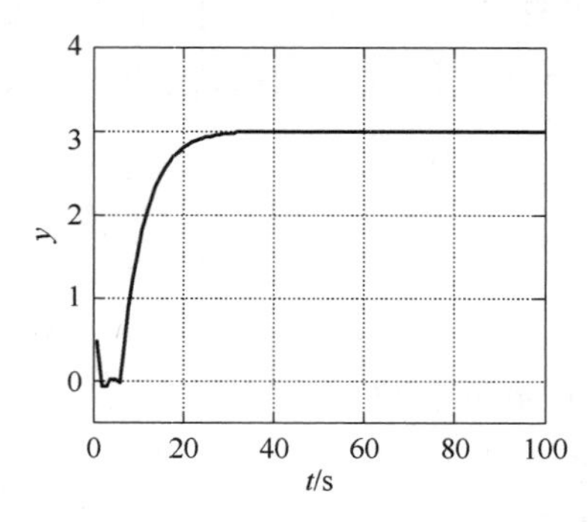

图 4-56 被控对象 2 单位阶跃扰动下的 RBF 网络内模控制输出响应曲线

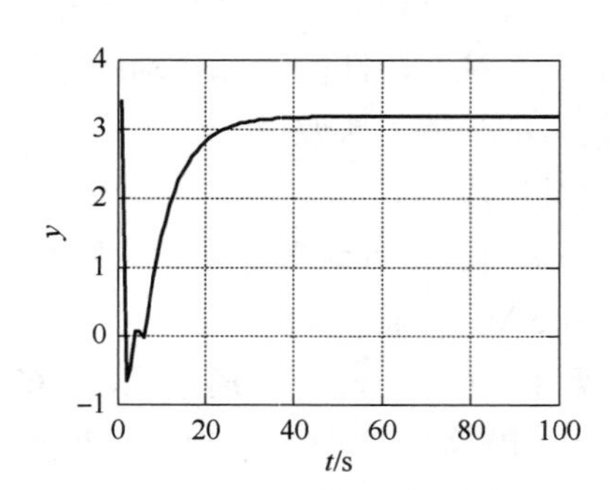

图 4-57 模型失配时的内模控制输出响应曲线

4.5　本章小结

人工神经网络(Artificial Neural Networks，ANN)是对人脑或自然神经网络(Natural Neural Network，NNN)若干基本特性的抽象和模拟，目的在于模拟大脑的某些机理和机制，实现某方面的功能。由于人工神经网络具有任意复杂非线性函数映射能力，能实现快速并行信息处理，具备很强的鲁棒性和容错性，对于不确定和未知的系统或因素具有自学习、自适应的能力等多种优点，被广泛地应用于系统辨识、模式识别、故障诊断、参数优化和预测等各种领域。

本章较系统地介绍了神经网络理论，重点阐述了神经网络结构和算法，主要内容概括为：

1）神经网络的基本理论。这是神经网络设计和应用的基础，内容包括人工神经元模型、神经网络结构、神经网络的特点、神经网络的学习方式和各种学习算法。

2）前馈神经网络的结构和算法。前馈神经网络结构的主要特点是网络从输入层到输出层单向连接，同层的神经元之间没有连接，各神经元之间没有反馈。分别介绍了几种典型的神经网络：感知器神经网络、BP神经网络、径向基(RBF)神经网络和学习向量量化(LVQ)神经网络。重点讲述前馈网络的结构和学习算法，以及工程设计和MATLAB仿真实现。

3）反馈神经网络的结构和算法。反馈神经网络的神经元输出至少有一条反馈回路，信号可以正向或反向流通，研究的是复杂的动力学系统，对神经网络的学习能力和决策都产生很大影响，需要一定的时间网络才能达到稳定。分别介绍了Hopfield和Kohonen两种典型的反馈神经网络。重点讲解反馈网络的学习算法，工程设计和MATLAB仿真实现。

4）神经网络控制。神经网络控制是智能控制的一个非常活跃的新兴分支，主要针对复杂的非线性、不确定性，以及运行环境不确知等系统进行神经网络模型辨识、神经网络控制器设计等。根据控制系统的结构，分别介绍直接逆动态控制、神经网络PID控制、神经网络自适应控制和内模控制等实际应用形式，掌握神经网络在控制系统中的简单应用。

神经网络理论汇集了多学科的研究发展成果，但是神经网络理论在诸如收敛性、稳定性、学习速度和精度等多方面的问题还没有得到有效解决。另外，由于系统非线性特性的多样性，将神经网络用于系统的控制或辨识时，网络拓扑结构的确定、控制系统结构的选择、学习算法的确定等也均未有成熟的理论依据。上述这些问题都需要对神经网络的理论和实践进行进一步的探讨。

随着近年来智能技术的不断发展，神经网络技术和模糊技术、专家系统、遗传算法、计算机技术、数据挖掘技术等多种先进的技术和方法相互融合，为人们在更多复杂未可触及的未知领域提供了解决问题的新的有效途径。

习题

4-1　简单叙述生物神经元和人工神经元的结构。

4-2　从人工神经网络的结构来看，神经网络可以分成几种类型？并说明它们的特点。

4-3　神经网络的学习方式和学习算法有哪些？各有什么特点，适合什么样的网络？

4-4　前馈神经网络有什么特点？哪些结构的神经网络属于前馈神经网络？

4-5 试设计一个单神经元感知器，利用 MATLAB 编程解决下面训练样本的模式分类，并找出其分界线。

8 个训练样本为

$$\left\{\boldsymbol{P}^1=\begin{pmatrix}0\\1\end{pmatrix},\ y^1=1\right\};\ \left\{\boldsymbol{P}^2=\begin{pmatrix}1\\0\end{pmatrix},\ y^2=0\right\};\ \left\{\boldsymbol{P}^3=\begin{pmatrix}1\\1\end{pmatrix},\ y^3=0\right\};\ \left\{\boldsymbol{P}^4=\begin{pmatrix}-1\\0\end{pmatrix},\ y^4=1\right\}$$

$$\left\{\boldsymbol{P}^5=\begin{pmatrix}-1\\1\end{pmatrix},\ y^5=1\right\};\ \left\{\boldsymbol{P}^6=\begin{pmatrix}-1\\-1\end{pmatrix},\ y^6=1\right\};\ \left\{\boldsymbol{P}^7=\begin{pmatrix}0\\-1\end{pmatrix},\ y^7=0\right\};\ \left\{\boldsymbol{P}^8=\begin{pmatrix}1\\-1\end{pmatrix},\ y^8=0\right\}$$

4-6 利用 MATLAB 中的神经网络函数创建一个 RBF 网络，并对非线性函数 $y=\sin\pi x$ 进行逼近，编写 MATLAB 程序并给出仿真结果。

4-7 试设计一个离散型 Hopfield 网络，具有联想记忆功能，使其能正确识别图 4-58 所示 0~9 的阿拉伯数字，并且每次随机改变 2 个、4 个和 6 个像素后，分别测试一下网络对加入噪声的数字的正确诊断率。

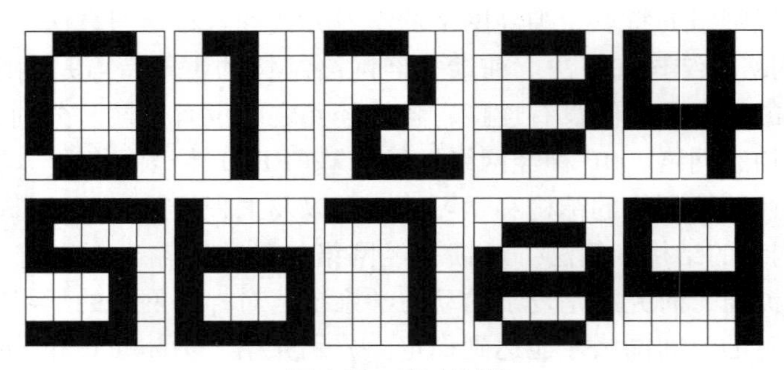

图 4-58 题 4-7 图

4-8 什么是神经网络控制？其基本思想是什么？

4-9 假设被控对象为一阶系统，$y(k+1)=f(y(k))+g(y(k))u(k)$，其中，$f(y(k))=0.8\sin(y(k-1))$，$g(y(k))=15$，采用 RBF 神经网络实现自校正控制。

4-10 被控对象为 $y(k)=0.58y(k-1)+0.36y(k-2)+0.1u(k-1)+0.632u(k-2)$，输入为方波信号，即 $r(k)=0.5\text{sgn}(\sin 2\pi t)$，采样时间为 1ms，试编写 MATLAB 程序实现单神经元自适应 PID 控制。

参考文献

[1] 王伟. 人工神经网络原理：入门与应用[M]. 北京：北京航空航天大学出版社，1995.

[2] 舒怀林. PID 神经元网络及其控制系统[M]. 北京：国防工业出版社，2006.

[3] 杨行峻. 人工神经网络与盲信号处理[M]. 北京：清华大学出版社，2003.

[4] 王杰，金耀初. 智能控制系统理论及应用[M]. 郑州：河南科学技术出版社，1997.

[5] 陈祥光，裴旭东. 人工神经网络技术及应用[M]. 北京：中国电力出版社，2003.

[6] 马义德，李廉，王亚馥，等. 脉冲耦合神经网络原理及其应用[M]. 北京：科学出版社，2006.

[7] 戴先中. 多变量非线性系统的神经网络逆控制方法[M]. 北京：科学出版社，2005.

[8] 刘永红. 神经网络理论的发展与前沿问题[J]. 信息与控制，1999，28(1)：31-46.

[9] SIMON H. Neural networks：a comprehensive foundation[M]. Upper Saddle River，NJ：Prentice Hall，2001.

[10] MARTIN T H，HOWARD B D. 神经网络设计[M]. 北京：机械工业出版社，2002.

[11] 李国勇. 智能控制及其 MATLAB 实现[M]. 北京：电子工业出版社，2005.

[12] 冯少辉，周平，钱锋. 一种确定神经网络初始权值的新方法[J]. 工业仪表与自动化装置，2006，36(1)：65-68.
[13] 李武林，郝玉洁. BP 网络隐节点数与计算复杂度的关系[J]. 成都信息工程学院学报，2006，21(1)：70-73.
[14] 李士勇. 模糊控制. 神经控制和智能控制论[M]. 2 版. 哈尔滨：哈尔滨工业大学出版社，1998.
[15] 李恩玉，杨平先，孙兴波. 基于激活函数四参可调的 BP 神经网络改进算法[J]. 微电子学与计算机，2008，25(11)：89-93.
[16] BAUM E B，WILCZEK F. Supervised learning of probability distributions by neural networks[C]//Advances in Neural Information Proceeding Systems，1988：52-61.
[17] 远祯，罗波. BP 网络的改进研究[J]. 信息技术，2006，30(2)：88-91.
[18] 徐丽娜. 神经网络控制[M]. 北京：电子工业出版社，2003.
[19] 王南兰，李晓峰，潘湘高. 电动机故障诊断的 BP 及 RBF 建模比较[J]. 机电产品开发与创新，2006，19(3)：71-72.
[20] 代月明，朱习军，王致杰，等. 基于小波网络的电动机智能故障诊断[J]. 煤矿机械，2005，26(4)：132-134.
[21] 张小军，冯宏伟. 基于径向基函数神经网络的车型识别技术[J]. 西北大学学报(自然科学网络版)，2006，4(2)：1-7.
[22] 陈飞香，程家昌，胡月明，等. 基于 RBF 神经网络的土壤铬含量空间预测[J]. 地理科学，2013，33(1)：69-74.
[23] 管硕，高军伟，张彬，等. 基于 K-均值聚类算法 RBF 神经网络交通流预测[J]. 青岛大学学报(工程技术版)，2014，29(2)：20-23.
[24] 白俊强，王丹，何小龙，等. 改进的 RBF 神经网络在翼梢小翼优化设计中的应用[J]. 航空学报，2014，35(7)：1865-1873.
[25] 何世钧，白凡，周汝雁. 基于 RBF 神经网络逼近算法的船舶支架减振器挤压测试系统[J]. 计算机应用与软件，2014(11)：97-99.
[26] WIDROW B，WINTER R. Neural nets for adaptive filtering and adaptive pattern recognition[J]. IEEE Computer，1988，21(3)：25-39.
[27] MathWorks. Learning vector quantization (LVQ) neural networks[CP]. https://ww2.mathworks.cn/help/deeplearning/ug/learning-vector-quantization-lvq-neural-networks-1.html.
[28] 王波，杜晓昕，金梅. LVQ 神经网络在乳腺肿瘤诊断中的应用[J]. 计算机仿真，2012，29(8)：171-174.
[29] 傅德胜，张学勇. 基于 Hopfield 神经网络噪声数字的识别[J]. 通信技术，2010，43(1)：126-128.
[30] 马向玲，田宝国. Hopfield 网络应用实例分析[J]. 计算机仿真，2003，20(8)：64-66.
[31] 金海和，陈剑，唐政，等. 基于 Hopfield 网络学习的多城市旅行商问题的解法[J]. 系统工程理论与实践，2003，23(7)：100-105.
[32] KOHONEN T. Self-organized formation of topologically correct feature maps[J]. Biological Cybernetics，1982，43(1)：59-69.
[33] 申燚，李万莉，颜荣庆. 基于 Kohonen 网络的减速箱机械故障模式识别[J]. 系统仿真学报，2002，14(8)：102-104.
[34] 师黎，孔金生. 反馈控制系统导论[M]. 北京：科学出版社，2005.
[35] 舒怀林. PID 神经元网络对强耦合带时延多变量系统的解耦控制[J]. 控制理论与应用，1998，15(6)：920-924.
[36] 舒怀林. PID 神经元网络多变量控制系统分析[J]. 自动化学报，1999，25(1)：105-111.
[37] ZBIKOWSKI R，HUNT K J. Neural adaptive control technology[M]. Singapore：World Scientific，1996.

[38] KOHONEN T. Self-organization and associative memory[M]. 2nd Edition Berlin: Springer-Verlag, 1987.
[39] 周峰. 神经网络 PID 控制在工业过程控制中的应用研究[D]. 合肥：合肥工业大学，2006.
[40] 师黎，陈铁军，李晓媛，等. 智能控制实验与综合设计指导[M]. 北京：清华大学出版社，2008.
[41] 冯贺平. 基于神经网络延迟系统控制研究[D]. 保定：河北大学，2006.
[42] 刘金琨. 先进 PID 控制及其 MATLAB 仿真[M]. 北京：电子工业出版社，2003.
[43] 张利. 神经网络理论和滑模控制在感应电机系统中的应用研究[D]. 曲阜：曲阜师范大学，2007.

第 5 章 模糊神经网络

教学重点

掌握模糊系统和神经网络的结合方式、自适应神经网络模糊推理系统以及基于 T-S 模糊模型的递归神经网络。

教学难点

自适应神经网络模糊推理系统和基于 T-S 模糊模型的递归神经网络在系统辨识中的应用。

5.1 引言

模糊系统是模糊数学在自动控制、信息处理和系统工程等领域的应用，属于系统论的范畴。神经网络是人工智能的一个分支，属于计算机科学的范畴。模糊系统和神经网络的优缺点具有明显的互补性。具体如下：

1）模糊系统试图描述和处理人的语言和思维中存在的模糊性概念，从而模仿人的宏观行为。神经网络则是根据人脑的生理结构和信息处理过程，创造人工神经网络，从微观上模仿人的智能行为。模仿人的智能行为是二者共同的目标和结合的基础。模糊系统、神经网络和遗传算法统称为计算智能，三者实际上都是计算方法。

2）从知识的表示方式来看，模糊系统可以表达人的经验性知识，便于理解，而神经网络只能描述大量数据之间的复杂函数关系，难于理解。

3）从知识的运用方式来看，模糊系统和神经网络都具有并行处理的特点，模糊系统同时激活的规则不多，计算量小，而神经网络设计的神经元比较多，计算量较大。

4）从知识存储方式来看，模糊系统将知识存在规则库中，而神经网络将知识存在权系数中，都具有分布存储的特点。

5）从知识获取方式来看，模糊系统的规则靠专家提供和设计，难于自动提取，而神经网络的权系数可从输入输出数据样本的训练中得到，无须人工来设置。神经网络需要的是训练样本，模糊系统需要的是描述规则的专家知识、经验或操作数据等。

6）从系统辨识和建模的观点来看，神经网络要求获得足够多的输入输出数据样本，并通过自身结构和学习算法实现输入空间到输出空间的映射；模糊系统则是通过填充模糊语言规则来实现的。模糊系统可以直接处理结构化的知识，而神经网络只能表示比较浅层次的知识。

模糊神经网络结合了上述模糊系统和神经网络的优缺点。

5.2 模糊系统与神经网络的融合方式

前面已介绍过模糊系统的通用近似性质，以及神经网络的非线性逼近能力，二者都是可调整的非线性，因此从本质上讲，二者存在某种对应关系，如多层感知器网络在实现一个可调非线性函数时与一个模糊系统有相同的功能。同时，二者的学习算法可以相互引用，如模糊系统中的梯度训练是从神经网络领域中发展而来的，也可以将聚类算法和梯度法用于神经网络学习中。模糊系统和神经网络相结合，构成模糊神经网络可以有效地发挥模糊逻辑与神经网络的各自优势，弥补各自的不足。

模糊系统与神经网络的结合方式很多，概括起来主要有三种形式：在模糊控制中引入神经网络；在神经网络中引入模糊逻辑；模糊系统与神经网络在结构上的融合。

5.2.1 基于模糊技术的神经网络

基于模糊技术的神经网络利用模糊规则所表示的专家知识或经验来设计和训练神经网络的参数，目的是改进和提高神经网络的自适应性、学习能力和收敛能力。

5.2.2 基于神经网络的模糊系统

基于神经网络的模糊系统利用神经网络优化模糊系统和增强模糊系统的自学习能力。例如，可以用神经网络优化模糊系统的前件(后件)隶属函数，或优化和自动生成模糊规则。

5.2.3 模糊逻辑与神经网络在结构上的融合

模糊逻辑与神经网络在结构上的融合使神经网络具有与模糊系统匹配的推理机制，即构造一个结构等价的模糊逻辑系统。

常用的神经模糊系统结构归纳见表 5-1。

表 5-1 常用的神经模糊系统结构

系统名称	网络层数	实现的模糊系统	提出者	主要特点
FUN	3 层	Mamdani	Sulzberger	学习过程先随机改变学习参数，并采用代价函数进行评价选择
FAM	2 层	Mamdani	Kosko	模糊规则隐含分布网络中，模糊联想就是模糊推理的过程
NEFCON	3 层	Mamdani	Nauck 等	网络的权值采用模糊集
ARIC	5 层	Mamdani	Berenji	包括行为选择网络(ASN)、行为状态评价网络(AEN)
Pi-Sigma	4 层	Takagi-Sugeno	邢松寅	有明显物理意义，精度高
NNDFR	2 层	Takagi-Sugeno	Takagi 等	将若干个普通的神经网络通过模糊系统技术进行结构组织

（续）

系统名称	网络层数	实现的模糊系统	提出者	主要特点
ANFIS	5 层	Takagi-Sugeno	Jang	实现方便、有效，被收入 MATLAB 的 Fuzzy Logic 工具箱
FruleNet	3 层	特殊的模糊系统	Tschichol-Gurman	是一种 RBF 网络的变形，用超椭圆体代替径向基函数
FuNet	3 层	特殊的模糊系统	Halgamuge 等	隶属函数用 Sigmoid 函数

5.3　模糊神经网络学习算法

模糊神经网络的优化采用一些神经网络和机器学习的方法，分为三类：有监督学习、无监督学习和增强学习。

1）有监督学习：需要外部的指导，由外部信息确定提供样本的时机、性能误差和停机条件。这种算法包括 BP 算法、遗传算法等。

2）无监督学习：不需要外部的指导，只依赖于局部信息和内部控制。

3）增强学习：用于目标、期望输出不明确的情况，是有监督学习的一种。外部信息不像有监督学习那样具有直接的作用，而更多地利用外部信息评估系统的状态和性能。

综上所述，三类学习算法各有优缺点，可同时采用，从而产生了各种混合学习方法。例如，Jang 在 ANFIS 训练时采用了梯度方法或者把梯度方法和最小二乘估计(LSE)合并的复合方法，提高了训练速度；Lin 用无监督学习初步确定隶属函数和规则，然后用有监督学习对隶属函数进行精调，在参数不易获取的情况下，通过将提出的在线有监督结构-参数学习与随机搜索算法相结合，形成一种增强学习算法，用来自动和随机地构成模糊神经网络；Wong 用遗传算法训练网络，只通过输入输出数据即可以辨识系统，得出模糊规则。

随着进化计算在科研和实际问题中的应用越来越广泛，并取得了较好的效果，为模糊神经网络的优化提供了一种新的方法。模拟进化计算的方法主要有：遗传算法、DND 软计算、进化策略、进化规划等。这些进化计算方法都从不同侧面体现了生物进化中的四个要素，即繁殖、变异、竞争和自然选择，但侧重点有所不同，遗传算法强调对染色体的操作；DND 软计算强调遗传物质的传递；进化策略在个体层次上强调行为的进化；进化规划在种群层次上强调行为的进化。

5.4　自适应神经网络模糊推理系统

5.4.1　自适应网络

模糊建模能够充分利用专家知识和推理能力，而不必进行精确的定量分析，因此，很受广大工程技术人员的青睐。但是，模糊建模存在两个明显的缺陷：

1）没有通用的方法把专家知识和经验转换成规则库和模糊推理系统数据库。

2）没有一个有效的方法通过实现输出误差最小化或最大化性能指标来调整输出的模糊隶属函数，即无法保证最优化或者次优化建模。

神经网络建模作为一种通用的学习算法可以赋予模糊系统学习能力。模糊神经建模是指把神经网络研究中发展起来的各种学习技术应用到模糊推理系统的方法。基于自适应神经网络的模糊推理系统不仅能够从专家的经验中提取语言规则，而且能够利用输入-输出数据优化模型。也就是说，模糊神经建模为模糊建模提供了从数据中获取信息，通过调节隶属函数，使该模型很好地吻合给定数据的模糊建模方法。因此，模糊神经建模对非线性对象的建模具有突出的优势。

自适应网络是指所有具有监督学习能力的神经网络算法的扩展。下面介绍自适应网络的结构和学习过程。

1. 自适应神经网络的结构

顾名思义，自适应网络是所有输入-输出行为可由一组可修改的参数决定的网络结构。更具体地讲，自适应网络由一组有向连接的节点构成，每一个节点是一个过程单元，该过程单元对输入信号完成一定的静态节点函数，产生一个单节点输出，每个连接确定信号从一个节点流向另一个节点的方向。节点函数通常是可修改的参数化函数。改变这些参数，实际上可改变节点函数以及自适应网络的全部行为。

一般情况下，自适应网络可以选择不同的类型，并且每个节点可能有不同的节点函数。自适应网络中的每一个连接仅仅用来确定节点输出的传输方向，连接一般没有权重和参数。图 5-1 就是一个具有二输入二输出的典型自适应网络。

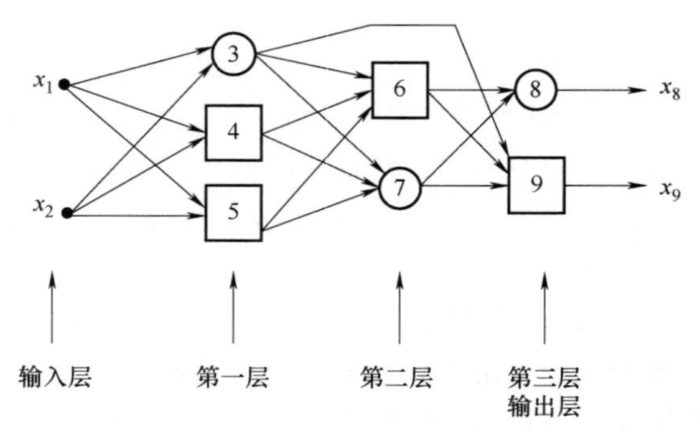

图 5-1　一个具有二输入二输出的典型自适应网络

自适应网络把参数分配给网络节点，每个节点都具有一个局部参数集合，这些局部参数集合组合的并集就是网络全部参数的集合。如果节点参数集合非空，那么参数值决定节点函数，用方形来表示自适应节点；如果节点参数集合是空集，那么节点函数是固定的，用圆圈来表示这种确定节点。根据连接的类型自适应网络通常分为两类：前馈(Feedforward)类型和递推(Recurrent)类型。图 5-1 所示自适应网络是一个前馈自适应网络，因为每个节点的输出都是由输入(左)侧传到输出(右)侧。如果有反向连接且在网络中形成回路，那么网络就是递推网络，如图 5-2 所示网络。从图形理论来看，前馈网络可用一个非循环的向量图表示，不包含有向回路，但递推网络通常至少要包含一个有向回路。

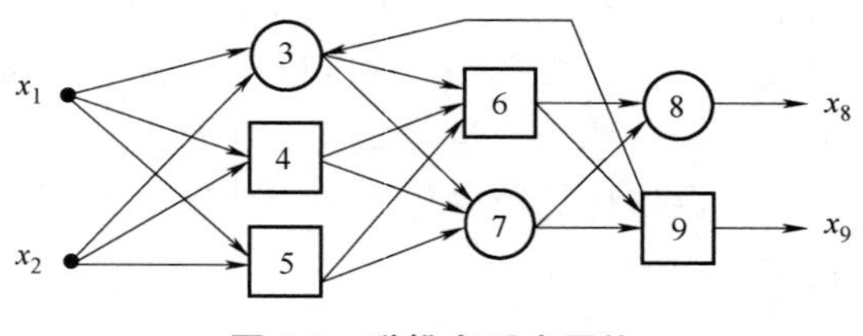

图 5-2　递推自适应网络

在图 5-1 所示的前馈自适应网络层表示中，同层的节点之间没有连接，特定层节点的输出只送给下一层的节点。因为同层的节点具有相同的函数表达式，或者说对输入向量产生相同水平的抽象，所以这是前馈自适应网络一种常用的模式化表示。

前馈自适应网络的另一种表示方式是有序拓扑形式，按有序序列 1，2，3，4，…来标注节点，对于任何 $i \geqslant j$ 的情况，节点 i 和节点 j 之间没有连接。图 5-3 是图 5-1 所示前馈网络的有序拓扑表示。这种表示没有分层表示模式化，但利用了学习规则的公式（实际上当每层只有一个节点时，有序拓扑表示是分层表示的一种特例）。

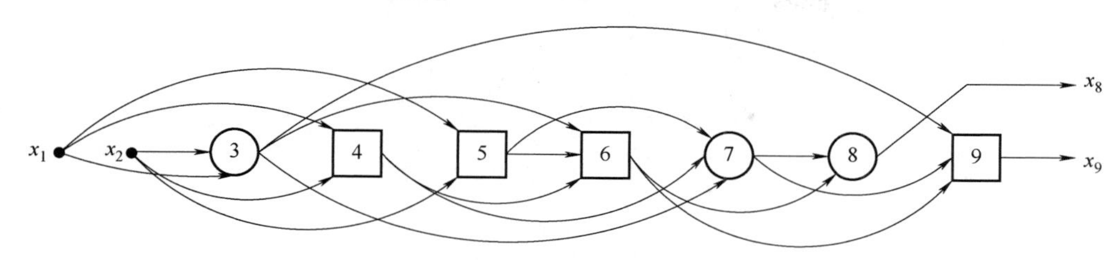

图 5-3　前馈自适应网络的有序拓扑表示

从概念上说，前馈自适应网络实际上是输入空间和输出空间之间的一种静态映射，这种映射可能是简单的线性关系，也可能是复杂的高度非线性关系，取决于网络的结构（节点排列和连接等）和每个节点的节点函数，设计目标是一个网络以获得期望的非线性映射，要求这个网络由许多目标系统期望的输入-输出数据对组成的数据集合来进行调整。这些数据集合通常被称为训练数据集，为提高网络性能而进行的参数调整过程称为学习规则和学习算法。一般情况下，自适应网络的性能是通过测量相同输入条件下期望输出和网络输出之间的偏差来确定的，这种偏差称为误差测量，针对不同的应用，可以把它假设成不同的形式。一般来说，可通过把特定的优化技术应用于给定的误差测量来获得学习规则。

2. 反向传播学习规则

获得自适应网络学习规则的关键就是如何获得一个递推梯度向量，该梯度向量的每一个元素定义为参数对误差测量的微分。这一点可以通过链规则实现，因为梯度向量计算的方向和每个节点输出的流动相反，故通常称这种方法为反传学习规则。下面将详细描述这种学习规则。

假设有一个 L 层的层表示前馈自适应网络，并且层 l（$l=0,1,\cdots,L$；$l=0$ 表示输入层）有 $N(l)$ 个节点。l 层节点 i（$i=1,\cdots,N(l)$）的输出和节点函数可分别表示为 $x_{l,i}$ 和 $f_{l,i}$，如图 5-4a 所示。不失一般性，假设层之间没有跳跃连接。因为节点的输出由输入信号和节点的参数集合决定，故节点函数 $f_{l,i}$ 的一般表达形式为

$$x_{l,i}=f_{l,i}(x_{l-1,1},\cdots,x_{l-1,N(l-1)},\alpha,\beta,\gamma,\cdots) \tag{5-1}$$

式中，α、β、γ、…为这个节点的相关参数。

假设给定的训练数据集有 P 个数据，对于训练数据的第 p（$1\leqslant p\leqslant P$）个数据可定义误差测量为误差二次方累加和，即

$$E_p=\sum_{k=1}^{N(L)}(d_k-x_{L,k})^2E_p \tag{5-2}$$

式中，d_k 为第 p 个期望输出向量的第 k 个元素；$x_{L,k}$ 为实际输出向量的第 k 个元素。（为了书写简明，省略了 d_k 和 $x_{L,k}$ 的下标 p）其中实际输出向量 $\boldsymbol{x}_{L,k}$ 由第 p 个输入向量作用于网络而产生。显然，当 E_p 等于零时，网络正好能产生第 p 个训练数据对所期望的输出向量。因此，学习的任务就是最小化总的误差测量 $E=\sum_{p=1}^{P}E_p$。

式(5-2)中 E_p 的定义不通用，针对特定的情况和应用场合，E_p 可能有其他形式的定义。为了强调一般性应避免使用误差测量 E_p 的具体表达形式。此外，假设 E_p 只依赖于输出节点，更一般的情况以后讨论。

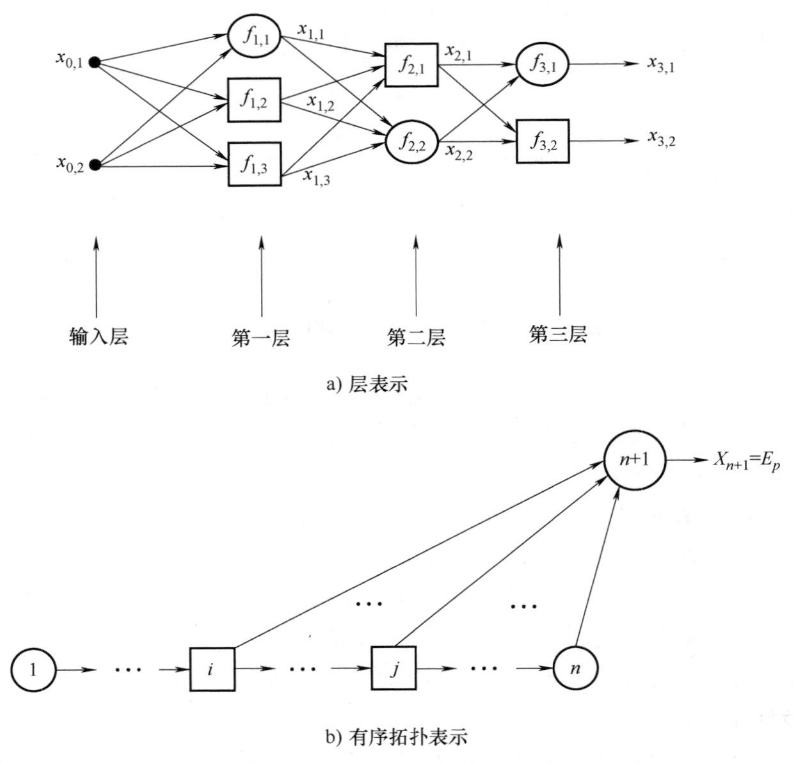

a) 层表示

b) 有序拓扑表示

图 5-4　前馈自适应网络的表示

用梯度方法最小化误差测量，首先要获得一个梯度向量。在计算梯度向量之前，观察下面的过程：

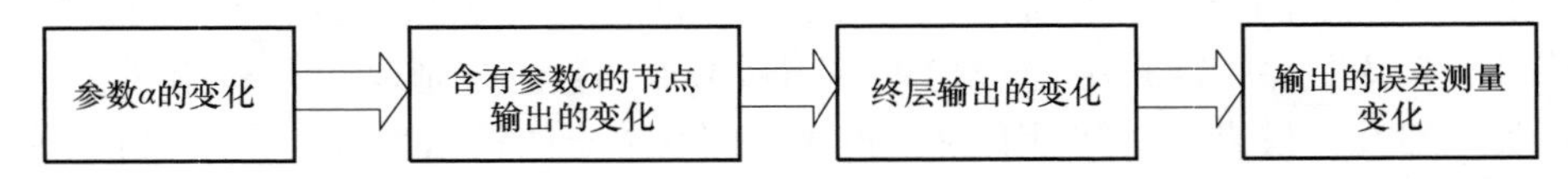

其中，"⇨"表示因果关系。换句话说，参数 α 的微小变化将影响所有含有 α 的节点的输出，从而影响到终层的输出和误差测量。因此参数梯度向量计算的基本概念是把从输出层开始的微分信息向后一层一层地传递直到输入层。

为了方便讨论，定义误差信号 $\varepsilon_{l,i}$ 为 l 层第 i 个节点输出对误差测量 E_p 的微分，考虑直接和间接路径，可表示为

$$\varepsilon_{l,i}=\frac{\partial^{+}E_p}{\partial x_{l,i}} \tag{5-3}$$

式(5-3)表示方式被 P. Werbos 称为有序微分。对于内部节点的输出 $x_{l,i}(l\neq L)$，因 E_p 不直接依赖于 $x_{l,i}$，故偏微分 $\partial^{+}E_p/\partial x_{l,i}$ 等于零。不过，因为 $x_{l,i}$ 的变化将通过间接通道传给输出层，使 E_p 的值产生相应的变化，显然 E_p 间接依赖于 $x_{l,i}$。因此，$\varepsilon_{l,i}$ 可看作当 E_p 和 $x_{l,i}$ 这两个量的变化趋于无穷小时它们的比值。

L 层的第 i 个输出节点的误差信号可计算为

$$\varepsilon_{L,i}=\frac{\partial^{+}E_p}{\partial x_{L,i}}=\frac{\partial E_p}{\partial x_{L,i}} \tag{5-4}$$

如果 E_p 按式(5-2)定义，式(5-4)等价于 $\varepsilon_{L,i}=-2(d_i-x_{L,i})$。对于 l 层的第 i 个内部节点(非输出节点)，其误差信号可由链规则得出为

$$\varepsilon_{l,i}=\frac{\partial^+ E_p}{\partial x_{l,i}}=\sum_{m=1}^{N(l+1)}\left(\frac{\partial^+ E_p}{\partial x_{l+1,m}}\frac{\partial f_{l+1,m}}{\partial x_{l,i}}\right)=\sum_{m=1}^{N(l+1)}\varepsilon_{l+1,m}\frac{\partial f_{l+1,m}}{\partial x_{l,i}}\varepsilon_{l+1,m} \tag{5-5}$$

其中，$0\leqslant l\leqslant L-1$，即 l 层内部节点的误差信号可由 $l+1$ 层节点的误差信号的线性组合来表示。因此，对于任何 l ($0\leqslant l\leqslant L-1$)和 $i(l\leqslant i\leqslant N(l))$，首先通过应用式(5-4)得到输出层的误差信号，然后反复应用式(5-5)直到期望层 l 获得 $\varepsilon_{l,i}=\partial^+E_p/\partial x_{l,i}$。因误差信号是由输出层依次反推至输入层获得，故这种学习规则称为反向传播学习规则。

梯度向量定义为每个参数对误差测量的微分，因此必须应用链规则以得到梯度向量。如果 α 是 l 层第 i 个节点的一个参数，那么

$$\frac{\partial^+ E_p}{\partial\alpha}=\frac{\partial^+ E_p}{\partial x_{l,i}}\frac{\partial f_{l,i}}{\partial\alpha}=\varepsilon_{l,i}\frac{\partial f_{l,i}}{\partial\alpha}E_p \tag{5-6}$$

注意：如果不同节点共用参数 α，式(5-6)应改写为更一般的形式，即

$$\frac{\partial^+ E_p}{\partial\alpha}=\sum_{x^*\in S}\frac{\partial^+ E_p}{\partial x^*}\frac{\partial f^*}{\partial\alpha} \tag{5-7}$$

式中，S 为含有参数 α 节点的集合；f^* 为用来计算 x^* 的节点函数。

α 对总的误差测量 E 的微分形式为

$$\frac{\partial^+ E}{\partial\alpha}=\sum_{p=1}^{P}\frac{\partial^+ E_p}{\partial\alpha} \tag{5-8}$$

因此，参数 α 的更新公式为

$$\Delta\alpha=-\eta\frac{\partial^+ E}{\partial\alpha} \tag{5-9}$$

式中，η 为学习速率，可进一步表示为

$$\eta=\frac{k}{\sqrt{\sum_{\alpha}\left(\frac{\partial E}{\partial\alpha}\right)^2}} \tag{5-10}$$

式中，k 为步长，即在参数空间中每次转变沿梯度方向的长度。通常通过改变步长来改变收敛速度。

当具有 n 个节点的前馈自适应网络按有序拓扑顺序表示时，可把误差测量看作下标为 $n+1$ 的附加节点的输出，该附加节点的节点函数 f_{n+1} 可由任何下标小于它的输出来定义，如图 5-4b 所示。E_p 可能直接依赖于任一内部节点。再应用链规则，可得到计算误差信号 $\varepsilon_i=\partial^+E_p/\partial x_i$ 的精确公式为

$$\frac{\partial^+ E_p}{\partial x_i}=\frac{\partial f_{n+1}}{\partial x_i}+\sum_{i<j\leqslant n}\frac{\partial^+ E_p}{\partial x_j}\frac{\partial f_j}{\partial x_i} \tag{5-11}$$

或

$$\varepsilon_i=\frac{\partial f_{n+1}}{\partial x_i}+\sum_{i<j\leqslant n}\varepsilon_j\frac{\partial f_j}{\partial x_i} \tag{5-12}$$

其中，第一项表明了通过从节点 i 到节点 $n+1$ 的直接通道 x_i 对 E_p 的直接影响；第二项累加和中每项乘积表明了 x_i 对 E_p 的间接影响。一旦找到每个节点的误差信号，那么参数的梯度

向量就可以用式(5-11)、式(5-12)得到。

另一种用来计算误差信号的简单且系统的方法是通过误差反向传播网络(敏感模型)。误差反向传播网络就是通过反向连接原来的自适应网络，把误差信号作为输入施加在输出层而获得的。

3. 复合(Hybrid)学习算法

复合研究发现，如果自适应网络的输出(假设只有一个)或者其变换在某些网络参数中是线性的，那么可通过线性最小二乘(LSE)进行参数辨识，从而引出了复合学习算法。复合学习算法把梯度算法(BP)和最小二乘估计(LSE)相结合，实现了参数的快速辨识。根据应用场合，自适应网络有两种学习算法能够很好地满足需要。离线学习(或者批量学习)算法中，参数更新公式以式(5-8)为基础，在所有训练数据集产生后，再进行更新；而在线学习(或者递推学习)在得到每一对输入-输出数据后，立即更新参数，更新公式基于式(5-6)。实际上可以把这两种学习规则模式结合起来，在 k 个训练数据输入通道后，才开始参数更新，其中 k 介于 1 和 P 之间，有时称为步长。

(1) 离线学习(批量学习)

为了便于分析，假设所研究的自适应网络只有一个输出

$$\text{output} = F(\boldsymbol{I}, S) \tag{5-13}$$

式中，$\boldsymbol{I}$ 为输入变量的向量；S 为参数集。如果存在一个函数 H 使复合函数 $H \circ F$ 对于 S 的某些元素是线性的，那么这些元素可通过最小二乘法进行辨识。更正规地说，如果参数集 S 可分解成两个集合

$$S = S_1 \oplus S_2 \tag{5-14}$$

($\oplus$表示直和)使得 $H \circ F$ 对于 S_2 的元素是线性的，那么可以在式(5-13)中应用 H 得到

$$H(\text{output}) = H \circ F(\boldsymbol{I}, S) \tag{5-15}$$

它对于 S_2 的元素是线性的。对于给定的 S_1 元素值，把 P 个训练数据输入式(5-15)，得到矩阵方程

$$\boldsymbol{A\theta} = \boldsymbol{B} \tag{5-16}$$

式中，$\boldsymbol{\theta}$ 为未知向量，其元素为 S_2 的参数。方程式(5-16)表示了一个标准的线性最小二乘问题。通过最小化 $\|\boldsymbol{A\theta}-\boldsymbol{B}\|^2$ 可得到 $\boldsymbol{\theta}$ 的最优解，即最小二乘估计量 $\boldsymbol{\theta}^*$ 为

$$\boldsymbol{\theta}^* = (\boldsymbol{A}^{\mathrm{T}}\boldsymbol{A})^{-1}\boldsymbol{A}^{\mathrm{T}}\boldsymbol{B} \tag{5-17}$$

式中，$\boldsymbol{A}^{\mathrm{T}}$ 为 $\boldsymbol{A}$ 的转置，如果 $\boldsymbol{A}^{\mathrm{T}}\boldsymbol{A}$ 非奇异，则 $(\boldsymbol{A}^{\mathrm{T}}\boldsymbol{A})^{-1}\boldsymbol{A}^{\mathrm{T}}$ 是 $\boldsymbol{A}$ 的伪转置。当然，也可用递推最小二乘(RLS)公式。特别是如果令矩阵 $\boldsymbol{A}$ 的第 i 列向量为 $\boldsymbol{a}_i^{\mathrm{T}}$，矩阵 $\boldsymbol{B}$ 的第 i 行元素为 $\boldsymbol{b}_i^{\mathrm{T}}$，那么 $\boldsymbol{\theta}$ 可用下式迭代计算

$$\begin{cases} \boldsymbol{\theta}_{i+1} = \boldsymbol{\theta}_i + \boldsymbol{S}_{i+1}\boldsymbol{a}_{i+1}(\boldsymbol{b}_{i+1}^{\mathrm{T}} - \boldsymbol{a}_{i+1}^{\mathrm{T}}\boldsymbol{\theta}_i) \\ \boldsymbol{S}_{i+1} = \boldsymbol{S}_i - \dfrac{\boldsymbol{S}_i\boldsymbol{a}_{i+1}\boldsymbol{a}_{i+1}^{\mathrm{T}}\boldsymbol{S}_i}{1 + \boldsymbol{a}_{i+1}^{\mathrm{T}}\boldsymbol{S}_i\boldsymbol{a}_{i+1}} \end{cases} \quad i = 0,1,\cdots,P-1 \tag{5-18}$$

式中，最小二乘估计量 $\boldsymbol{\theta}^*$ 等于 $\boldsymbol{\theta}_P$。式(5-18) 迭代的初始条件是 $\boldsymbol{\theta}_0 = 0$ 和 $\boldsymbol{S}_0 = \gamma\boldsymbol{I}$，$\gamma$ 是大的正数，$\boldsymbol{I}$ 是 $M \times M$ 维单位矩阵。处理多输出的自适应网络时，式(5-11)中的输出是行向量，除了把 $\boldsymbol{b}_i^{\mathrm{T}}$ 作为矩阵 B 的第 i 行外，式(5-18)仍然适用。

现在把梯度方法和最小二乘估计方法相结合进行自适应网络的参数更新。在离线模式中应用复合学习规则，每个循环都是由前向通道和反向通道组成。在前向通道中，在输入向量

给定后，可一层接一层地计算网络的节点输出直到获得式(5-16)中矩阵 $\boldsymbol{A}$ 和 $\boldsymbol{B}$。对于输入的所有训练数据重复这个过程，从而得到完整的矩阵 $\boldsymbol{A}$ 和 $\boldsymbol{B}$。然后就可通过式(5-17)中的伪逆公式或者式(5-18)中的递推最小二乘公式，对 S_2 中的参数进行辨识。在 S_2 中的参数辨识完成后，就可以计算每个输入的训练数据的误差测量。在反向通道中，误差信号式(5-4)和式(5-5)所定义的每个节点输出对误差测量的微分从输出终点传输到输入终点。对每个输入的训练数据，应用梯度向量进行累积。对于所有训练数据，在反向通道的末端，通过式(5-9)梯度法可更新 S_1 的参数。

因为选择了误差测量的二次方作为目标函数，对于 S_1 中参数的给定值，可以保证所找到的 S_2 中的参数是 S_2 参数空间中的全局最优点。这种复合学习规则不仅可以减少梯度方法中空间维数的查询，而且通常也可以缩短收敛时间。

注意：在被 $H(\cdot)$ 转换的数据上应用最小二乘估计方法，所得到的参数对于变换后的二次方误差测量是最优的，而不是对原来的二次方误差测量最优。实际上，只要 $H(\cdot)$ 是单调递增的，并且训练数据不含太多噪声，一般不会有什么问题。

（2）在线学习(模式学习)

在线学习或模式学习策略是在每次数据输入后更新参数。对于参数变化的系统，这种学习策略对于在线辨识至关重要。显然为了修改离线学习规则获得在线形式，梯度下降应基于 E_p 而不是 E。严格地说，最小化 E 的过程不是一个真正的梯度搜索过程，但是如果学习速率较小，这一过程可以近似为真正的梯度搜索过程。

对于考虑了输入数据时变特征的递推最小二乘估计公式，当利用新数据对时，旧数据对的影响必须衰弱。这个问题在自适应控制和系统辨识文献中都有详细的研究，并提出了许多解决办法。一个简单的方法是把误差测量的二次方表示为加权形式，给较新数据对较高的权重因数，这就相当于在原来的递推公式引入了一个遗忘因子 λ，即

$$\begin{cases}\boldsymbol{\theta}_{i+1}=\boldsymbol{\theta}_i+\boldsymbol{S}_{i+1}\boldsymbol{a}_{i+1}(\boldsymbol{b}_{i+1}^{\mathrm{T}}-\boldsymbol{a}_{i+1}^{\mathrm{T}}\boldsymbol{\theta}_i)\\ \boldsymbol{S}_{i+1}=\dfrac{1}{\lambda}\left(\boldsymbol{S}_i-\dfrac{\boldsymbol{S}_i\boldsymbol{a}_{i+1}\boldsymbol{a}_{i+1}^{\mathrm{T}}\boldsymbol{S}_i}{\lambda+\boldsymbol{a}_{i+1}^{\mathrm{T}}\boldsymbol{S}_i\boldsymbol{a}_{i+1}}\right)\end{cases}\tag{5-19}$$

在实际工程中，λ 的典型值为 0.9~1。λ 越小，旧数据影响衰减得越快。有时小的 λ 会引起数值的不稳定，这是应该避免的。

（3）合并 GD 和 LSE 的不同方式

对于一步自适应过程，最小二乘估计(LSE)通常要比梯度下降(GD)的计算复杂。然而，对于指定的性能指标水平，通常 LSE 非常快。因此，根据可利用的计算资源和要求的性能指标水平，至少有五种复合学习规则可供选择，这些算法对 GD 和 LSE 进行了如下不同程度的合并：

1）仅用 LSE：在应用 LSE 进行线性参数辨识时，非线性参数固定。

2）仅用 GD：所有的参数通过 GD 进行反复更新。

3）用 LSE 之后只用 GD：在最初阶段只用 LSE 一次，获得线性参数的初始值，然后应用 GD 进行迭代以更新所有参数。

4）GD 和 LSE：在每一步 GD 更新非线性参数后，LSE 识别线性参数。

5）仅用连续(近似)的 LSE：首先自适应网络的输出关于其参数线性化，然后应用广义卡尔曼滤波算法更新所有的参数。这种方法曾在神经网络文献中被提出。

选择上述哪一种方法，应在计算的复杂性和性能指标之间进行权衡。此外，整个合适数据参数化模型的概念在统计学中称为衰退(Regression)，对于线性和非线性的衰退有许多处理方法，如高斯-牛顿方法(线性化方法)、Marquardt 过程。

5.4.2 自适应神经-模糊推理系统(ANFIS)

自适应神经-模糊推理系统(Adaptive Neuro-Fuzzy Inference Systems，ANFIS)也就是基于自适应网络的模糊推理系统或自适应神经-模糊网络的推理系统。本节将介绍 ANFIS 基本的自适应网络框架，通过一个气动执行器故障诊断的应用实例，详细讲述 ANFIS 的基本结构和对于 T-S 型模糊模型的学习算法。

1. ANFIS 的基本结构

简明起见，考虑具有两个输入 x、y 和一个输出 z 的模糊推理系统。对于一阶的 T-S 型模糊模型，一个有两个模糊 if-then 规则的典型模糊库描述为

规则 1：如果 x 是 A_1，y 是 B_1，那么 $w_1 f_1 = p_1 x + q_1 y + r_1$

规则 2：如果 x 是 A_2，y 是 B_2，那么 $w_2 f_2 = p_2 x + q_2 y + r_2$

图 5-5a 所示为两输入的一阶 T-S 型模糊模型推理机构。相应等效的 ANFIS 结构如图 5-5b 所示，同层的节点选择相似的函数，描述如下(第一层)：

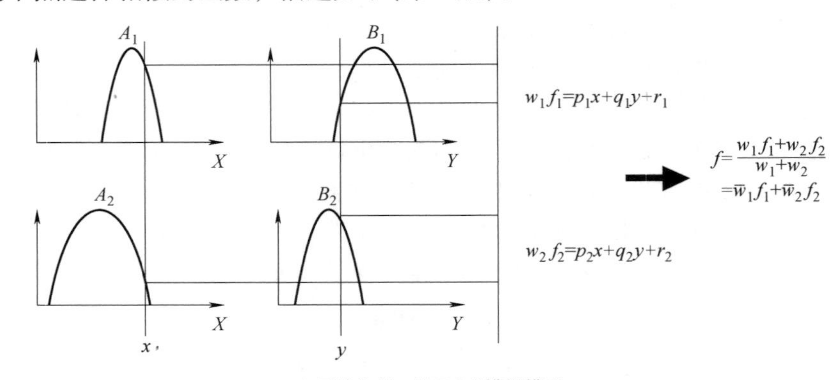

a) 两输入的一阶T-S型模糊模型

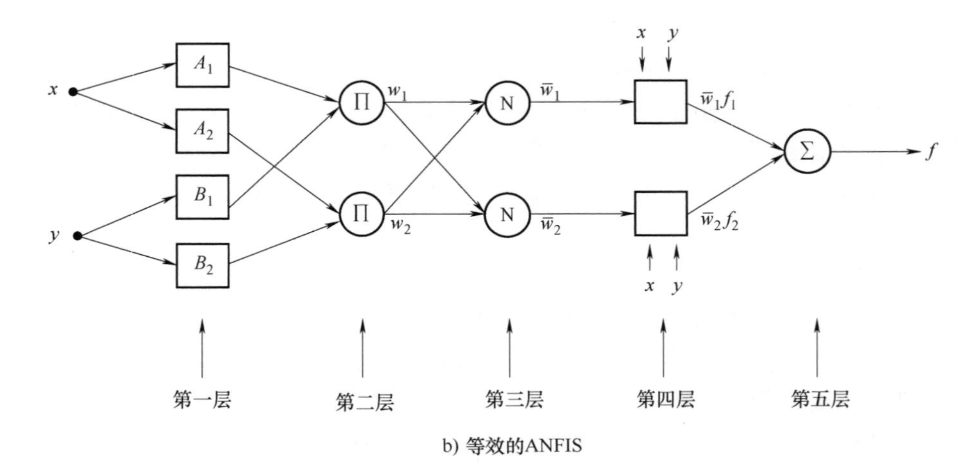

b) 等效的ANFIS

图 5-5 一阶 T-S 型模糊模型和等效的 ANFIS 结构

第一层：这层的每个节点 i 都是具有式(5-20)定义的节点函数的自适应节点，输出节点 i 表示为 $O_{1,i}$，定义为

$$O_{1,i}=\mu_{A_i}(x) \quad i=1,2 \quad 或者 \quad O_{1,i}=\mu_{B_{i-2}}(y) \quad i=3,4 \tag{5-20}$$

式中，x(或 y)为节点的输入；A_i(或 B_{i-2})为与这个节点相关的模糊集合。换句话说，这层的输出是条件部分的隶属度。A_i 和 B_i 的隶属函数可以是任意合适的参数化隶属函数。如 A_i 的隶属函数可由广义的钟形函数定义，即

$$\mu_{A_i}(x)=\frac{1}{1+\left[\left(\frac{x-c_i}{a_i}\right)^2\right]^{b_i}} \tag{5-21}$$

式中，$\{a_i,b_i,c_i\}$为参数集合。这层的参数称为条件参数。

第二层：这层的节点是图 5-5b 中标示为 Π 的固定节点，输出节点是输入信号隶属函数的乘积，即

$$O_{2,i}=w_i=\mu_{A_i}(x)\mu_{B_i}(y) \quad i=1,2 \tag{5-22}$$

每个节点的输出代表规则的激活强度。事实上，任何其他完成模糊与(AND)的 T 范数操作都可作为本层节点的节点函数。

第三层：这层的每个节点是图 5-5b 中标示为 N 的固定节点。第 i 个节点计算第 i 条规则激活强度与所有规则激活强度的比值，即

$$O_{3,i}=\overline{w}_i=\frac{w_i}{w_1+w_2} \quad i=1,2 \tag{5-23}$$

为了简便，这层的输出称为归一化的激活强度。

第四层：这层的每个节点 i 为

$$O_{4,i}=\overline{w}_i f_i=\overline{w}_i(p_i x+q_i y+r_i) \tag{5-24}$$

式中，$\overline{w}_i$ 为第三层的输出；$\{p_i,q_i,r_i\}$为参数集合。这层的参数称为结论参数。

第五层：这层的节点是图 5-5b 中标示为 Σ 的固定节点，计算出总的输出作为所有输入信号的总和，即

$$O_{5,1}=总的输出=\sum_i \overline{w}_i f_i=\frac{\sum_i w_i f_i}{\sum_i w_i} \quad i=1,2 \tag{5-25}$$

这样就构造了一个自适应网络，正好和 T-S 型模糊模型具有相同的函数。需要注意的是，这种自适应网络的结构并不唯一，很容易就可以把第三层和第四层合并起来，从而获得一个只有四层的等价网络。同样，权值归一化可在最后一层完成，图 5-6 就是这种类型的 ANFIS 结构。

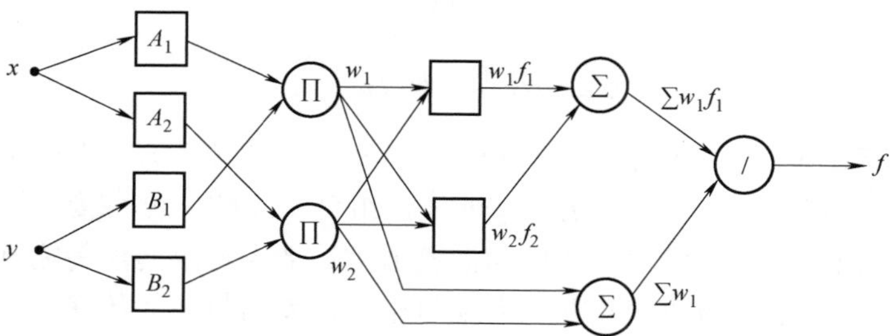

图 5-6 与两输入、两规则的 T-S 型模糊模型等效的 ANFIS 结构

图 5-7a 是一个具有 9 条规则、两输入的一阶 T-S 型模糊模型的 ANFIS 结构，这里假设每个输入都有 3 个相关的隶属函数。图 5-7b 说明了如何把二维输入空间划分为 9 个重叠的模糊区域，每个区域由模糊 if-then 规则控制。换句话说，规则条件部分定义了模糊区域，而规则的结论部分指定了这个区域的输出。

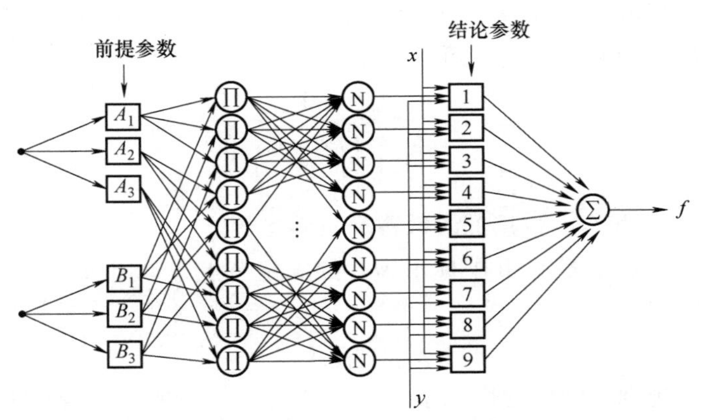

a) 具有9条规则、两输入的一阶T-S型模糊模型的ANFIS结构

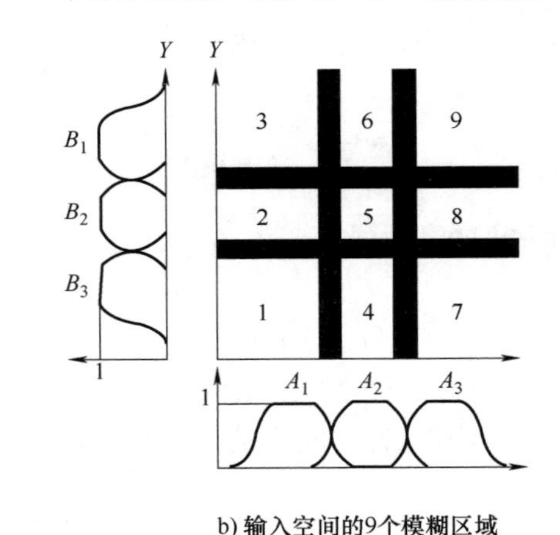

b) 输入空间的9个模糊区域

图 5-7　ANFIS 结构

对于 Mamdani 和 Tsukamoto 模糊模型的 ANFIS 结构，详细内容可参考文献[5,24]。

2. 复合(Hybrid)学习算法

从图 5-5b 所示的 ANFIS 结构中可以看出，当条件参数值固定时，总的输出可表示为结论参数的线性组合。图 5-5b 中的输出 f 可改写为

$$f = \frac{w_1}{w_1 + w_2} f_1 + \frac{w_2}{w_1 + w_2} f_2 = \overline{w}_1 f_1 + \overline{w}_2 f_2$$
$$= (\overline{w}_1 x) p_1 + (\overline{w}_1 y) q_1 + (\overline{w}_1) r_1 + (\overline{w}_1 x) p_2 + (\overline{w}_2 y) q_2 + (\overline{w}_2) r_2 \tag{5-26}$$

式中，f 为结论参数 p_1、q_1、r_1、p_2、q_2、r_2 的线性组合。因此，可直接应用上节提出的复合学习算法。特别指出，在复合学习算法的前向通道中，节点输出向前传输到第四层，结论参数可利用最小方差的方法进行辨识。在反向通道中，误差信号向后传递，通过梯度下降法更新条件参数。

正如前面提到的，在条件参数固定的情况下，辨识出的结论参数是最优的。因为复合学习算法降低了反向传播方法搜索空间的维数，因而复合学习算法收敛速度比较快。

如果固定了隶属函数，只改变结论部分，那么 ANFIS 可看作一个用函数连接的网络，这里输入变量的“增强”可通过隶属函数获得。这种“增强表示”利用了人类知识，很明显比用函数的扩展和张量(外积)模型更透彻、直观。事实上，通过适当调整隶属函数，可以使这种“增强”也具有自适应能力。

ANFIS 已成功应用于很多领域，如非线性函数建模、时间序列的预测、控制系统参数的在线辨识和模糊控制器设计等。

5.4.3　基于多模型的气动执行器故障诊断

下面以加拿大曼尼托巴大学机械工业系机器人实验室的一个气动执行器为例介绍 ANFIS 的建模过程及其在故障诊断中的应用。

1. 气动执行器装置

图 5-8 所示为气动执行器实验装置，气动执行器结构示意图如图 5-9 所示。执行器主要由带两个圆柱的活塞组成。执行阀是一个造价低廉的五缸三冲程电磁驱动定向比例控制阀，在供气压力为 100psi(1psi=6.895kPa)时，该阀的最大容量是 700L/min。这种气动执行器具有非线性、时滞、参数漂移、静摩擦与动摩擦以及机械起始回程误差等，建模比较困难。

图 5-8　气动执行器实验装置

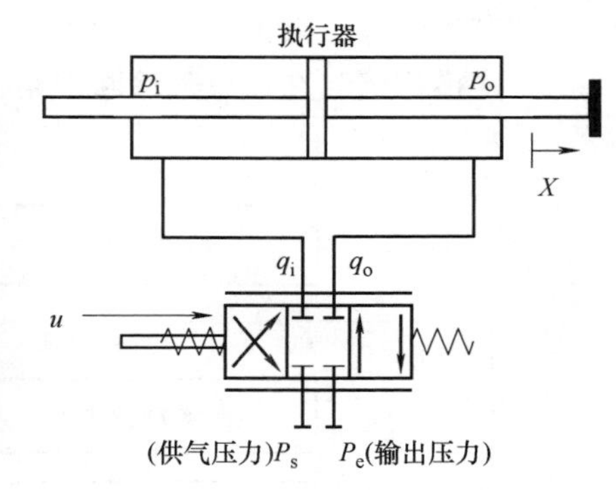

图 5-9　气动执行器结构示意图

2. 气动执行器的 ANFIS 建模

气动执行器的建模采用 Takagi-Sugeno 型的 ANFIS 模型。选择 $u(k)$ 作为控制信号、现在时刻的活塞位移 $X(k)$ 和前一时刻的活塞位移 $X(k-1)$ 作为输入，下一时刻活塞位移的预测值 $\widehat{X}(k+1)$ 作为输出来建立气动执行器的 ANFIS 模型，即

$$\widehat{X}(k+1) = F_{ts}(X(k), X(k-1), u(k), \boldsymbol{\theta}) = \frac{\sum_{i=1}^{R} g_i(x)\mu_i(x)}{\sum_{i=1}^{R} \mu_i(x)} \tag{5-27}$$

其中

$$g_i(x) = a_{i,0} + a_{i,1}x_1 + \cdots + a_{i,n}x_n \tag{5-28}$$

且

$$\mu_i(x)=\prod_{j=1}^{n}\exp\left[-\frac{1}{2}\left(\frac{x_j-c_j^i}{\sigma_j^i}\right)^2\right] \tag{5-29}$$

式中，$x=(x_1,x_2,\cdots,x_n)^{\mathrm{T}}=(X(k),X(k-1),u(k))^{\mathrm{T}}$ 具有 3 个输入；$i=1,2,\cdots,R$ 表示有 R 个规则；$\boldsymbol{\theta}$ 为参数向量；$g_i(x)(i=1,2,\cdots,R)$ 为模糊系统的结果函数；$a_{i,j}$ 为常数。假设隶属函数 $\mu_i(x)$ 对所有的 x 都很好定义使得 $\sum_{i=1}^{R}\mu_i(x)\neq 0$。

为方便起见，实验中仅考虑供气压力的故障诊断。这里把 P_s = 50psi（1psi = 0.006895MPa）作为正常情况，气动执行器的故障分为五种类型，见表 5-2。其中，VL 表示很低供气压力故障；L 表示低供气压力故障；N 表示正常供气情况；H 表示高供气压力故障；VH 表示很高供气压力故障。

表 5-2　气动执行器故障分类

供气压力/psi	30	40	50	60	70
故障类型	VL	L	N	H	VH

3. 多模型故障诊断策略

基于多模型的故障诊断要求有一组模型来标示不同的工作状况或不同的故障，通过比较这些模型产生的偏差来识别发生的故障类型。因此，基于多模型的在线故障诊断策略由两部分组成：多模型组和在线故障诊断策略，系统结构如图 5-10 所示。这里假设可能存在 N 种故障。

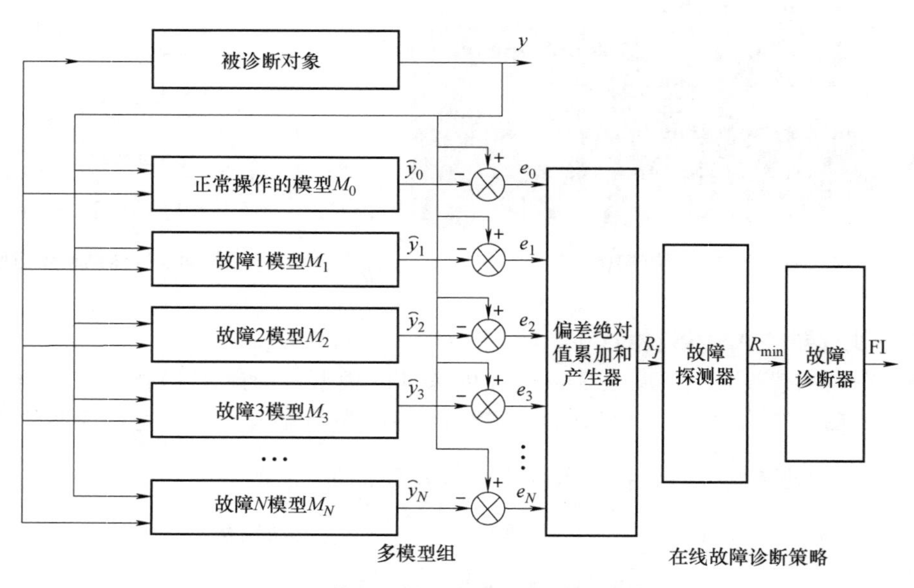

图 5-10　基于多模型在线故障诊断系统结构

应用 ANFIS 建模方法，利用各种工作和故障状态下的实验数据，对此非线性对象进行模型训练与校验，从而得到 N 个模型 $M_j\Big|_{j=0}^{N}$，其中 M_0 表示正常工作状态下的模型，$M_j(j=1,2,\cdots,N)$ 表示第 j 个故障状态下的模型。在多模型组部分，通过同时在线运行多个模型，

可以产生的 N 个偏差信号 $e_j(k)=y(k)-\hat{y}_j(k)$，$y(k)$ 为气动执行期的输出，$\hat{y}_j(k)$ 为 ANFIS 模型 M_j 的预测输出，$j=1,2,\cdots,N$。

在线故障诊断策略部分，考虑系统的动态特性，可以对偏差信号做不同的处理，相应衍生了多种故障诊断策略。这些诊断策略的目的是实现故障的及时诊断，保证诊断策略具有较强的鲁棒性。这里首先对偏差的绝对值进行累加求和，即

$$R_j(k)=\sum_{i=1}^{k}\left|e_j(i)\right| \tag{5-30}$$

式中，$e_j(i)$ 为第 j 个模型的偏差。令

$$R_{\min}(k)=\min\{R_0(K),R_1(k),R_2(k),\cdots,R_N(k)\} \tag{5-31}$$

利用 $R_{\min}(k)$ 探测故障的发生，也就是说如果在给定的时间段内，$R_j(k)$ 持续为 $R_{\min}(k)$，那么系统在 k 时刻就有可能发生第 j 种故障。综合考虑鲁棒性和灵敏度，引入一个独特的故障指数 FI(Fault Index)来指示发生故障的类型。

实际上，如果在运动开始时没有考虑对象的动态特性，在暂态过程中即使没有故障发生，偏差也可能变化很大或者变化很小，如当气动执行器工作在正常状态时，因为 M_0 是用正常工作状态下的数据训练的模型，e_0 应该是最小的偏差，但实验曲线显示未必尽然。因此，考虑到对象的动态特性和算法的通用性，$R_j(k)$ 更适合用来指示对象的工作条件和故障的发生。一旦有故障发生，首先最小化指数 $R_{\min}(k)$ 就会发生变化，然后由故障指数 FI 指示可能发生故障的类型。为了恰当地发出故障警告，选择当 $R_j(k)$ 持续 T_0s 时为 $R_{\min}(k)$，故障识别器探测到可能有故障发生，只有当它再持续 T_1s，故障诊断器才能确定有故障发生，并由故障指数 FI 指示故障类型。

4. 实验结果

为了保证模型的精度，需要选择一个能充分激励对象的控制信号来激励对象，使对象的动态特性充分展示出来。图 5-11 为气动执行器在 50psi 供气压力操作条件下进行 ANFIS 建模的结果。应用 MATLAB 软件包完成网络训练。图 5-11 显示了控制信号 u、对象输出 X 以及对象输出与 ANSIF 模型预测输出之间的偏差。实验中进行网络训练与检验的数据共 18s，数据的采样周期为 0.001s。从第 12s 开始的 2000 条数据用于模型训练，其余数据用于模型检验。在同样正常的操作条件下，对不同控制激励信号下得到的数据进行模型检验，实验结果如图 5-12～图 5-14 所示。实验结果表明此模型具有较高的准确度和较好的通用性。

考虑气动执行器的动态特性，为了强调故障诊断的鲁棒性，实验时用故障探测器吸收了起始段的振荡，并丢弃了起始 2s 的 $R_j(k)$，以防止在诊断起始段出现误诊断的情况。

5. 实验结果分析

图 5-15～图 5-19 所示为气动执行器的输出、ANFIS 模型的预测输出、二者之间的偏差和故障指数(FI)。图中粗实线表示对象的输出或偏差；细实线表示正常供气压力模型的输出或偏差；粗点画线表示很低供气压力故障模型的输出或偏差；细点画线表示低供气压力故障模型的输出或偏差；粗折-点线表示很高供气压力故障模型的输出或偏差；细折-点线表示高供气压力故障模型的输出或偏差。上述实验结果表明了通过故障诊断策略探测和诊断各种供气压力故障的过程。

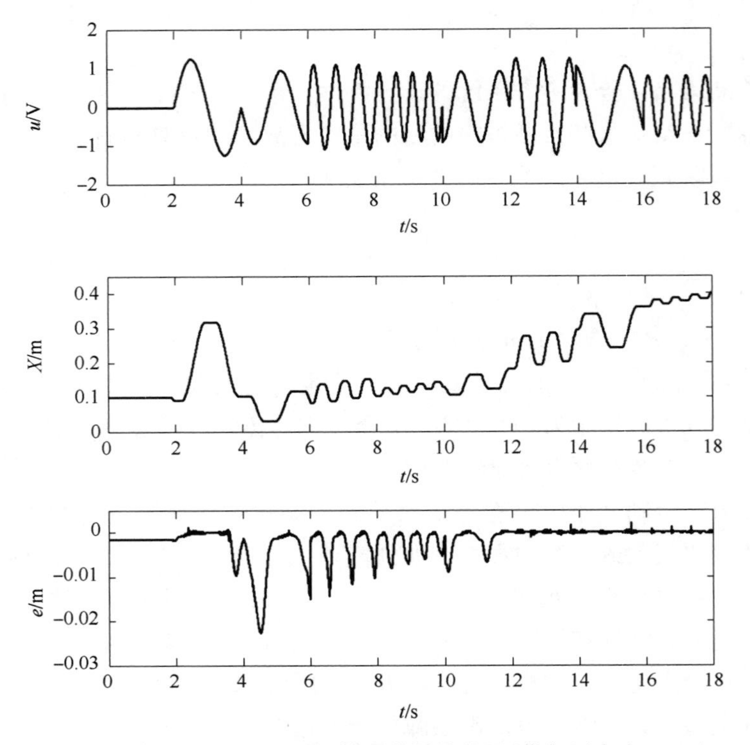

图 5-11 气动执行器 ANFIS 模型的训练结果(供气压力为 50psi)

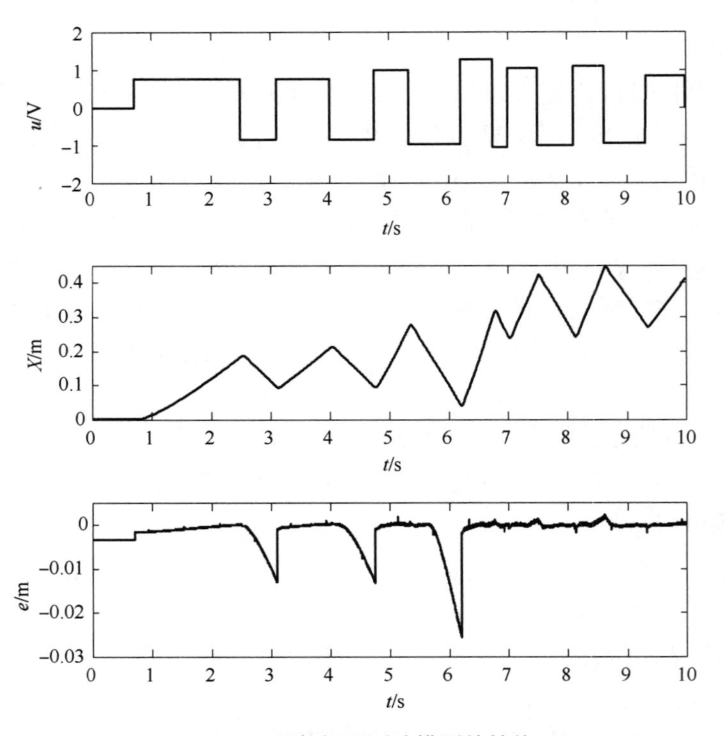

图 5-12 用数据 1 测试模型的性能

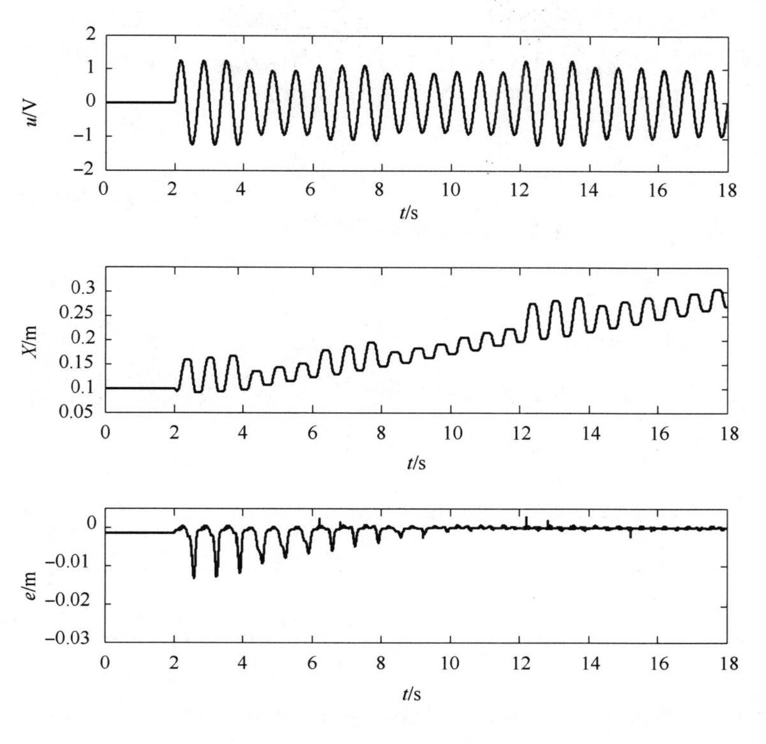

图 5-13　用数据 2 测试模型的性能

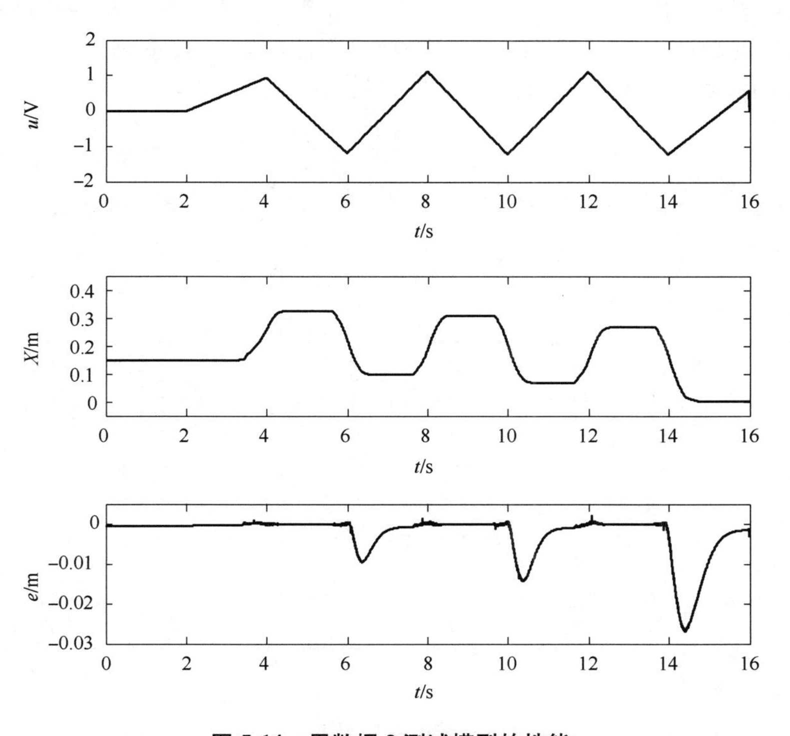

图 5-14　用数据 3 测试模型的性能

图 5-15 显示气动执行器在正常状态下工作，无故障发生。对象与代表正常状态的模型 M_0 的预测模型之间的偏差很快衰减到 0，即 $R_0(k)$ 是 $R_{\min}$，因此故障诊断策略指示该对象工作在正常状态，即 FI = N。

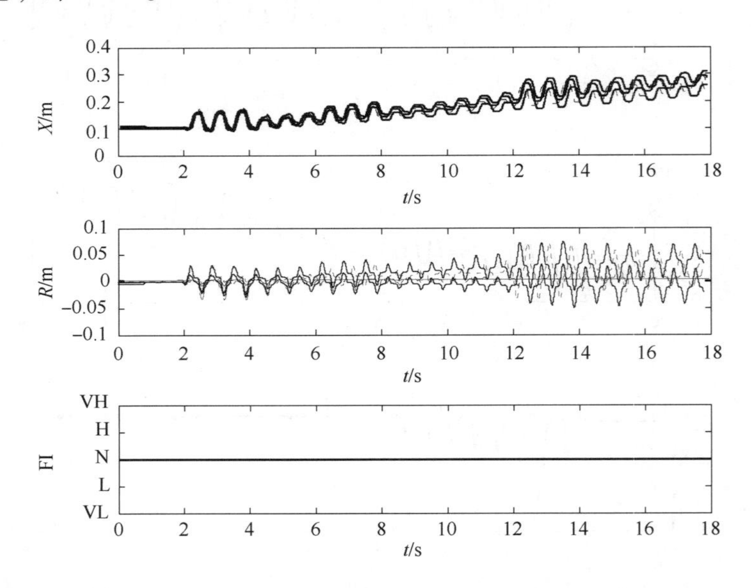

图 5-15　气动执行器工作在正常供气压力条件下的故障诊断（供气压力为 50psi）

在图 5-16 中，当 $R_3(k)$ 减小为 $R_j(k)$ $(j=1,2,\cdots,N)$ 中的最小值，并持续 0.5s，故障诊断系统发出故障警告，即 FI 朝着 VL 移动。如果此警告持续 0.5s，故障诊断系统指示对象有供气压力很低的故障发生，即 FI = VL。同理，用此故障诊断系统可以实现"低""高"和"很高"等故障的探测与诊断，分别如图 5-17～图 5-19 所示。

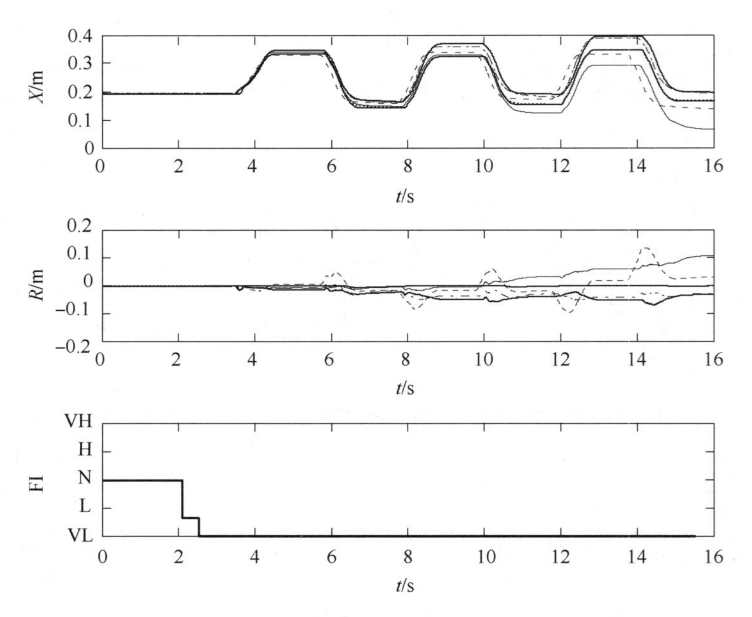

图 5-16　气动执行器工作在非常低供气压力条件下的故障诊断（供气压力为 30psi）

注意：综合考虑满足故障诊断的鲁棒性和灵敏度两方面的要求，分别置 T_0 和 T_1 为 0.5s。

为了保证故障探测和诊断的鲁棒性，在设计故障探测器和诊断器时应考虑对象的动态特性和模型的不确定性，综合考虑对鲁棒性和灵敏度的要求，选择合适的故障警告时间 T_0 和故障报警时间 T_1。而对 T_0 和 T_1 的恰当选取，需要对对象特性和故障诊断要求事先有一个很好的了解。

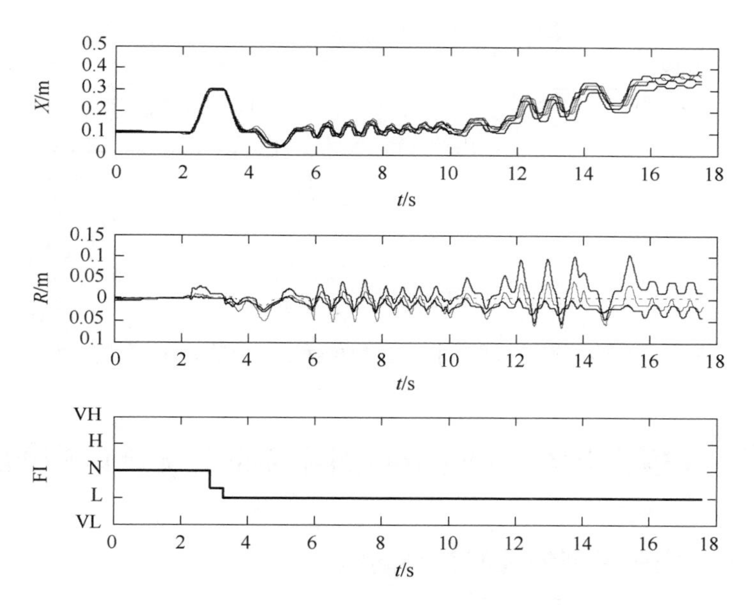

图 5-17　气动执行器工作在较低供气压力条件下的故障诊断(供气压力为 40psi)

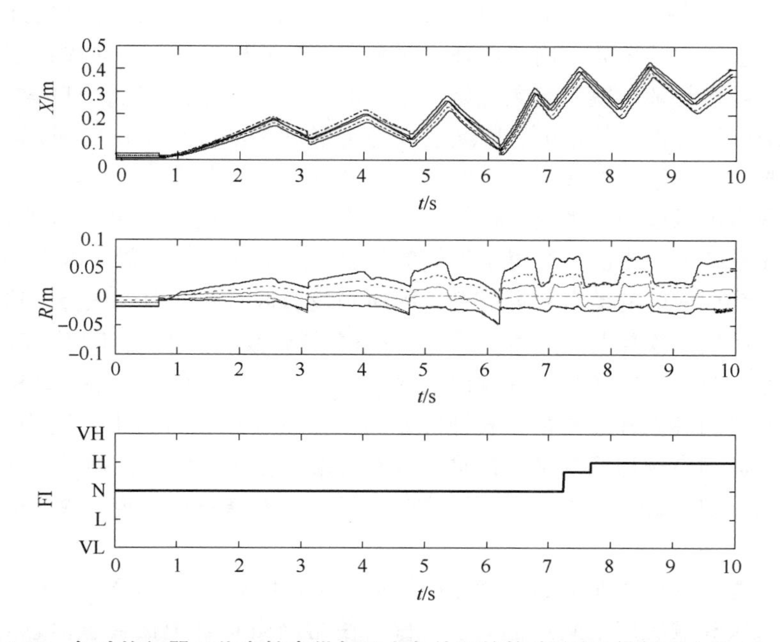

图 5-18　气动执行器工作在较高供气压力条件下的故障诊断(供气压力为 60psi)

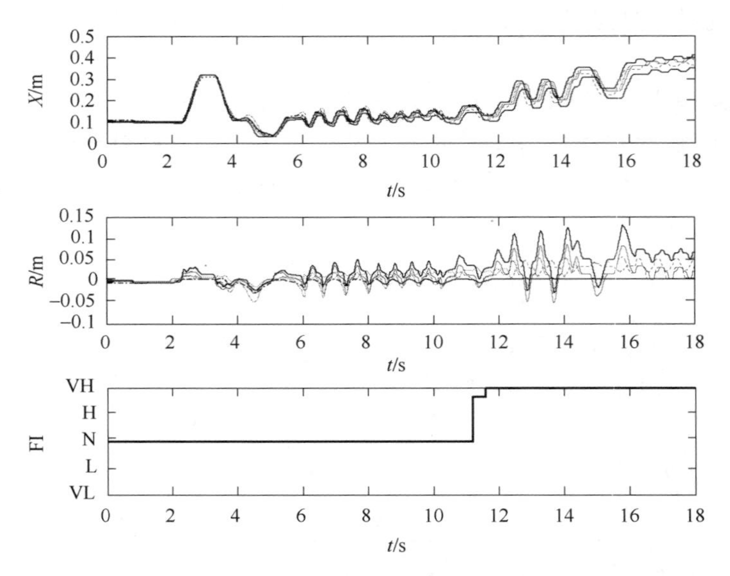

图 5-19　气动执行器工作在非常高供气压力条件下的故障诊断(供气压力为 70psi)

5.5　基于 T-S 模糊模型的递归神经网络在系统辨识中的应用

5.5.1　基于 T-S 模糊模型的递归神经网络

近几年来，T-S 模糊模型在非线性系统辨识中得到了广泛应用。这主要是因为它具有以下优点：可用少量的模糊规则生成较复杂的系统，在处理多变量系统时能有效地减少模糊规则的个数；T-S 模型模糊规则及其参数的物理意义明确；模型的结论部分是分段线性，可以用线性辨识方法来辨识其参数，用线性理论对系统进行分析设计。但是模糊建模方法缺乏学习的能力，辨识过程复杂，模型参数优化困难。而神经网络具有很强的自学习和优化能力，这些特点对系统辨识有很大的帮助。因此模糊与神经网络的结合被广泛应用在系统辨识中，这样可以扬长避短，既充分发挥了各自的优点，又避免了缺点。

模糊神经网络可以被归纳为前向模糊神经网络(FNN)和递归模糊神经网络(RFNN)两大类。前向网络在系统辨识中已经取得了很好的效果，但前向网络是静态映射，其权值的调节没有充分利用在线训练中的动态数据信息，因而函数逼近对训练数据敏感，这类网络被限制在静态系统中；而递归模糊神经网络应用在动态系统辨识中。目前递归模糊神经网络主要有：全局反馈递归模糊神经网络，其输出层与输入层或隐含层存在连接，结构相对简单；全局前向局部连接递归模糊神经网络，其神经元的反馈仅作用在自身上，网络参数相对复杂；全局前向全连接递归模糊神经网络，其除自身有反馈外，对本层其他神经元或其他层的神经元也有反馈作用，如 Elman 网络，但其网络参数过多，网络不够稳定，收敛时间过长，不适于处理非线性问题。

基于 T-S 模型的递归模糊神经网络(T-S Recurrent Fuzzy Neural Network，TSRFNN)的特点是通过在输入层和输出层之间加上动态元件，使得网络具有记忆暂态信息的能力。T-S 模糊模型的前件和后件与网络的节点函数有明显的对应关系，从理论上证明了该网络的通用逼近特性。在结构辨识中采用无监督聚类算法，根据已知的输入、输出数据自动地划分输入、输出空间、确定模糊规则数目及每条规则的前提参数。在参数辨识中采用动态反向传播算法(DBP)，辨识结论部分参数。最后将 TSRFNN 应用到非线性系统的建模中，仿真结果表明了该方法的有效性。

1. 基于 T-S 模糊模型的递归神经网络

基于 T-S 模糊模型的递归神经网络如图 5-20 所示。

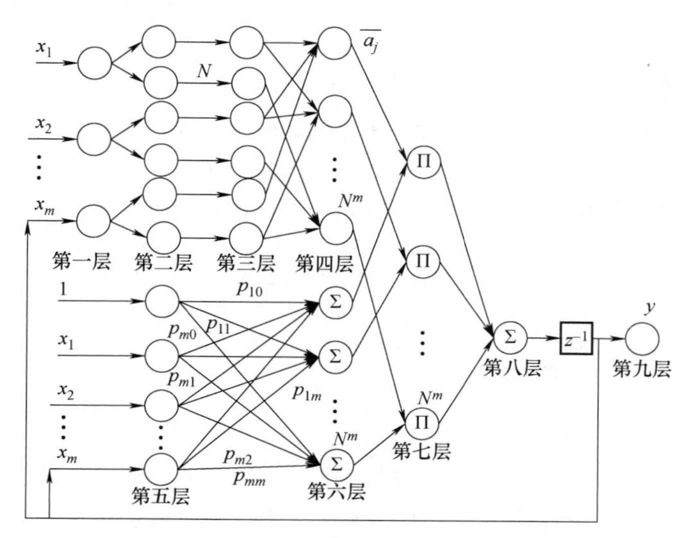

图 5-20 基于 T-S 模糊模型的递归神经网络

T-S 模糊模型规则表示如下：

$$R^j\text{: if } x_1 \text{ is } A_1^j(x_1)\ \cdots \text{ and } x_m \text{ is } A_m^j(x_m),$$
$$\text{then } y^j = p_{k0}^j + p_{k1}^j x + \cdots + p_{km}^j \tag{5-32}$$

隶属函数采用高斯函数 $\exp\left[-\dfrac{(x_j-c_{ij})^2}{2b_{ij}^2}\right]$，模糊推理采用和积算法(Sum-Product)，解模糊采用加权平均法。TSRFNN 的第三层输出是输入数据的隶属度函数 $A_i^j(x_i)$；第四层输出为第 j 条规则的平均激活度：$\overline{a_j}=a_j/\sum\limits_{j=1}^{N^m}a_j$，$a_j=A_1^j(x_1)\times\cdots\times A_m^j(x_m)$；第五、六层实现了 T-S 模型的后件结构，其输出为 $y^j=p_{k0}^j+p_{k1}^j x+\cdots+p_{km}^j x_m$；第七、八层实现了模糊规则空间到输出空间的映射，其输出为 $y=\sum\overline{a_j}\times y^j$；第八层和输出层(第九层)之间是一个记忆元件 $W(z^{-1})=z^{-1}$。在此 TSRFNN 中，通过把记忆元件的输出反馈到第 m 个输入实现神经网络的反馈，从而使网络的输出不仅与当前时刻的输入数据有关，而且与前一时刻的输出密切相关。

2. 基于 T-S 模糊模型的递归神经网络逼近性证明

模糊规则的一般形式为

$$R^j\text{: if } x_1 \text{ is } A_1^j \cdots \text{ and } x_m \text{ is } A_m^j\text{, then } y \text{ is } B^j \tag{5-33}$$

假设输入变量模糊集合的隶属函数(简称为输入变量的隶属函数)为高斯函数，输出变量的隶属函数为模糊单点，若采用 Sum-Product 的推理方法和加权平均的解模糊方法，系统的输出为

$$y=f(x)=\sum_{k=1}^{N}\bar{y}^{j}\left[\prod_{i=1}^{n}\mu_{A_i^j}(x_i)\right]\Big/\sum_{j=1}^{M}\left[\prod_{i=1}^{n}\mu_{A_i^j}(x_i)\right] \tag{5-34}$$

即

$$y=f(x)=\sum_{j=1}^{N}\bar{y}^{j}P_j(x) \tag{5-35}$$

其中

$$p_j(x)=\prod_{i=1}^{n}\mu_{A_i^j}(x_i)\Big/\sum_{j=1}^{M}\left[\prod_{i=1}^{n}\mu_{A_i^j}(x_i)\right] \tag{5-36}$$

称为模糊基函数(Fuzzy Basis Function，FBF)，而式(5-35)称为模糊系统的模糊基函数展开式。

FBF 通用逼近性定理 5.1 设 Y 是所有 FBF 展开式的集合，对于在紧密集 $U\subset R^n$ 上的任何给定的连续实函数 g 和任何 $\varepsilon>0$，都存在 $f<Y$，使得

$$\sup_{x\in U}|g(x)-f(x)|<\varepsilon \tag{5-37}$$

图 5-20 中基于 T-S 模糊模型的递归神经网络的输出为

$$\begin{aligned}y&=\sum_{k=1}^{N}(p_{k0}+p_{k1}x_1+\cdots+p_{km}x_m)\alpha_k\Big/\sum_{k=1}^{N}\alpha_k\\&=\sum_{k=1}^{N}(p_{k0}+p_{k1}x_1+\cdots+p_{km}x_m)\overline{\alpha_k}\end{aligned} \tag{5-38}$$

其中，$\alpha_k=A_{k1}(x_1)A_{k2}(x_2)$，$\overline{\alpha_k}=\alpha_k\Big/\sum\limits_{m=1}^{N}\alpha_m$。

可以看出，式(5-38)具有 FBF 展开式的形式，故基于 T-S 模糊模型的递归神经网络的输出满足 FBF 展开式的通用逼近性，即 TSRFNN 网络能准确地逼近任意的非线性。

5.5.2 基于 T-S 模糊模型的递归神经网络在系统辨识中的应用

将基于 T-S 模糊模型的递归神经网络应用于系统的动态辨识要完成两部分工作：系统的结构辨识和参数辨识。下面介绍基于模糊聚类的结构辨识方法和基于动态反向传播算法的参数辨识算法。

1. 结构辨识

对模糊规则的获取，除了需要知道输入输出数据外，还要深入了解系统内部的其他信息。然而大多数情况下，对系统的了解都是不完全的。这时，聚类就成为获取模糊规则的一种行之有效的方法，可以用模糊 C 均值(FCM)算法来构造模糊规则库，但是 FCM 算法中聚类的类别数必须预先指定，这就要求操作者有丰富的经验，从而增加了聚类的难度。这里采用无监督聚类算法。由于关系度大的向量具有相似的特性，故通过这种聚类算法可以把关系度大的向量划分为一类。设 $X=\{x^1,x^2,\cdots,x^p\}$ 是 p 个输入-输出样本数据的集合，其中 $\boldsymbol{x}^k=(x_1^k,x_2^k,\cdots,x_m^k,y^k)$ 是第 k 个输入-输出样本数据，x_1^k、x_2^k、…、x_m^k 是第 k 个样本的 m 个输入，$\boldsymbol{y}^k$ 是第 k 个输入的相应输出。

无监督聚类算法具体步骤如下：

1）把每个样本都作为聚类中心，即 $\boldsymbol{v}^k=\boldsymbol{x}^k(k=1,2,\cdots,p)$。

2）计算聚类中心与样本空间其他向量之间的关系度，即

$$\begin{gathered}r_{kl}=\exp[-\|\boldsymbol{v}^k-\boldsymbol{v}^i\|^2/(2b^2)]\\k=1,2,\cdots,p;l=1,2,\cdots,p\end{gathered} \tag{5-39}$$

式中，$\|\boldsymbol{v}^k-\boldsymbol{v}^i\|$表示$\boldsymbol{v}^k$ 与$\boldsymbol{v}^i$ 之间的欧式距离；b 为高斯函数的宽度。

3）调整$\boldsymbol{v}^k$ 与$\boldsymbol{v}^i$ 之间的关系度，即

$$r_{kl}=\begin{cases}0 & r_{kl}<\xi\\ r_{kl} & \text{其他}\end{cases} \tag{5-40}$$

式中，ξ 为较小的常量。

4）计算与聚类中心向量$\boldsymbol{v}^k$ 关系度大的所有向量的均值，即收敛向量为

$$\boldsymbol{z}^k=(z_1^k,z_2^k,\cdots,z_{m+1}^k)$$

$$\boldsymbol{z}^k=\sum_{l=1}^{p}r_{kl}\boldsymbol{v}^l\Big/\sum_{l=1}^{p}r_{kl}\quad k=1,2,\cdots,p \tag{5-41}$$

5）若所有的 $\boldsymbol{z}^k$ 与 $\boldsymbol{v}^k(k=1,2,\cdots,p)$均相同，则转到下一步；否则，令$\boldsymbol{v}^k=\boldsymbol{z}^k$，返回到步骤 2）重新计算。

6）在最终的结果 $\boldsymbol{z}^k(k=1,2,\cdots,p)$中，关系度大的向量具有相同的收敛向量，且被划分为同一类，收敛向量即为聚类中心，同时也是高斯函数的中心。收敛向量的数目即为聚类的数目，同时也是模糊隶属函数的数目。

2. 参数辨识

TSRFNN 的前件参数（高斯函数的中心和宽度）已经通过前面的无监督聚类算法得到，这里所讲的参数辨识主要是后件参数 p_{ij}的辨识。

目标函数为

$$J=\frac{1}{2}[y_{\mathrm{d}}(t)-y(t)]^2=\frac{1}{2}e(t)^2 \tag{5-42}$$

式中，$y(t)$为系统当前时刻的输出；$y_{\mathrm{d}}(t)$为系统的期望输出。学习目标是用 DBP 算法最小化目标函数。DBP 算法推导如下：

$$p_{ij}(t+1)=p_{ij}(t)-\lambda\frac{\partial J(t)}{\partial p_{ij}} \tag{5-43}$$

$$\frac{\partial J(t)}{\partial p_{ij}}=-e(t)\frac{\partial y(t)}{\partial p_{ij}} \tag{5-44}$$

$$\frac{\partial y(t)}{\partial p_{ij}}=W(z^{-1})\frac{\partial o^8(t)}{\partial p_{ij}} \tag{5-45}$$

式中，λ 为学习速率；$o^8(t)$为第八层的输出；$W(z^{-1})=z^{-1}$。

$$\frac{\partial o^8(t)}{\partial p_{ij}}=\frac{\partial o^8(t)}{\partial o_i^7(t)}\frac{\partial o_i^7(t)}{\partial o_i^6(t)}\frac{\partial o_i^6(t)}{\partial p_{ij}}\quad i=1,2,\cdots,N^m \tag{5-46}$$

其中

$$\frac{\partial o^8(t)}{\partial o_i^7(t)}=1 \tag{5-47}$$

$$\frac{\partial o_i^7(t)}{\partial o_i^6(t)}=o_i^4,\ o_i^4=\overline{a_i}=a_i\Big/\sum_{j=1}^{N^m}a_i \tag{5-48}$$

$$\frac{\partial o_i^6(t)}{\partial p_{ij}}=x_j\quad j=1,2,\cdots,m \tag{5-49}$$

所以

$$\frac{\partial o^8(t)}{\partial p_{ij}}=o_i^4\times x_j \tag{5-50}$$

5.5.3 仿真实例

在构造了基于 T-S 模糊模型的递归神经网络并推导出其学习算法后，下面用 MATLAB 编制其网络训练软件和验证仿真软件，并通过两个实例来说明所提出的基于 T-S 模糊模型的递归神经网络的有效性。

例 5-1 非线性函数 $y=e^{x_1}+x_2^2$。

假设所要辨识的对象是一个具有 $y=e^{x_1}+x_2^2$ 特性的非线性系统。用 100 组随机产生的训练样本数据对网络进行训练，然后用测试样本数据进行测试。首先通过无监督聚类算法对训练样本聚类，得到输入数据隶属函数(高斯函数)中心分别为 0.26038、0.43488 和 0.19738、0.22079，输出数据的隶属函数中心为 1.3579、1.6178，高斯函数宽度全为 0.2；然后用训练样本对设计好的 TSRFNN 训练，学习速率取 0.01，训练次数是 30000。TSRFNN 训练样本结果如图 5-21 所示，最后用训练好的网络对测试数据进行测试，测试样本的结果如图 5-22 所示。图中，连线为实际输出；* 为网络输出。

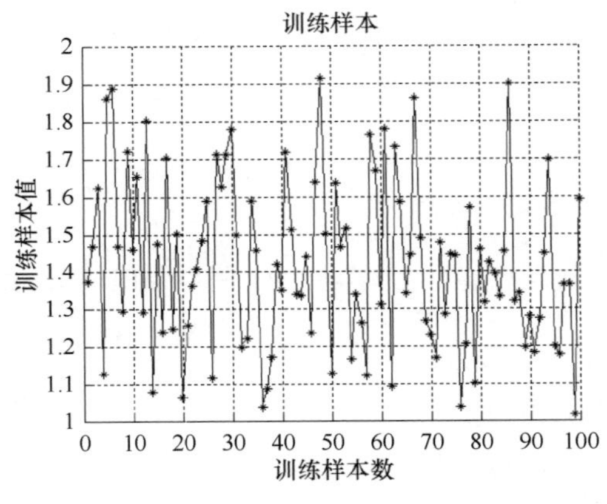

图 5-21 TSRFNN 训练样本结果

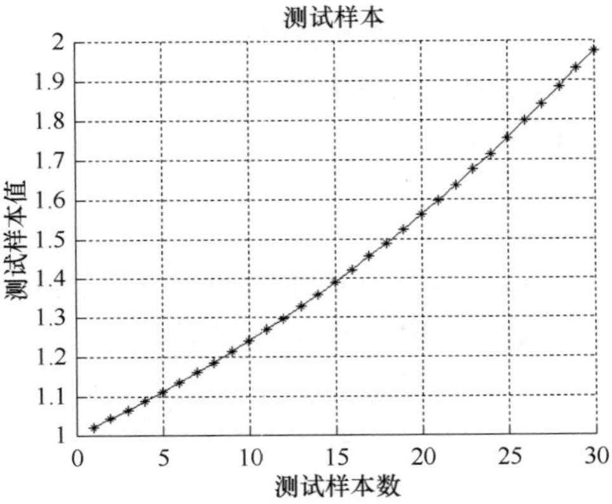

图 5-22 测试样本的结果

例 5-2 Mackey-Glass 混沌时间序列的离散模型。

采用著名的 Mackey-Glass 混沌时间序列的离散模型进行辨识仿真。对象特性描述为

$$\dot{x}=\frac{0.2x(t-\tau)}{1+x^{10}(t-\tau)}-0.1x(t) \tag{5-51}$$

这里采用四阶 Runge-Kutta 法产生 Mackey-Glass 混沌时间序列。这是一个时间序列预测问题，即用已知时刻 t 以前的值预测将来某一时刻 $t+p$ 的值。这种预测模型的标准数学模型就是实现从已知时刻值 $x(t-(D-1)\Delta,\cdots,x(t-\Delta),x(t))$ 到未知时刻值 $x(t+p)$ 的映射。选择 $D=4$，$\Delta=p=6$，可以得到如下模型：

$$x(t+6)=f(x(t),x(t-6),x(t-12),x(t-18)) \tag{5-52}$$

网络的输入数据向量为

$$\boldsymbol{w}(t)=(x(t) \quad x(t-6) \quad x(t-12) \quad x(t-18)) \tag{5-53}$$

网络的输出数据向量为

$$\boldsymbol{s}(t)=x(t+6) \tag{5-54}$$

本文选择时间范围为 118~1117 的数据。用前 500 组输入-输出数据对作为网络的训练数

据对，后 500 组数据对作为网络的测试数据对。首先通过无监督聚类算法对训练样本聚类，得到输入数据隶属函数(高斯函数)中心为 0.5202、0.6902、0.7791、0.9830、1.1400，高斯函数宽度为 0.01。最后，用训练好的网络对该模型进行仿真，测试样本的结果如图 5-23 所示。

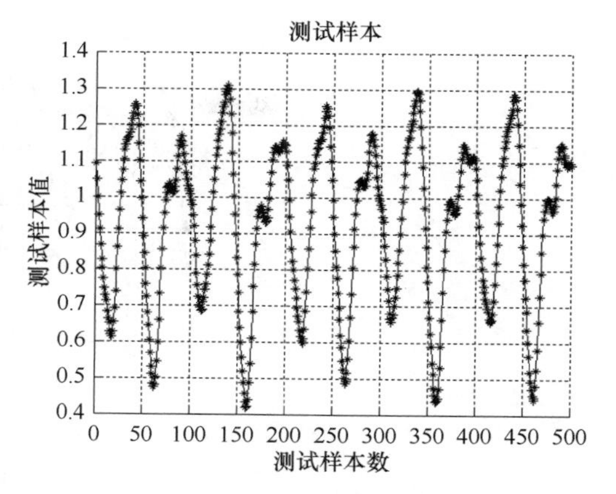

图 5-23 测试样本的结果

例 5-3 釜式反应器(CSTR)模型

连续搅拌的釜式反应器模型描述为

$$\begin{cases}\boldsymbol{x}(k+1)=f(\boldsymbol{x}(k),u(k))\\ \boldsymbol{y}(k+1)=\boldsymbol{h}(\boldsymbol{x}(k+1))\end{cases} \tag{5-55}$$

其中，$\boldsymbol{y}(k+1)=\boldsymbol{x}(k)+dt\boldsymbol{g}(\boldsymbol{x}(k),u(k))$

$$\boldsymbol{g}(\boldsymbol{x}(k),u(k))=\begin{pmatrix}\dfrac{x_3(k)}{V}[C_{\mathrm{Af}}-x_1(k)]-k_0\exp\left[-\dfrac{E}{Rx_2(k)}\right]\times x_1(k)\\ \dfrac{x_3(k)}{V}[T_{\mathrm{f}}-x_2(k)]+\dfrac{-\Delta H}{\rho C_\rho}k_0\exp\left[-\dfrac{E}{Rx_2(k)}\right]\times\\ x_1(k)+\dfrac{U_{\mathrm{A}}}{V\rho C_\rho}[u(k)-x_2(k)]\\ 0\end{pmatrix}$$

$$\boldsymbol{h}(\boldsymbol{x}(k+1))=\begin{pmatrix}x_1(k+1)\\ x_2(k+1)\end{pmatrix}$$

式中，E/R 为反应激活能；ΔH 为反应热；ρ 为液体密度；C_ρ 为质量定压热容；U_{A} 为热交换系数；V 为反应体积；R 为反应时间常数；$\boldsymbol{x}(k)=(x_1(k)\quad x_2(k)\quad x_3(k))^{\mathrm{T}}=(C_{\mathrm{A}}\quad T\quad q)^{\mathrm{T}}$ 为状态量，其中 C_{A} 为反应浓度，T 为反应器温度，通过调节反应热器的温度 T 达到控制 C_{A} 的目的，q 为物料流量；输出量为 $\boldsymbol{y}(k)=(y_1(k)\quad y_2(k))^{\mathrm{T}}=(C_{\mathrm{A}}\quad T)^{\mathrm{T}}$；$C_{\mathrm{Af}}$和 T_{f} 分别为反应物的初始浓度与温度；dt 为采样间隔。

系统的参数为：$dt=0.2\mathrm{min}$，$x_1(0)=0.2\mathrm{mol/L}$，$x_2(0)=400\mathrm{K}$，$x_3(0)=100\mathrm{L/min}$，$-\Delta H=17835.821\mathrm{J/mol}$，$C_{\mathrm{Af}}=1\mathrm{mol/L}$，$\rho=1000\mathrm{g/L}$，$E/R=5360\mathrm{K}$，$V=100\mathrm{L}$，$U_{\mathrm{A}}=11950\mathrm{J/min\cdot K}$，$C_{\mathrm{A}}=0.2\mathrm{mol/L}$，$k_0=\exp(13.4)\mathrm{min}^{-1}$，$T_{\mathrm{f}}=400\mathrm{K}$，$C_\rho=0.239\mathrm{J/gK}$ 通过聚类算法得到输入的聚类中心为(0.3234 0.8708)，输出的聚类中心为(0.4709 0.6270)。输入-输出的宽度都是 0.3。图 5-24 为通过 TSRFNN 进行建模得到的釜式反应器模型。

本节采用基于 T-S 模糊模型的递归神经网络方法对系统进行辨识。首先用无监督聚类算法从已知的输入-输出数据中生成一个初始的模糊模型，在此基础上通过动态 BP 算法对 TSRFNN 网络的权值进行在线调整。仿真结果表明：

1）TSRFNN 网络可以任意逼近多变量非线性函数。

2）能以较少的模糊规则表示模型，降低了算法的复杂度。

3）可以在对被辨识对象了解不完全的情况下，根据输入-输出数据对对象准确辨识。

4）有较好的学习能力和优化能力，具有一定的自适应能力。

5）训练速度得到了提高。

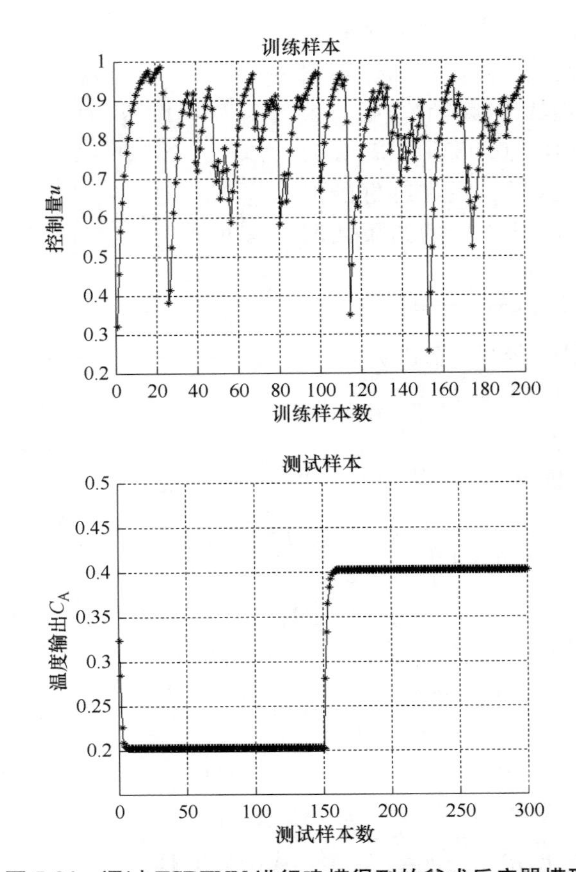

图 5-24 通过 TSRFNN 进行建模得到的釜式反应器模型

5.6 本章小结

本章首先阐述了模糊系统和神经网络各自的特点，论述了模糊系统和神经网络的融合方式以及基于模糊神经网络的学习算法；然后介绍了自适应神经-模糊推理系统(ANFIS)的结构和学习算法，以气动执行器为例，介绍 ANFIS 在非线性建模中的应用以及用此建模方法实现基于多模型的故障诊断；最后，重点研究了基于 T-S 模糊模型的递归神经网络(TSRFNN)，构造了一个新的基于 T-S 模糊模型的递归神经网络，并推导出其学习算法，用 MATLAB 开发了算法实现软件，用仿真实例说明了 TSRFNN 网络在非线性系统辨识中的有效性。

习题

5-1 请说出神经网络与模糊系统的融合方式。

5-2 模糊神经网络有哪些学习算法？

5-3 模糊建模有哪些缺点？

5-4 简述自适应神经-模糊推理系统(ANFIS)的结构和学习算法。

5-5 模糊神经网络分哪两大类？各有什么特点？

参 考 文 献

[1] 卢志刚，吴士昌，于灵慧. 非线性自适应逆控制及其应用[M]. 北京：国防工业出版社，2004.

[2] 张凯，钱锋，刘漫丹. 模糊神经网络技术综述[J]. 信息与控制，2005，32(5)：431-435.

[3] WERBOS P. An overview of neural networks for control[J]. IEEE Control Systems，1991，11(1)：40-41.

[4] JANG J-S R. Fuzzy modeling using generalizes neural network and Kalman filter algorithm[C]//In Proc. 9th Nat. Conf. on Arif. Intell. (AAAI-91)，1991：762-767.

[5] JANG J-S R. ANFIS：adaptive-network-based fuzzy inference system[J]. IEEE Transaction on System，Man，and Cybernetics，1993，23：665-685.

[6] WIDROW B，WINTER R. Neural nets for adaptive filtering and adaptive pattern recognition[J]. Computer，1988，23(3)：25-39.

[7] WERBOS P. Beyond regression：New Tools for prediction and analysis in the behavioral sciences[D]. Cambridge：Harvard University，1997.

[8] GOODWIN G C，SIN K S. Adaptive filtering prediction and control[M]. Englewood Cliffs，NJ：Prentice-Hall，1984.

[9] PASSINO K M，YURKOVICH S，REINFRANK M. Fuzzy control [M]. Menlo Park，CA：Addison-Wesley，1998.

[10] JANG J-S R，SUN C T. Neuro-fuzzy modeling and control[J]. Proceedings of the IEEE，1995，83(3)：378-406.

[11] LIN C T，LEE C S G. Neural-network-based fuzzy logic control and decision system[J]. IEEE Trans. on Computers，1991，40(12)：1320-1336.

[12] FAHD A ALTURKI，ADEL BEN ABDENNOUR. Neuro-fuzzy control of a steam boiler-turbine unit[C]//Processing of the 1999 IEEE International Conference on Control Applications，IEEE，1999：1050-1055.

[13] WONG C C，LIN N S. Rule extraction for fuzzy modeling[J]. Fuzzy Sets and Systems，1997，88(1)：23-30.

[14] JIN Y C，JIANG J P，ZHU J. Neural network based fuzzy identification and its application to modeling and control of complex systems[J]. IEEE Transactions on Systems，Man and Cybernetics，1995，25(6)：990-997.

[15] YU S S，WU S J，LEE T T. Application of neural-fuzzy modeling and optimal fuzzy controller for nonliear magnetic bearing systems[C]//IEEE/ASME International Conference on Advanced Intelligent Mechatronics，IEEE，2003，1：7-11.

[16] HAYKIN S S，Adaptive Filter Theory[M]. 2nd ed Englewood Cliffs，NJ：Prentice-Hall，1991.

[17] SHAH S. Optimal filtering algorithm for fast learning in feedforward neural networks[J]. Neural Networks，1992，5(5)：779-787.

[18] SINGHAL S，WU L. Training multilayer perceptrons with the extended Kalman algorithm[C]//Advances in Neural Information Processing Systems，David S. Touretzky. Ed.，1988：133-140.

[19] MARQUARDT D W. An algorithm for least-squares estimation of nonlinear parameters[J]. Journal of the Society for Industrial & Applied Mathematics，1963，11(2)：431-441.

[20] JANG J-S R. Rule extraction using generalized neural networks[C]//Proceedings of the 4th IFSA World Congress (IFSA'91)，IFSA，1991：82-86.

[21] SUGENO M，KANG G T. Structure identification of fuzzy model[J]. Fuzzy Sets & Systems，1988，28(1)：15-33.

[22] TAKAGI T，SUGENO M. Fuzzy identification of systems and its applications to modeling and control[J].

IEEE Trans. Systems, Man, and Cybernetics, 1985, 15(1): 116-132.

[23] LIN C. A neural fuzzy control system with structure and parameter learning[J]. Fuzzy Sets and Systems, 1995, 70(2-3): 183-212.

[24] PAO Y H. Adaptive pattern recognition and neural networks reading [M]. Reading, MA: Addison-Wesley, 1989.

[25] JANG J-S R, SUN C T. Functional equivalence between radial basis function networks and fuzzy inference systems[J]. IEEE Trans. on Neural Networks, 1993, 4(1): 156-159.

[26] JANG J-S R, SUN C T. Predicting chaotic time series with fuzzy if-then rules[C]//Proceedings of 1993 2nd IEEE International Conference on Fuzzy Systems, IEEE, 1993: 1079-1084.

[27] SHI L, SEPEHRI N. Adaptive fuzzy-neural-based multiple models for fault diagnosis of a pneumatic actuator [C]//IEEE Proc. of American Control Conference, IEEE, 2004, 4: 3753-3758.

[28] DIAO Y X, PASSINO K M. Stable fault-tolerant adaptive fuzzy/neural control for a turbine engine[J]. IEEE Transactions on Control Systems Technology, 2002, 9(3): 494-509.

第6章 专家控制系统

教学重点

1）专家系统的概念、专家系统的基本组成和专家系统设计的基本步骤。
2）专家控制系统的结构、工作原理和专家控制器的设计。
3）模糊专家系统的基本结构和建立模糊专家系统的方法。
4）神经网络专家系统的基本结构和主要功能模块的建立。

教学难点

专家控制器的设计、模糊专家系统和神经网络专家系统的设计。

6.1 专家系统

专家系统(Expert System)是一种基于知识、模拟专家决策能力的智能计算机程序，它能够运用知识进行推理，解决只有专家才能解决的复杂问题，是人工智能学科的一个最为重要的应用领域。20世纪七八十年代，知识工程的方法渗透到人工智能的各个领域，并得到了迅速发展，促进了专家系统技术从实验室研究走向实际应用。最具代表性的成果是早期美国斯坦福大学研制的推断化学分子的DENDRAL专家系统和斯坦福大学开发设计的辅助内科医生诊断治疗血液细菌感染性疾病的MYCIN医疗诊断专家系统。我国在专家系统的应用研究和开发工具方面也取得了较好的成果，早在1977年中国科学院自动化研究所基于关幼波教授的经验，成功研发出我国第一个中医肝病诊治专家系统；1985年中国科学院合肥物质科学研究院智能机械研究所熊范纶研究员建成砂姜黑土小麦施肥专家咨询系统，并在10多个县得到很好的推广应用。中国科学院数学研究所研发了专家系统开发工具“天马”，中国科学院合肥物质科学研究院智能机械研究所研发了农业专家系统开发工具“雄风”，中国科学院计算技术研究所研发了面向对象专家系统开发工具“OKPS”。至今，专家系统在各个领域得到广泛的应用，全世界已有几千个专家系统在使用着，涉及医疗诊断、语音识别、地质勘探、石油化工、国防军事、天气预报、农业生产、地震预测、工业生产控制、故障诊断、金融系统、娱乐体育等不同领域。大量先进实用的专家系统进入市场并产生巨大的经济效益和社会效益，展示了广阔的应用前景。

究竟什么是专家系统？各学者和专家由于研究的出发点不同、应用领域的特点不同、解决问题的方法手段和目标不同，对专家系统存在着不同的理解和定义，目前尚无统一、精确的定义。专家系统的开拓者费根鲍姆(E. A. Feigenbaum)认为构建专家系统就是要在机器智能与人类智慧结晶的专家知识经验之间建造桥梁，开发被赋予知识和才能的智能计算机程序，从而使这种程序所起到的作用达到专家的水平。韦斯(Weiss)和库利柯夫斯基(Kulikowski)对专家系统的界定为：“专家系统是使用人类专家推理的计算机模型来处理现实世界中需要专家做出解释的复杂问题，并得出与专家相同的结论”。这个定义包含了两层含义：首先，专家系统的强大功能来源于大量的专家知识，有助于发现信息的本质，把遇到的复杂问题归结为具有一定逻辑的问题；其次，专家系统主要研究如何运用专家知识解决专门问题，从而建立人机系统的方法和技术。专家系统可以简单表述为：专家系统=知识库+推理机。我国著名的人工智能领域专家蔡自兴教授在《高级专家系统：原理、设计及应用》一书中对专家系统提出以下定义：“专家系统是一种设计用来对人类专家的问题求解能力建模的计算机程序”。

综上所述，专家系统是一个计算机程序，但是它又不同于传统的程序系统，主要区别体现在以下几个方面：

1）从用户界面上看，传统程序一般不具有解释功能，而专家系统具有良好的人机交互能力和解释机构，能够对求解的问题给出专家水平的建议或决策，并做出合理的推理解释。

2）从设计方法看，传统的程序系统是基于数字信息的确定型算法式设计方法，可以表述为：程序系统=数据+算法。专家系统是由存放专家知识的知识库和推理机组成，设计方法简单表述为：专家系统=知识库+推理机，实现了知识库和推理机制的相互独立。

3）从内部结构看，传统程序一般信息和控制集成在一起，不便于补充与修改事实和规则，系统缺乏灵活性。专家系统是描述式的，将事实与规则分开，具备不断补充规则和事实的学习能力，极大地增强了系统的灵活性。

4）从处理的信息方面看，传统程序处理的数据多是精确的、面向数值计算的数据，执行顺序是由程序确定的。专家系统则体现出计算机由一般数值信息处理向模糊和不确定性知识信息处理的智能化发展方向，开创了计算机求解非数值问题和知识处理的新途径。

5）从结论看，传统程序系统一般会通过查找或分析计算给出最终的结果或最优解，而专家系统会通过知识库进行推理，给出解释性的建议或可接受的解。

6.1.1 专家系统的结构特点与分类

在设计专家系统时，需要根据系统的基本功能和应用环境等特点来选择确定其基本结构，选择恰当的系统结构对专家系统的适用性和有效性起着决定性的作用。比较常用的专家系统的一般结构形式如图 6-1 所示，由知识库及其管理系统、推理机、综合数据库、知识获取机制、解释机构和人机接口六部分组成。

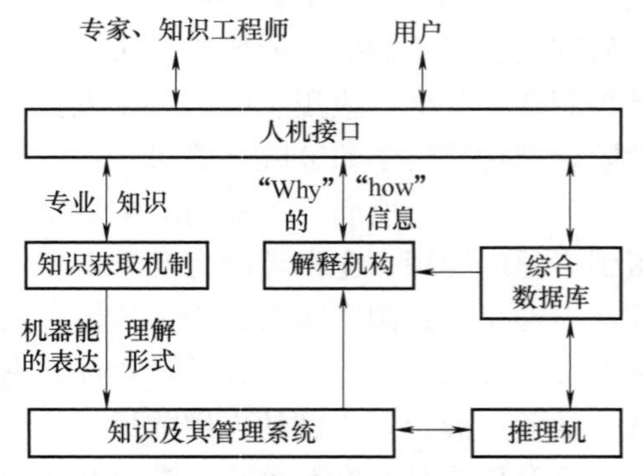

图 6-1 专家系统的一般结构形式

（1）知识库及其管理系统

知识库用于存储某领域专家的经验性知识、原理性知识、相关的事实、可行操作与规则等。知识库管理系统实现对知识库中知识的合理组织和有效管理，并根据推理过程的要求搜索、运用知识以及对知识库中的知识做出合理解释；同时还负责对知识库进行维护。

（2）知识获取机制

知识获取机制是专家系统中获取知识的机构，负责不断修改和扩充知识库中的原有知识，丰富知识规则，实现自动学习功能，提高解决问题的能力和灵活性。知识获取是建立知识库的关键环节，也是建造专家系统的"瓶颈"问题，人们尝试运用自然语言理解、机器学习等各种理论和方法实现自动化知识的自动获取，但距离实际应用尚有相当的距离。

（3）综合数据库

综合数据库又称全局数据库或"黑板"等，它用于存储领域或问题的初始数据（信息）、推理过程中得到的中间结果或状态以及系统的目标结果，包含了被处理对象的一些问题描述、假设条件和当前事实等。

（4）推理机

推理机是专家系统的核心部分，用于记忆所采用的规则和控制策略进行问题求解的过程。知识的运用模式称为推理方式，知识的选择称为推理控制，它直接决定着推理的效果和推理的效率。

（5）解释机构

解释机构能够向用户解释专家系统的行为，包括解释推理结论的正确性以及系统输出其他候选解的原因。具有解释系统是专家系统区别于其他软件系统的主要特征之一，便于用户理解复杂问题的求解结论的合理性。

（6）人机接口

人机接口又称用户界面，便于用户与系统进行交互，用户能够输入必要的数据、提出问题和了解推理过程及推理结果，系统则通过接口要求用户回答提问，并回答用户提出的问题，进行必要的解释。具有友好交互界面、功能智能化、操作自然化的多媒体交互方式必然会成为人与计算机进行信息传递的主流形式。

虽然专家系统根据任务和目的的不同，在设计结构和开发环境等方面存在差异，但是专家系统一般均具有某领域专家水平的专门知识，知识库采用符号表示专家知识，能够实现知识获取，并且采用启发式推理；系统具有灵活性、透明性、交互性和一定的复杂性。

专家系统按照知识表示技术来分，可以分为基于逻辑的专家系统、基于规则的专家系统、基于语义网络的专家系统和基于框架的专家系统。专家系统按照推理控制策略可以分为以事实或数据驱动的正向推理专家系统、以"假设-测试"为推理策略的反向推理专家系统、混合推理专家系统和元控制专家系统。按照应用领域分类，专家系统可以分为医疗诊断和咨询专家系统、气象预报专家系统、工业专家系统、农业专家系统、法律专家系统、教育专家系统、地质勘探专家系统、军事专家系统、化学分析专家系统和经济专家系统。

专家系统按照处理问题的目的和完成任务的特征，可以分为表 6-1 所列的十类专家系统。

表 6-1　专家系统的基本分类

类型	特　征
解释型	用语分析符号数据，进而阐明这些数据的实际意义
预测型	根据对象的过去和现在情况来推断对象的未来演变结果
诊断型	根据输入信息找出对象的故障和缺陷

（续）

类型	特　征
调试型	给出已确定的故障的排除方案
维修型	指定并实施纠正某类故障的规划
规划型	根据给定目标拟订行动计划
设计型	根据给定要求形成所需方案和图样
监测型	完成实时监测任务
控制型	完成实时控制任务
教育型	诊断型和调试型的组合，用于教学和培训

6.1.2　专家系统的建立步骤

建造一个专家系统一般需要经过确认、概念化、形式化、实现和测试五个步骤，如图6-2所示。用于问题求解的专业知识的获取过程是建造专家系统的核心，与构建系统的每一步都密切相关，因此，从各种知识源获取专家系统可运用的知识是建造专家系统的关键环节。

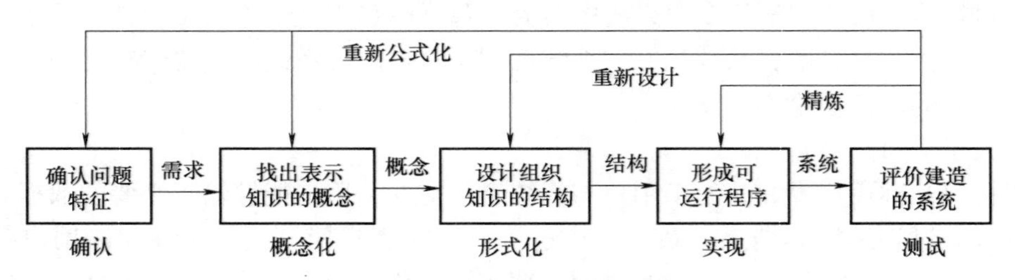

图6-2　建造专家系统的步骤

在确认过程中，知识工程师与专家一起确认问题领域并定义其范围，确定参加系统开发的人员，决定需要的资源(时间、资金、进度、软硬件环境、计算工具等)，以及开发专家系统的目标和任务，提出对系统功能和性能的要求，同时确定具有典型意义的子问题，用以集中解决知识获取过程中的问题。威特曼(Waterman)从开发的基本条件、理由和任务特性等方面提炼出了适合专家系统开发的问题特征，并进行了可行性分析。

在概念化过程中，知识工程师与专家密切配合，深入了解给定领域中问题求解过程需要的关键概念、关系和信息流的特点，尽可能尝试采用图形描述这些概念和关系，对建造系统的永久性概念库具有重要作用。

形式化过程是根据概念化期间分离的重要概念、子问题及信息流特性，选择适当的知识工程工具，把它们映射为以知识工程工具或语言表示的标准形式，具有假设空间、过程的基础模型和数据特征三大要素。为了解假设空间的结构，必须形成概念，确定概念之间的联系并确定它们如何连接成假设；明确领域中用于生成解答过程的基础模型是知识形式化的重要步骤；理解问题领域中数据的特征，有助于直接说明数据与问题求解过程中目标结构的关系。

在实现过程中，把前一阶段形式化的知识映射到与该问题选择的工具(或语言)相联系的表达格式中。知识库是通过选择适用的知识获取手段(知识编辑程序、智能编辑程序或知识获取程序)来实现的。

在形式化阶段明确了相关领域知识规定的数据结构、推理机以及控制策略，经过编码后与相应的知识库组合在一起形成专家系统的原型系统。

在测试过程中，主要评价原型系统的性能和实现它的表示形式，利用原型系统从头到尾运行多个实例来确定知识库和推理机的缺陷。一般由领域专家和系统用户分别考核系统的准确性和实用性，如是否产生有效的结构，功能扩充是否容易，人机交互是否友好，知识水平及可信程度，运行效率和速度，以及系统运行的可靠性等方面，全面客观地给出系统性能评价。

建造专家系统应当尽早利用上述步骤建造一个可运行的原型系统，并在运行过程中不断测试、修正、扩充，使之完善。经验表明这种方案往往很有效。试图在正确地、完整地分析问题并掌握所有知识之后，再去建造可运行的系统的方案是不可取的。

6.2　专家控制系统

专家控制最早由美国斯坦福大学教授（F. Hayes-Roth）等人在 1983 年提出，他们指出："专家控制系统的全部行为能被自适应支配，必须能够重复解释当前的状况，预测未来的行为，诊断出现故障的原因，制定相应的规划，并监控规划的执行，确保系统成功运行"。1986 年，瑞典学者 K. J. Astrom 在论文"Expert Control"中以实例说明智能控制，正式提出了专家控制的概念，标志着专家控制作为一个学科的正式创立。专家控制（Expert Control）是智能控制（Intelligent Control）的一个重要分支，是指将人工智能领域的专家系统理论和技术与控制理论方法和技术相结合，仿效专家的智能，实现对较为复杂问题的控制，这种基于专家控制原理所设计的系统称为专家控制系统（Expert Control System，ECS）。具体地说，专家控制系统是把人类操作者、工程师和领域专家的经验知识与控制算法相结合，知识模型与数学模型相结合，符号推理与数值运算相结合，知识信息处理技术与控制技术相结合。

专家控制虽然引用了专家系统的思想和技术，但是由于工业控制的特点，要求专家控制系统必须具备在线实时分析控制、现场运行的高可靠性和连续性、控制的灵活性与应用的通用性，以及足够的抗干扰能力等特性。

6.2.1　专家控制系统的结构与设计

由于实际被控对象或过程存在着模型的不确定性，自动控制系统中运用启发式逻辑能使控制问题得到优化解决，而传统控制技术中控制规律的解析算法要求精确而固定的数学模型。因此，将专家系统在专门领域中的问题求解思路、经验、方式组织成一个实际运行的形式系统，表现出一种拟人的智能性，与传统的自动控制理论和方法结合，形成了专家系统控制的基本思想。

一般的专家控制系统有知识基系统、数值算法库和人机接口三个并行运行的子过程。三个运行子过程之间的通信通过出口信箱（Out Box）、入口信箱（In Box）、应答信箱（Answer Box）、解释信箱（Result Box）和定时器信箱（Timer Box）进行。专家控制系统的基本结构如图 6-3 所示。

专家系统的控制器由位于下层的数值算法库和位于上层的知识基系统两大部分组成。数值算法库包含的是定量的知识，即解析控制算法，一般为控制、辨识和监控三类算法。知识基系统是对数值算法进行决策、协调和组织，针对当前的问题信息，识别和选取对解决当前问题有用的、定性的启发式知识进行符号推理，按专家系统的设计规范编码，通过数值算法库与受控过程间接相连，连接的信箱中有读或写信息的队列。内部过程的通信功能如下：

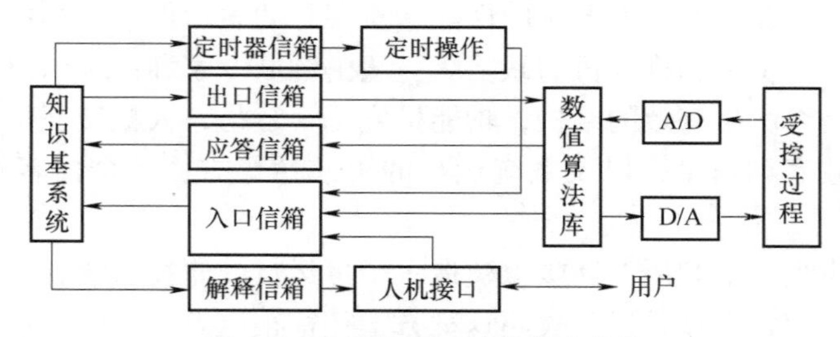

图 6-3　专家控制系统的基本结构

（1）出口信箱

将控制配量命令、控制算法的参数变更值以及信息发送请求从知识基系统送往数值算法部分。

（2）入口信箱

将算法执行结果、检测预报信号、对于信息发送请求的答案、用户命令以及定时中断信号分别从数值算法库、人机接口及定时操作部分送往知识基系统。这些信息具有优先级说明，并形成先入先出的队列。在知识基系统内部另有一个信箱，进入的信息按照优先级排序插入待处理信息，以便尽快处理最主要的问题。

（3）应答信箱

传送数值算法对知识基系统的信息发送请求的通信应答信号。

（4）解释信箱

传送知识基系统发出的人机通信结果，包括用户对知识库的编辑、查询、算法执行原因、推理结果、推理过程跟踪等系统运行情况的解释。

（5）定时器信箱

用于发送知识基子系统内部推理过程需要的定时等待信号，供定时操作部分处理。

人机接口子过程包括面向数值算法库的命令和用户接口两类命令，分别负责改变算法参数、操作方式；以及实现直接地与知识基系统交互，完成更新知识库的规则编辑、修改和跟踪规则的执行，以便操作者对于控制系统进行离线修改或在线监控和干预。

目前在专家智能控制系统中主要有三种类型的专家控制系统应用最为广泛，分别是实时控制专家系统、控制系统辅助设计专家系统和实时故障诊断与控制专家系统。近年来，随着神经网络控制、模糊逻辑控制等方法的发展，将几种方法相融合形成的模糊专家控制系统、神经网络专家控制系统已成为研究的热点。

工业过程控制对象一般具有不确定性、非线性、耦合性、信息的不完备性和大滞后等特点，现代工业过程控制所要求的高精度，与实现控制的复杂性和控制的实时性之间存在矛盾，专家控制的理念和方法能有效地控制复杂的工业生产过程。专家控制分为专家控制系统（ECS）和专家控制器（Expert Controller）两种形式。前者系统结构复杂，研发代价高，具有较好的技术性能，并用于要求较高的场合；后者结构简单，研发周期短，实时性好，在工业生产中获得了日益广泛的应用。

专家控制系统在工业过程控制领域中获得了蓬勃发展，许多经典的实时专家控制系统得到了成功应用。如早期美国的 LISP 机器公司开发的 PICON（Process Intelligent Control）系统，用于炼油厂蒸馏塔的故障诊断和在线控制，可监视 2 万多个过程变量和报警信息；华东理工大学自动化研究所研制开发的乙烯精馏塔压差实时专家控制系统，针对乙烯精馏塔的工艺特点，设计带有故障诊断的实时专家控制系统，结构如图 6-4 所示。另外，鞍山钢铁学院开发的水泥回转窑实时专家控制系统，北京智能谷科技有限公司开发的热风炉专家控制系统，上海大学研发的温室加热实时专家控制系统等，实现了工业过程的实时在线控制，有效地降低了成本，减少了环境污染。

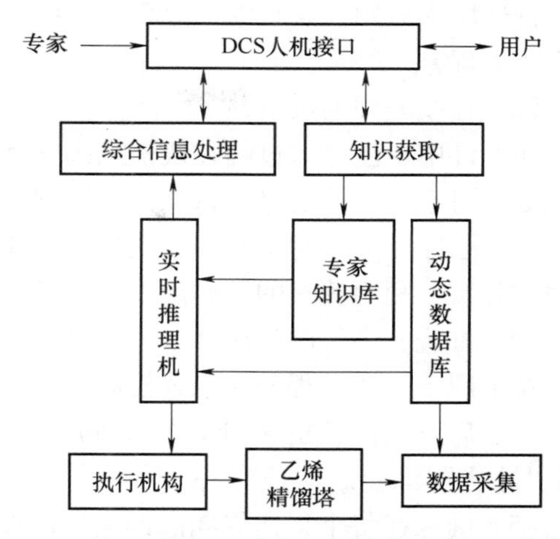

图 6-4　乙烯精馏塔压差实时专家控制系统结构

专家控制器虽然功能不如专家系统完善，但是针对复杂程度较低的被控对象控制效果也很好。专家控制器通常包含知识库(KB)、推理机(IE)、控制规则集(CRS)和信息获取与处理(FR&IP)等部分。

专家控制器在模型的描述上采用多种形式，其实现的方法必然多种多样。按照专家控制器在整个过程控制中的作用形式可分为直接式专家控制器和间接式专家控制器两类。直接式专家控制器取代常规控制器和调节器，用于直接控制生产过程或被控对象的调节，一般采用简单的知识表达和知识库，并运用直接模式匹配或直觉推理，以实现在线和实时控制，其结构示意图如图 6-5 所示。间接式专家控制器与常规控制器、调节器结合，在控制的高层(优化、校正、适应和协调)或组织层上应用专家系统，专家系统只是通过对控制器的调整，间接地影响被控过程，其结构示意图如图 6-6 所示。

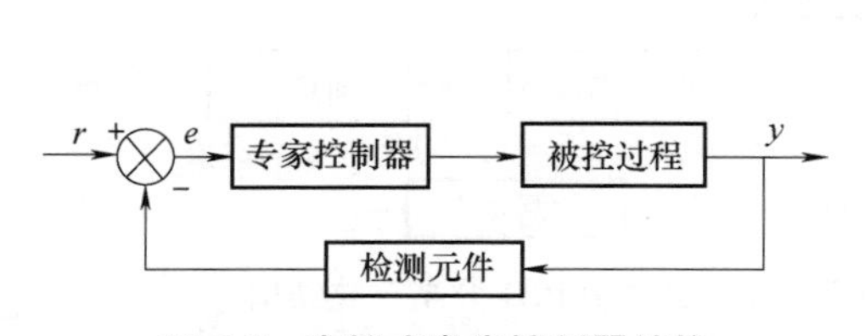

图 6-5　直接式专家控制器结构

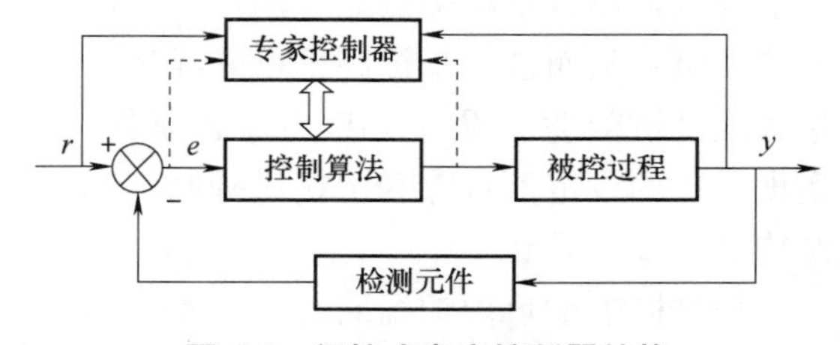

图 6-6　间接式专家控制器结构

专家控制器对被控过程或对象进行实时控制，必须在每个采样周期内都给出控制信号，所以对专家系统运算(推理)速度的要求是很高的，在设计上应遵循以下原则：

(1) 描述模型的多样性

在设计过程中，对被控对象和控制器的模型应采用多样化的描述形式，可以采用产生式规则、逻辑关系、模糊关系和解析形式等多种方法来描述被控过程的特征，以求更好地反映过程特性，增强系统的信息处理能力。

(2) 提高专家系统的运行速度

其他类型的专家系统(如医疗诊断专家系统)重视的是结果，一般不注重系统运行速度，而在控制系统中，专家系统的推理速度是至关重要的。因此，在满足专家控制器运行速度要求的前提下，配置适当的硬件(如 CPU 速度、数据总线位数和内存量等)和软件环境(以提高运行速度为原则，兼顾编程效率，界面友好和使用方便等方面的要求，选择合适的工具软件进行编程)。

(3) 在线处理的灵活性

在设计中要注意对过程在线信息的处理及应用，对那些对控制决策有意义的特征信息进行记忆，对于过时的信息加以忘记。合理设计知识库的结构，可以按知识的层次把知识库划分为几个子库，推理时按知识层次搜索相应的子库，从而可以缩小搜索范围，大大提高搜索效率。其次，利用搜索的某些启发式信息，预先指导知识库的设计。

(4) 推理、决策的实时性

对于用于工业过程的专家式控制器，要求知识库的规模不易过大，推理机构应尽可能简单，采用启发式信息指导知识库和划分子库的构造，可以提高综合搜索效率，满足工业过程的实时性要求。

(5) 确保在每个采样周期内都能提供控制信号

专家系统从推理开始到得出最终结论的推理步数是不固定的，完成一步推理所花的时间也不一样，从不同状态求解结论的过程所用的总时间差异很大。为取得好的控制效果，必须确保在每个采样周期都能提供控制信号。为此，首先要解决控制信号的有无问题，然后再考虑其质量优劣问题。

6.2.2 PID 专家控制器应用实例

例 6-1 下面以某钢厂加热炉为例，设计一种 PID 专家控制器控制加热炉的炉温。加热炉是钢铁工业中主要的耗能设备之一，具有大惯性、滞后、严重的时变性和非线性特性，合理地调节加热炉的燃烧，快速准确地控制炉温，能够降低能源消耗，提高加热质量，从而进一步提高整个轧线生产过程的经济效益。设计 PID 专家控制器，实现最佳的设定值跟踪和干扰量抑制，其结构如图 6-7 所示。

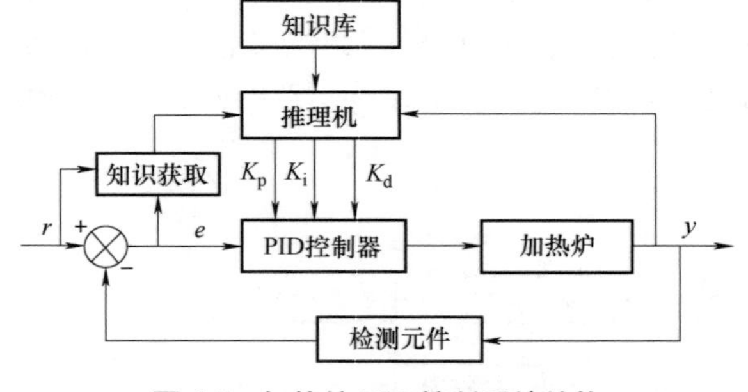

图 6-7 加热炉 PID 控制系统结构

根据影响加热炉炉温的若干因素，如当前采样时刻炉温给定值 R_i、温度偏差 e_i 和温度偏差变化率 Δe_i 分析和总结专家规则如下。

专家规则 1 给定值 R_i 对 PID 控制参数的修正系数 K_{R_i}。

根据实际生产的工况不同，往往需要调整在不同给定温度下的 PID 参数，通常一组 PID 参数只适用于一定的给定温度。具体修正系数见表 6-2。

表 6-2 给定值 R_i 对 PID 控制参数的修正系数 K_{R_i}

R_i/℃	850	900	950	1000	1050	1100	1150	1200	1250	1300
K_{R_i}	0.61	0.65	0.69	0.72	0.75	0.79	0.82	0.87	0.92	1.00

专家规则 2 温度偏差 e_i 对 PID 控制参数的修正系数 K_{e_i}。

根据控制精度的要求，PID 专家控制器把温度误差 e_i 分成三个区域：±10℃ 为理想区域，该区域以稳定运行为主，可减少调节阀动作，修正系数较小；±10～±20℃为加大调节力度区域，即增大修正系数，根据 PID 参数影响规律，尤其加大 K_p 以加快系统的响应速度，使误差不进入第三区域；±20～±30℃为误差过大区域，一旦进入该区域，为了不出现过度调节而产生较大振荡，尤其要降低 K_i 的修正系数。具体修正系数见表 6-3。

表 6-3　温度偏差 e_i 对 PID 控制参数的修正系数 K_{e_i}

e_i/℃	0	2	4	6	8	10	12	14
K_{pe_i}	0.65	0.7	0.75	0.8	0.85	1.0	1.25	1.5
K_{ie_i}	0	0	0	0.75	0.8	1.0	1.1	1.1
K_{de_i}	0.75	0.8	0.85	0.9	0.95	1.0	1.25	1.25
e_i/℃	16	18	20	22	24	26	28	30
K_{pe_i}	1.5	1.25	1.0	0.85	0.8	0.75	0.7	0.6
K_{ie_i}	0.9	0.85	0.75	0.7	0.6	0.55	0.5	0.4
K_{de_i}	1.0	1.0	0.9	0.9	0.85	0.8	0.75	0.7

专家规则 3　温度变化率 Δe_i 对 PID 控制参数的修正系数 $K_{\Delta e_i}$。

Δe_i 为一个采样周期内温度的变化率，若大于某一定值(以±6℃为例)就会出现振荡或烧嘴堵塞的不正常现象，此时应降低修正系数，不变则不易起到抑制振荡的作用，增加则会引起更大的振荡。具体修正系数见表 6-4。

表 6-4　温度变化率 Δe_i 对 PID 控制参数的修正系数 $K_{\Delta e_i}$

Δe_i/℃	0	2	4	6	8
$K_{\Delta e_i}$	1.15	1.00	0.85	0.7	0.6

专家规则 4　温度偏差 e_i 对 PID 控制量 u_i 最小值的修正系数 K_{u_i}。

如果 PID 控制量 u_i 是燃料流量值，则应根据加热炉的特性进行限幅，最大值和最小值可以根据经验输入计算机，也可以由计算机自动整定。最大值不能超过加热炉的热负荷，最小值随温度偏差而变化，即根据温度偏差要乘上相应的修正系数，见表 6-5。

表 6-5　温度偏差 e_i 对 PID 控制量 u_i 最小值的修正系数 K_{u_i}

e_i/℃	0	2	4	6	8	10	12	14
K_{u_i}	1.0	0.95	0.9	0.85	0.8	0.75	0.7	0.65
$-e_i$/℃	0	2	4	6	8	10	12	14
K_{u_i}	1.0	1.0	1.1	1.15	1.2	1.2	1.25	1.25
e_i/℃	16	18	20	22	24	26	28	30
K_{u_i}	0.65	0.6	0.6	0.55	0.55	0.5	0.5	0.4
$-e_i$/℃	16	18	20	22	24	26	28	30
K_{u_i}	1.3	1.3	1.35	1.35	1.4	1.4	1.45	1.5

根据上述专家规则，通过查表计算，可以在上次 PID 控制参数的基础上得到本次 PID 控制参数。满足公式：

$$K_{pi}=K_{pi-1}K_{R_i}K_{pe_i}K_{\Delta e_i}$$
$$K_{ii}=K_{ii-1}K_{R_i}K_{ie_i}K_{\Delta e_i}$$
$$K_{di}=K_{di-1}K_{R_i}K_{de_i}K_{\Delta e_i}$$
$$\Delta u_i=K_{pi}\Delta e_i+K_{ii}e_i+K_{di}(\Delta e_i-\Delta e_{i-1})$$
$$u_{min}\leqslant u_i=u_{i-1}+\Delta u_i\leqslant u_{max}$$

PID控制参数整定的方法很多，如工程整定法、理论值计算法、经验法等。下面介绍一种临界比例度的工程整定方法，具体整定步骤如下：

1）置 $K_i=0$，$K_d=0$，给定一个设定输入值 R_i，选定一个较小的 K_p 值，此时应是一个衰减曲线。

2）逐渐增加 K_p 值，观察并记录温度曲线，直至曲线出现等幅周期振荡，记录 K_{pi} 的值和振荡周期 T_k。

3）按照表6-6计算加入PID控制器的 K_p、T_i、T_d 值。

表6-6 临界比例度的作用参数整定计算表

控制作用	控制参数		
	K_p	T_i	T_d
P	$0.5K_{pi}$		
PI	$0.454K_{pi}$	$0.85T_k$	
PID	$0.625K_{pi}$	$0.5T_k$	$0.13T_k$

4）计算 K_p、K_i、K_d 的值，$K_i=K_{pi}\dfrac{T}{T_i}$，$K_d=K_{pi}\dfrac{T_d}{T}$，其中 T 为控制系统的采样周期。

6.3 模糊专家系统

传统的专家系统中规则的前件和结论一般是精确的数值或命题，如一个元素属于这个集合取值为1，反之为0。但是，在工业过程中存在大量无法依靠模型准确描述的概念，如"高与低""长与短""冷与热"和"快与慢"等模糊的概念。为了更好地模拟专家知识的不确定性，在专家系统的研制和开发中，引入模糊数学的理论、方法和技术，通常用隶属函数表示规则或前件的可信或匹配程度，形成的模糊专家系统具有很大的优越性。

6.3.1 模糊专家系统的结构与设计

一个基于规则的模糊专家系统通常由输入输出模块、模糊数据库、模糊知识库、模糊推理机、学习模块和解释模块构成，其基本结构如图6-8所示。

设计模糊专家系统主要考虑与传统专家系统在模糊知识的表示、模糊推理和模糊知识的获取等方面的不同。

（1）模糊知识的表示

目前对模糊性知识的表示方法有逻辑表示法、产生式规则表示法、框架表示法、语义网络法、过程表示法、面向对象表示法和因素神经网络表示法等。但随着需要处理的知识和数据的大量增加，人们发现单一的知识表示已不能满足需要，于是提出了混合知识表示。这些研究促进了知识工程的发展，出现了一些含多种知识表示的模糊专家系统。

（2）模糊推理

模糊推理主要进行模糊知识处理，常用的模糊推理方法有合成推理、匹配推理、可能性理论进行模糊推理、采用真值约束法和区间值模糊集等方法实现模糊推理。合成推理就是把推理过程公式化，依据模糊 if-then 规则实现模糊推理。常用的合成方法有 Zadeh 的 max-min 合成方法、Kaufmann 的 Sup-bounded-product 合成方法、Mizumoto 的 Sup-drastic 合成方法，以及 Turksen 的 Sup-T 合成方法等。采用匹配进行推理主要是度量模糊命题和检测事实的相似程度，用于计算推理过程中不确定性的传播。对已有事实或规则进行匹配，根据阈值选出所有成功匹配的规则，计算可信度传播值，根据冲突消解的策略选择规则和结论。常用的计算匹配度的方法有贴近度、语义距离和相似度等。采用可能性理论实现模糊推理是采用可能性分布来描述语言变量等模糊概念。

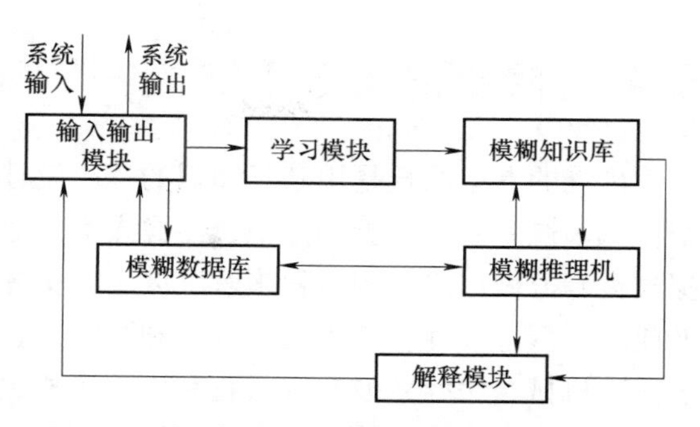

图 6-8　基于规则的模糊专家系统的基本结构

（3）模糊知识的获取

模糊专家系统所要获取的知识不要求结构和数量上的精确描述，获取的知识可以是一些不完整、不全面和不确定的模糊知识，这使得专家系统具有更大的灵活性。但是必须充分考虑处理不确定性因素的不确定性推理模型，使系统真正达到具有一定的自适应性。

6.3.2　模糊专家系统应用实例

例 6-2　基于模糊专家系统的全自动洗衣机程序设计。

随着人民生活水平的提高，人们希望洗衣机具备更加人性化、智能化，同时在节约资源的前提下达到最佳的洗衣效果。下面利用专家知识和手动操作人员长期积累的经验，设计基于模糊控制的全自动洗衣机的控制规则，实现全自动洗衣机的功能要求。

全自动洗衣机模糊专家系统的控制原理为：首先确定衣服量、衣服的脏污性质和脏污程度等信息，然后根据专家的经验设计模糊控制规则，再经过模糊推理和反模糊化的合成推理，最终得到需要的水位高低、洗涤剂量和洗涤时间等控制输出量。

（1）模糊控制量和输出量

全自动洗衣机选择 3 个输入量，其模糊子集隶属函数可定义为：衣服量，论域的语言值定义为{多、较多、较少、少}四种程度；脏污程度，论域的语言值定义为{很脏、一般脏、不太脏}三种程度；脏污性质，论域的语言值定义为{油性、泥性}两种。洗衣机的模糊控制器输出主要包括水位、洗涤剂投放量和洗涤时间 3 个量。输出量的模糊子集隶属函数可定义为：水位高低，论域的语言值定义为{很低、低、高、很高}四种程度；洗涤剂投放量，论域的语言值定义为{很少、少、中、多、很多}五种程度；洗涤时间，论域的语言值定义为{很短、短、中、长、很长}五个档次。

（2）模糊控制规则和模糊推理

模糊控制器的规则库是基于专家知识和手动操作人员长期积累的经验，是按人的直觉推理的一种语言表示形式。其推理规则通常采用 if-then，else 等形式，为了简化表示模糊规则，模糊控制输出量用数字表示。模糊控制规则此处省略，MATLAB 程序见附录 6.1。

附录 6.1　基于模糊专家系统的全自动洗衣机程序设计

6.4 神经网络专家系统

传统的专家系统是用基于知识的程序设计方法建立起来的计算机系统，它综合集成了某个特殊领域专家的经验和知识，能像人类专家那样运用这些知识，通过深层次的逻辑推理模拟人类专家做出决定的过程来解决人类专家才能解决的复杂问题。专家系统以其适应性强、低成本、低危险性、知识的持久性和高水平、系统可靠性强和响应快速等优点广泛地应用于工业、机械、医疗、航空、教育和农业等相关领域，取得了许多令人瞩目的研究成果。但是由于专家系统本身存在知识获取“瓶颈”和“窄台阶”问题，如系统缺乏联想功能，实时性、可靠性、鲁棒性和容错性差；没有创造性知识，智能水平较低等缺陷，许多问题不能得到有效的解决，必然制约它的进一步发展。

近年来，将神经网络与专家系统相结合形成神经网络专家系统，可以充分发挥二者的优点，克服专家系统的缺陷，并已成为当前研究的热点，日益受到重视。与传统的专家系统相比，神经网络专家系统利用神经网络强大的并行分布式处理功能、连续时间非线性动力学特性模拟和全局集体作用等特点，能够有效地解决专家系统实现过程中遇到的难点，实现知识获取的自动化、并行联想和知识推理，提高专家系统的智能水平、实时处理能力，以及提高系统的鲁棒性和容错能力。

6.4.1 神经网络专家系统的结构与设计

神经网络和专家系统的结合方式根据解决问题的侧重点不同具有多种模式，归纳起来主要有神经网络支持专家系统(见图 6-9)、专家系统支持神经网络，以及协同式神经网络专家系统(见图 6-10)等几种。

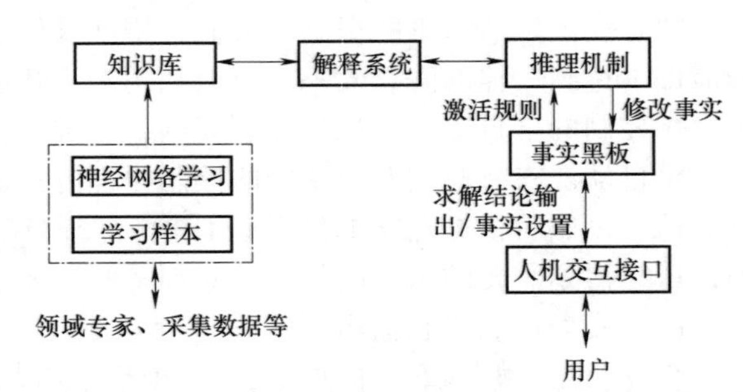

图 6-9 神经网络支持专家系统的基本结构

设计神经网络专家系统主要考虑知识库构建、推理机制和解释机制等几个方面。知识库的建立实际上就是神经网络的学习过程，包括知识的获取和存储两个过程。知识的获取就是利用领域专家解决实际问题的实例(学习样本)来训练神经网络，使在同样输入的条件下神经网络能够获得与专家给出的方案尽可能相同的输出。通过对保存在数据库内的学习样本进行神经网络学习，使其达到稳定后就可以形成一条完整的规则，当遇到未见过的新的条件和结论时，知识库可以添加新的学习样本，通过再训练更新知识规则，达到更新知识库和实现自学习的能力。

推理机是用于记忆规则和控制策略的程序，完成依据知识规则从已有的事实推出结论的近似专家的思维过程，实现问题求解。基于知识的推理机制有正向推理、反向推理和混合推理三种。正向推理的基本思想是从系统的已知征兆事实或测量特征参数出发，正向利用分布的网络权值和阈值计算得到输出，实现与输出模式的映射从而得出推理结论。这种推理机制简单，容易实现，比较适合于设备的在线监测和控制。反向推理是由目标到支持目标的证据的推理，基本思想是先假设输出是某一种类型，然后在知识库中寻找其为假设结论的规则，验证该规则的前提是否存在，又称目标驱动的控制策略。混合推理是将正向推理和反向推理有效地结合起来使用，达到推理的准确性和高效性，基本指导思想是根据征兆事实库中的部分已知事实作为神经网络的输入，神经网络利用正向推理初步确定最有可能发生的事件，然后再利用反向推理进一步验证假设是否成立。

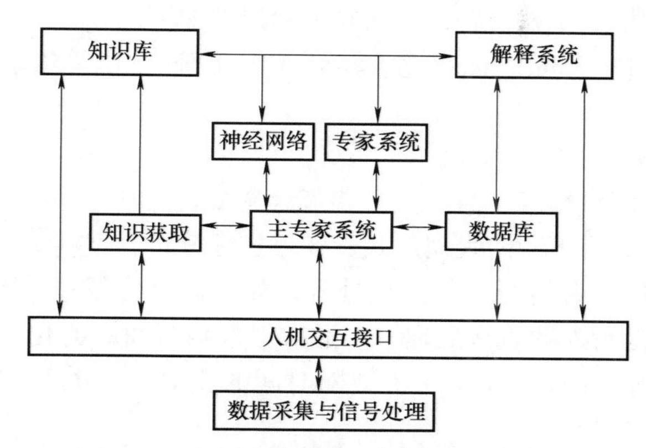

图 6-10　协同式神经网络专家系统的基本结构

解释机制是负责对系统的推理过程或得出的诊断结果进行合理解释以提高专家系统的可信度。例如，利用神经网络中的各种数据(输入数据、输出数据、隐含层神经元的输出数据等)和输入层神经元、输出层神经元的物理含义及其连接权值形成规则，用这些规则实现解释功能，其过程相当于神经网络训练的一个逆过程。有些采用神经网络与专家系统协同方式结合，在神经网络专家系统中设计逻辑推理模块，通过逻辑推理模块对推理结果进行解释。

6.4.2　神经网络专家系统应用实例

例 6-3　基于神经网络专家系统的火电厂锅炉在线故障诊断。

锅炉系统对于火力发电厂来讲，属于重大关键设备，也是故障发生频繁的部分。从保证安全可靠运行的角度出发，对其生产过程进行早期的故障检测与诊断具有非常重要的意义。本系统以某中型火电厂的主要生产设备——220t/h 自然循环煤粉锅炉为研究对象，设计了一个基于神经网络专家系统的故障检测与诊断系统。其主要功能为正确监测锅炉设备的状态，预测可能发生的故障，对相关设备做出检修或维修预测，并为设备提供检测参考或决策意见。该系统不仅可以提高设备的可用率，还能有效降低检修费用，提高中小型火电厂的经济效益。

(1) 故障诊断系统的组成与诊断原理

针对火电厂锅炉热工生产过程高度复杂，以及多测点、多故障和同时性诊断等特点，采用多个子网络结构并联，应用 BP 网络学习算法逼近和延拓映射关系，并与专家系统结合构成基于神经网络的锅炉生产过程故障诊断专家系统，结构如图 6-11 所示。该系统包括神经网络学习、专

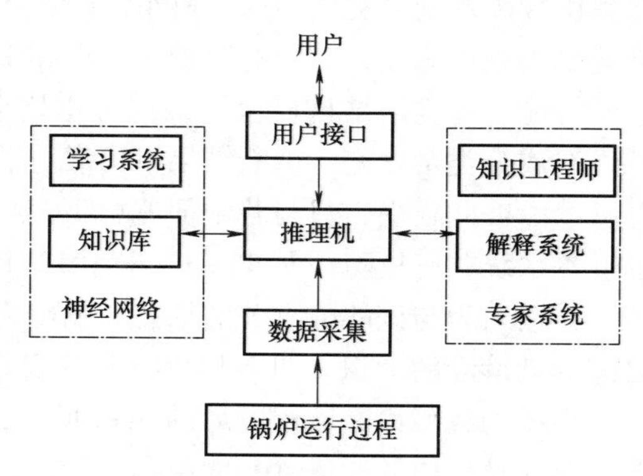

图 6-11　基于神经网络的锅炉生产过程故障诊断专家系统结构

家系统解释推理、用户接口及数据采集等部分。

(2) 锅炉机组故障机理与故障征兆分类

根据工程师和操作人员的专家知识，该系统归纳出了锅炉常见的 20 种系统级故障，用产生式规则表示，其一般形式为：if(PR1,PR2,…,PRM)then(结论)。

如锅炉满水故障，根据文献资料，归纳知识库规则如下：

规则：if　锅筒水位超过+75mm　and　过热蒸汽温度下降　and　给水量不正常地大于蒸汽流量，

then　报警：锅炉满水。

相关参数：锅筒水位、蒸汽温度、给水流量和蒸汽流量。

由于不同的故障征兆有不同的表现形式，通过实际分析，把锅炉的故障征兆分成表现型故障征兆(可以用当前的设备运行参数直接处理，如锅筒水位超过+75mm)、过程型故障征兆(不能用当前的设备运行参数直接处理，跟运行参数随时间的变化有关，如过热蒸汽温度下降)和相关型故障征兆(根据若干运行参数随时间的相对变化关系才能确定处理，如给水量不正常地大于蒸汽流量)。

这些故障征兆作为神经网络的输入，必须将与故障有关的检测参数转化为 0~1 之间的高层逻辑模糊量化值，表征故障征兆的匹配程度。例如，当锅筒水位超过+75mm 时，则 $X=1$；蒸汽温度下降，则 $X=1$；蒸汽温度未变化，则 $X=0$；依次类推。在实际进行高层逻辑概念量化时，由于故障征兆专家知识往往是模糊的，参数的上升、下降和波动等状态均属于不确定性概念，因此，将动态信号处理与模糊数学方法结合起来，利用模糊数学方法中的隶属函数确定输入模式的匹配程度。

假设模糊集 A 代表“蒸汽温度下降”，判别这一逻辑概念的隶属函数为

$$\mu_A(\Delta g_i)=\begin{cases}0 & \Delta g_i>0\\ \dfrac{1}{1+[(\Delta g_i-\varepsilon_i)/\varepsilon_i]^2} & \varepsilon_i\leqslant\Delta g_i\leqslant 0\\ 1 & \Delta g_i<\varepsilon_i\end{cases}$$

式中，$\varepsilon_i<0$ 为蒸汽温度下降的极限值，根据实际经验取 $\varepsilon_i=-2$；$\Delta g_i<0$ 为蒸汽温度下降量。

(3) 基于神经网络专家系统的锅炉机组故障诊断

由故障规则可提出与锅炉机组故障直接有关的检测参数量有 35 个，若细分参数的动态变化趋势则更为复杂，针对锅炉多测点和多故障的特点，设计单一的网络进行 20 种故障的诊断可能引起网络结构庞大，训练样本增多，使网络训练难以进行，同时对样本误差较敏感，造成分类精度底，诊断结果不可靠。根据总结出来的锅炉运行特点及故障发生的规则，每种故障彼此独立，只与若干征兆(即检测参数状态)有关，可用一个子网络对故障进行映射。本系统共有故障征兆 48 条，采用 12 个独立的子网络并联构成神经网络故障诊断专家系统，其输入为与该故障有关的征兆，输出为发生该故障的可信度，网络的权值为征兆与故障之间规则诊断的知识。图 6-12 为子网络并联映射结构，其中 D 表示故障，M 表示故障征兆。

系统的故障诊断流程图如图 6-13 所示，各个子网络采用较为常用的 BP 网络，学习训练利用引入动量项的改进 BP 网络学习算法。把所有的故障子网络经学习训练达到要求的知识库采用并联组合形成一个大规模知识库网络。例如，针对火电厂锅炉系统在运行某一时刻出现水冷壁管损坏故障，对应故障的神经网络输出 Y_6 的值和故障发生时刻前后的仿真数据见

表 6-7(这里只给出与该故障有关的参数值)。

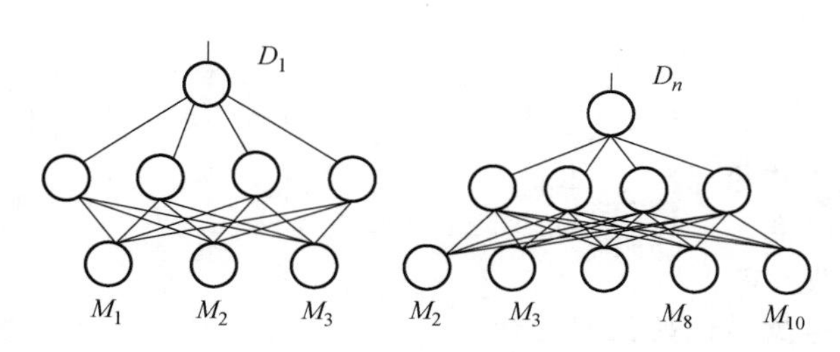

图 6-12　子网络并联映射结构

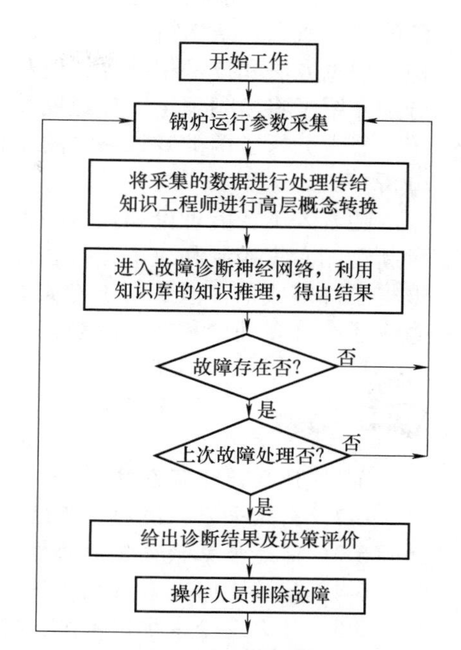

图 6-13　故障诊断流程图

表 6-7　水冷壁管损坏故障时刻前后相关检测参数与神经网络输出值

参数名称	$t=1$	$t=2$	$t=3$	$t=4$	$t=5^*$	$t=6$	$t=7$	$t=8$	$t=9$	$t=10$
锅筒水位/mm	2	−6	−15	−27	−40	−56	−63	−70	−72	−77
给水流量/$t \cdot h^{-1}$	210	212	212	216	217	218	222	221	226	228
蒸汽流量/$t \cdot h^{-1}$	200	202	202	196	190	192	188	186	186	188
蒸汽压力/MPa	9.72	9.72	9.71	9.71	9.70	9.68	9.67	9.67	9.66	9.66
水门前压/MPa	12.5	12.5	12.4	12.4	12.2	12.2	12.0	12.0	11.8	11.8
水门后压/MPa	11.0	11.0	11.1	11.2	11.2	11.4	11.5	11.5	11.6	11.6
东排烟温/℃	145	146	145	144	144	144	143	142	142	142
西排烟温/℃	145	145	146	144	144	144	143	143	142	142
炉膛负压/Pa	20	20	16	13	8	3	−1	−5	−7	−10
网络输出 Y_6	0.007	0.008	0.008	0.007	0.714	0.823	0.853	0.984	0.984	0.986

注：“ * ”表示故障时刻。

由以上仿真结果可以看出，该系统故障诊断速度快，准确率高，并能够实现多种故障同时诊断的功能；各子网络独立训练，便于知识库的修改和扩充；在训练样本不完备时，可根据联想记忆功能给出诊断结果。

6.5　本章小结

专家系统是人工智能的重要分支之一，它的不精确推理、知识库和推理机分离以及自我学习等特性使它能很好地处理一些非确定性或非结构化的复杂问题。本章首先阐述了专家系统的基本概念、结构特点与分类，以及建立专家系统的基本步骤；其次介绍了把专家系统与控制理论方法和技术相结合实现专家控制，包括专家控制系统和专家控制器的设计；最后，分别介绍了将模糊理论、神经网络与专家系统结合形成的模糊专家系统和神经网络专家系统，着重分析了两类专家系统的结构与设计，并以工程实例应用实现 MATLAB 仿真设计与分析。

随着人工智能理论和技术的不断发展，许多新技术和新理论应用于专家系统，形成了多种新型的专家控制和决策支持系统，其研究和应用领域日益受到科研工作者的重视和欢迎，取得了许多成果。但是由于专家系统自身的缺陷，有的专家系统的效果并不是非常令人满意，还有许多理论和技术问题有待人们深入研究和探讨。

习题

6-1 什么是专家系统？

6-2 简述专家系统的一般结构、组成及工作原理。

6-3 简述专家系统常用的推理方法及其特点。

6-4 简要说明专家系统的设计原则和开发步骤。

6-5 什么是专家控制系统？它与传统的专家系统的区别是什么？

6-6 简述专家控制系统的基本结构。

6-7 简述模糊专家系统的特点和结构。

6-8 在模糊专家系统中常用的模糊推理方法有哪些？

6-9 描述神经网络专家系统在知识处理、知识表示和推理等方面的主要特征。

6-10 结合所学的智能控制知识，针对某个专业领域构造一个小型的基于神经网络的专家系统，并完成专家系统的基本功能。

参考文献

[1] LINDSAY R K, BUCHANAN B G, FEIGENBAUM E A, et al. DENDRAL[M]. New York: McGraw-Hill, 1980.

[2] PEA R D. Integrating human and computer intelligence[J]. New Directions for Child and Adolescent Development, 1985(28): 75-96.

[3] 赵春江，诸德辉，李鸿祥. 小麦栽培管理计算机专家系统的研究与应用[J]. 中国农业科学，1997, 30(5): 42-49.

[4] 侯超伟，马波，申大鹏，等. 基于粗糙集理论的往复压缩机规则提取方法研究[J]. 机电工程技术，2013(10): 71-76.

[5] BARR A, FEIGENBAUM E A. The handbook of artificial intelligence[J]. Computer Music Journal, 1981, 6(3): 78.

[6] WEISS S M, KULIKOWSKI C A. A practical guide to designing expert systems[J]. Artificial Intelligence, 1985, 25(2): 238-239.

[7] 蔡自兴，约翰·德尔金，龚涛. 高级专家系统：原理、设计及应用[M]. 北京：科学出版社，2005.

[8] 程伟良. 广义专家系统[M]. 北京：北京理工大学出版社，2005.

[9] 王勋，凌云，费玉莲. 人工智能导论[M]. 北京：科学出版社，2005.

[10] 丁永生. 计算智能：理论、技术与应用[M]. 北京：科学出版社，2004.

[11] 武波，马玉祥. 专家系统[M]. 北京：北京理工大学出版社，2001.

[12] 罗均，谢少荣. 智能控制工程及其应用实例[M]. 北京：化学工业出版社，2005.

[13] ERIKSSON H, MUSEN M. Metatools for knowledge acquisition[J]. IEEE Software, 1993, 10: 23-29.

[14] HAYES-ROTH F, WATERMAN D A, LENAT D B. Building expert systems[M]. Reading, Mass: Addison-Wesley Pub. Co., 1983.
[15] ÅSTRÖM K J, ANTON J J, ÅRZÉN K E. Expert control[J]. Automatica, 1986, 22(3): 277-286.
[16] 李昌春，左为恒. 专家系统与专家控制系统[J]. 重庆工业管理学院学报，1996，10(4)：35-40.
[17] 张再兴，孙增圻. 关于专家控制[J]. 信息与控制，1995，24(3)：167-172.
[18] 史忠植. 高级人工智能[M]. 2版. 北京：科学出版社，2006.
[19] 韩淑慧，钱锋. 乙烯精馏塔压差实时专家控制系统[J]. 华东理工大学学报：自然科学版，2003，29(3)：291-294.
[20] 张学东，姜宏洲，寇晓军. 水泥回转窑实时专家控制系统的研制[J]. 中国矿业，2000，9(3)：82-84.
[21] 马竹梧，白凤双，庄斌，等. 高炉热风炉流量设定及控制专家系统[J]. 冶金自动化，2002，26(5)：9-11.
[22] 龙利平，张侃谕. 温室加热实时专家控制系统的研究[J]. 机电一体化，2003，9(1)：27-29.
[23] 蔡自兴，余伶俐，肖晓明. 智能控制原理与应用[M]. 2版. 北京：清华大学出版社，2014.
[24] 易继锴，侯媛彬. 智能控制技术[M]. 北京：北京工业大学出版社，1999.
[25] 戴秋菊，唐道武. 专家控制器的设计及应用分析[J]. 华北矿业高等专科学校学报，1999，1(2)：16-18.
[26] 陈才发，吴志林. 加热炉PID专家控制器一例[J]. 江苏冶金，1997，25(3)：35-36，47.
[27] 卜祥伟，范喜法，杨敬群，等. DCS及PLC系统在阿钢中轧加热炉中的应用[J]. 制造业自动化，2006，28(1)：61-64.
[28] 邵裕森，戴先中. 过程控制工程[M]. 2版. 北京：机械工业出版社，2000.
[29] 吴良刚. 基于事例的模糊专家系统研究[D]. 长沙：中南大学，2001.
[30] 汪德宁. 模糊推理在心电诊断模糊专家系统中的研究与实现[D]. 长沙：国防科学技术大学，2004.
[31] 李玉荣，牛玉广，马华杰. 基于CLIPS的锅炉故障诊断专家系统应用研究[J]. 自动化与信息工程，2006，27(1)：13-15.
[32] 师黎，孔金生. 反馈控制系统导论[M]. 北京：科学出版社，2005.
[33] 刘贺，余成波，张方方. 全自动洗衣机的模糊控制分析[J]. 重庆：重庆理工大学学报，2009.
[34] 负秀钰. 基于.NET和神经网络的知识获取研究[D]. 太原：太原理工大学，2005.
[35] 李军，阮晓钢. 一种基于神经网络的专家系统设计[J]. 北京工业大学学报，2003，29(2)：171-174.
[36] UNGAR L H, POWELL B A, KAMENS S N. Adaptive networks for fault diagnosis and process control[J]. Computers & Chemical Engineering, 1990, 14(4-5): 561-572.
[37] 李晓媛，高继贤，陈铁军. 神经网络专家系统在火电厂锅炉故障诊断的应用[J]. 微计算机信息，2005，21(3)：24-25.

第7章 其他智能控制

教学重点

1）遗传算法的基本操作过程，以及与其他智能控制技术的融合。
2）掌握DNA计算的原理。
3）粒子群算法的计算模型，以及粒子群优化参数的设置方法。

教学难点

1）遗传算法的交叉和变异机制的实现。
2）DNA计算如何与其他软计算方法有效结合，从而拓宽软计算的应用范畴。
3）基于粒子群的PID控制系统参数优化设计。

7.1 遗传算法

遗传算法(Genetic Algorithm，GA)是基于达尔文进化论和G. J. Mendal遗传学说的一种优化搜索方法。从20世纪60年代开始，美国密歇根大学教授J. Holland开始研究自然和人工系统的自适应行为，随后J. D. Bagley发明“遗传算法”一词，开创性采用双倍体编码，发展了与目前类似的复制、交叉、变异、显性和倒位等基因操作。从20世纪60年代至90年代，遗传算法经历了兴起、发展、低迷和重新繁荣等阶段，取得了一些具有代表性的研究成果。遗传算法作为一种实用、高效、鲁棒性强的优化技术，具有全局收敛性和并行性，适用性广，并仅需要较少的先验知识。遗传算法已被人们广泛地应用于解决组合优化、机器学习、图像处理、模式识别、信号处理、自适应控制和人工生命等领域的实际问题。遗传算法具有可扩展性，便于与模糊逻辑、神经网络和专家系统结合，从而为智能控制的研究注入新的活力。

7.1.1 遗传算法的基本操作

根据达尔文进化理论，群体中的个体之间进行生存斗争，对环境适应度高的个体更容易生存下来，同时父本染色体和母本染色体进行交叉配对和突然变异而繁殖后代；而对环境适应度低的个体则被淘汰。这样，子代既保留了来自父本和母本的大部分遗传信息，又有一定的变异性，从而体现了子女与父母有一些相似但又有明显的差别。如此一代代地进化，最后整个群体都能适应所给定的环境，从而求出优化问题的最优解。由此可知遗传算法的基本操作包括复制、交叉和变异。复制、交叉、变异操作体现了适者生存、优胜劣汰的进化规则。

假设需要求解的优化问题为寻找 $f(x)=x^2$ 当自变量 x 在 0~31 之间取整数值时函数的最大值。下面分别介绍遗传算法的基本操作步骤和原理。

1. 编码

遗传算法的第一步是将 x 编码为有限长度的串，即把一个问题的解从其解空间转换到遗传算法所能处理的搜索空间的转换方法称为编码。编码是应用遗传算法时要解决的首要问题，也是设计遗传算法时的一个关键步骤。编码方法除了决定了个体的染色体排列形式之外，它还决定了个体从搜索空间的基因型变化到解空间的表现型时的解码方法，编码方法也影响到交叉算子、变异算子等遗传算子的运算方法。由此可见，编码方法在很大程度上决定了如何进行种群的遗传进化运算以及遗传进化运算的效率。一个好的编码方法，有可能会使得交叉运算、变异运算等遗传操作可以简单地实现和执行，而一个差的编码方法，却有可能会使得交叉运算、变异运算等遗传操作难以实现。针对一个具体应用问题，如何设计一种完美的编码方案一直是遗传算法的应用难点之一，也是遗传算法的一个重要研究方向。

由于遗传算法应用的广泛性，迄今为止人们已经提出了许多种不同的编码方法。下面从具体实现的角度出发介绍其中两种编码方法，即二进制编码方法和浮点数编码方法。

（1）二进制编码方法

二进制编码方法是遗传算法中最常用的一种编码方法，它使用的编码符号集是由二进制符号 0 和 1 所组成的二值符号集 $\{0,1\}$，它所构成的个体基因型是一个二进制编码符号串。

二进制编码符号串的长度与问题所要求的求解精度有关。假设某一参数的取值范围是 $[U_{\min},U_{\max}]$，用长度为 l 的二进制编码符号串来表示该参数，则它总共能够产生 2^l 种不同的编码，若使参数编码时的对应关系如下：

$$\begin{gathered}000\cdots\quad 000=0\to U_{\min}\\000\cdots\quad 001=1\to U_{\min}+\delta\\\vdots\\111\cdots\quad 111=2^l-1\to U_{\max}\end{gathered}$$

则二进制编码的编码精度为

$$\delta=\frac{U_{\max}-U_{\min}}{2^l-1}$$

假设某一个体的编码为

$$X:b_l b_{l-1} b_{l-2}\cdots b_2 b_1$$

则对应的解码公式为

$$x=U_{\min}+\left(\sum_{i=1}^{l}b_i 2^{i-1}\right)\frac{U_{\max}-U_{\min}}{2^l-1}$$

二进制编码方法具有以下优点：

1）编码、解码操作简单易行。

2）交叉、变异等遗传操作便于实现。

3）符合最小字符集编码原则。

4）便于利用模式定理对算法进行理论分析。

针对上述优化问题中自变量的定义域，可以考虑采用二进制数来对其编码，这里恰好可用 5 位数来表示，如 00000 对应 $x=0$，01101 对应 $x=13$，11111 对应 $x=31$。许多其他的优化方法是从定义域空间的某个单个点出发来求解问题，并且根据某些规则，相当于按照一定的路线进行点到点的顺序搜索，这对于多峰问题的求解很容易陷入局部极值。而遗传算法则是从一个种群（由若干个串组成，每个串对应一个自变量值）开始，不断地产生和测试新一代的种群。这种方法一开始便扩大了搜索的范围，因而可期望较快地完成问题的求解。初始种群的生成往往是随机产生的。对于上述优化问题，若设种群大小为 4，即含有 4 个个体，则需按位随机生成 4 个 5 位二进制串。如通过掷硬币 20 次，随机地生成如下 4 个位串（“正面”=1，“背面”=0）

01101

11000

01000

10011

这样就完成了遗传算法的准备工作。

（2）浮点数编码方法

对于一些多目标、高精度要求的连续函数优化问题，使用二进制编码来表示个体将会有一些不利之处。首先是存在与某些字符串（如串 01111 和 10000）相关的海明悬崖，即从该字符串表示的解到一个临近解（在变量空间）的转变需要改变多个位的字符。在二进制编码中出现的海明悬崖导致人为地妨碍了在连续搜索空间的局部搜索。其次是最优解不能达到任意的精度。二进制编码字符串的长度与问题所要求的求解精度有关。要求的精度越高，需要的字符串就越长，因此增加了遗传算法的计算复杂性。另外，二进制编码不便于反映所求问题的特定知识，这样也就不便于开发针对问题专门知识的遗传运算算子，人们在一些经典优化算法的研究中所总结出的一些宝贵经验也就无法加以利用，也不便于处理复杂的约束条件。

为改进二进制编码方法的这些缺点，人们提出了个体的浮点数编码方法。所谓浮点数编码方法，是指个体的每个基因值用某一范围内的一个浮点数来表示，个体的编码长度等于其决策变量的个数。因为这种编码方法使用的是决策变量的真实值，所以浮点数编码方法也称为真值编码方法（或实参编码方法）。

在浮点数编码方法中，必须保证基因值在给定的区间限制范围内，遗传算法中所使用的交叉、变异等遗传算子也必须保证其运算结果在给定的区间限制范围内。另外，当用多个字节来表示一个基因值时，交叉运算必须在两个基因的分界字节处进行，而不能在某个基因的中间字节分隔处进行。

浮点数编码方法具有以下优点：

1）适合于在遗传算法中表示范围较大的数。

2）适合于精度要求较高的遗传算法。

3）便于较大空间的遗传搜索。

4）改善了遗传算法的计算复杂性，提高了运算效率。

5）便于遗传算法与经典优化方法的混合使用。

6）便于设计针对问题的专门知识的知识型遗传算子。

7）便于处理复杂的决策变量约束条件。

J. Holland 提出的遗传算法采用二进制编码表示个体的遗传基因型，它使用的编码符号由二进制符号 0 和 1 组成，因此实际的遗传基因型是一个二进制符号串，其优点在于编码、解码操作简单，交叉、变异等遗传操作便于实现，而且便于利用模式定理进行理论分析等；缺点在于不便于反映所求问题的特定知识，对于一些连续函数的优化问题，由于遗传算法的随机特性使得其局部搜索能力较差，对于一些多维、高精度要求的连续函数优化，二进制编码存在着连续函数离散化时的映射误差，个体编码串较短时，可能达不到精度要求，而个体编码串的长度较长时，虽然提高了精度，但却会使算法的性能降低。后来许多学者对遗传算法的编码进行了多种改进，例如，为提高遗传算法的局部搜索能力，提出了格雷码(Grey Code)编码；为改善遗传算法的计算复杂性、提高运算效率，提出了浮点数编码、符号编码等方法；为便于利用求解问题的专门知识，便于相关近似算法之间的混合使用，提出了符号编码法；此外还有多参数级联编码和交叉编码方法，近年来，随着生物计算理论研究的兴起，有人提出了 DNA 编码法，并在模糊控制器优化应用中取得了较好的效果。理论上，编码应该适合要解决的问题，而不是简单地描述问题。Balakrishman 等较全面地讨论了不同编码方法的一组特性，针对一类特别的应用，为设计和选择编码方法提供了指南，主要有以下九个特性：

1）完全性(Completeness)。原则上，分布在所有问题域的解都有可能被构造出来。

2）封闭性(Closure)。每个基因编码对应一个可接受的个体，封闭性保证系统从不产生无效的个体。

3）紧致性(Compactness)。如果两种基因编码 g1 和 g2 都被解码成相同的个体，若 g1 比 g2 占的空间少，就认为 g1 比 g2 紧致。

4）可扩展性(Scalability)。对于具体问题，编码的大小确定了解码的时间，两者存在一定的函数关系，若增加一种表现型，作为基因型的编码大小也会做出相应的增加。

5）多重性(Multiplicity)。多个基因型解码成一个表现型，即从基因型到相应的表现型空间是多对一的关系，这是基因的多重性。若相同的基因型被解码成不同的表现型，这是表现型多重性。

6）个体可塑性(Flexibility)。个体可塑性决定表现型与相应给定基因型是受环境影响的。

7）模块性(Modularity)。若表现型的构成中有多个重复的结构，在基因型编码中这种重复是可以避免的。

8）冗余性(Redundancy)。冗余性能够提高可靠性和鲁棒性(Robustness)。

9）复杂性(Complexity)。复杂性包括基因型的结构复杂性、解码复杂性、计算时空复杂性(基因解码、适应值和再生等)。

2. 复制

复制是从一个旧种群中选择生命力强的个体位串(或称字符串)(Individual String)产生新种群的过程。或者说，复制是个体位串根据其目标函数 f(即适应度函数)复制自己的过程。直观地讲，可以把目标函数 f 看作是期望的最大效益或好处的某种度量。根据位串的适应度值复制位串意味着具有较高适应度值的位串更有可能在下一代中产生一个或多个子孙。显然，这个操作是模仿自然选择现象，将达尔文的适者生存理论运用于位串的复制。在自然群体中，适应度值由一个生物为继续生存而捕食、预防时疫、在生长和繁殖后代过程中克服障碍的能力决定。在复制过程中，目标函数(适应度函数)是该位串被复制或被淘汰的决定因素。

例如，针对上述优化问题，通过抛一个硬币 20 次得到的初始种群，将其编码为四个位串，即

位串 1：01101

位串 2：11000

位串 3：01000

位串 4：10011

位串 1~4 可分别解码为如下十进制数：

位串 1：$0\times2^4+1\times2^3+1\times2^2+0\times2^1+1\times2^0=13$

位串 2：$1\times2^4+1\times2^3+0\times2^2+0\times2^1+0\times2^0=24$

位串 3：$0\times2^4+1\times2^3+0\times2^2+0\times2^1+0\times2^0=8$

位串 4：$1\times2^4+0\times2^3+0\times2^2+1\times2^1+1\times2^0=19$

遗传算法的每一代都是从复制开始的。复制操作可以以轮盘选择法、择优选择法、确定性选择法、两两竞争法、线性标准化方法等多种算法的形式实现。对应于上述优化问题，按表 7-1 种群的初始位串及对应的适应度值可绘制出如图 7-1 所示的轮盘。

表 7-1　种群的初始位串及对应的适应度值

位串编号	位串 x	适应度值 $f(x)=x^2$	适应度值所占比例(%)
1	01101	169	14.4
2	11000	576	49.2
3	01000	64	5.5
4	10011	361	30.9
总计(初始种群整体)		1170	100.0

复制时，只是简单地转动这个按权重划分的轮盘 4 次，从而产生 4 个下一代的种群。如对于表 7-1 中的位串 4，其适应度值为 361，为总适应度值的 30.9%。因此，每转动一次轮盘，指向位串的概率为 0.309。每当需要另一个后代时，就简单地转动一下这个按权重划分的轮盘，产生一个复制的候选者。位串的适应度值越高，在其下一代中产生的后代就越多。当一个位串被选中时，此位串将被完整地复制，然后将复制位串送入匹配池中。旋转 4 次轮盘即产生 4 个位串。这 4 个位串是上一代种群的复制，有的位串可能被复制一次或多次，有的可能被淘汰。在上述优化问题中，位串 3 被淘汰，位串 4 被复制一次。复制操作之后的各项数据见表 7-2。可以看出，适应度值最好的种群被较多地复制，适应度值平均的种群复制次数折中，而适应度值最差的种群则被淘汰。

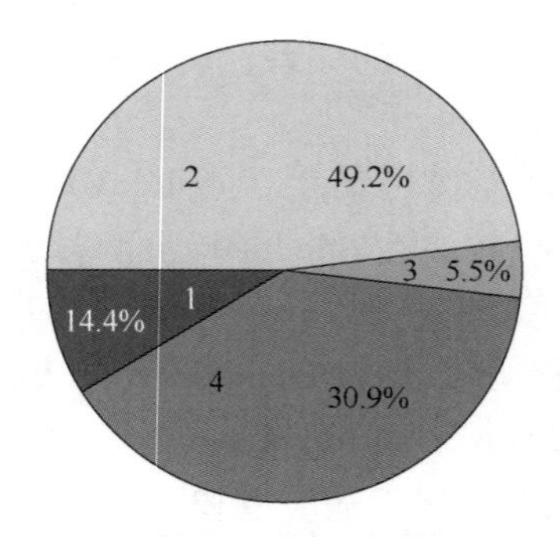

图 7-1　按适应度值所占比例划分的轮盘

表 7-2　复制操作之后的各项数据

位串编号	随机产生的初始种群	x 值	适应度值 $f(x)=x^2$	选择复制的概率 $f_i/\sum f_i$	期望的复制数 $f_i/\bar{f}_i$	实际得到的复制数
1	01101	13	169	0.14	0.58	1
2	11000	24	576	0.49	1.97	2

（续）

位串编号	随机产生的初始种群	x 值	适应度值 $f(x)=x^2$	选择复制的概率 $f_i/\sum f_i$	期望的复制数 $f_i/\bar{f}_i$	实际得到的复制数
3	01000	8	64	0.06	0.22	0
4	10011	19	361	0.31	1.23	1
总计			1170	1.00	4.00	4
平均			293	0.25	1.00	1
最大值			576	0.49	1.97	2

下面针对复制操作过程中应用到的适应度函数以及尺度变换原理进行详细讨论。

遗传算法在进化搜索中基本不利用外部信息，仅以适应度函数（Fitness Function）为依据，利用种群中每个个体的适应度值来进行搜索。因此适应度函数的选取至关重要，直接影响到遗传算法的收敛速度以及能否找到最优解。一般而言，适应度函数是由目标函数转换而成的。对目标函数值域的某种映射变换称为适应度的尺度变换。

常见的适应度函数有以下三种：

1）直接以待求解的目标函数转化为适应度函数，即

若目标函数为最大化问题，则

$$\mathrm{Fit}(f(x))=f(x) \tag{7-1}$$

若目标函数为最小化问题，则

$$\mathrm{Fit}(f(x))=-f(x) \tag{7-2}$$

这种适应度函数简单直观，但存在两个问题，其一是可能不满足常用的转盘选择中概率非负的要求；其二是某些待求解的函数在函数值分布上相差很大，由此得到的平均适应度可能不利于体现种群的平均性，影响算法的性能。

2）目标函数为最小化问题，则

$$\mathrm{Fit}(f(x))=\begin{cases} c_{\max}-f(x) & f(x)<c_{\max} \\ 0 & \text{其他} \end{cases} \tag{7-3}$$

式中，$c_{\max}$为$f(x)$的最大值估计。

若目标函数为最大值问题，则

$$\mathrm{Fit}(f(x))=\begin{cases} f(x)-c_{\min} & f(x)>c_{\min} \\ 0 & \text{其他} \end{cases} \tag{7-4}$$

式中，$c_{\min}$为$f(x)$的最小值估计。

这种适应度函数是对第一种适应度函数的改进，可称为界限构造法，但有时存在界限值预先估计困难和不可能精确的问题。

3）若目标函数为最小化问题，则

$$\mathrm{Fit}(f(x))=\frac{1}{1+c+f(x)} \quad c\geqslant 0, c+f(x)\geqslant 0 \tag{7-5}$$

若目标函数为最大化问题，则

$$\mathrm{Fit}(f(x))=\frac{1}{1+c-f(x)} \quad c\geqslant 0, c-f(x)\geqslant 0 \tag{7-6}$$

这种适应度函数与第二种适应度函数类似，c 为目标函数界限的保守估计值。

通常，适应度函数设计主要满足以下条件：

1）单值、连续、非负和最大化。这个条件是很容易理解和实现的。

2）合理和一致性。要求适应度值反映对应解的优劣程度，这个条件的表达往往比较难以衡量。

3）计算量小。适应度函数设计应尽可能简单，从而可以减少计算时间和空间上的复杂性，降低计算成本。

4）通用性强。适应度函数对某类具体问题应尽可能通用，最好无须使用者改变适应度函数中的参数。就目前而言，这个条件应该不属于强要求。

常用的尺度变换方法有以下几种：

（1）线性变换法

假设原适应度函数为f，变换后的适应度函数为f'，则线性变换可表示为

$$f' = \alpha * f + \beta \tag{7-7}$$

式(7-7)中的系数确定方法有多种，但要满足以下条件：

1）原适应度的平均值要等于定标后的适应度平均值，以保证适应度为平均值的个体在下一代的期望复制数为1，即

$$f'_{avg} = f_{avg} \tag{7-8}$$

2）变换后的适应度最大值应等于原适应度平均值的指定倍数，以控制适应度最大的个体在下一代中的复制数。实验表明，指定倍数 c_{mult} 可取1.0~2.0。即根据上述条件可确定线性比例的系数为

$$f'_{max} = c_{mult} f_{avg} \tag{7-9}$$

$$\alpha = \frac{(c_{mult} - 1)f_{avg}}{f_{max} - f_{avg}},\ \beta = \frac{(f_{max} - c_{mult} f_{avg})f_{avg}}{f_{max} - f_{avg}} \tag{7-10}$$

（2）幂函数变换法

幂函数变换公式为

$$f' = f^k \tag{7-11}$$

式(7-11)中的幂指数 k 与所求的最优化问题有关，结合一些实验进行一定程度的精细变换才能获得较好的结果。

（3）指数变换法

指数变换公式为

$$f' = e^{-af} \tag{7-12}$$

这种变换方法的基本思想来源于模拟退火过程（Simulated Annealing，SA），其中的系数决定了复制的强制性，其值越小，复制的强制性就越趋向于那些具有最大适应度的个体。

3. 交叉

简单的交叉操作分两步实现。在由等待配对的位串构成的匹配池中，第一步是将新复制产生的个体位串随机两两配对；第二步是随机地选择交叉点，将匹配的位串进行交叉繁殖，产生一对新的位串。具体过程如下：

设位串的字符长度为 l，随机地在$[1,l-1]$选取一个整数位置值 k，将两个配对位串中从位置 k 到串末尾的子串相互交换，从而生成两个新的位串。例如，本优化问题中初始种群的两个个体为

$$A_1 = 0\ 1\ 1\ 0 \mid 1$$

$$A_2 = 1\ 1\ 0\ 0 \mid 0$$

位串的字符长度 $l=5$，假定在 1 和 4 之间随机选取一个值 k($k=4$，如分隔符“｜”所示)，经交叉操作后将得到如下两个新位串，即

$$A_1' = 0\ 1\ 1\ 0\ 0$$

$$A_2' = 1\ 1\ 0\ 0\ 1$$

上述新串 A_1' 和 A_2' 是由老串 A_1 和 A_2 将第 5 位进行交换得到的结果。

遗传算法的有效性主要来自复制和交叉操作，尤其是交叉在遗传算法中起着核心作用。人们在社会生活中的思想交流、学术交流、多学科交汇形成的交叉学科等，本质上都是观念和思想上的交叉，而这种交叉是富于成果的。新的思想、观念、发明或者发现正是来源于此。若把一个位串看成一个完整的思想，则这个位串中不同位置上不同的值的众多有效的排列组合，就形成了一套表达思想的观点。位串交叉就相应于不同观念的重新组合，而新思想就是在这种重新组合中产生的，遗传搜索的优势也正在于此。

表 7-3 列出了交叉操作后的结果数据，可以看出交叉操作的具体过程。首先随机地将匹配池中的个体位串配对，位串 1 和位串 2 配对，位串 3 和位串 4 配对；然后，随机地选取交叉点，设位串 1(0110｜1)和位串 2(1100｜0)的交叉点为 $k=4$，二者只交换最后一位，从而生成两个新的位串，即(01100)和(11001)。位串 3(11｜000)和位串 4(10｜011)的交叉点为 $k=2$，二者交换后三位，结果生成两个新的位串，即(11011)和(10000)。

表 7-3　交叉操作后的结果数据

新位串编号	复制后的匹配池（“｜”为交叉点）	配对对象（随机选择）	交叉点（随机选择）	新种群	x 值	适应度值 $f(x)=x^2$
1	0110｜1	2	4	01100	12	144
2	1100｜0	1	4	11001	25	625
3	11｜000	4	2	11011	27	729
4	10｜011	3	2	10000	16	256
总计						1754
平均						439
最大值						729

4. 变异

尽管复制和交叉操作很重要，在遗传算法中是第一位的，但不能保证不会遗漏一些重要的遗传信息。在人工遗传系统中，变异用来防止这种不可弥补的遗漏。在简单遗传算法中，变异就是某个字符串某一位的值偶然地(概率很小)、随机地改变，即在某些特定位置上简单地把 0 变成 1 或反之。变异是沿着位串字符空间的随机移动。当它有节制地和交叉一起使用时，它就是一种防止过度成熟而丢失重要概念的保险策略。例如，随机产生的一个种群见表 7-4。

表 7-4　随机种群

位串编号	位串	适应度值
1	01101	169
2	11001	625
3	00101	25
4	11100	784

在表 7-4 所列种群中，无论怎样交叉，在位置 4 上都不可能得到有 1 的位串。若优化的结果要求该位串上该位置是 1，显然仅靠交叉是不够的，还需要变异，即特定位置上的 0 和 1 之间的转变。

变异在遗传算法中的作用是第二位的，但却是必不可少的。变异操作可以起到恢复位串字符位多样性的作用，并能适当地提高遗传算法的搜索效率。根据研究，为了取得好的结果，变异的概率为每一个千位的传送中，只变异一位，即变异的概率为 0.001。在表 7-4 的种群中共有 20 个串字符号(每个位串的长度为 5 个字符位)。期望的变异串位数为 20×0.001=0.02 位，所以在这种情况下无串位值的改变。

从表 7-2 和表 7-3 可以看出，在经过一次复制、交叉操作后，最大和平均适应度值均有所提高。种群的平均适应度值从 293 增至 439，最大适应度值从 576 增至 729。可见每经过这样的一次遗传算法步骤，问题的解便朝着最优解方向前进了一步，只要这个过程一直进行下去，它将最终走向全局最优解，而每一步的操作非常简单，并且对问题的依赖性很小。

7.1.2　遗传算法的实现

1. 问题的表示

对于一个实际的优化问题，首先需要将其表示为适于遗传算法进行操作的二进制字符串。一般包括以下几个步骤：

1）根据具体问题确定待寻优的参数。

2）对每一个参数确定它的变化范围，并用一个二进制数来表示。如若参数 a 的变化范围为$[a_{\min}, a_{\max}]$，用 m 位二进制数 b 来表示，则二者之间满足

$$a = a_{\min} + \frac{b}{2^m - 1}(a_{\max} - a_{\min}) \tag{7-13}$$

这时参数范围的确定应覆盖全部的寻优空间，字长 m 的确定应在满足精度要求的情况下，尽量取小的 m，以尽量减小遗传算法计算的复杂性。

3）将所有表示参数的二进制数串接起来组成一个长的二进制字符串，该字符串的每一位只有 0 或 1 两种取值，该字符串即为遗传算法可以操作的对象。

2. 初始种群的产生

产生初始种群的方法通常有两种：一种是完全随机的方法。如可用掷硬币或用随机数发生器来产生初始种群。设要操作的二进制字符串共 p 位，则最多可以有 2^p 种选择，设初始种群取 n 个样本($n \ll 2^p$)。若用掷硬币的方法可以这样进行：连续掷 p 次硬币，若出现正面表示 1，出现背面表示 0，则得到一个 p 位的二进制字符串，也即得到一个样本。如此重复 n 次即得到 n 个样本。若用随机数发生器来产生，可在 $0 \sim 2^p$ 之间随机地产生 n 个整数，则该 n 个整数所对应的二进制表示即为要求的 n 个初始样本。

上述随机产生样本的方法适于对问题的解无任何先验知识的情况。对于具有某些先验知识的情况，可首先将这些先验知识转变为必须满足的一组要求，然后在满足这些要求的解中再随机地选取样本。这样选择初始种群可使遗传算法更快地到达最优解。

3. 遗传算法的操作

图 7-2 所示为标准遗传算法的操作流程。计算适应度值可以看成遗传算法与优化问题之间的一个接口。遗传算法评价一个解的好坏，不是取决于它的解的结构，而是取决于相应于该解的适应度值。适应度值的计算可能很复杂也可能很简单，它完全取决于实际问题本身。对于有些问题，适应度值可以通过一个数学解析式计算出来；而对于有些问题，则可能不存在这样的数学解析式，它可能要通过一系列基于规则的步骤才能求得，或者在某些情况是上述两种方法的结合。当某些限制条件非常重要时，可在设计问题表示时预先排除这些情况，也可以在适应度值中对它们赋予特定的罚函数。

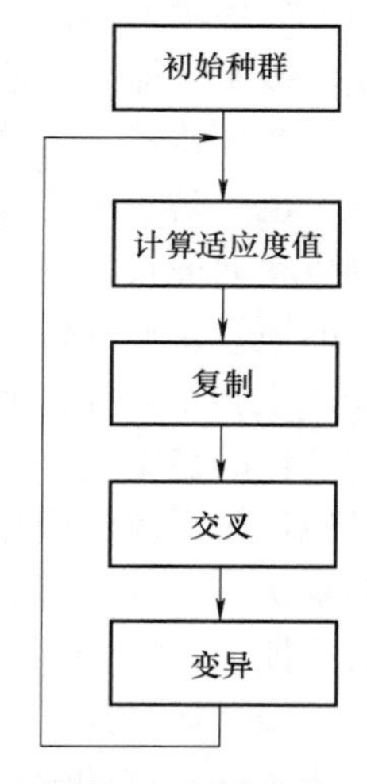

图 7-2 标准遗传算法的操作流程

复制操作的目的是产生更多的高适应度值的个体，它对尽快收敛到优化解具有很大的影响。但是为了到达全局的最优解，必须防止过早的收敛。因此在复制过程中也要尽量保持样本的多样性。前面所介绍的转轮盘的复制方法是选择复制概率正比于目标函数值(这时目标函数值等于适应度值)，因此也称为比例选择法或随机选择法，这种方法可使收敛速度较快。

对于交叉操作，前面介绍了单点交叉方法。此外，也还有其他一些交叉的方法。下面介绍一种掩码交叉的方法。这里掩码是指长度与被操作的个体位串相等的二进制位串，其每一位的 0 或 1 代表着特殊的含义。若某位为 0，则进行交叉的父母串的对应位的值不变，即不进行交换；而当某位为 1 时，则父母串的对应位进行交换。如下面的例子：

父母 1：001111
父母 2：111100
掩码： 010101
子女 1：011110
子女 2：101101

变异是作用于单个位串，它以很小的概率随机地改变一个串位的值，其目的是为了防止丢失一些有用的遗传模式，增加样本的多样性。

标准的遗传算法通常包含编码、复制、交叉和变异。但对于某些优化问题，如布局问题、旅行商问题等，有时还引入附加的反转(Inversion)操作。它也作用于单个位串，在位串中随机地选择两个点，然后再将这两个点之间的子串加以反转，如下面的例子：

老串：10 | 1100 | 11101
新串：10 | 0011 | 11101

4. 遗传算法中的参数选择

选择不同的控制参数会对遗传算法的性能产生较大的影响，甚至影响到整个算法的收敛性。这些参数包括群体规模 N、二进制(十进制)编码长度、交叉概率 P_c，变异概率 P_m 等。

群体规模(Population)的大小直接影响到遗传算法的收敛性或计算效率。规模过小，容易收敛到局部最优解；规模过大，会造成计算速度降低。群体规模可根据实际情况在 10～200 之间选定。

交叉概率控制着交叉操作被使用的频率。较大的交叉概率可使群体中的个体充分交叉，但群体中的优良模式遭到破坏的可能性增大，以致产生较大的代沟，从而使搜索走向随机化；交叉概率越低，产生的代沟就越小，这样将保持一个连续的解空间，使找到全局最优解的可能性增大，但进化速度就越慢；若交叉概率太低，会使更多的个体直接复制到下一代，遗传搜索可能陷入停滞状态。一般交叉概率的取值范围为 0.4～0.99。

变异运算是对遗传算法的改进，对交叉过程中可能丢失的某种遗传基因进行修复和补充，也可防止遗传算法尽快收敛到局部最优解。变异概率控制着变异操作被使用的频率。变异概率取值较大时，虽然能产生较多的个体，增加了群体的多样性，但也有可能破坏掉很多好的模式，使遗传算法的性能近似于随机搜索算法的性能；若变异概率取值太小，则变异操作产生新个体和抑制早熟现象的能力就会较差。实际应用中发现，当变异概率 P_m 很小时，解群体的稳定性好，一旦陷入局部极值就很难跳出来，容易产生早熟收敛；而增大 P_m 的值可破坏解群体的同化，使解空间保持多样性，搜索过程可以从局部极值点跳出来，收敛到全局最优解。在求解过程中可以使用可变的 P_m，即算法早期 P_m 取较大值，扩大搜索空间；算法后期 P_m 取较小值，加快收敛速度。一般变异概率的取值范围为 0.0001～0.1。

交叉运算是产生新个体的主要方法，它决定了遗传算法的全局搜索能力，而变异操作只是产生新个体的辅助方法，但它决定了遗传算法的局部搜索能力。交叉算子和变异算子相互配合，共同完成对搜索空间的全局搜索和局部搜索，从而使遗传算法能够以良好的搜索性能完成最优问题的寻优过程。

7.1.3 遗传算法的应用

针对 BP 网络学习算法易陷入局部极小、收敛速度慢的缺点，根据遗传算法具有全局寻优的特点，将二者结合起来构成混合 GA-BP 算法，并成功应用于心电图(Electrocardiogram, ECG)ST 段的分类，从而实现冠心病的自动诊断。实例表明 GA-BP 算法具有收敛速度快、全局最优的优点，通过对心电图 ST 段的更准确分类，可以有效提高冠心病早期诊断的可靠性。

1. 心电图 ST 段介绍

心电图的 ST 段是指 QRS 波的终点至 T 波的起点间的子段，如图 7-3 所示。ST 段反映的是心室除极后至复极前一段时间的状态。当除极和复极的过程由于某种原因发生变化时，ST 段的形态会发生变化，表现出压低或抬高。ST 段是心电图测量中的一项重要指标，对心肌缺血、心肌梗死等心脏疾病有重要的诊断价值，ST 段指标还用来观察药物疗效，指导病人的治疗及康复过程，对无症状的心肌缺血者，也可以进行冠心病的早期监测。

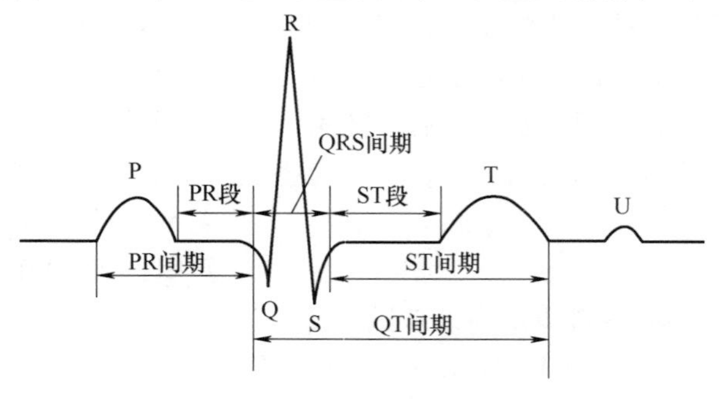

图 7-3 典型心电图波形

目前自动诊断系统对 ST 段的研究主要包括两部分：

(1) ST 段的测量

由于 ST 段的多态性，它的测量点没有统一的标准，目前常用的心电图测量方法有 J+X 法、R+X 法、窗口搜索法。这些测量方法的准确性与 ST 段的形态有关，不能通用，如下陷形的 ST 段 J 点不易确定，J+X 法就不能用。

（2）ST 段的形态识别

正确识别 ST 段的形态有助于医生分析 ST 段变化的原因。ST 段的形态变化多样且变化频率低，易受如基线漂移等干扰的影响，而不同导联下 ECG 的波形也有所不同，这也是 ST 段测量没有统一标准的原因。目前 ST 段的形态识别方法有斜率法和函数拟合法，其实质是通过对 ST 段进行一次函数或二次抛物线函数拟合来确定 ST 段起始点，真正拟合 ST 段的形态是很困难的。日本学者 Y. Suzuki 采用 ART2（Adaptive Resonance Theory）神经网络计算 ST 段，目的也是为了较好地识别 ECG 的 S 点和 J 点。ART 神经网络是一种无监督的神经网络，抗干扰能力比较差，没有实际诊断价值，反而造成应用上的混乱。

在对心电图 ST 段分类时，难点主要在于 ST 段形态的多样性，即很难用数学方法对 ST 段形态实现精确的描述，而神经网络技术可以实现此类复杂非线性对象的建模识别问题，并且有很强的容错性。

2. GA-BP 算法

ST 段形态识别是一个复杂的非线性分类问题，这里尝试用基于遗传算法的 BP 网络实现 ST 段分类，即用小波变换的方法在 ST 段特征点准确定位的基础上，用 BP 网络对 ST 段模式识别，并用遗传算法能实现全局优化的特点来克服 BP 神经网络的局限性，提高 ST 段分类的准确度。最后，采用运动平板系统实验数据检验算法的有效性。

首先采用 BP 网络对 ST 段进行分类。根据 Kolmogorov 定理，BP 网络采用 $N\times 2N+1\times M$ 的三层网络结构。其中，N 表示输入特征向量的分量数，M 表示输出状态类别总数。中间层神经元的作用函数为 Tansig，输出层神经元的作用函数为 Logsig。设 W_{ij} 为第 j 个输入到第 i 个隐层节点的连接权值，θ_i 为隐含层节点的阈值，W_{ki} 为第 k 个输出节点到第 i 个隐含层节点的连接权值，q_k 为输出节点的阈值，O_k 为输出层的输出，T_k 为教师信号。

然后用遗传算法学习 BP 神经网络的权值和阈值，并用优化后的 BP 网络进行实验，步骤如下：

1）初始化种群 P，包括种群规模、交叉概率 P_c 及变异概率 P_m，随机化 W_{ij}、θ_i、W_{ki}、q_k，采用实数编码。

2）计算每一条染色体的评价函数，按蒙特卡罗法来选择个体，即

$$p_s = f_i \Big/ \sum_{i=1}^{N} f_i$$

式中，f_i 为第 i 条染色体的适应度，用误差二次方和来衡量，即

$$f_i = 1/E(i)$$

$$E(i) = \sum_{p} \sum_{k} (O_k - T_k)^2$$

式中，p 为学习样本数；k 为输出层节点数。

3）以概率 P_c 对个体进行交叉操作，没有选中的直接复制，产生新的种群。采用算术交叉，即

$$x(i) = \alpha x(i) + (1-\alpha) x(i+1)$$

$$x(i+1) = \alpha x(i+1) + (1-\alpha) x(i)$$

式中，x 为选中的染色体。

4）以概率 P_m 对个体 $x(i)$ 进行变异操作，产生新的个体 $x'(i)$。

5）将新个体插入种群 P 中，重新计算种群中个体的适应度值。

6）如果搜索到满足要求的个体(达到误差要求 ε_{GA})，转第8)步，否则转第3)步。

7）找到最优的个体后，将最优染色体解码即得到网络的连接权系数和阈值。

8）利用遗传算法优化好的网络权值，用BP算法训练网络直到精度 ε_{BP}。

最后将BP网络所得训练结果和GA-BP网络所得训练结果进行对比分析。

3. 实验及结果分析

根据心电图学原理，通常心电图的状态有六种，分别为正常型、水平型压低、下垂型压低、上斜型压低、弓背向下型抬高和弓背向上型抬高。根据这六种状态，从郑州大学第一附属医院采集的平板运动实验心电图信号中提取了六种ST段波形数据，然后运用小波变换的方法提取心电图ST段的J点、S点、T波起点、ST段起点至中点的斜率 K_1 和ST段中点的斜率 K_2 五个特征点数据。ST段每种形态有50组由上述五个特征量构成的数据作为输入样本数据。用这些数据对BP网络进行训练，一般21步后达到目标值0.001，训练性能为0.00028，运行时间为2.219s。对于GA-BP网络，选取初始种群为 $P=30$，GA训练目标 $\varepsilon_{GA}=0.4$，算法在经过大约200代的计算时达到权值和阈值的最优，并且BP算法经过8步的运算，即达到目标值0.001，训练性能为0.00017，运行时间0.609s。可见GA-BP网络在运算速度上要优于一般BP网络。

为了验证GA-BP算法的有效性，在平板运动实验心电图信号中又提取了每种形态30组数据对训练好的GA-BP网络进行测试，测试结果见表7-5。

表7-5 测试结果

ST段形态	样本总数	正确识别样本数		正确率(%)	
		GA-BP	BP	GA-BP	BP
正常型	30	29	25	97	83
水平型压低	30	29	24	97	80
下垂型压低	30	28	26	93	87
上斜型压低	30	29	24	97	80
弓背向下型抬高	30	28	23	93	77
弓背向上型抬高	30	27	22	90	73

综上所述，一般BP算法进行分类时，由于算法本身的局限性，初始权值和阈值随机选取且选取的空间小，导致容易陷入局部极小而使训练失败。而GA-BP网络先用GA算法在全局空间上搜索权值和阈值的最优点，然后用BP算法在最优点附近寻优，达到最优值，有效地克服了一般BP算法容易陷入局部最优的缺点。另外，GA-BP网络的训练速度也明显优于一般BP算法的训练速度。

总之，ST段形态识别是一个复杂的非线性分类问题，GA-BP网络可以对ST段形态进行正确诊断，并克服了一般BP算法的不足，具有以下优点：

1）实验结果表明一般BP算法易陷入局部极小的缺点，而用GA算法先对权值进行整个解空间的优化，缩小优化空间，然后由BP网络进行搜索，可以克服一般BP算法全局搜索能力不足、易陷入局部极小的问题，同时也提高了BP算法的速度。

2）实验结果表明GA-BP网络显著提高了ST段形态诊断的准确度，进而改进了冠心病自动诊断系统的可靠性。

3）GA-BP网络可以进行扩展，实现复杂非线性快速分类和系统建模，这对于非线性系统的建模及故障诊断都具有非常广阔的应用前景。

7.2　DNA计算

计算机技术被认为是20世纪三大科学革命之一，为全社会的发展起到了巨大的促进作用。计算机科学家们发现在处理困难类的问题，如NP-完全问题时，计算机会随着问题规模的增大，计算所需的时间以指数级增长，而量子物理学已经成功地预测出芯片微处理能力的增长不能长期地保持下去。近几年，全球的科学家们正在努力寻找其他全新的计算机结构，试图有效地解决这些困难类问题。其中量子计算(Quantum Computing)和DNA计算(DNA Computing)就是这种思维方式的两种最新的形式，尤其是DNA计算在近几十年倍受科学界的关注。

DNA计算具有高度的并行性，运算速度快，以DNA作为信息的载体，存储容量非常大，计算耗能少，以及分子资源丰富等多种优点。DNA计算在生物实验、DNA计算机的语言系统、联想记忆问题以及密码学上的应用等方面都取得了巨大的进展。DNA计算机有望成为人类科学史上的一个新的里程碑，有望解决当今电子计算机许多无法解决的问题，如密码破译、困难的NP-完全问题以及当今工程领域中的最大难题——局部极小值问题等。

7.2.1　DNA的结构

DNA中有四种碱基，即腺嘌呤(Adenine，A)、鸟嘌呤(Guanine，G)、胞嘧啶(Cytosine，C)和胸腺嘧啶(Thymine，T)，各种碱基间的不同组合就构成了异常丰富的遗传信息。科学家们指出，DNA含有大量的遗传密码，通过生化反应传递遗传信息。这一过程是生命现象的基本特征之一。DNA链主要是由一个脱氧核苷酸上的5′-磷酸基和另一个脱氧核苷酸核糖上的3′-羟基共价连接而成。DNA由两条极长的核苷酸键利用碱基之间的氢键结合在一起，形成一条双股的螺旋结构，并且一股中的碱基序列与另一股中的碱基序列互补，如图7-4所示，A和T配对，C和G配对。碱基的上述配对关系称为Watson-Crick（WC）配对。

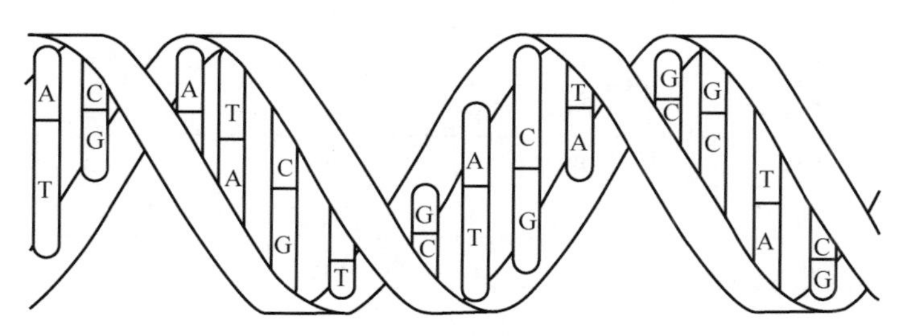

图7-4　DNA双螺旋结构

DNA有两个最主要的功能：第一个功能是DNA携带遗传信息，能转录成RNA，RNA再转译成蛋白质；第二个功能是自我复制，DNA以本身作为模板，复制出另一个相同的DNA。DNA一般为长而无分支的双股线形分子，但有些为环形，也有少些为单股环形。每个染色体是一段双股螺旋的 DNA。遗传信息以 A、T、C 和 G 在核苷酸中的排列顺序体现，其排列顺序的多样性体现了丰富的遗传信息。

从生物 DNA 到蛋白质的形成过程如图 7-5 所示。首先，通过转录作用将 DNA 中携带的遗传信息转录到信使 RNA(mRNA)中。在从 DNA 到蛋白质的形成过程中，大多数碱基并没有用来合成蛋白质，它们首先从 DNA 上转录，将没有用的部分拼接掉，拼接后就形成了 mRNA。在 mRNA 中排列着由 3 个连续的碱基组成的密码子，这些密码子是合成蛋白质的密码，64 种密码子对应 20 种氨基酸。密码子对应于氨基酸的遗传密码表见表 7-6。然后，通过翻译作用，将 mRNA 中携带的遗传信息转译成含特定氨基酸序列的蛋白质，蛋白质则构成了细胞。在生物 DNA 中，基因是存储遗传信息的基本单位，一个基因开始于起始密码子 ATG，终止于终止密码子 TAA、TAG 或 TGA。

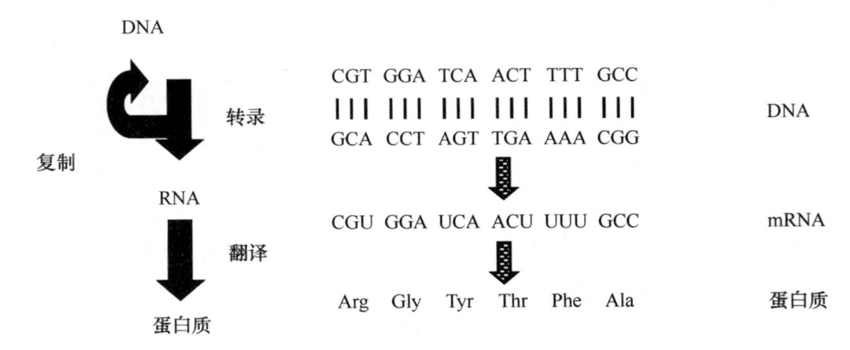

图 7-5　生物 DNA 到蛋白质的形成过程

表 7-6　DNA 的遗传密码表

第一个核苷酸	第二个核苷酸				第三个核苷酸
	T(U)	C	A	G	
T(U)	Phe	Ser	Tyr	Cys	T(U)
	Phe	Ser	Tyr	Cys	C
	Leu	Ser	终止	终止	G
	Leu	Ser	终止	Trp	A
C	Leu	Pro	His	Arg	T(U)
	Leu	Pro	His	Arg	C
	Leu	Pro	Glu	Arg	G
	Leu	Pro	Glu	Arg	A
A	Ile	Thr	Asp	Ser	T(U)
	Ile	Thr	Asp	Ser	C
	Ile(Met)	Thr	Lys	Arg	G
	Met	Thr	Lys	Arg	A
G	Val	Ala	Asp	Gly	T(U)
	Val	Ala	Asp	Gly	C
	Val	Ala	Glu	Gly	G
	Val	Ala	Glu	Gly	A

7.2.2 DNA计算的原理

DNA计算是一种新的计算思维方式，同时也是关于化学和生物的一种新的思维方式。尽管生物与数学的过程有各自的复杂性，但它们具有一个重要的共性，即生物所具有的复杂结构实际上是结构的编码在DNA序列中的原始信息经过一些简单的生化处理后得到的，而求一个含有变量的可计算函数的值也可以通过求一系列含变量的简单函数的值来实现。所以两者之间具有一定的相似性。DNA计算的本质就是利用大量不同的核酸分子杂交，产生类似于某种数学过程的一种组合的结果，并根据限定条件对其进行筛选来完成的。根据DNA分子之间的Watson-Crick互补原理，不同的DNA分子根据其不同的末端具有不同的方向性，当大量随机的DNA相互杂交后，每个DNA链所携带的原始信息就会与其他DNA链所携带的信息重新组合，形成一种类似数学组合的结果，对一种特定的运算而言，这种结果的获得是通过对DNA进行一系列的连续操作来实现的。

因此，DNA计算就是利用不同形式的DNA链编码信息，将携有编码信息的DNA链进行互补杂交，最后，利用分子生物技术，如聚合酶链式反应(Polymerize Chain Reaction，PCR)、并行重叠集结技术(Parallel Overlap Assembly，POA)、超声波降解、亲和层析、克隆、诱变、分子纯化、凝胶电泳、磁珠分离等，捕获运算结果。

经典的计算科学理论是建立在一系列重要操作上的，大部分自动机语言理论模型都是这样的。相同的是，DNA计算也是建立在一系列连续的分子操作上的，这些用于计算目的的分子生物操作在形式上具有多样性，如切割、粘贴、分离、连接、插入和删除等。从理论上来讲，合理地使用这些分子生物操作可以建立与图灵机一样强大的新的计算模型。

从DNA的原理和一些生物操作工具来看，DNA计算与数学操作非常类似。DNA单链可看作由4个不同符号A、G、C和T组成的链。它在数学上就像计算机中的编码0和1一样，可表示成4个字符的集合$\Sigma=\{A,G,C,T\}$来编码信息。DNA链可以作为含有编码信息的载体，通过在DNA链上执行一些简单的生化操作，实现信息的传递和转换，从而完成计算目的。有学者认为，可以将生物酶看作是在DNA序列上进行简单计算的算子，不同的生物酶起着不同的作用，通过控制各种生物化学反应来完成序列的延伸和删减。也有学者认为，生物酶尤其是各种限制酶的种类和数量很有限，用其作为算子，将会受到很大的制约，因而设计了一种不需要酶参与的计算模型——粘贴模型。

7.2.3 DNA计算与其他软计算的集成

生物进化中采用的许多信息处理模式已被人们用于智能系统，如遗传算法、神经网络等软计算方法。基于DNA编码的信息模型将会加深对软计算中智能技术的理论研究，并拓宽其应用范畴。下面讨论DNA计算与遗传算法、模糊系统、神经网络的集成。

1. DNA计算与遗传算法的集成

一般来说，位串编码由于其简单性和易处理性，是遗传算法研究者最常用的经典方法。为了进一步模拟生物的遗传机理和基因调控机理，在基于DNA编码的染色体表达机制的基础上发展了一种新颖的DNA-GA算法。DNA-GA算法的流程与常规遗传算法的流程类似，如图7-6所示。

1）初始化及DNA链编码：使用n个具有任意DNA链的个体组成初始世代群体(DNA

汤)$P(t)$。一条 DNA 链由 4 个碱基 A、T、C、G 的结合体构成，可以表示多个基因。DNA-GA 初始化时，待解决的设计参数是通过 4 个字符的集合 $\Sigma=\{A,G,C,T\}$ 来编码形成 DNA 链，DNA 链的长短直接影响问题求解的精度和收敛速度。DNA-GA 的任务是从 DNA 汤出发，模拟进化过程，最后选择出优秀的群体和个体，以满足求解问题的优化要求。

2）适应度评价：按编码规则，将 DNA 汤 $P(t)$ 中每一个 DNA 链的密码子按表 7-7(或表 7-8)转化成所对应的参数值用于求解问题，并按某一标准计算其评价函数(适应度函数)f_i。若其评价函数值高，表示该 DNA 链有较高的适应度。由于将 DNA 的 4 个碱基中的 3 个组合成密码子的情况有 64 种，在翻译参数时可将这 64 种组合对应[0,63]区间上的任意一个数，用于问题的求解。这里考虑的翻译关系与生物 DNA 的遗传密码表不同，即不同的密码子对应于不同的参数。而在生物 DNA 中，允许不同的密码子对应相同的氨基酸。

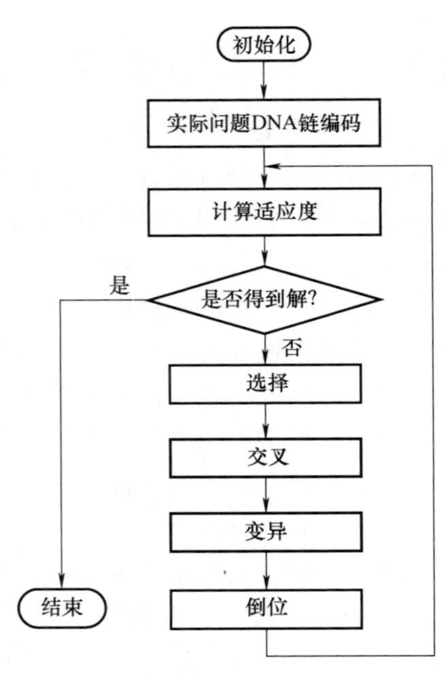

图 7-6　DNA-GA 算法的流程

表 7-7　DNA 链的密码子所对应的参数值

第一个碱基	第二个碱基				第三个碱基
	T	C	A	G	
T	0	4	8	12	T
	1	5	9	13	C
	2	6	10	14	A
	3	7	11	15	G
C	16	20	24	28	T
	17	21	25	29	C
	18	22	26	30	A
	19	23	27	31	G
A	32	36	40	44	T
	33	37	41	45	C
	34	38	42	46	A
	35	39	43	47	G
G	48	52	56	60	T
	49	53	57	61	C
	50	54	58	62	A
	51	55	59	63	G

可以考虑与生物 DNA 的遗传密码表相同的转译过程，即不同的密码子对应于相同的氨

基酸(或参数)，见表 7-8。

表 7-8　DNA 链的密码子转译成参数值的基本框架

第一个碱基	第二个碱基				第三个碱基
	T	C	A	G	
T	Phe(−9)	Ser(−7)	Tyr(−6)	Cys(−5)	T
	Phe(−9)	Ser(−7)	Tyr(−6)	Cys(−5)	C
	Leu(−8)	Ser(−7)	终止(0)	终止(0)	G
	Leu(−8)	Ser(−7)	终止(0)	Trp(0)	A
C	Leu(−8)	Pro(−4)	His(−3)	Arg(−1)	T
	Leu(−8)	Pro(−4)	His(−3)	Arg(−1)	C
	Leu(−8)	Pro(−4)	Glu(−2)	Arg(−1)	G
	Leu(−8)	Pro(−4)	Glu(−2)	Arg(-1)	A
A	Ile(1)	Thr(2)	Asp(3)	Ser(−7)	T
	Ile(1)	Thr(2)	Asp(3)	Ser(−7)	C
	Met(0)	Thr(2)	Lys(4)	Arg(−1)	G
	Met(0)	Thr(2)	Lys(4)	Arg(−1)	A
G	Val(5)	Ala(6)	Asp(7)	Gly(9)	T
	Val(5)	Ala(6)	Asp(7)	Gly(9)	C
	Val(5)	Ala(6)	Glu(8)	Gly(9)	G
	Val(5)	Ala(6)	Glu(8)	Gly(9)	A

表 7-8 是模拟从生物 DNA 到蛋白质形成的转译过程，20 种氨基酸对应[−9,9]区间中的某一个数。如待优化问题中的某一参数 a_i，若其值在预定的范围[$a_{i,\min}$,$a_{i,\max}$]内变化，则密码子的参数和实际参数值之间的转换关系为

$$a_i = a_{i,\min} + \frac{x}{18}(a_{i,\max} - a_{i,\min}) \quad x \in [-9,9] \tag{7-14}$$

3）选择：按一定的概率 P_s 从 DNA 汤 $P(t)$ 中选出 m 个 DNA 链个体，作为双亲用于繁殖后代，产生新的个体加入到下一代 DNA 汤 $P(t+1)$。选择的目的是使适应度高的 DNA 链有更多繁殖后代的机会，从而使优良特性得以遗传，体现了自然界适者生存的思想。与常规遗传算法类似，DNA-GA 常见的选择实现方法有以下四种。

① 适应度比例法。某条 DNA 链被选取的概率 P_s 为

$$P_s = \frac{f_i}{\sum f_i} \tag{7-15}$$

式中，f_i 为 DNA 链 i 的适应度。对 DNA 链 i，根据 P_s 产生一个随机数 k_i，再由 k_i 决定是否选择。适应度高的 DNA 链被选择的概率较大，能多次参加交配，它的遗传因子也会在 DNA 汤中扩大。

② 期望值法：当个体不是很多时，随机数的摆动有可能不能正确地反映适应度，此时可采用期望值法。在期望值法中，首先计算各条 DNA 链的期望值，然后在被选择的个体期

望值上减去 0.5。因此，即使在最坏的情况下，也可能以比期望值有 0.5 的偏差遗留给后代。

③ 排位次法：根据适应度把各条 DNA 链排序，然后根据预先已被确定的各位次的概率决定遗留后代。

④ 精华保存法：复制过程中，将适应度高的 DNA 链直接遗传给下一代。前面几种方法都是基于概率的选择，其优点在于对适应度低的个体也给予选择的机会，能够维持群体的多样性，但适应度高的个体也有被淘汰的可能。为了弥补这一缺点，可将适应度高的个体无条件地留给下一代，通过 DNA 链的复制保留遗传信息。

4）交叉：交叉是对于选中的用于繁殖的每一对 DNA 链个体，将其中部分内容进行互换。交叉位置随机产生，通过交叉点产生新的 DNA 链，基因得到了极大的改变。交叉是 DNA-GA 算法的核心，是最重要的遗传算子，对搜索过程起决定作用，体现了自然界信息交换的思想。只有不断地交叉，才能不断地产生新的个体，从而得到优秀个体。常见的交叉规则有单点交叉、两点交叉、多点交叉和标准交叉等多种方式。而多点交叉是单点交叉和两点交叉的推广。

5）变异：以一定的概率 P_m 从 DNA 汤 $P(t+1)$ 中随机选择若干个 DNA 链个体，对于选中的 DNA 链个体，随机地选取某一位进行 DNA 链中碱基序列的变化。DNA 链中的变化有碱基的替换、丢失和嵌入。这里的变异操作只考虑碱基的替换，即染色体中某个碱基或多个碱基从一种状态跳变到另一种状态，而碱基的丢失和嵌入留作以后讨论。碱基的取代有两种：一种是同类型碱基转换变异，嘌呤替代嘌呤或嘧啶替代嘧啶，如 T 变为 C；另一种是异类型碱基转换变异，嘌呤被嘌呤或嘧啶替代，如 T 变为 A 或 G，C 变为 G 或 A。

6）倒位：以一定的概率 P_i 从 DNA 汤 $P(t+1)$ 中随机选取若干个 DNA 链个体，对于选中的 DNA 链个体，随机地选取某两个位置，将它们之间的碱基顺序进行倒位。倒位的目的是试图找到好的进化特性的基因顺序。倒位操作是可选的，根据问题的需要而定。

对产生的新一代 DNA 汤返回到第 2）步，再进行评价、选择、交叉、变异和倒位，如此循环往复使群体中个体的适应度和平均适应度不断提高，直到最优个体的适应度达到某一限值或最优个体的适应度和群体的平均适应度不再提高，则迭代过程收敛，算法结束。

需要说明的是，DNA-GA 的整体结构与常规 GA 算法的结构相类似，只是 DNA-GA 采用 DNA 编码方法，并且在这种编码方法的基础上进行 GA 操作来得到问题的解，故 DNA-GA 的收敛性同样能得到保证。在 DNA-GA 中，DNA 编码方法有以下特征：知识表达方式的灵活性及译码的多样性；编码的丰富性且其长度大大缩短；染色体的长度可变，可插入和删除部分碱基序列；算子操作点没有限制；便于引入基因级操作，丰富了遗传操作算子。

为了说明 DNA-GA 算法的有效性，下面以一个函数寻优的例子来加以验证。如函数

$$f(x) = 10 + \{1/[(x-0.16)^2+0.1]\}\sin(1/x)$$

有许多局部极值点，如图 7-7 所示，其最大值在 $x=0.126$ 附近。在运用 DNA-GA 算法对此函数寻优的计算机仿真中，采用 6 位 DNA 编码，交叉率和变异率分别选取 0.9 和 0.1，每代个体为 30 个。DNA-GA 算法收敛后，对此函数寻优得到的训练结果在 $x=0.125$ 处取得函数最大值。上述过程说明了 DNA-GA 算法在函数寻优中的有效性。

2. DNA 计算与模糊系统的集成

模糊控制在许多实际工程中越来越受到人们的广泛关注。但由于模糊系统设计参数较多，有些复杂的系统，尤其是多变量模糊系统，人们很难解析设计，从而不能得到满意的模

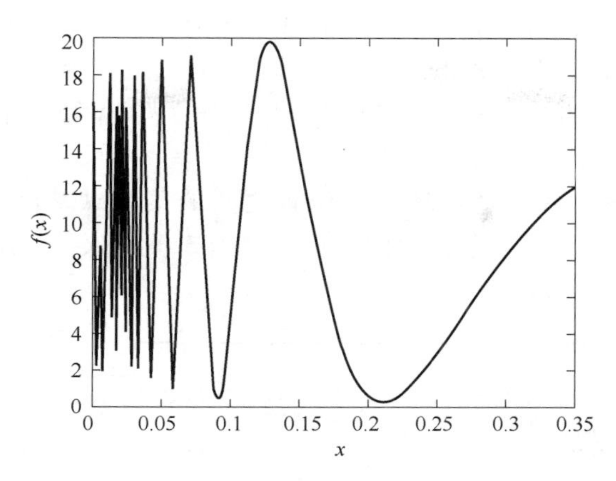

图 7-7　函数 $f(x)=10+\{1/[(x-0.16)^2+0.1]\}\sin(1/x)$ 有许多局部极值点

糊规则。过去几年中，已有学者采用神经网络和 GA 算法，通过设计隶属函数和规则后项中的参数来优化设计模糊系统。但是，神经网络设计的模糊控制器往往不是全局最优。GA 算法虽然有突出的全局搜索能力，但由于它是基于 0-1 编码模型的遗传操作，染色体长度有时很长，进化计算的代价很大，计算速度慢，局部搜索解空间时不是很有效。而从 DNA 计算角度看，在所有基于进化机理的方法中，GA 算法尤其适合于采用 DNA 计算来实现。下面将讨论基于 DNA 编码与伪细菌遗传算法相结合的模糊控制器的控制规则设计。

（1）DNA 遗传操作算子

这里讨论的 DNA 编码模型中，一个染色体由四种碱基 A、T、C、G 的结合体构成，可以表示多个基因。每三个连续碱基组成的密码子表示待解决的问题的某个设计参数，如模糊集中的设计参数。每个基因的长度可通过起始密码子 ATG 和终止密码子 TAG、TAA 或 TGA 来识别。根据 DNA 计算机理，解读 DNA 时，其实能从一个碱基被移位到另一个碱基，一些基因可重叠于另一些碱基，每个重叠基因都起到一些重要的作用，这样染色体有丰富性，并且基因的重叠可用来压缩信息。图 7-8 所示为采用 DNA 编码方法得到的带有重叠基因的一个染色体，其中，基因 2 重叠于基因 1 和基因 3 之中，每个碱基都起始于 ATG，终止于 TAG。

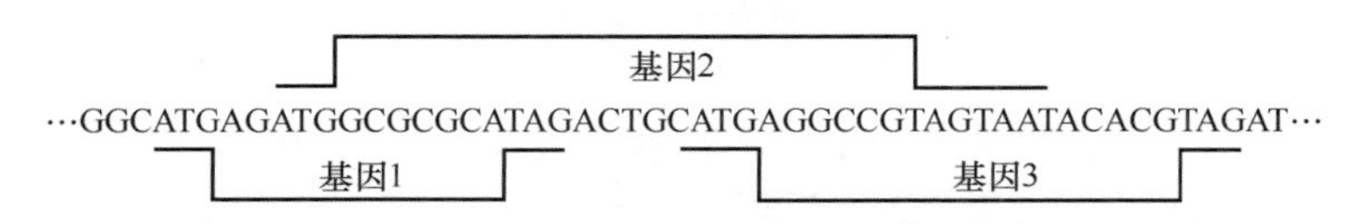

图 7-8　采用 DNA 编码方法得到的带有重叠基因的一个染色体

下面介绍在 DNA 编码模型上常用到的遗传操作算子。

1）交叉：对于被选中的用于繁殖的每一对 DNA 链染色体，其中部分内容进行互换。交叉位置随机产生。图 7-9 给出了一个两点交叉的例子。通过交叉，凭借交叉点产生了新的基因 2′和 5′，基因得到极大的改变。

2）变异：染色体中 DNA 链的变化有碱基的替换、丢失和嵌入。在 DNA 编码模型中，也采用这些变异。图 7-10 给出了染色体中的一个碱基由 G→C 的变异例子，基因 2 变成了基因 2′，并且产生了新的终止密码子 TAG，从而基因 3 消失。图 7-11 模拟了由于病毒操作而导致的嵌入操作，一段碱基序列被嵌入到染色体中，产生了新的基因 2′、3′和 4′。图 7-12 模拟了由于酶操作而导致的丢失操作，在酶的起始密码子 TGA 和终止密码子 GAT 之间的碱基被丢失，产生了新的基因 2′，原基因 2 和 3 消失。

3）倒位：指染色体中两个随机选择的位置之间的某些碱基序列的顺序发生了倒位。图 7-13 给出了一个倒位操作的例子，经倒位操作基因 3 被删除了，从基因 2 中产生了新的基因 2′。

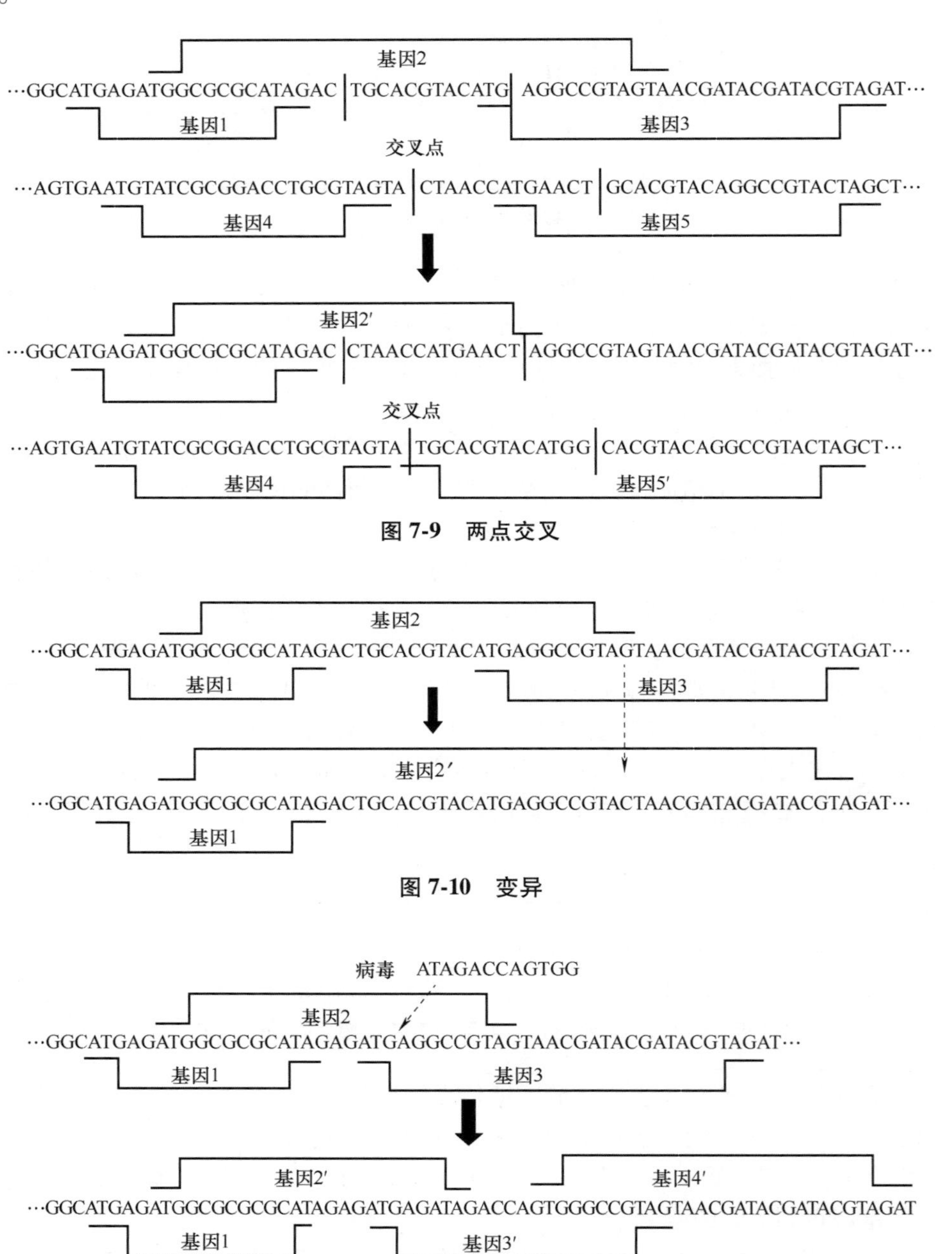

图 7-9　两点交叉

图 7-10　变异

图 7-11　嵌入

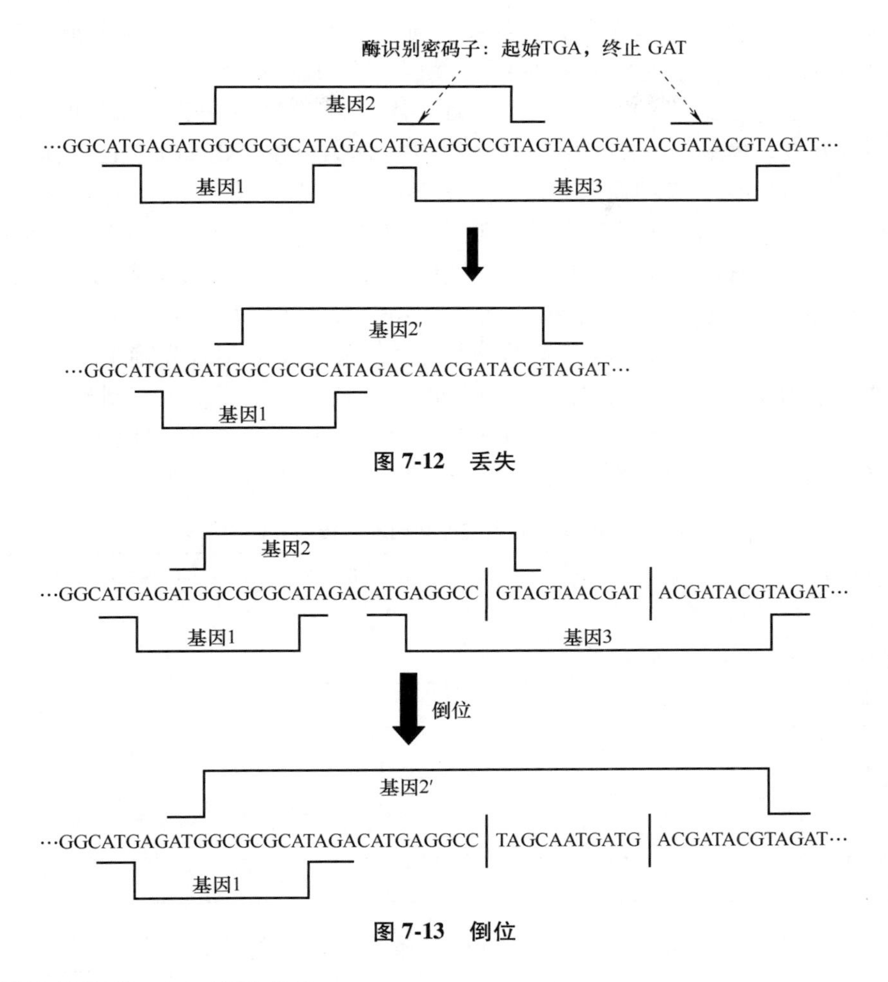

图 7-12 丢失

图 7-13 倒位

（2）模糊规则的 DNA 编码表达

这里给出一种 DNA 编码表达方法，并将其用于表达模糊控制规则及其设计参数，从而便于人们在此基础上开发各种新颖的 DNA 进化方法来解决模糊控制系统的优化设计问题。

在采用遗传算法优化设计模糊系统时，第一步首先解决待寻优参数的染色体的表达机制。若采用 DNA 进化计算来解决模糊系统的优化问题，同样必须用 DNA 编码方法来表达待优化的模糊系统的设计参数。下面通过一个例子来说明如何用 DNA 编码方法来表达 IF-THEN 模糊规则，从而使基于 DNA 编码方法的遗传算法能采用以上讨论的遗传算子来优化设计模糊系统，即用于选择模糊系统的输入/输出变量和调整隶属函数中的设计参数，从而自动地获取模糊控制规则。

为保持与生物进化的一致性，在 DNA 编码模型中，一个基因同样开始于起始密码子 ATG，将其对应于模糊规则中的 IF，终止密码子则不明确限定。在将染色体翻译成模糊规则时，从染色体的头部开始读取，若找到起始密码子，则按照一定的流程开始翻译模糊规则。在 DNA 编码模型中也允许存在基因重叠。读完一条模糊规则后，从与 ATG 密码子相邻的第二个碱基开始重新读取，并寻找新的 IF 密码子。在 DNA 的转译过程中，一种氨基酸可以翻译成一个输入变量、输出变量、隶属函数或连接词等。一个氨基酸序列就构成了一条模糊规则，DNA 染色体构成了控制系统的模糊规则集合。

为了显示 DNA 编码方法是如何表达模糊规则的，下面以蒸汽发动机的模糊规则为例进行说明。蒸汽发动机的模糊规则系统是一个 4 输入 2 输出的控制系统。4 个输入变量分别是压力偏差、压力偏差变化、速度偏差、速度偏差变化，操作变量分别是锅炉的供给热量和蒸汽机节气门的开度。模糊控制器采用压力偏差 PE、压力偏差变化 CPE、速度偏差 SE、速度偏差变化 CSE 这 4 个输入模糊变量和热量变化 HC、节气门变化 TC 2 个输出模糊变量。4 个输入变量都被 7 个输入模糊集模糊化，分别为“负大”(NB)、“负中”(NM)、“负小”(NS)、“零”(Z)、“正小”(PS)、“正中”(PM)和“正大”(PB)。2 个输出变量都被 5 个输出模糊集模糊化，分别为“负大”(NB)、“负小”(NS)、“零”(Z)、“正小”(PS)和“正大”(PB)。输入模糊集和输出模糊集都采用高斯型隶属函数，并且假设中心值预先确定，宽度有待设计。模糊控制器采用 Mamdani 模糊规则。表 7-9 给出了氨基酸和模糊系统控制规则中输入变量、输出变量及模糊集的隶属函数中设计参数和连接词(AND、THEN)的对应关系。基于表 7-9，从 DNA 染色体中读取密码子，将其转译成氨基酸，然后再与模糊规则中的各个部分相对应。

表 7-9　氨基酸和模糊系统控制规则中各部分的对应关系

氨基酸	Phe	Len	Ser	Try	Cys	Trp	Pro	His	Glu	Arg	Ile	Met	Thr	Asp	Lys	Val	Ala	Asp	Glu	Gly
输入变量(1)	PE					SE					V					CSE				
输入模糊集(2)	NB		NM			NS			Z			PS			PM			PB		
宽度值	窄 ---------- 宽																			
连接词(3)	AND										THEN									
输出变量(4)	HC										TC									
输出模糊集 (5)	NB				NS				Z				PS				PB			
宽度值	窄 ---------- 宽																			

图 7-14 所示为从一条 DNA 染色体中读取一条模糊规则的流程。在将 DNA 染色体翻译成模糊规则集时，首先找到 ATG 密码子，将其对应于 IF，再读入第一个输入变量和它的输入模糊集，然后根据下一个氨基酸对应的是 AND 还是 THEN 来读入下一个输入变量和输入模糊集或者输出变量和输出模糊集，直到读完一条完整的模糊规则。

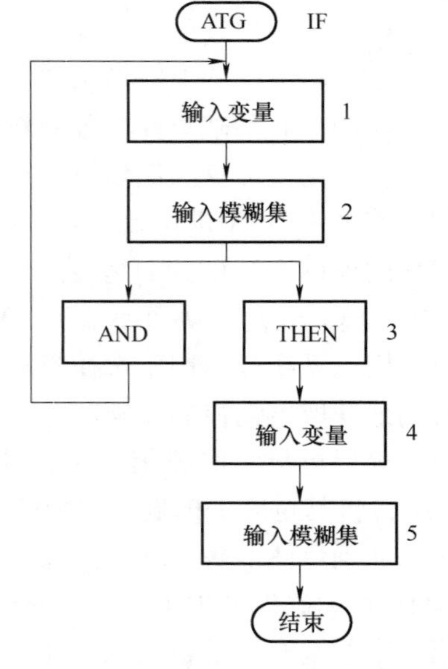

图 7-14　从一条 DNA 染色体中读取一条模糊规则的流程

与从生物 DNA 到蛋白质的转译过程类似，基因经转录得到 mRNA，其上的密码子与氨基酸相对应。64 种密码子对应着 20 种氨基酸。图 7-15 给出了一条 DNA 染色体表示模糊规则的例子。从染色体头部开始读取，当找到密码子 ATG 后，开始读取一条模糊规则，ATG 的下一个密码子 CTG 对应氨基酸 Len，它的含义是压力偏差 PE，再下一个密码子为氨基酸 Pro 和 Try，表示模糊集 NM。同理，各氨基酸的含义也可以根据核苷酸的组合由表 7-9 和图 7-15 来翻译确定。当读完一条模糊规则后，从与 ATG 密码子相邻的第二个碱基开始重新读取下一条模糊规则，直到找到 DNA 染色体中的所有模糊规则。这些规则就构成了模糊控制系统的规则集。

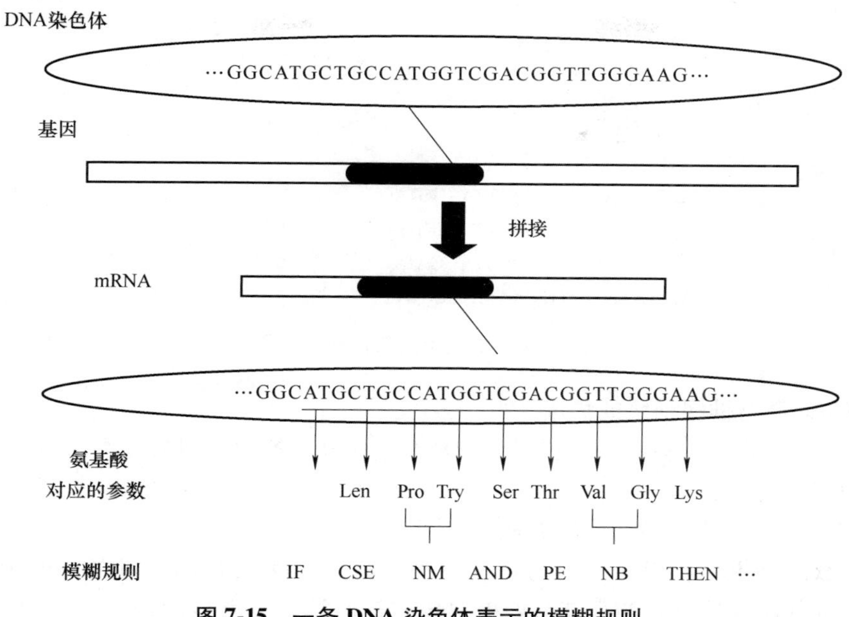

图 7-15　一条 DNA 染色体表示的模糊规则

在以上 DNA 编码模型上，采用 DNA 遗传操作算子进行进化，即可得到一组优化的模糊规则集。这种 DNA 编码和 DNA 进化方法表达方式非常丰富，且 DNA 染色体的长度是可变化的，容易插入和删除部分 DNA 碱基序列，可自适应地构造模糊控制规则集。

（3）伪细菌遗传算法

细菌遗传学提供了一个有趣的基因重组机制。细菌能够通过变异将 DNA 物质传递给受体细胞。雄性细胞将基因传送到雌性细胞，雌性细胞接受了雄性细胞的特征。噬菌体(Bacteriophage)进入细菌后，就"喧宾夺主"地控制并利用细菌的复制、转录和翻译机制，复制噬菌体的 DNA，并以噬菌体的 DNA 来转录 mRNA，再将 mRNA 转译为蛋白质。这样既有了 DNA，又有了蛋白质，经过组装就产生了新的噬菌体。全部过程所需的能、酶、核苷酸、氨基酸等都由细菌供给。噬菌体组装后，细胞膜溶解，噬菌体逸出，再侵入新的细菌。从噬菌体侵入到新的噬菌体逸出、侵入新的细菌，这一周期称为溶菌周期(Lytic Period)。溶菌周期一般很短。带细菌基因的噬菌体在侵入新细胞时，就把原来寄主细菌的基因带到新寄主中，这个过程被称为转导(Transduction)。通过转导，单细菌的特征可以传播到整个细胞群体。正是由于这样的重组机制，微细菌进化过程非常迅速。

借助于细菌基因重组机制发展起来的遗传算法，称为伪细菌遗传算法。首先根据一个细菌的染色体复制多个细菌，对每个新生细菌的相同基因片段进行变异，选择其中细菌的最佳基因片段进行转导，传递给其他的细菌。图 7-16 所示为一个简单的伪细菌遗传操作示意图。途中 GENE1 被复制成四个克隆体，除了一个克隆体外，其他三个克隆体接受变异。然后只选择变异操作后四个基因片段中最佳者返回替代原基因片断。对整个细菌群体逐一执行这样的遗传操作之后，再进行常规的选择、交叉和变异操作。

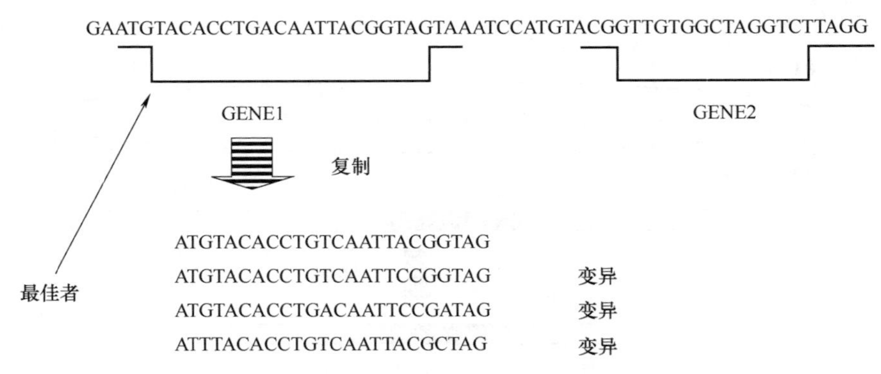

图 7-16 伪细菌遗传操作示意图

3. DNA 计算与神经网络的集成

DNA 计算与神经网络的集成主要包括 DNA 序列分类的神经网络方法、神经网络的 DNA 编码框架两部分内容。

（1）DNA 序列分类的神经网络方法

生命是核酸和蛋白质相互作用的系统。遗传信息存储在 DNA 或 RNA 书写的核酸序列中，这个序列就是遗传信息的载体。如果说核酸是四种碱基书写的语言，蛋白质是用 20 种氨基酸书写的语言，则遗传密码就是这两种语言的联系。蛋白质是生命功能的执行者，DNA 的复制保证了细胞分裂过程中遗传信息的准确传递。DNA 能指导生成蛋白质，同时蛋白质又反作用于核酸、调节 DNA 信息的表达、遗传密码的破译，有效地揭示了信息如何从核酸传递到蛋白质的秘密。

遗传信息存储在核酸序列中，用信息量来描述核酸序列的各种变化。信息量是从一个不确定性的消息集合的信息源中，获得一个确定信息时所减少的不确定性的度量。信息量的单位是比特(bit)，其意义是：如果在两种机会均等的可能性中选择一种，那么信息量为 1bit，如果要连续回答 K 个“是”或“否”才能弄清楚，那么这个问题的信息量就是 K bit。用四种碱基来编码 20 种氨基酸，至少要碱基的三联体，也就是说编码一个氨基酸的核苷酸(碱基)数不能小于 3。从信息论的观点来看，一个氨基酸的信息量是 4. 32bit，而一个核苷酸的信息量仅 2bit，必须用 3 个核苷酸才能编码一个氨基酸。4 个核苷酸的三联体(密码子)共有 $4\times4\times4=64$ 种，用 64 种密码子编码 20 种氨基酸，则有些氨基酸对应几个密码子，即密码简并，这种简并大多发生在密码子的第三位碱基。

由于神经网络具有运用已知信息、认识新信息、解决新问题、学习新方法、预见新趋势、创造新思维的能力，所以引入神经网络处理模式分类的问题。传统的分类识别方法对于一般非线性系统的识别很困难，而神经网络为此提供了一个强有力的工具。它实质上是选择了一个适当的神经网络模型来逼近实际系统，通常采用单层感知器、BP 网络、改进型 BP 网络和 LVQ 矢量量化学习等方案。目前，在神经网络中应用最多的是 BP 网络。

对于具有 n 个输入节点，m 输出节点的 BP 网络，输入到输出的关系可以看作是一个 n 维欧氏空间到 m 维欧氏空间的映射 F：$R^n \to R^m$，这一映射是高度非线性映射。

将复杂系统看作是一个黑箱，以实测输入、输出数据为学习样本，送入 BP 网络，网络通过样本进行学习，在学习过程中，网络的权值不断地修改，使输入到输出的映像逐渐与实际对象的特性相逼近，当网络输出的整体误差 E 小于给定标准时，整个网络便模拟出了实际系统的外部特性。

实际分类识别问题中，输入空间一般是多维欧氏空间，通过计算空间中点与点的欧氏距离，并根据这些距离知道哪些样本互相靠得近，哪些样本相距甚远，也就是说在输入空间中存在着一个距离度量，只要输入模式接近于某个输出模式，由于 BP 网络所具有的联想记忆能力，则网络的输出亦会接近学习样本的输出。

下面重点介绍神经网络模型的建立与求解过程。

1）特征提取。这是一个比较典型的分类问题，为了表述的严格和方便，用数学的方法来重述这个问题。已知字母序列 $S_1,S_2,\cdots,S_{40},S_i=x_1x_2x_3\cdots x_j\cdots x_{n_i}$，其中 $x_j\in\{a,t,c,g\}$；有字符序列集合 A、B，满足 $A\cap B=\varnothing$，并当 $1\leqslant i\leqslant 10$ 时，$S_i\in A$；当 $11\leqslant i\leqslant 20$ 时，$S_i\in B$。现要求考虑当 $21\leqslant i\leqslant 40$ 时，S_i 与集合 A 及集合 B 的关系。

在这里，问题的关键是要从已知的分好类的 20 个字母序列中提取用于分类的特征。知道了这些特征，就可以比较容易地对那些未标明类型的序列进行分类。

首先，待提取的特征应该满足以下两个条件：①必须可以标志 A 类和 B 类；②必须是有一定的实际意义。

对于这样的一个复杂的分类问题，需要考虑的因素很多，也就是说，可供使用的分类特征有许多。如何从众多的因素中提取分类的主要因素，是处理这个问题的困难之处。上述待提取特征应满足的第一个条件是分类方法所必须满足的，可以看作是限制条件；而第二个条件是在设计分类方法时必须考虑的，可以看作是对分类方法优劣的一种衡量，是某种意义下的目标函数。

特征提取方法如下：

方法 1：基于字母出现的频率。

不同段的 DNA 中，每个碱基出现的频率并不相同，从生物理论可知，编码蛋白质的 DNA 中 G、C 含量偏高，而非编码蛋白质的 DNA 中 A、T 含量偏高。因此，A、G、T、C 的频率中会含有很多的信息。

方法 2：基于字母出现的周期性。

一个序列所含的信息远不止每个字母出现的频率，还有字母前后若干个字母的相关联性，以及字母在序列中出现的规律性。

方法 3：基于序列熵值。

把一串 DNA 序列看成一个信息流，这与生物学的基础知识是相应的，关于 A、B 的分类，可以考虑其单位序列所含信息量（即熵）的多少。从直观上来看，可以认为重复越多，信息量越少。

2）提取 A、B 两类的特征。经过计算，提取 A、B 两类的统计特征，具体方法如下：

特征 1：单个字符出现的频率。

对 1~20 每个人工序列，统计出单个字符 A、T、C、G 出现的频率 P_i，即

$$P_i=\frac{T_i}{S-M+1}\quad i=\mathrm{A,T,C,G}\tag{7-16}$$

式中，S 为序列长度；M 为字符长度（这里 $M=1$）；T_i 为每个序列中 i 出现的次数。表 7-10 给出了 A、T、C、G 的频率统计，可以看出，A 类的碱基构成与 B 类的碱基构成有较大的不同。A 类的 G 含量较高，B 类的 T 含量较高。

表 7-10　A、T、C、G 的频率统计

$P_i/(\%)$	1	2	3	4	5	6	7	8	9	10	11	12	13	14	15	16	17	18	19	20
A	30	27	27	42	23	35	35	28	21	18	35	33	25	30	29	36	35	29	22	20
T	14	15	6	29	11	13	19	19	15	14	50	50	52	50	65	46	26	50	56	56
C	17	16	22	11	23	13	10	16	21	27	5	3	10	8	0	8	25	12	15	17
G	40	41	45	18	42	40	36	37	43	41	10	15	13	12	6	9	14	9	7	6

特征 2：特征三字符串出现的频率。

通过对序列 1~20 中 A、T、C、G 四字母的不同组合(如三三组合)出现频率的统计分析，统计并分析序列 1~20 中三字符串出现的规律能较为全面地认识序列中的局部相关性及 A、B 两类特征的差异并具有实际意义。因此，只对序列 1~20 中的三字符串进行统计分析，找出特征三字符串。以下为以提取特征三字符串为例的统计算法步骤：

① 确定各字符串的优先权重；三字符串共有 64 种可能的排列方式，对这些三字符串进行初次排列，确定优先权重。

② 选出特征字符串，对字符串进行二次排序，找出特征字符串。

③ 把 A、B 两类所有特征字符串进行排序，计算出每个特征字符串在两类序列 1~20 中出现的总次数。如果少于 5 次，认为此字符串不能体现 A、B 两类的特征差异，不予考虑。统计出序列 1~20 中出现频率较大的特征三字符串(共 21 种)，它们在每个序列中出现的频率为 $P_i=\dfrac{T_i}{S-M+1}$，其中 $M=3$，i 为某三字符串。

通过上述分析，可以得到 DNA 序列分类的神经网络方法具有如下特点：

1）基因特征这种非线性系统很难用数学方程表达出来，而且可利用的样本有限，以至于传统的分类识别方法无效，神经网络以其良好的学习功能和很强的非线性计算能力，为分类识别提供了一种新方法。

2）传统的分类识别方法是一种模型驱动方法，大部分统计模型基于线性回归，而神经网络用数据驱动方式来解决分类问题，它通过样本学习逼近实际系统模型的能力很强。

3）由于 BP 网络的信息分布性，各输入变量对输出变量的影响在对样本学习时已自动记下，并由整个网络的内部表达而表现出来，从而省略了通常建模前所需的对各变量的相关分析。

4）BP 网络有更多的可调变量(各权值、阈值)，故网络可以以更复杂的方式逼近系统的外部特征。BP 网络模型的不足之处在于存储于各权上的知识人们无法理解，所建立的模型难以用解析方式表达出来。

（2）神经网络的 DNA 编码框架

近年来，神经网络的优化学习得到了重视，其中有许多学者采用遗传算法来优化和设计神经网络。但由于常规遗传算法本身的缺陷，需要研究效率更高的优化算法来设计神经网络。而 DNA-GA 不失为一种有效的方法。用 DNA-GA 具体设计神经网络时，首先要解决的是找到适合于神经网络的设计参数的编码方法。

实际上，用 DNA-GA 优化设计神经网络时，主要是优化神经网络之间的权值。解决方法是将每个权值对应为一个密码子，再由密码子对应到氨基酸，然后按表 7-9 对应到合适范围内的某一参数。图 7-17 所示为一种神经网络的 DNA 编码的基本框架，可以在此框架下发

展 DNA-GA 优化设计神经网络的方法。

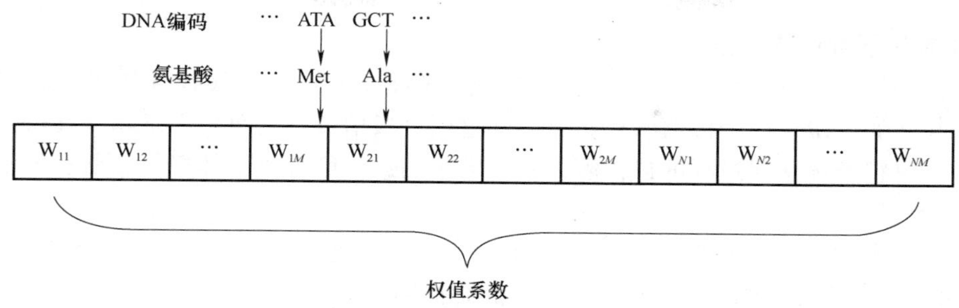

图 7-17　一种神经网络的 DNA 编码的基本框架

7.3　粒子群算法

自然界中存在着大量的群居性生物系统，如蚂蚁、蜜蜂、鱼群和鸟群等，这些群居性生物的社会行为一直受到生物学家、动物学家以及社会学家的广泛关注，比如，鸟群在快速飞行中依然能保持优美的队形，蜂群在任何环境下都能以极高的效率从食物源中采集蜂蜜，蚁群总是能够找到最短的觅食路径。为了探索其中的奥妙，研究者通过对每个个体的行为建立简单的数学模型，在计算机上模拟和再现这些群体行为。粒子群算法就是在鸟群、鱼群和人类社会的行为规律的启发下提出的，来源于对简化社会模型的模拟。

1986 年，生物学家 C. W. Reynolds 设计了一个有趣的人工生命系统——Boid 模型，用来模拟鸟群聚集飞行的行为，并通过一系列的仿真实验再现了鸟群的飞行、聚集、散开、再聚集的行为，与现实中的鸟群具有同样的行为特征。

R. C. Eberhart 和 J. Kennedy 采纳了 C. W. Reynolds 的 Boid 模型，并把 Boid 模型中的每一个个体视为没有质量的粒子，粒子在飞行过程中遵循 Boid 模型的简单规则。考虑到鸟类寻找栖息地与求解特定问题过程的相似性，R. C. Eberhart 和 J. Kennedy 对模型进行了修正，修正模型算法的基本思想为：一方面，希望个体具有个性化，即鸟类模型中的鸟不互相碰撞，停留在鸟群中；另一方面又希望知道其他个体已经找到的好解并向它们学习，即社会性。当粒子的个性和社会性之间寻求到一种平衡时，则可实现优化过程中开发和探测之间的有效平衡。经过反复的修正，J. Kennedy 和 R. C. Eberhart 在 1995 年的 IEEE 国际神经网络学术会议上正式发表了题为“Particles Swarm Optimization (PSO)”的文章，标志着粒子群优化计算的诞生。

PSO 算法的基本思想是从随机解出发，通过追随当前最优解来寻找全局最优解。作为一种群体智能优化算法，PSO 算法具有容易实现、精度高、收敛快等优点，一经提出就引起了学术界的重视，吸引着学者们对其进行扩展和改进。为了拓展其应用范围，学者们提出了离散 PSO 算法、多目标 PSO 算法、多种群协同 PSO 算法等，在函数优化、模式识别、电力系统、生物医学工程、机器人路径规划、图形图像处理等领域获得了广泛应用，并取得了良好的优化效果。所以，粒子群优化算法是一种非常有发展前景的优化方法。

7.3.1 粒子群算法的计算模型

1. 基本粒子群算法模型

粒子群初始化为解空间中的一群随机粒子(即随机解)通过迭代找到最优解。在每一次迭代中，粒子通过跟踪两个极值来更新自己，这两个极值分别为每个粒子本身在迭代过程的最优解和所有粒子在迭代过程的最优解，每个粒子的最优解称为个体极值，所有粒子的最优解称为全局极值。

假设在一个 D 维的目标搜索空间中，有 N 个粒子组成一个群落，定义如下向量：

1）第 i 个粒子在 t 时刻的位置，为一个 D 维空间向量，即

$$\boldsymbol{X}_i(t)=(x_{i1}(t),x_{i2}(t),\cdots,x_{id}(t),\cdots,x_{iD}(t))^{\mathrm{T}}\quad i=1,2,\cdots,N;\ d=1,2,\cdots,D$$

式中，$x_{id}(t)\in[L_d,U_d]$，L_d、U_d 为第 d 搜索空间的下限和上限。

2）第 i 个粒子的飞行速度，也是一个 D 维向量，即

$$\boldsymbol{V}_i(t)=(v_{i1}(t),v_{i2}(t),\cdots,v_{id}(t),\cdots,v_{iD}(t))^{\mathrm{T}}\quad i=1,2,\cdots,N;\ d=1,2,\cdots,D$$

式中，$v_{id}(t)\in[v_{\min},v_{\max}]$，$v_{\min}$、$v_{\max}$分别为粒子飞行的最小速度和最大速度。

3）第 i 个粒子迄今为止搜索到的个体极值，即

$$\boldsymbol{P}_{i\text{best}}(t)=(p_{i1}(t),p_{i2}(t),\cdots,p_{id}(t),\cdots,p_{iD}(t))\quad i=1,2,\cdots,D;\ d=1,2,\cdots,D$$

4）整个粒子群迄今为止搜索到的最优极值，即

$$\boldsymbol{P}_{g\text{best}}(t)=(p_{g1}(t),p_{g2}(t),\cdots,p_{gd}(t),\cdots,p_{gD}(t))^{\mathrm{T}}\quad d=1,2,\cdots,D$$

通过计算适应度值找到个体极值和最优极值后，粒子根据式(7-17)和式(7-18)来更新自己的速度和位置，即

$$v_{id}(t+1)=v_{id}(t)+c_1r_1[p_{id}(t)-x_{id}(t)]+c_2r_2[p_{gd}(t)-x_{id}(t)]\tag{7-17}$$

$$x_{id}(t+1)=x_{id}(t)+v_{id}(t+1)\tag{7-18}$$

式中，c_1 和 c_2 为学习因子，也称加速常数，c_1 用来调节粒子飞向自身最好位置方向的步长，c_2 用来调节粒子飞向全局最好位置的步长，通常取 $c_1=c_2=2$；r_1 和 r_2 为[0，1]范围内的均匀随机数。

式(7-17)主要由三部分组成：第一部分为惯性部分，反映了粒子的运动惯性，代表粒子有维持自己先前速度的趋势；第二部分为认知部分，反映了粒子对自身历史经验的记忆，代表粒子有向自身历史最佳位置逼近的趋势，是一个增强学习的过程；第三部分为社会部分，反映了粒子间协同合作与知识共享的群体历史经验，代表粒子有向群体或邻域历史最佳位置逼近的趋势。由式(7-17)可知，在搜索过程中，粒子一方面记住它们自己的经验，同时考虑其同伴的经验。当单个粒子察觉同伴经验较好时，它将进行适应性的调整，寻求一致认知过程。

式(7-17)和式(7-18)描述了 R. C. Eberhart 和 J. Kennedy 最早提出的粒子群优化算法模型，被称为基本粒子群优化算法(Basic Particles Swarm Optimization，BPSO)模型。

2. 标准粒子群模型

在 BPSO 模型中，粒子的飞行速度相当于搜索步长，大小直接影响着算法的性能。当粒子的搜索步长过大时，粒子能够以较快的速度飞向目标区域，但当逼近最优解时，过大的搜索步长很容易使粒子飞越最优解，去探索其他区域，从而使算法难以收敛；当粒子的搜索步长过小时，尽管能够保证算法局部区域的精细搜索，但却会导致算法全局探测能力降低。由此可知，为达到算法局部开采和全局探测之间的有效平衡，必须对粒子的飞行速度采取有效

的控制与约束。

为了提高粒子群优化算法的性能，Y. H. Shi 和 R. C. Eberhart 在基本粒子群优化算法模型中引入了惯性权重以控制粒子飞行的速度。计算模型为

$$v_{id}(t+1)=\omega v_{id}(t)+c_1r_1[p_{id}(t)-x_{id}(t)]+c_2r_2[p_{gd}(t)-x_{id}(t)] \tag{7-19}$$

$$x_{id}(t+1)=x_{id}(t)+v_{id}(t+1) \tag{7-20}$$

式中，ω 为惯性权重，通过该权重可以调节飞行中惯性的大小。引入惯性权重的粒子群优化计算模型通常被称为标准粒子群优化(Standard Particles Swarm Optimization，SPSO)算法，之后的诸多研究均是以此模型为基础展开的。

3. 粒子群优化算法的流程

粒子群优化算法的流程如图 7-18 所示。

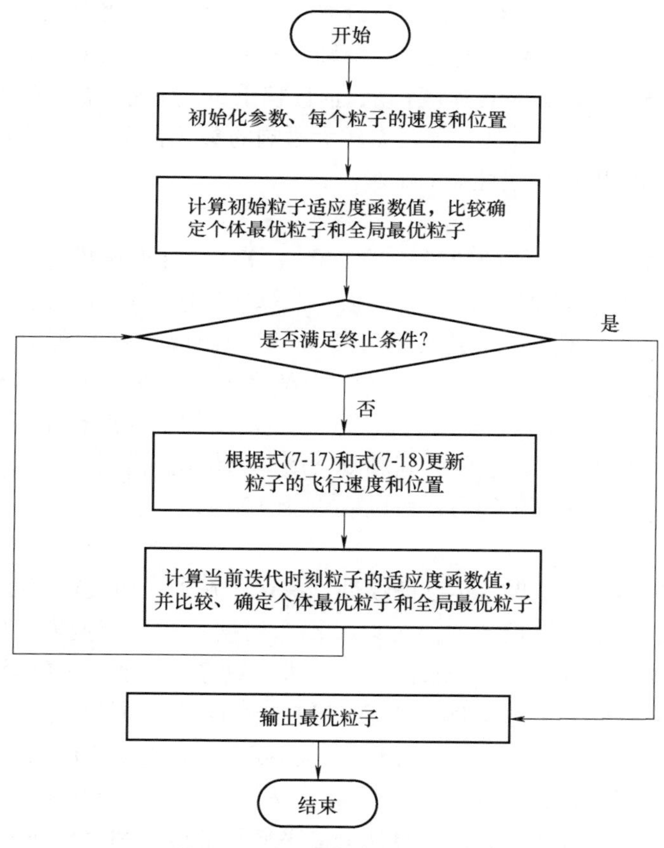

图 7-18　粒子群优化算法流程

粒子群算法的具体步骤如下：

1）算法初始化。设置粒子群算法参数，包括粒子群数目 N，粒子的维度 D，粒子飞行的最大速度 $v_{\max}$、最小速度 $v_{\min}$，最大迭代次数 $T_{\max}$，惯性权值 ω，并置当前迭代次数 $t=0$。

2）在搜索范围内随机初始化每个粒子的位置 $\boldsymbol{X}_i(0)$ 和速度 $\boldsymbol{V}_i(0)$，计算每个粒子的适应度值 $f(\boldsymbol{X}_i(0))$，并将当前粒子的位置和适应度值存储在 $\boldsymbol{P}_{ibest}$ 中，将所有粒子的 $\boldsymbol{P}_{ibest}$ 中适应度值最高的个体存储在 $\boldsymbol{P}_{gbest}$ 中。

3）开始循环，根据式(7-17)和式(7-18)更新粒子的速度 $\boldsymbol{V}_i(t)$ 和位置 $\boldsymbol{X}_i(t)$，如果粒子

的速度和位置超出最大值和边界值，则按最值计算。

4）计算当前迭代下每个粒子的适应度函数值$f(\boldsymbol{X}_i(t))$，比较更新$\boldsymbol{P}_{ibest}(t)$和$\boldsymbol{P}_{gbest}(t)$。

5）判断迭代是否满足终止标准（如收敛到指定精度，或达到最大迭代次数），若满足，则算法停止，进入步骤6），否则，返回步骤3）。

6）输出最优粒子的值。

7.3.2 粒子群优化算法的参数设置

1. 粒子群优化算法的参数对其性能的影响

PSO算法最大的优点是不需要调节太多的参数，但是算法中少数几个参数却直接影响算法的性能以及收敛性。由于PSO算法的理论研究尚处于初始阶段，缺乏严格的数学基础，其参数的选择还没有成熟的理论依据，参数设置在很大程度上依赖于经验。

PSO算法包括以下7个参数需要设置，分别为种群规模N、微粒的维度D、微粒的搜索范围$[-x_{max}, x_{max}]$、微粒的最大飞行速度v_{max}、惯性权重ω、加速常数（学习因子）c_1和c_2、最大迭代次数T_{max}，其中对PSO算法性能具有较大影响的参数有5个。下面详细介绍这些参数的作用、设置经验及对PSO算法性能的影响。

（1）种群规模N

种群规模即群体中所含个体的数量。对于PSO算法，种群规模越大意味着参与信息共享的粒子就越多，算法的全局搜索能力就越强，但算法的搜索时间也越长；种群规模小则会使可用的全局信息减少，算法容易陷入局部最优。C. Ratanavilisagu等对PSO算法中种群规模的选取进行了研究，结果表明，当取种群规模N为30~50时，大多数优化问题都可以取得较好的优化效果，但当N超过50以后，种群数量的增加不仅没有提高PSO算法的寻优效率，反而在一定程度上增加了算法的时间和复杂度。当优化问题中的极值较多时，可以适量增大种群规模以提高算法的寻优能力，可以取N为100~200。

（2）惯性权重ω

惯性权重的作用是让粒子保持运动的惯性，决定了粒子先前飞行速度对当前飞行速度的影响程度，因此通过调整惯性权重的值可以实现全局搜索和局部搜索之间的平衡。当ω取较大值时，全局搜索能力强，局部搜索能力弱，可以更好地实现算法的全局搜索，提高算法收敛速度，但不易求得问题的精确解；当ω取较小值时，全局搜索能力弱，局部搜索能力强，有利于实现算法的局部搜索，提高算法求解精度，但减慢了算法的收敛速度，使算法陷入局部极值。因此恰当的惯性权重值可以提高算法性能，提高寻优能力，同时减少迭代次数。如何获得更好的惯性权重值，使得算法既能平衡局部搜索和全局搜索，又能平衡搜索精度和搜索速度成为PSO算法研究的重要内容之一。

（3）学习因子c_1、c_2

学习因子c_1（认知部分）和c_2（社会部分）分别决定了粒子的自身经验信息和其他粒子的经验信息对粒子自身飞行轨迹的影响，体现了种群粒子之间的信息交流，设置较大或较小的c_1、c_2值都不利于粒子的搜索。A. Ratnaweera等研究发现，一个大的认知部分c_1会导致粒子在整个搜索空间中游走，加强了粒子的探索能力；一个大的社会部分c_2会将粒子引向局部搜索，加强了粒子的开发能力。理想状态下，搜索初期要使粒子尽可能地探索整个空间，而在搜索末期，粒子应避免陷入局部极值。

（4）最大飞行速度 v_{max}

最大飞行速度 v_{max} 决定了粒子在一次迭代过程中所能飞行的最大距离，v_{max} 越大，粒子的探索能力越强，如果 v_{max} 过大则容易飞越最优解；v_{max} 越小，粒子的开发能力越强，但如果 v_{max} 过小，粒子则不能在局部好解区域之外进行足够的搜索，导致陷入局部极值。v_{max} 的设定一般在种群初始化时进行，根据搜索空间范围的大小通常把最大飞行速度设置为固定值，在搜索的过程中不再改变，通常设定为 $v_{max}=kx_{max}$，$0.1\leqslant k\leqslant 1.0$，每一维都采用相同的设置方法。

（5）最大迭代次数 T_{max}

最大迭代次数 T_{max} 在 PSO 算法中通常作为算法运行的停止准则，根据具体的优化问题，T_{max} 的设定需要考虑算法运行的时间、求解的精度、算法的寻优效率等多方面的因素。

2. 粒子群优化算法参数的设置策略

对于 PSO 算法而言，惯性权重 ω，学习因子 c_1、c_2 和飞行速度 v 这三个重要参数决定了 PSO 算法的性能。

（1）惯性权重的设置

在 PSO 算法中，在搜索的前期希望算法有较高的全局搜索能力，以尽快找到合适的粒子，而在后期则希望算法具有较高的开发能力，以加快收敛速度，所以在权重设置时通常都是递减的，主要可以分为线性策略和非线性策略两种。

1）典型线性递减策略。线性递减策略由 Y. H. Shi 和 R. C. Eberhart 于 1998 年提出，被称为典型线性递减策略，计算方式为

$$\omega(t)=\omega_{start}-\frac{\omega_{start}-\omega_{end}}{T_{max}}\times t \tag{7-21}$$

式中，ω_{start} 为惯性权重的初始值，也是最大值；ω_{end} 为惯性权重的终止值，也是最小值；T_{max} 为最大迭代次数，t 为当前迭代次数；$\omega(t)$ 为当前惯性权重。Y. H. Shi 和 R. C. Eberhart 通过大量研究发现，较大的 ω 有利于算法跳出局部极值，可以提高算法的全局搜索能力，而较小的 ω 值则有利于提高算法的局部搜索能力，当 ω 从 0.9 随迭代次数线性减小至 0.4 时，算法的优化性能有明显改善，所以通常把 ω 设置在 $[0.4,0.9]$ 范围内。

2）线性微分递减策略。为了克服典型线性递减策略的局限性，胡建秀等提出了一种线性微分递减策略，惯性权重的计算公式为

$$\frac{\mathrm{d}\omega(t)}{\mathrm{d}t}=\frac{2(\omega_{start}-\omega_{end})}{T_{max}^2}t \tag{7-22}$$

$$\omega(t)=\omega_{start}-\frac{(\omega_{start}-\omega_{end})}{T_{max}^2}t^2 \tag{7-23}$$

线性微分递减策略在算法的收敛性能、收敛率和收敛速度方面都有所改善。究其原因是在 PSO 算法进化初期，线性微分递减策略使得惯性权重 ω 减小趋势缓慢，全局搜索能力很强，有利于找到很好的优化粒子；在算法进化后期，ω 的减小趋势加快，可以使 PSO 算法的收敛速度加快，在一定程度上减弱了典型线性递减策略的局限性，提高了 PSO 算法的性能。

3）先增后减的非线性递减策略。为了克服线性惯性权重策略很难跳出局部极值的问题，学者们也提出了一些非线性的惯性权重调整方法，崔红梅等提出了先增后减的惯性权重改进

策略，惯性权重的调整公式为

$$\omega(t)=\begin{cases}1\times\dfrac{t}{T_{\max}}+0.4 & 0\leqslant\dfrac{t}{T_{\max}}\leqslant 0.5\\ -1\times\dfrac{t}{T_{\max}}+1.4 & 0.5\leqslant\dfrac{t}{T_{\max}}\leqslant 1\end{cases} \tag{7-24}$$

这种先增后减的惯性权重调整策略在算法迭代前期有较快的收敛速度，在后期也具有良好的局部搜索能力，在保持了递减和递增策略优势的同时克服了其缺点，在一定程度上提高了 PSO 算法的性能。

除上述线性和非线性两种主要的惯性权重调整策略以外，国内外学者通过大量研究，还提出了其他多种惯性权重改进策略。如带阈值的非线性递减策略、依据早熟收敛程度和适应度值调整策略、根据距全局最优点的距离调整惯性权重策略、模糊调整策略、随机调整策略、自适应调整策略等，这些算法在一定程度上提高了 PSO 算法的性能。

（2）学习因子的设置策略

在 PSO 算法中，学习因子 c_1 和 c_2 决定了粒子本身经验和群体经验对粒子运动轨迹的影响，反映了粒子间的信息交流，c_1 和 c_2 的设置直接影响到算法的优化性能。

A. Ratnaweera 等提出了线性调整学习因子策略，计算公式为

$$c_1=c_{1s}+\frac{(c_{1e}-c_{1s})t}{T_{\max}} \tag{7-25}$$

$$c_2=c_{2s}+\frac{(c_{2e}-c_{2s})t}{T_{\max}} \tag{7-26}$$

式中，c_{1s}和 c_{2s}分别为 c_1 和 c_2 线性变化的起始值；c_{1e}和 c_{2e}分别为 c_1 和 c_2 线性变化的终值。

由式(7-25)和式(7-26)可知，随着迭代的进行，c_1 先大后小，而 c_2 先小后大，在搜索初期，粒子飞行主要参考粒子本身的历史信息，到了后期则更加注重社会信息。

7.3.3 基于粒子群算法的 PID 参数优化

1. PID 控制原理

PID 控制是最早发展起来的控制策略之一，是指将偏差的比例、积分和微分通过线性组合构成控制量，对被控对象进行控制。在现代工业控制领域，PID 控制器由于其结构简单、鲁棒性好、可靠性高等优点得到了广泛应用。PID 的控制性能与控制器参数 K_p、K_i、K_d 的优化整定直接相关，在工业控制过程中，多数控制对象是高阶、时滞、非线性的，所以 PID 控制器的参数整定较为困难。粒子群算法具有良好的全局寻优能力，下面采用粒子群算法实现对 PID 控制器的参数优化。

图 7-19 所示为 PID 控制系统原理框图，该控制系统由模拟 PID 控制器和被控对象组成。PID 控制器是一种线性控制器，它根据给定值 $r(t)$ 与实际输出值 $y(t)$ 构成控制偏差对系统进行控制，即

$$e(t)=r(t)-y(t) \tag{7-27}$$

PID 控制规律为

$$u(t)=K_p\left[e(t)+\frac{1}{T_i}\int_0^t e(t)\mathrm{d}t+T_d\frac{\mathrm{d}e(t)}{\mathrm{d}t}\right] \tag{7-28}$$

式中，K_p 为比例系数；T_i 为积分时间常数；T_d 为微分时间常数。

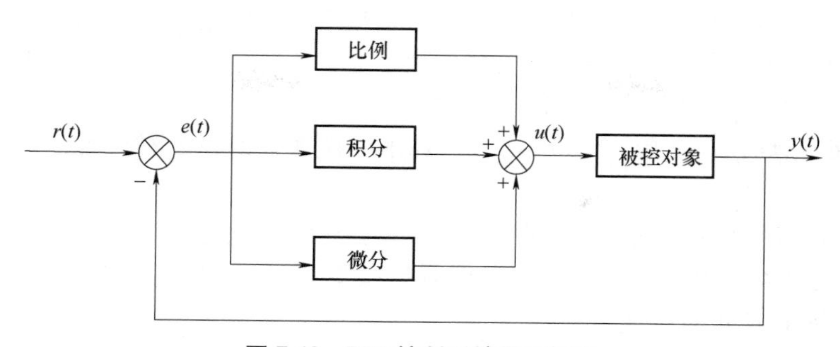

图 7-19　PID 控制系统原理框图

式(7-28)写成传递函数的形式为

$$G(s)=\frac{U(s)}{E(s)}=K_p\left(1+\frac{1}{T_i s}+T_d s\right) \tag{7-29}$$

PID 控制器中各个校正环节的作用如下：

1）比例环节：成比例地反映控制系统的偏差信号，偏差 $e(t)$ 一旦产生，控制器立即产生控制作用，以减小偏差。

2）积分环节：主要用于消除静差，提高系统的无差度。积分作用的强弱取决于积分时间常数 T_i，T_i 越大，积分作用越强，反之则越弱。

3）微分环节：反映偏差信号的变化趋势，并能在误差信号变得太大之前，在系统中引入一个有效的早期修正信号，加快系统的动作速度，减少调节时间。

2. 目标函数的选取

目标函数的选取分为两大类：第一类是特征型目标函数，按照系统输出响应的特征提出；第二类是误差型目标函数，采用期望响应和实际响应之差的某个函数作为目标函数。误差型目标函数是对第一类目标函数的几个特征量的综合体现，反映整个系统的性能，所以在 PID 参数整定时通常选取误差型目标函数。几种常用的误差型目标函数分别为误差二次方的积分型(Integral of Squared Error，ISE)、时间乘以误差二次方型(Integral Time Squared Error，ITSE)、误差绝对值的积分(Integral of Absolute Error，IAE)时间误差绝对值积分型(Integral of Time Absolute Error，ITAE)目标函数，表达式分别为

$$\mathrm{ISE}=\int_0^t e^2(t)\,\mathrm{d}t \tag{7-30}$$

$$\mathrm{ITSE}=\int_0^t te^2\,\mathrm{d}t \tag{7-31}$$

$$\mathrm{IAE}=\int_0^t |e(t)|\,\mathrm{d}t \tag{7-32}$$

$$\mathrm{ITAE}=\int_0^t t|e(t)|\,\mathrm{d}t \tag{7-33}$$

3. 基于粒子群优化算法的 PID 参数优化步骤

用粒子群算法对 PID 控制器参数优化的具体步骤如下：

1）初始化参数，规定粒子种群规模、微粒维度、惯性权重、学习因子，设置最大迭代次数和适应度最小值、粒子搜索速度和位置的取值范围，并随机初始化群体。

2）将粒子个体分别设置为 K_p、K_i、K_d。

3）运行 Simulink 模型，选取式(7-33)作为算法的适应度函数，计算各粒子的适应度值。

4）将步骤 3)得到的初始化种群的适应度值，通过 min( ) 函数返回 P_{ibest} 和 P_{gbest} 的值，并赋值给存储 P_{ibest} 和 P_{gbest} 的变量，用于后续比较。

5）根据进化迭代式(7-19)和式(7-20)计算下一次迭代的速度和位置，从而得到新一代的粒子群。

6）通过 sim 函数调用搭建的 PID 的 Simulink 模型返回新一代种群的适应度值，通过 min( ) 函数计算新一代种群的 P_{ibest} 和 P_{gbest}，将此变量与步骤 4)所得的 P_{ibest} 和 P_{gbest} 进行比较，将较小的值存入步骤 4)所设置的变量中。

7）判断算法是否达到结束条件，如果达到则进入步骤 8)，否则进入步骤 5)。

8）结束，输出全局最优值。

4. 实验过程及仿真结果

(1)PID 控制系统模型搭建

基于 MATLAB 2016/Simulink 环境进行 PID 控制系统模型搭建和仿真，系统框图如图 7-20 所示，左侧是 PSO 算法部分，右侧是 Simulink PID 控制部分。采用不稳定系统模型为受控对象，采用 Simulink 搭建 PID 控制系统的模型，选取 ITAE 为适应度函数，则其传递函数为

$$G(s)=\frac{s+2}{s^4+8s^3+4s^2-s+0.4} \tag{7-34}$$

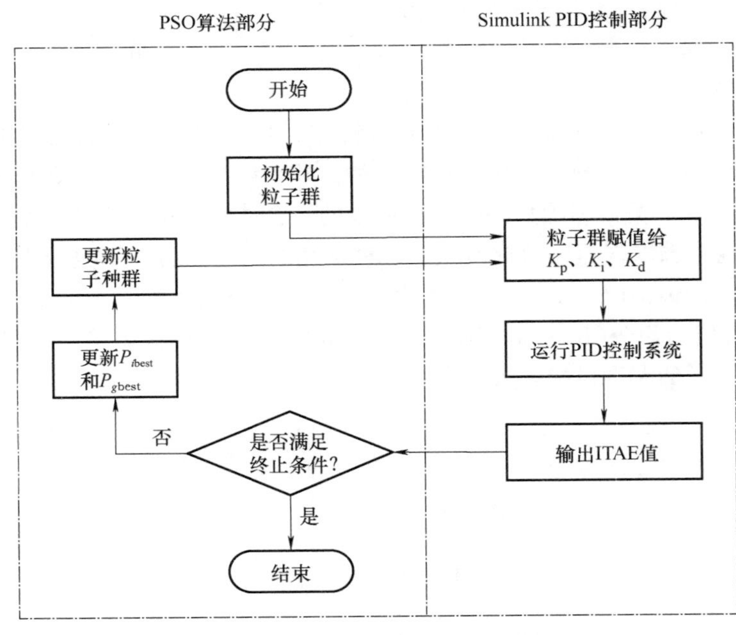

图 7-20 PSO 算法优化 PID 参数系统框图

(2) 参数设置

设置粒子群种群规模 $N=100$，最大迭代次数 $T_{max}=100$。所需整定的参数个数为 3，将解空间的维度设置为 $D=3$，K_p、K_i、K_d 的取值范围为[0,300]，惯性权重设置为固定值 $\omega=0.6$，学习因子设置为固定值，$c_1=c_2=2$，粒子速度的取值范围限定为[−1,1]，最小适应度值设置为 0.1。

（3）仿真结果

在采用 ITAE 性能指标下得到的个体最优适应度函数值如图 7-21 所示，在迭代过程中 K_p、K_i、K_d 的最优值变化过程如图 7-22 所示。

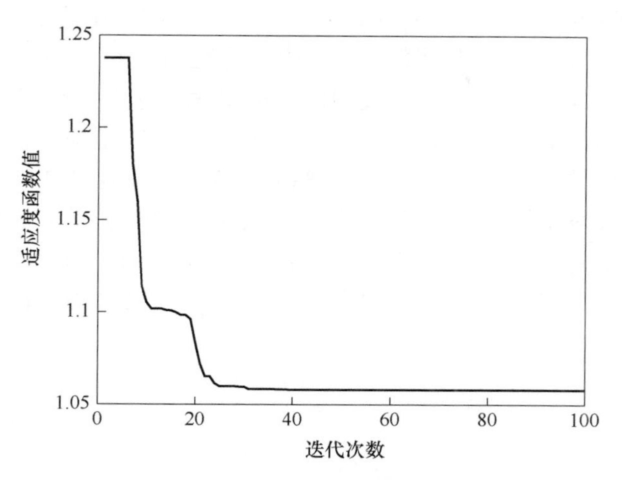

图 7-21　迭代过程中个体的最优适应度函数值

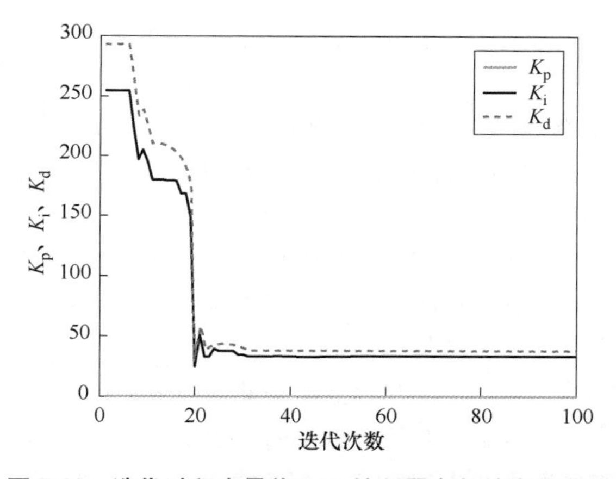

图 7-22　迭代过程中最优 PID 控制器参数的变化曲线

由图 7-21、图 7-22 可以看出，在迭代次数 $t=31$ 时，个体最优适应度函数值已达到最小，不再发生改变，此时 K_p、K_i、K_d 已达到全局最优。PSO 算法输出的最优 PID 控制参数为 $K_p=33.6326$，$K_i=0.1662$，$K_d=38.7892$。MATLAB 程序见附录 7.1。

附录 7.1　基于粒子群算法的 PID 控制器优化

7.4　本章小结

本章较系统地介绍了包括遗传算法、DNA 计算和粒子群算法的其他智能控制方法。主要内容概括为：

1）遗传算法是仿照生物进化自然选择过程中所表现出来的优化规律和方法，解决高度复杂工程问题的一种计算方法。首先介绍了遗传算法的基本操作，包括复制、交叉和变异。

然后阐述了遗传算法的理论基础，包括模式定理、编码、适应度函数及其尺度变换等。随后给出了遗传算法的实现过程，以及遗传算法和神经网络融合的具体应用实例。

2）DNA 计算是一种新的计算思维方式，同时也是关于化学和生物的一种新的思维方式。首先介绍了 DNA 的结构和 DNA 计算原理，并在此基础上阐述了 DNA 计算与其他软计算的结合，主要讨论了 DNA 计算与遗传算法、模糊系统和神经网络的集成。

3）粒子群算法是从随机解出发，通过追随当前最优解来寻找全局最优解，是一种群体智能优化算法。首先阐述了粒子群优化算法的思想来源及计算模型，总结了粒子群算法的特点；其次简单介绍了粒子群算法中各参数的作用及其对算法优化性能的影响，并针对惯性权重、学习因子的设置策略做了详细描述；然后总结了近年来对粒子群优化算法的改进及由此衍生的不同类别的粒子群优化算法；最后以基于粒子群的 PID 控制系统参数优化为例详细介绍了粒子群优化算法的实用过程，用实例说明了粒子群算法在参数优化中的有效性。

习题

7-1　简述遗传算法的基本原理和实现过程。

7-2　遗传算法的特点是什么？

7-3　模式理论的实质是什么？

7-4　用遗传算法求解 $\max f(x)=1-x^2$，$x\in[0,1]$，x 为整数的最大值，对解的误差要求是 1/16。

7-5　举例说明遗传算法在神经网络学习中的应用。

7-6　举例说明遗传算法在模糊控制器设计中的应用。

7-7　DNA 计算的主要原理是什么？

7-8　现有的基于 DNA 编码的学习算法有哪些？它们各有什么优缺点？

7-9　如何将 DNA 计算方法和神经网络方法结合起来？

7-10　简述粒子群算法的基本思想。

7-11　列写标准粒子群算法的速度和位置更新方程。

7-12　粒子群算法的关键参数有哪些？分别有什么作用？如何设置？

7-13　简述基于粒子群优化算法的 PID 控制器参数优化步骤。

参考文献

[1] BAGLEY J D. The behavior of adaptive systems which employ genetic and correlation algorithms[D]. East Lansing：University of Michigan，1976.

[2] HOLLAND J H. Adaptation in natural and artificial systems[M]. Ann Arbor：MIT Press，1975.

[3] DE Jong K A. An analysis of the behavior of a class of genetic adaptive systems[D]. East lansing，University of Michigan，1975.

[4] GOLDBERG D E. Genetic algorithms in search，optimization，and machine learning[M]. Boston：Addison-Wesley Publishing Company，1989.

[5] WHITLEY D. A genetic algorithm tutorial[J]. Statistics and Computing，1994，4(2)：65-85.

[6] RADCLIFFE N. The algebra of genetic algorithms[J]. Annals of Maths And Artificial Intelligence，1996，10(4)：339-384.

[7] 黄宛. 临床心电图学[M]. 5 版. 北京：人民卫生出版社，1998.

[8] 杨军，王宏山，俞梦孙. 心电图 ST 段测量的神经网络方法[J]. 北京生物医学工程，2002，21(2)：106-108.
[9] 范晓东. 动态心电图 ST 段的测量方法[J]. 国外医学生物医学工程分册，1992，15(2)：71-77.
[10] 师黎，杨岑玉，张金盈. 小波变换在心电图 ST 段识别中的应用[J]. 郑州大学学报(医学版)，2006，41(2)：275-277.
[11] 郑力新. 遗传算法在控制系统工程应用的研究[D]. 天津：天津大学，2002.
[12] 李承祖. 量子通信和量子计算[M]. 长沙：国防科技大学出版社，2000.
[13] 许进，董亚非，魏小鹏. 粘贴 DNA 计算机模型(Ⅰ)：理论[J]. 科学通报，2004，49(3)：205-212.
[14] 许进，李三平，董亚非，等. 粘贴 DNA 计算机模型(Ⅱ)：应用[J]. 科学通报，2004，49(3)：299-307.
[15] 丁永生，邵世煌，任立红. DNA 计算与软计算[M]. 北京：科学出版社，2002.
[16] ADLEMAN L M. Molecular computation of solutions to combinatorial problems[J]. Science，1994，266(5187)：1021-1024.
[17] PAUN G，ROZENBERG G，SALOMAA A. DNA computing[M]. Berlin：Springer，1998.
[18] 许进. DNA 分子生物计算机与运筹学发展的新机遇[C]. //中国运筹学会第六届学术交流会，2001：43-54.
[19] 许进，张雷. DNA 计算机原理、进展及难点(Ⅰ)：生物计算系统及其在图论中的应用[J]. 计算机学报，2003，26(1)：1-11.
[20] ADLEMAN L M，ROTHEMUND P W K，ROWEIS S，et al. On applying molecular computation to the data encryption standard[J]. Journal of Computational Biology，1999，6(1)：53-63.
[21] BONEH D，DUNWORTH C，LIPTON R J. Breaking DES using a molecular computer [C]. //DNA Computers Pravidence USA：American Mathematical Society，1996：37-65.
[22] BACH E，CONDON A，GLASER E，et al. DNA models and algorithms for NP-complete problems [J]. Journal of Computer and System Sciences，1998，57(2)：172-186.
[23] 阎隆飞，张玉麟. 分子生物学[M]. 北京：中国农业大学出版社，1997.
[24] 萨姆布鲁克，弗里奇，曼尼阿蒂斯. 分子克隆实验指南[M]. 2 版. 金冬雁，等译. 北京：科学出版社，1999.
[25] HEAD T. Splicing systems and molecular processes[C]//Proceedings of 1997 IEEE International Conference on Evolutionary Computation (ICEC，97)，IEEE，1997：203-205.
[26] KARI L. DNA computing based on insertions and deletions[J]. Coenoses，1997，12(2/3)：89-95.
[27] ROWEIS S，WINFREE E，BURGOYNE R，et al. A sticker-based model for DNA computation[J]. Journal of Computational Biology，1998，5(4)：615-629.
[28] KARI L，PÄUN G，ROZENBERG G，et al. DNA computing，sticker systems，and universality[J]. Acta Informatica，1998，35(5)：401-420.
[29] 丁永生. 计算智能：理论、技术与应用[M]. 北京：科学出版社，2004.
[30] 李士勇. 模糊控制，神经控制和智能控制论[M]. 哈尔滨：哈尔滨工业大学出版社，1996.
[31] 任立红，丁永生，邵世煌. 采用 DNA 编码方法表达的模糊控制规则[C]//1998 中国控制与决策学术年会，1998：384-387.
[32] REN L H，DING Y S，SHAO S H. DNA genetic algorithms for design of fuzzy systems[C]//The 9th IEEE Int. Conf. Fuzzy Systems，2000：1005-1008.
[33] 李银山，杨春燕，张伟. DNA 序列分类的神经网络方法[J]. 计算机仿真，2003，20(2)：65-68.
[34] 王文清. 生命科学[M]. 北京：北京工业大学出版社，1998.
[35] 丛爽. 面向 MATLAB 工具箱的神经网络理论与应用[M]. 合肥：中国科学技术大学出版社，1998.
[36] 李银山，白育堃，卢准炜，等. 风险投资的多目标优化仿真模型[J]. 计算机仿真，1999，16(4)：

43-45.
[37] 李银山，杨海涛，商霖. 自动化车床管理的仿真及优化设计[J]. 计算机仿真，2001，18(4)：49-51.
[38] REYNOLDS C W. Flocks，herds and schools：a distributed behavioral model[J]. Computer Graphics，1987，21(4)：25-34.
[39] KENNEDY R，EBERHART R C. Particle swarm optimization[C]//Proc. IEEE Int. Conf. on Neural Networks，IEEE，1995：1942-1948.
[40] SHI Y，EBERHART R C. A modified particle swarm optimizer[C]//Proceedings of the IEEE Congress on Evolutionary Computation，IEEE，1998：69-73.
[41] RATANAVILISAGUL C. Dynamic population size and mutation round strategy assisted modified particle swarm optimization with mutation and reposition [J]. Procedia Computer Science，2016，86(47)：449-452.
[42] RATNAWEERA A，HALGAMUGE S K，WATSON H C. Self-organizing hierarchical particle swarm optimizer with time-varying acceleration coefficients [J]. IEEE Trans. Evolutionary Computation，2004，8(3)：240-255.
[43] SHI Y，EBERHART R C. EMPIRICAL study of particle swarm optimization[C]//Proceedings of the IEEE Congress on Evolutionary Computation，IEEE，1999：1948-1950.
[44] 胡建秀，曾建潮. 微粒群算法中惯性权重的调整策略[J]. 计算机工程，2007，33(11)：193-195.
[45] 崔红梅，朱庆保. 微粒群算法的参数选择及收敛性分析[J]. 计算机工程与应用，2007，43(23)：89-92.
[46] 李丽，牛奔. 粒子群优化算法[M]. 北京：冶金工业出版社，2009.
[47] 赵晓军，刘成忠，胡小兵. 基于果蝇优化算法的PID控制器设计与应用[J]. 中南大学学报(自然科学版)，2016，47(11)：3729-3734.
[48] 杨英杰. 粒子群算法及其应用研究[M]. 北京：北京理工大学出版社，2017.

第 8 章 深度学习在智能控制中的应用

教学重点

深度学习与机器学习、人工智能的关系，基于受限玻耳兹曼机的深度信念网络、基于自动编码器的堆叠自编码器、卷积神经网络和递归神经网络等四种深度学习算法的原理。

教学难点

深度学习在目标识别、心电图分类以及小目标检测等场景下的应用。

8.1 深度学习概述

人工智能最初是计算机科学的一个分支，经过几十年的发展，其理论和技术日益成熟，所涉及的学科和应用领域也不断扩大，除了计算机科学以外，人工智能还涉及信息论、控制论、自动化、仿生学、神经科学、生物学、心理学、数理逻辑、语言学、医学和哲学等多门学科。人工智能学科研究的主要内容包括知识表示、自动推理和搜索方法、知识处理系统、自然语言理解、计算机视觉、智能机器人、自动程序设计、机器学习等方面。

其中，机器学习也是一门多领域交叉学科，它专门研究计算机怎样模拟或实现人类的学习行为，以获取新的知识或技能，重新组织已有的知识结构使之不断改善自身的性能。自20世纪80年代以来，机器学习作为实现人工智能的途径，在人工智能界引起了广泛的兴趣，特别是近十几年来，机器学习领域的研究工作发展很快，已成为人工智能的核心，是使计算机具有智能的根本途径。

机器学习不仅在基于知识的系统中得到应用，而且在自然语言理解、非单调推理、机器视觉、模式识别等许多领域也得到了广泛应用。一个系统是否具有学习能力已成为是否具有“智能”的一个标志。机器学习主要分为两类研究方向：第一类是传统机器学习的研究，主要是研究学习机制，注重探索模拟人的学习机制；第二类是大数据环境下机器学习的研究，主要是研究如何有效利用信息，注重从巨量数据中获取隐藏的、有效的和可理解的知识。

机器学习历经70年的曲折发展，以深度学习(Deep Learning，DL)为代表，借鉴人脑的多分层结构、神经元的连接交互信息的逐层分析处理机制，自适应、自学习的强大并行信息处理能力，在很多方面获得了突破性进展。

所谓深度学习，狭义地讲就是“很多层”的神经网络。它把原始数据通过一些简单的但是非线性的操作变换为更高层次的、更加抽象的表征，即使用足够多层的变换组合实现非常复杂的高层次表征的学习。深度学习因其庞大的模型构造，相比较其他机器学习算法，更加受益于近年来可获取数据的剧增和 GPU 并行计算的广泛应用，表现出更强的从高维数据中发现复杂潜在结构的能力。深度学习是当今人工智能发展的核心驱动。图 8-1 所示为人工智能、机器学习和深度学习之间的关系。

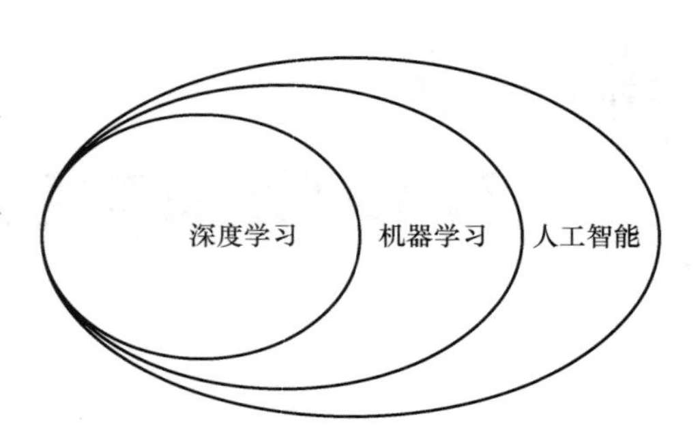

图 8-1 人工智能、机器学习和深度学习之间的关系

深度学习在智能控制中也有着广泛的应用。本章首先对经典的深度学习算法，如深度信念网络、堆叠自编码器、卷积神经网络和递归神经网络进行介绍，然后给出这些算法在易混淆目标识别、大场景下小目标检测以及心电图自动分类等智能控制子领域中的应用案例。

8.2 经典深度学习算法介绍

目前深度学习的模型有很多，本节对其中比较基础、常用的四种深度学习算法进行介绍，分别是基于受限玻耳兹曼机(Restricted Boltzmann Machine，RBM)的深度信念网络(Deep Belief Networks，DBN)、基于自编码器(Auto Encoder，AE)的堆叠自编码器(Stacked Auto Encoders，SAE)、卷积神经网络(Convolutional Neural Networks，CNN)和递归神经网络(Recurrent Neural Networks，RNN)。

8.2.1 基于受限玻耳兹曼机的深度信念网络概述与原理

受限玻耳兹曼机是一类具有两层结构、对称连接、无自反馈的随机神经网络模型，层与层之间是全连接形式、层内之间无互连接，有一层隐含变量，用于学习输入的表征。受限玻耳兹曼机是一种有效的特征提取方法，常用于初始化前馈神经网络，可以被用来构建许多的深层模型，能够有效提高其泛化能力。规范的受限玻耳兹曼机是一种具有二进制的显示和隐含单元的基于能量函数的模型。网络的训练就是最小化该能量函数。玻耳兹曼机神经元是布尔型的，只能取 0 和 1 两种状态，0 表示抑制，1 表示激活。向量 $\boldsymbol{s} \in \{0,1\}^n$ 表示 n 个神经元的状态，ω_{ij}表示神经元 i 与 j 之间的连接权重，θ_i 表示神经元 i 的阈值，状态向量 $\boldsymbol{s}$ 所对应的玻耳兹曼机能量定义为

$$E(\boldsymbol{s}) = -\sum_{i=1}^{n-1}\sum_{j=i+1}^{n} w_{ij}s_i s_j - \sum_{i=1}^{n} \theta_i s_i \tag{8-1}$$

式(8-1)模型被分成两种单元：h(hidden，隐含)和 v(visible，显示)。如图 8-2 所示，显示层和隐含层内部的神经元都没有互连，只有层间的神经元有对称的连接线。其意义在于，在给定所有显元的值的情况下，每个隐元的取值是互不相关的，即

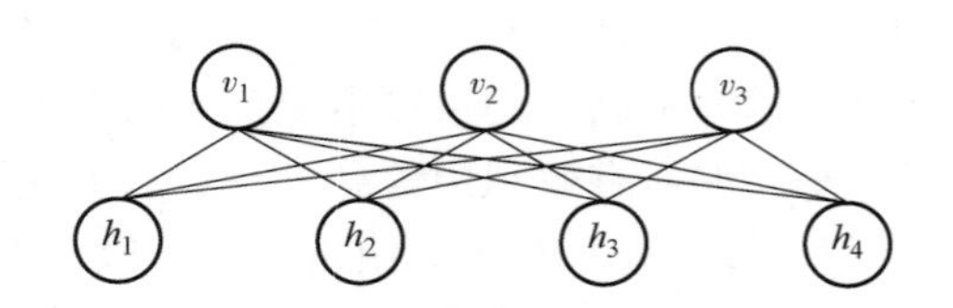

图 8-2 马尔可夫网络形式的受限玻耳兹曼机

$$P(h \mid v) = \prod_{j=1}^{N} P(h_j \mid v) \tag{8-2}$$

同样，在给定隐含层时，所有显元的取值也互不相关，即

$$P(v \mid h)=\prod_{i=1}^{M} P(v_i \mid h) \tag{8-3}$$

基于这种性质，可以同时并行地计算整层神经元的权重，因此又称此玻耳兹曼机为受限玻耳兹曼机。

在给定显示层单元状态时，各隐含层单元的激活条件独立；在给定隐含层单元状态时，各显示层单元的激活条件也是独立的。当受限玻耳兹曼机隐含层单元足够多时，它可以模拟任意离散分布。受限玻耳兹曼机展示了典型的图模型深度学习方法，即通过隐变量层结合由矩阵参数化的层之间的高效相互作用完成表示学习。受限玻耳兹曼机主要被用来解决回归、分类、降维或者高维时间序列建模等方面的问题。

2006 年，Geoffrey Hinton 提出深度信念网络(DBN)，基于受限玻耳兹曼机的深度信念网络是由多个受限玻耳兹曼机堆叠而成的一个神经网络，它是一个生成模型，也是一个判别模型，其结构如图 8-3 所示。网络前向运算时，输入数据从低层受限玻耳兹曼机输入网络，逐层向前运算，最后得到网络输出。

网络的训练过程与传统的人工神经网络有所区别，它分为逐层预训练(Layer-Wise pre-Training)阶段和全局微调(Fine Tuning)两个阶段。预训练阶段，从第一层开始，每个受限玻耳兹曼机单独训练，以最小化受限玻耳兹曼机网络能量为训练目标。首先充分训练第一个 RBM，固定第一个 RBM 的权重和偏置，然后把第一个 RBM 隐含神经元的状态作为第二个 RBM 的输入。第二个 RBM 充分训练后，把第二个 RBM 堆叠在第一个 RBM 上方。以此类推，逐层训练，直到将所有 RBM 训练完成。预训练阶段，只使用输入数据，不使用数据的标签，属于无监督学习。全局微调阶段，以训练好的 RBM 之间的权重和偏置作为深度信念网络的初始权重和偏置，以数据的标签作为监督信号计算网络误差，利用误差反向传播(Back Propagation，BP)算法计算各层误差，使用梯度下降法完成各层权重和偏置调节。

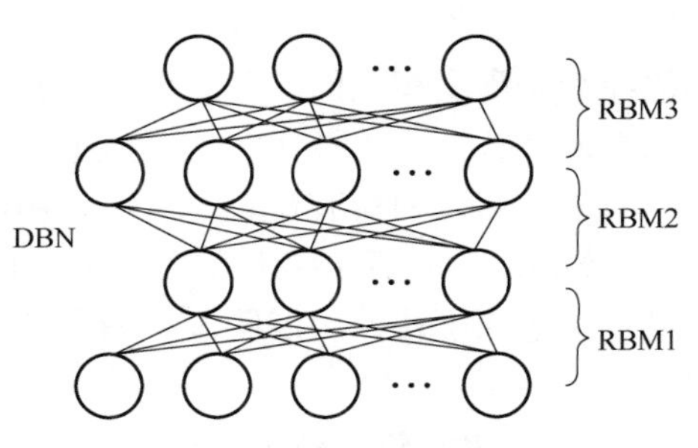

图 8-3　深度信念网络结构

生成的模型使用 Contrastive Wake-Sleep 算法进行调优，算法过程为：除了顶层 RBM，其他层 RBM 的权重被分成向上的认知权重和向下的生成权重；Wake 阶段：认知过程通过外界的特征和向上的权重(认知权重)产生每一层的抽象表示(节点状态)，并且使用梯度下降修改层间的下行权重(生成权重)；Sleep 阶段：生成过程，通过顶层表示(醒时学得的概念)和向下权重生成底层的状态，同时修改层间向上的权重。

8.2.2　卷积神经网络概述与原理

在深度学习研究中，随着输入数据量的增加，神经网络中的参数越来越多，出现参数操作问题，而卷积神经网络(CNN)的参数共享机制正好解决神经网络训练复杂度急剧增加的问题，参数共享机制是卷积神经网络被广泛用于图像分类、语音识别等领域的最重要原因。

卷积神经网络最早被 Yann LeCun 运用到手写数字识别问题上。近年来卷积神经网络在语音识别、人脸识别、运动分析、自然语言处理问题上均表现良好。卷积神经网络是专门用来处理具有类似网状结构数据的神经网络。卷积神经网络即在神经网络中使用卷积运算代替一般的矩阵乘法运算(卷积是一种特殊的线性运算)。卷积神经网络由卷积层(Convolutional Layer)和池化层(Pooling Layer)交叉堆叠而成。在卷积层，多个卷积核对输入的数据进行卷积运算，然后生成对应的特征映射(Feature Map)，卷积层特征维度相较于输入数据维度有所降低。卷积层中包含若干特征映射，同一个特征映射的神经元权值共享，共享的权值即卷积核。卷积核可以降低神经网络每层之间的连接并降低过拟合(Over-Fitting)风险。在池化层，通过池化操作对卷积层的特征维度进行进一步的降低，池化层可以看成是一种特殊的卷积过程。卷积和池化大大减少了模型的参数，简化了模型的复杂程度。池化又分为均值池化(Mean-Pooling)和最大值池化(Max-Pooling)两种。经过多个卷积层和池化层运算之后，数据到达全连接层进行二次拟合，最后通过输出层进行数据的输出。

卷积神经网络通过局部感受野和权值共享降低参数数量。认知和神经科学认为生物视觉对外界的认知是从局部到整体的，图像空间联系也是局部联系更紧密，所以单个神经元对局部进行感知，然后由更高层将局部信息进行整合即可得到整体信息。受生物学视觉机制启发，局部感受野也被运用到卷积神经网络中。权值共享即把图像学习到的一部分特征运用到图像的其他位置。在一个特征图中的全部单元享用相同的权值，不同层的特征图使用不同的权值。使用这种结构出于两方面的原因。首先，在数组数据中，如图像数据，一个值的附近的值经常是高度相关的，可以形成比较容易被探测到的有区分性的局部特征。其次，不同位置局部统计特征不太相关，也就是说，在一个地方出现的某个特征，也可能出现在别的地方，所以在图像的所有位置，可以使用同样的学习特征。

LeNet-5、AlexNet、ZFNet、VGGNet、GoogLeNet、ResNet 等不同架构的出现，使得卷积神经网络进入了快速发展阶段。卷积神经网络的结构非常多，但其基本架构非常相似，一般包括以下几层：

1）输入层：进行数据输入。

2）卷积层：进行特征提取与特征映射。

3）池化层：进行特征图像稀疏处理，减少数据运算量并降低数据过拟合现象。

4）全连接层：在卷积神经网络尾部进行数据的二次拟合，减少特征信息的损失。

5）输出层：进行数据输出。

下面以 LeNet-5 为例进行介绍，它包含三个主要的层——卷积层、池化层、全连接层(fully-connected layer)，如图 8-4 所示。

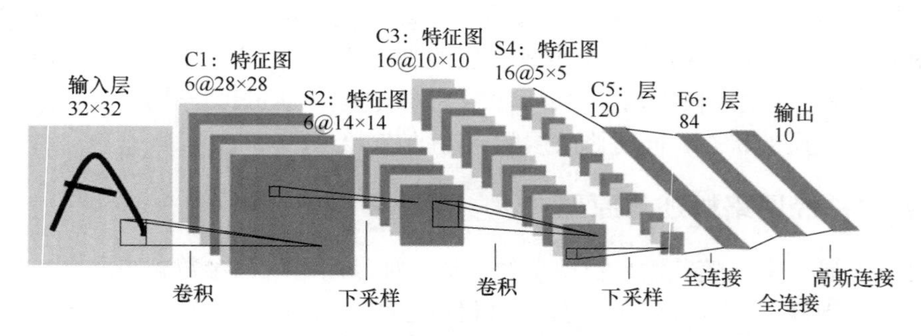

图 8-4　用于手写体识别的经典卷积神经网络 LeNet-5 结构

输入层由 32×32 的感知节点组成，用于数据的输入。第一隐含层进行卷积，它由 6 个特征映射组成，每个特征映射由 28×28 个神经元组成，每个神经元指定一个 5×5 的接受域；第二隐含层实现子抽样和局部平均，它同样由 6 个特征映射组成，但其每个特征映射由 14×14 个神经元组成，每个神经元具有一个 2×2 的接受域，一组可训练系数，一个可训练偏置和一个 Sigmoid 激活函数。可训练系数和偏置控制神经元的操作点；第三隐含层进行第二次卷积，它由 16 个特征映射组成，每个特征映射由 10×10 个神经元组成。该隐含层中的每个神经元可能具有和下一个隐含层几个特征映射相连的突触连接，它以与第一个卷积层相似的方式操作；第四个隐含层进行第二次子抽样和局部平均计算，它由 16 个特征映射组成，但每个特征映射由 5×5 个神经元组成，它以与第一次抽样相似的方式操作；第五个隐含层实现卷积的最后阶段，它由 120 个神经元组成，每个神经元指定一个 5×5 的接受域。最后一个是全连接层，得到输出向量。卷积核用来计算不同的特征映射，多卷积核保证了对输入数据特征的充分提取，可以学习到输入数据的多个特征。多层卷积的目的是单卷积层学习到的特征比较局部，卷积层数越多，学习到的特征越具有全局性。激励函数给卷积神经网络引入了非线性，常用的有 Sigmoid、tanh、ReLU 函数。

训练卷积神经网络时，首先定义损失函数(Loss Function)，然后采用随机梯度下降的方法找到最小化损失函数的训练参数(w)和偏置量(b)，BP 算法利用链式求导法逐级相乘直到求解出 dw 和 db，利用随机梯度下降(SGD)法迭代更新 w 和 b。参数调整的过程本质上是卷积核的更新过程。由于共享卷积核，卷积神经网络可以处理高维数据，并且无须手动选取特征，特征分类效果较好。

虽然 CNN 对于图像识别分类等问题效率极高，但是不能对时间序列上的变化进行建模，对于自然语言处理语言识别效率较低，因此递归神经网络应运而生，详见 8.2.4 节。

8.2.3　基于自动编码器的堆叠自编码器概述与原理

自动编码器(Auto Encoder，AE)是神经网络的一种，经过一定的训练后可以将输入复制到输出。自动编码器内部有一个隐含层 h，可以产生编码用来表示输入。自编码器神经网络一般由两部分组成：一部分是编码器函数 $h=f(x)$，通过映射函数 f 把输出向量 $\boldsymbol{x}$ 映射到隐含层输出 h，对应的隐含层的输出可以看作是输入向量 $\boldsymbol{x}$ 的一种抽象表达，可以用于提取输入数据的特征；另外一部分是生成重构的解码器 $\boldsymbol{r}=g(x)$，即把隐含层输出 h 通过映射函数 g 去“重构”向量 $\boldsymbol{r}$。自动编码器通常需要强加一些约束，使自动编码器近似复制类似训练数据的输入，而不是完全复制输入。因为隐含层节点数少于输入节点数，传统的自动编码器常被用于降维或者特征学习。自动编码器的一般结构如图 8-5 所示，自动编码器是前馈网络的一种特殊情况，通常使用基于反向传播计算的梯度下降算法进行训练，也可以使用基于比较原始输入和重构输入激活的再循环训练学习算法。自动编码器需要大量的训练样本，随着网络结构越变越复杂，网络计算量也随之增大。

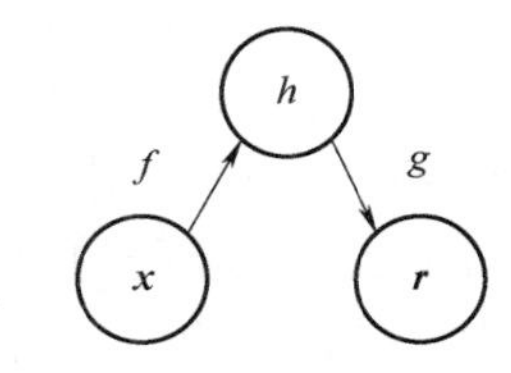

图 8-5　自动编码器一般结构

限制 h 小于 x 的维度，可以从自动编码器中获取有用特征，h 可以学习到输入训练数据中最显著的特征。学习过程可以描述为最小化损失函数，即

$$L(x,g(f(x))) \tag{8-4}$$

当解码器为线性且损失函数为均方误差时，自动编码器可以学习到训练数据中最显著的特征。

类似于 DBN，堆叠自动编码器(SAE)由多个自动编码器堆叠而成，图 8-6 为堆叠自动编码器网络结构。堆叠多层自动编码器的目的是为了逐层提取输入数据的高阶特征，在此过程中逐层降低输入数据的维度，将一个复杂的输入数据转化成一系列简单的高阶特征，然后再把这些高阶特征输入一个分类器或者聚类器中进行分类或聚类。

SAE 前向计算类似于 DBN，其训练过程也分为逐层预训练阶段和全局微调阶段。与 RBM 不同的是，AE 之间的连接不是对称的。每个 AE 可作为一个单隐含层的人工神经网络，它的输出目标即为此 AE 的输入。在预训练阶段，从第一层开始，每个 AE 单独训练，以最小化其输出与输入之间的损失函数为目标。第一层 AE 训练完成后，其隐含层输出作为第二层 AE 的输入，继续训练第二层 AE。以此类推，逐层训练，直到将所有 AE 全部训练完成。同样地，SAE 的预训练阶段也只使用了输入数据，属于无监督学习。在全局微调阶段，以训练好的 AE 的输入层和隐含层之间的权重和偏置作为堆叠自动编码器的初始权重和偏置，以数据的标签作为监督信号计算网络误差，利用反向误差传播算法计算每层误差，使用随机梯度下降算法完成各层权重和偏置的调节。对于微调过程，可以只调整分类层的参数(此时相当于把整个 SAE 当作一个特征提取)；在训练数据量比较大时，也可以调整整个神经网络的参数。

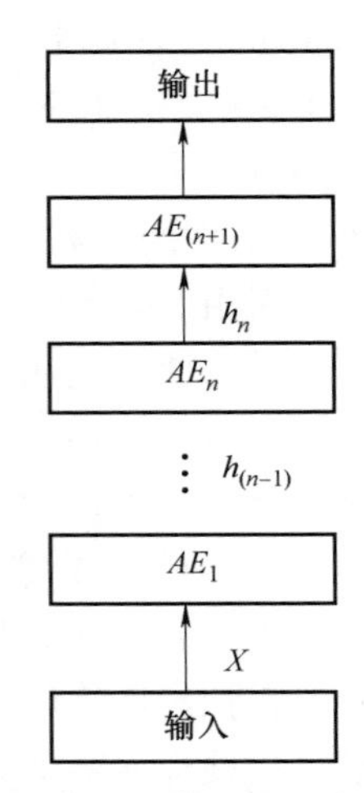

图 8-6　堆叠自动编码器网络结构

8.2.4　递归神经网络概述与原理

递归神经网络产生于 20 世纪 80 年代。递归神经网络(RNN)是一类用于处理序列数据的神经网络，被广泛应用于语音识别、机器翻译、实时在线的建模和优化方面。就像卷积神经网络可以扩展到宽度和高度都非常大的图像以及处理大小可变的图像上一样，递归神经网络可以扩展成非常长的序列。大部分的递归神经网络也可以处理可变长度的序列数据。在进行语音识别时，对语言模型的构造需要考虑下一个单词或者语句出现的可能性。此时传统的神经网络不能实现预测的功能，而递归神经网络会对前面的信息进行记忆并应用于当前输出的计算中，隐含层的输入包括输入层的输入及上一时刻隐含层的输出。RNN 能够对任何长度的序列数据进行处理，图 8-7 所示为一个递归神经网络在时间中展开的计算和涉及的相关计算。

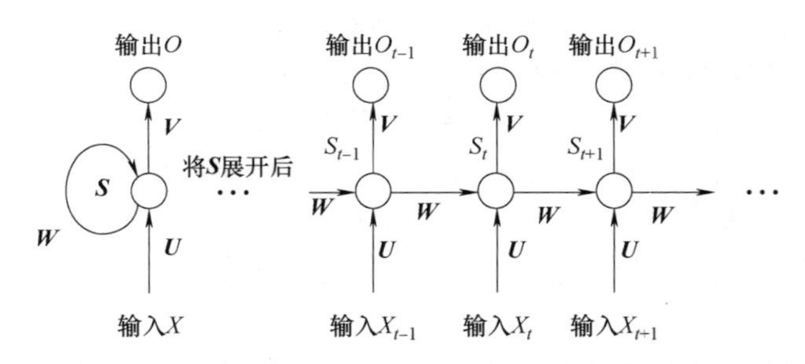

图 8-7　一个递归神经网络在时间中展开的计算和涉及的相关计算

由图 8-7 可得，时刻 t 处的记忆为

$$S_t = f(\boldsymbol{U}X_t + \boldsymbol{W}S_{t-1}) \tag{8-5}$$

式中，$\boldsymbol{U}$、$\boldsymbol{W}$ 分别为输入到隐含层的权值矩阵和隐含层到隐含层的自连接权值矩阵；X_t 为输

入；f 可以表示为 tanh 函数或者 Sigmoid 函数。在长短时记忆神经网络(Long Short-Term Memory Neural Network，LSTM NN)中，一般 Sigmoid 函数用在各种门上(因为这个函数的输出是 0-1，可以理解为是一个概率值，用来判别对应门是多大程度被遗忘或者更新原来的信息)。Sigmoid 函数一般用在状态和输出上，表示对数据的处理，也可以用其他激活函数代替。基本的 RNN 网络存在长时间依赖问题，随着时间间隔的不断增大，RNN 会丧失学习到连接如此远的信息的能力，所以需要知道当前输入和历史信息中关联度最高的部分(即应该选择遗忘哪些部分)，这是长短时记忆网络被提出的原因，所有 RNN 都具有一种重复神经网络模块的链式的形式。LSTM NN 拥有三个门，即输入门(Input Gate)、遗忘门(Forget Gate)和输出门(Output Gate)，来保护和控制细胞(Cell)状态。长短时记忆神经网络结构如图 8-8 所示。

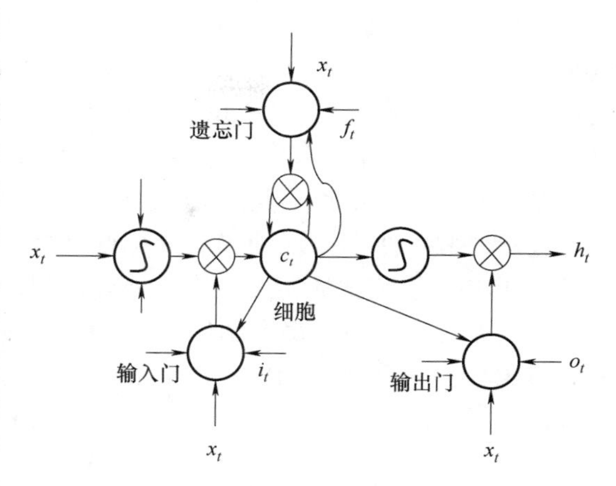

图 8-8　长短时记忆神经网络结构

长短时记忆的特性如下：

1）遗忘机制：用于设置遗忘门来确定遗忘原始信息的程度，即

$$f_t = \sigma(W_f[c_{t-1}, x_t] + b_f) \tag{8-6}$$

2）更新机制：决定放置新的信息到细胞中，并且更新细胞的状态，即

$$i_t = \sigma(W_i[c_{t-1}, x_t] + b_i) \tag{8-7}$$

创建一个新的候选向量 $\widetilde{\boldsymbol{K}}_t$

$$\widetilde{\boldsymbol{K}}_t = \tanh(W_c[c_{t-1}, x_t] + b_c) \tag{8-8}$$

更新细胞状态为 c_t

$$c_t = f_t c_{t-1} + i_t \widetilde{\boldsymbol{K}}_t \tag{8-9}$$

3）输出机制：基于细胞的状态得到输出，分为两步，首先确定细胞的状态的被输出部分，然后确定输出部分的内容，分别为

$$o_t = \sigma(w_o[h_{t-1}, x_t] + b_o) \tag{8-10}$$

$$h = o_t \tanh(c_t) \tag{8-11}$$

递归神经网络的参数训练通过随时间进行反向传播算法(Back Propagation Through Time，BPTT)。BPTT 算法类似于 BP 算法，前向计算每个神经元的输出值；反向计算每个神经元的误差项值，它是误差函数 E 对神经元 j 的加权输入的偏导数；计算每个权重的梯度，最后再用随机梯度下降算法更新权重。

8.3　自动编码网络在易混淆目标识别中的应用

目标识别是计算机视觉研究的关键问题。现有的大部分识别工作都集中在基本的识别任务上，如区分桌子、计算机和人类等不同类别的对象，这些任务对人来说没有什么困难。而将相似的目标(如不同类型的鸟或狗)分类到其子类别中的任务，即目标细微识别(Fine-Grained Object Recognition，FGOR)，则对于人类和计算机都非常困难。

关键特征点的提取是 FGOR 算法的关键。例如，人脸识别也可以看作 FGOR 的一个极端情况，其中子类别是个体实例，最好的人脸识别方法从通过寻找面部标志(如眼角)确定的位置提取特征。另外一个 FGOR 算法用于鸟类识别的例子中，在包含 200 种不同类别的鸟的 CU-Bird 2011 数据库中取得了很好的识别效果。采取的策略是以手工方法为基础，获得头、胸、腹、尾的分组关系，然后基于这种分组关系提取局部特征进行识别。

这里给出一种模拟视网膜、外侧膝状体(Lateral Geniculate Nucleus，LGN)、初级视皮层(V1)和视皮层形式通路逐级信息处理过程的稀疏自动编码网络，用于易混淆目标识别中的关键点提取。其中，每个稀疏自动编码(SAE)网络是拓扑图独立分量分析(Topographic ICA，TICA)与卷积神经网络(CNN)的结合，也称为平铺神经网络(Tiled Convolution Neural Networks，TCNN)。TCNN 进行训练时的目标函数为

$$\min_{W}\sum_{i}\|\boldsymbol{W}^{\mathrm{T}}(\alpha\boldsymbol{W}x^{(i)})-x^{(i)}\|_2^2+\lambda\sum_{j}\sqrt{V_j(\alpha\boldsymbol{W}x^{(i)})^2} \tag{8-12}$$

式中，$\alpha\boldsymbol{W}x^{(i)}$ 为每层网络的线性输出；$\boldsymbol{W}^{\mathrm{T}}$ 为每层网络所进行变换的逆变换，则 $\boldsymbol{W}^{\mathrm{T}}(\alpha\boldsymbol{W}x^{(i)})$ 为输入 $x^{(i)}$ 的重建，以最小化 $\boldsymbol{W}^{\mathrm{T}}(\alpha\boldsymbol{W}x^{(i)})-x^{(i)}$ 为训练目标。显然，TCNN 也是一种自动编码网络。

8.3.1 视皮层简略模拟

为简化模拟视网膜、LGN、V1 和视皮层形式通路逐级信息处理过程，这里采用一些经典的神经计算模块和框架，具体如下：

1) ZCA 白化。白化是一种重要的预处理方法，用于去除特征之间的相关性，同时将方差规格化为 1。ZCA 白化将经白化矩阵变换后的数据旋转至原始的方向，即

$$\boldsymbol{z}=\boldsymbol{U\Lambda U}^{\mathrm{T}}\boldsymbol{x}=\boldsymbol{W}\boldsymbol{x} \tag{8-13}$$

式中，$\boldsymbol{\Lambda U}^{\mathrm{T}}$ 是白化矩阵。由于白化矩阵的任何正交变换仍是白化矩阵，采用变换 $\boldsymbol{W}$ 的原因是 $\boldsymbol{U\Lambda U}^{\mathrm{T}}$ 可以模拟视网膜，以及外侧膝状体中神经元的中心-周围类型感受野，如图 8-9 所示。

图 8-9　从 20000 个自然图像灰度块训练得到的白化滤波器

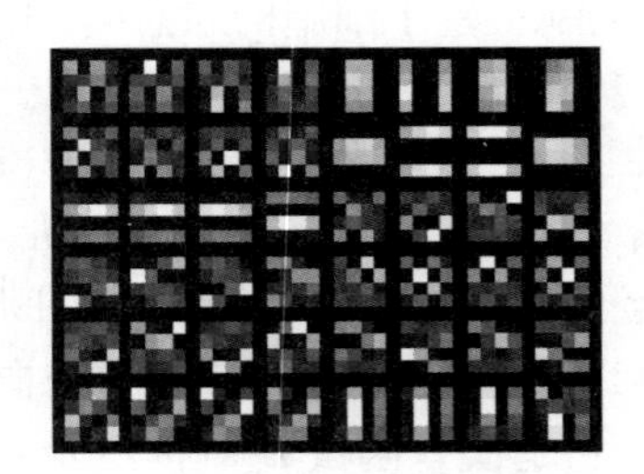

图 8-10　输入为白化图像的感受野尺寸为 4×4 的 TCNN 线性滤波层神经元感受野
(每行前 4 个为一组，后 4 个为另外一组)

2) TICA 建模了视皮层 V1 区的‘超柱’。V1 区拓扑图意味着视皮层中的神经元具有一种特殊的空间组织，即沿着皮层移动时，神经元的响应属性以一种系统的方式渐变。利用 TICA 可以得到非常类似于 V1 拓扑图的线性滤波器的空间拓扑组织。TICA 包括线性滤波层和池化层，分别模拟了简单细胞和复杂细胞。CNNN 的核心是局部感受野和权值共享，即每

个单元仅仅‘观察’输入图像的一个小的区域。TCNN 是 TICA 和 CNN 的结合，其中共享的权值是单个超柱所包含的具有系统变化的响应属性的多个神经元的连接权值。如图 8-10 所示，对每个‘超柱’对应的输入区域训练了 12 组正交的特征映射，可以发现每组 4 个神经元响应属性具有系统的渐变。TCNN 较 CNN 可以获得更加复杂的不变特征，是对 V1 区更加逼真的模拟。

与局部对比规格化(Local Contrast Normalization，LCN)相关联的神经机制广泛存在于视网膜到视皮层的很多区域。神经元有限的响应范围，以及视觉系统对不同光照环境的适应性都可由 LCN 解释。该模块实现了同一特征映射中相邻特征及不同特征映射中同一空间位置特征之间的相互竞争和整合。LCN 包括减规格化和除规格化。对给定位置 x_{ijk}，减规格化计算公式为

$$v_{ijk}=x_{ijk}-\sum\nolimits_{ipq}w_{pq}x_{i,j+p,k+q} \tag{8-14}$$

式中，j 和 k 表示不同的空间位置；i 表示不同的特征映射；w_{pq} 为高斯加权窗，满足

$$\sum\nolimits_{pq}w_{pq}=1 \tag{8-15}$$

除规格化计算公式为

$$y_{ijk}=v_{ijk}/\sigma_{jk} \tag{8-16}$$

其中

$$\sigma_{jk}=\sqrt{\sum\nolimits_{ipq}w_{pq}v^2_{i,j+p,k+q}+c} \tag{8-17}$$

为避免数值错误，设置 $c=0.0001$。

通过将相同阶段多次重复实现网络构建，将某一阶段的输出作为下一阶段的输入，从而模拟了视皮层中层叠、大量前馈的计算。利用上述模块和框架，构建了一个三阶段深层网络，如图 8-11 所示。

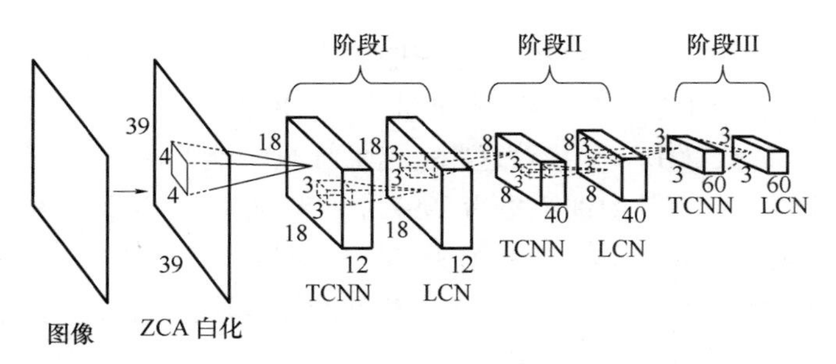

图 8-11　三阶段深层网络(ZCA 白化中的框及 LCN 中的立方体代表上一层神经元的感受野，TCNN 中的立方体代表 LCN 层的高斯滤波器尺寸)

采用类似于 DBN 的分层贪婪方式进行训练。池化层和局部对比规格化层具有固定的连接参数，需要训练的仅仅是线性滤波层。对线性滤波器参数 W 进行优化，目标函数为

$$\min_{\boldsymbol{W}}\sum_i\|\boldsymbol{W}^{\mathrm{T}}(\alpha\boldsymbol{W}x^{(i)})-x^{(i)}\|_2^2+\lambda\sum_j\sqrt{V_j(\alpha\boldsymbol{W}x^{(i)})^2}\quad \text{s. t. }\|W^{(k)}\|_2=1,\forall k \tag{8-18}$$

式中，$x^{(i)}$ 为第 i 个训练样本，可能是图像，也可能是低层的训练特征；V_j 为第 j 个池化单元的权值；λ 为稀疏性参数；$W^{(k)}$ 为第 k 个神经元的线性滤波器，对其进行单位值约束。为简化训练，重建惩罚项中使用 $\boldsymbol{W}^{\mathrm{T}}$ 作为自动编码的解码权值。采用标准的最小批随机梯度下降(Mini-Batch GD，MBGD)方法进行优化，使用梯度反向传播计算整个目标函数的梯度。

8.3.2 易混淆目标关键点信息解码

采用两种方式进行目标关键点信息的解码，构建仅包含输入层和输出层的全连接网络。该解码网络的输入为模拟视皮层深度网络输出，输出为关键点位置的规格化至0-1之间的坐标，输出层的激活函数为Sigmoid函数。

8.3.3 实验设置

数据库：分别在CU-Bird 2011和LFW两个数据库上进行测试。CU-Bird 2011是被广泛采用的目标细微识别数据库，包含200种不同类别的鸟(共计11788幅图像)。遵照标准的训练集/测试集划分并使用注释中的目标框信息进行图像规格化，并使用Crab-Cut进行目标分割(图像目标分割是知觉组织的形式，大范围首先拓扑方法认为图像\目标的分割首先于目标局部细节信息的获取，采用Crab-Cut进行目标分割是符合大范围首先准则的图像处理方法)。人脸数据库共计13466幅人脸图片，其中5590幅源于LFW，剩余图像源于网络。每个人脸标记5个关键位置点。随机选择10000幅图像用于训练，剩余的图像用于测试，使用注释中的目标框信息进行图像规格化。

网络结构：网络结构见图8-11。由于训练时间的约束，将所有图像缩放并裁剪至39×39像素，并转化为灰度图像。在第一阶段的TCNN层，感受野尺寸为4×4，卷积步长为2，平铺尺寸为2，特征映射数为12，池化尺寸等于平铺尺寸；LCN层中，高斯滤波器尺寸为3×3，γ值为2。第二阶段与第一阶段的差别分别为：感受野尺寸为3×3，特征映射数40。第三阶段与第二阶段的差别仅为特征映射数60。

8.3.4 网络输出视觉化

用CU-Bird 2011数据库中的训练集对网络进行训练，训练结束后分别获得训练集和测试集的网络输出(每个图像的输出为540维向量)。采用保持任意两点距离的多维度缩放(Multi-Dimensional Scaling，MDS)变换对这些输出降维至二维以视觉化，结果如图8-12所示。图8-12a包含5894个样本点，其中训练集为2997个，测试集2897个；图8-12b为图8-12a中部分区域的放大图，包含2154个样本点；图8-12c分别是图8-12b中a~f区域的放大，并显示随机选择的样本点对应的原始图像。可以发现，相邻的样本具有相似的关键点结构信息，即具有相似的鸟类的头、胸、腹和尾的配置关系。

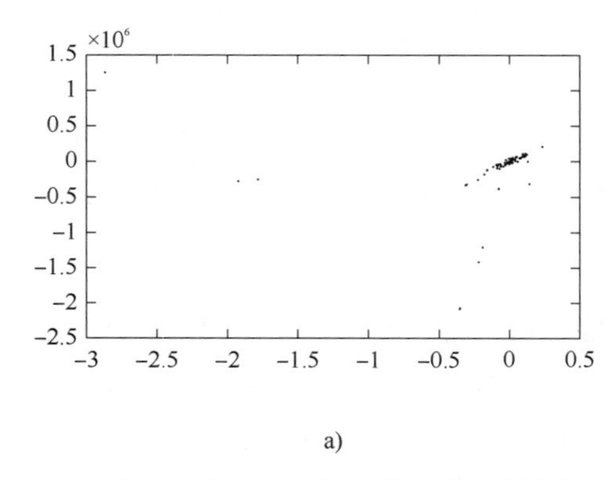

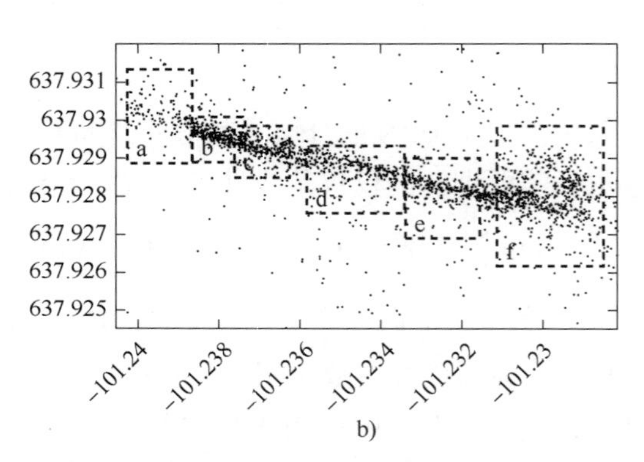

图8-12 CU-Bird 2011数据库中部分图像网络输出向量经MDS降至二维后的视觉化效果

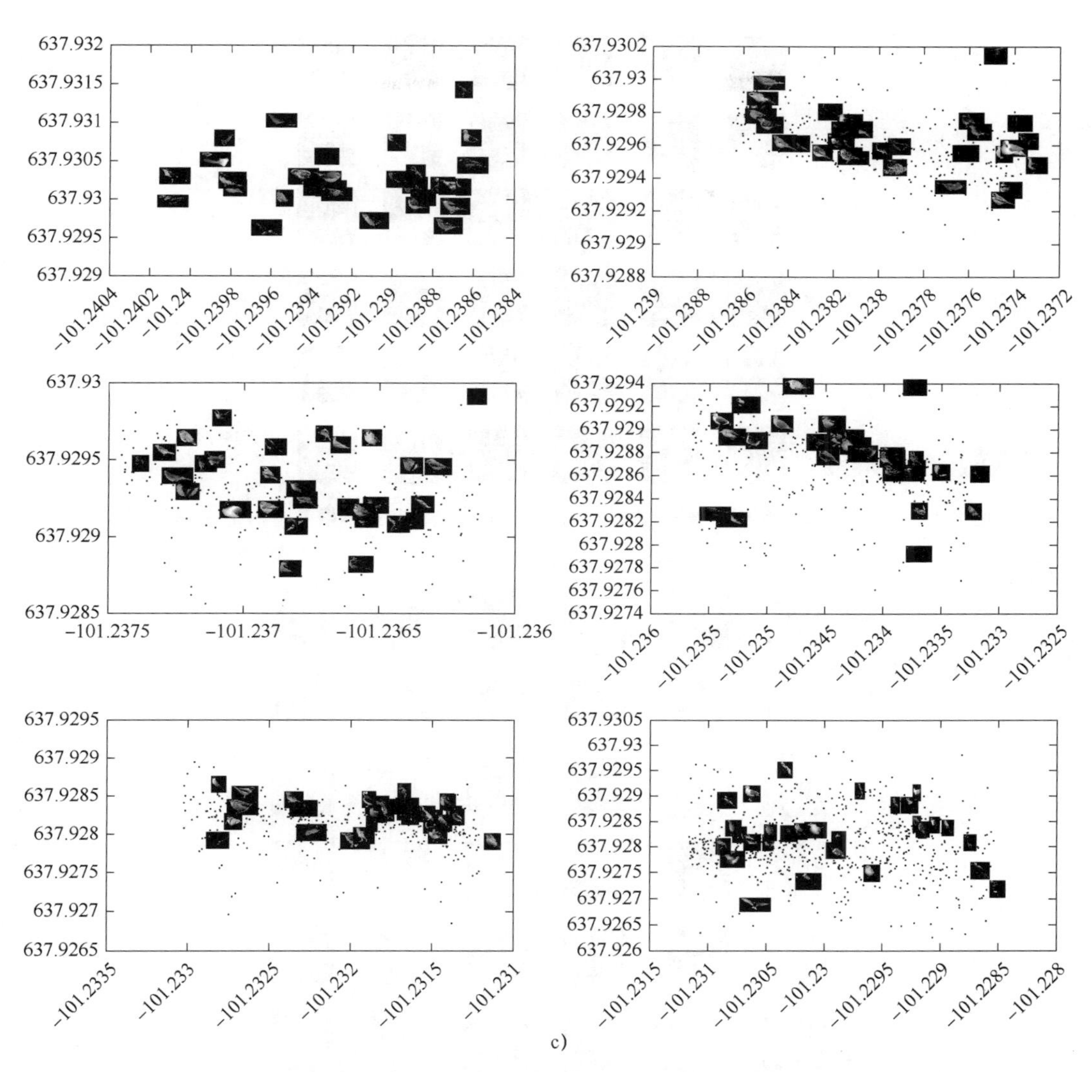

图 8-12　CU-Bird 2011 数据库中部分图像网络输出向量经 MDS 降至二维后的视觉化效果(续)

8.3.5　易混淆目标关键点信息解码性能

采用第一种解码方式对 CU-Bird 2011 数据库中目标的头、胸、腹和尾部位置进行解码，部分预报效果如图 8-13 所示。可以发现，虽然对于不规则的形状预报效果较差，但对于大部分较为规则的目标形状可以得到较好的位置预报，预报精度为 84. 36%。

与 CU-Bird 2011 数据库中的目标相比，人脸数据库中的图像虽然也受到一定程度的姿态、光照和遮挡等因素的影响，但各个关键点的位置相对比较稳定，从网络输出中进行知觉组织信息的解码也获得了更好的效果，如图 8-14 所示。采用平均检测误差进行性能度量，定义为

$$\mathrm{err}=\sqrt{(x-x')^2+(y-y')^2} \tag{8-19}$$

式中，(x,y)为注释位置；(x',y')为检测位置。

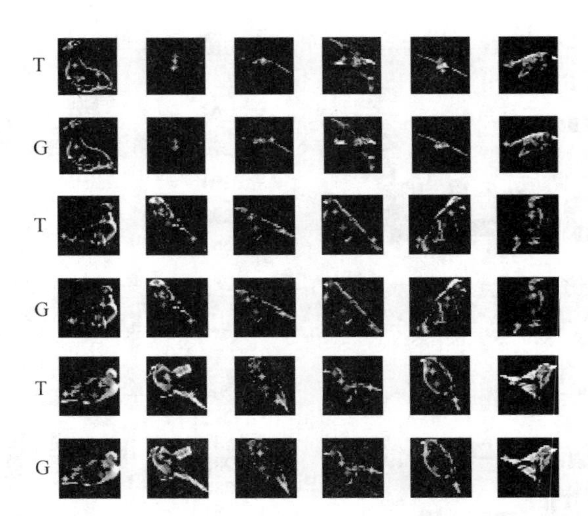

图 8-13 鸟类关键点预报效果(加“T”的行代表预报位置，加“G”的行对应注释位置)

图 8-14 人脸数据库中部分人脸关键点检测效果

8.4 卷积神经网络在心电图自动分类中的应用

根据《中国心血管病报告 2016》：血管病的死亡率已经超过肿瘤，位居我国居民各类疾病死亡率的第一位。心电图具有便捷、低成本和无创等特点，被广泛用于心血管疾病的早期诊断中。图 8-15 为心电图主要波形示意图，主要由 P 波、QRS 波、T 波、U 波组成。心电图是诊断心律失常的金标准，不同种类的心律失常在心电图上具有不用的特征，如心动过速和心动过缓主要由心电图 PR 间期决定；完全右束支传导阻滞和完全左束支传导阻滞主要根据 QRS 波间期和对应导联 QRS 波形态确定；心肌梗死主要由 ST 段形态、T 波形态和是否存在病理性 Q 波确定。本节将深度学习方法用于心电图自动分类的研究中。

具体步骤如下：首先利用多尺度小波分解与重构法和阈值法分别滤除 ECG 信号的基线

低频干扰和肌电高频干扰，然后通过奇异值的小波检测提取心电信号的 R 波峰值点，在此基础上按疾病类型对心拍进行分割，最后将心电数据输入卷积神经网络中完全心律失常的自动分类，流程如图 8-16 所示。

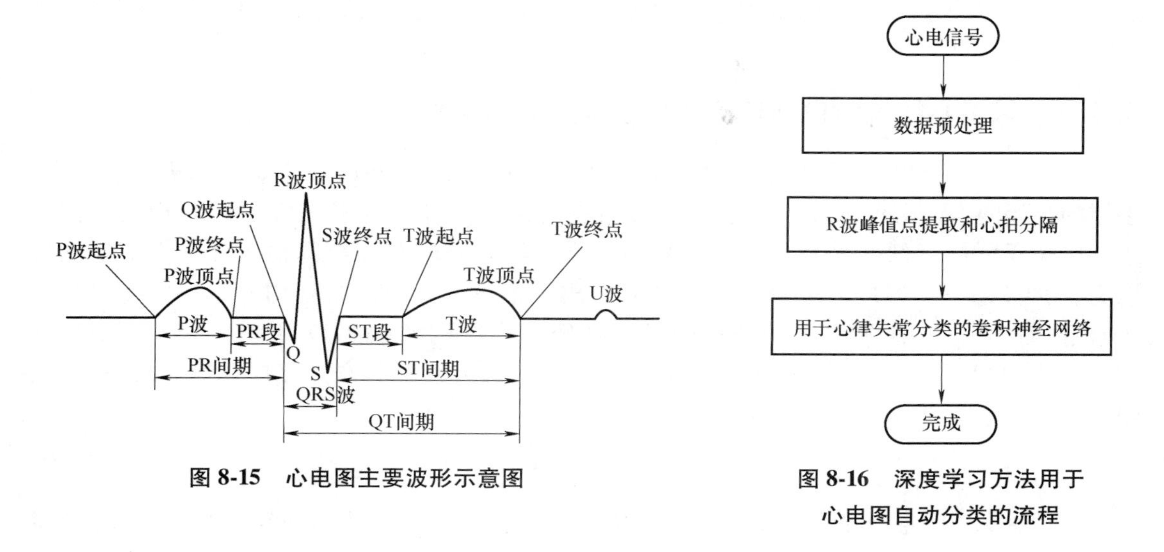

图 8-15　心电图主要波形示意图

图 8-16　深度学习方法用于心电图自动分类的流程

8.4.1　数据集

MIT-BIH 心律失常数据库是由麻省理工学院心律失常实验室合作建立的一个包含多种心电数据的免费共享的数据库，其中心律失常的数据是在 1975—1979 年间记录的一组超过 4000s 的 Holter 数据。这些数据的 60% 直接来自于住院病人，共有 48 组数据，一共包含大约 11 万个心动周期，数据的采样频率为 360Hz。以 MIT-BIH 心律失常数据库作为实验数据集，从中选取了六种心拍类型进行识别，分别为正常心拍(N)10000 个；左束支传导阻滞心拍(L)5000 个；右束支传导阻滞心拍(R)5000 个；起搏心拍(P)5000 个；房性早搏心拍(A)1500 个；室性早搏心拍(V)1500 个，共 28000 个心拍。其中，N 来自 100、101、103、105、106、108、112、215 号样本；L 来自 109、111、214 号样本；R 来自 118、124、212 号样本；P 来自 102、104、107、217 号样本；A 来自 207、209、232 号样本；V 来自 106、207、223、233 号样本。

8.4.2　数据预处理

对心电图(Electrocardiogram，ECG)进行采集的过程中不可避免地会受到各种类型的噪声干扰，主要包含工频干扰、机电干扰、基线漂移，其中工频干扰和机电干扰属于高频噪声，频段在 5~2000Hz；基线漂移属于低频噪声，频段 1Hz 以下。具体而言，对高频信号进行小波分解、阈值量化与信号重构实现工频干扰和肌电干扰的抑制；对包含基线漂移的低频干扰，使用 sym8 小波进行八尺度分解，通过对第八尺度的近似系数置零，进而抑制基线噪声。

8.4.3　R 波峰值点的提取和心拍分割

虽然 MIT-BIH 心律失常数据集中已经包含 R 波峰值点的信息，但在滤除干扰后峰值点位置发生改变，故应重新定位 R 波的峰值点。基于二次样条小波变换提取 R 波峰值点，根据信号奇异点与其小波变换的对应关系，心电图中 QRS 波对应该尺度上小波变换的一个模极大值对，且 R 波峰值点与该模极大值对的零交叉点有较稳定的时移，然后取 R 波峰值点之前的 99 个采样点和之后的 200 个峰值点共计 300 个采样点组成一个心拍，即每个心拍为 300 维。

8.4.4 基于心律失常自动检测的卷积神经网络结构

近些年来，卷积神经网络已成功应用于手写字符识别、人脸识别等多个领域。它是一个多层的神经网络，由多个卷积层和子采样层交替组成。卷积神经网络中的卷积层后都连接一个子采样层，像这样多次提取特征的网络结构对有较高畸变的输入样本有一定的容忍力，并且每一层都是由多个独立神经元组成，相对于其他网络结构简单、网络参数较少且鲁棒性好。心律失常自动分类的卷积神经网络结构如图 8-17 所示，它主要由输入层、一维卷积层 C1、池化层 S1、一维卷积层 C2、池化层 S2、全连接层和 Softmax 输出层组成。卷积层的输出为

$$\boldsymbol{x}_j^l = f\Big(\sum_{i \in M_j} \boldsymbol{x}_j^{l-1} \times W_{ij}^l + b_j^l\Big) \tag{8-20}$$

式中，$\boldsymbol{x}_j^l$ 为第 l 层卷积层的第 j 个卷积核对应的特征向量；M_j 为当前神经元的输入特征面的集合；W_{ij}^l 为第 l 层卷积层的第 j 个卷积核的第 i 个加权系数；b_j^l 为第 l 层卷积层的第 j 个卷积核的偏置；f 为激活函数，为了防止梯度损失采用 ReLu 作为激活函数。池化层利用局部相关性原理对心电数据进行子抽样，在减少数据维数、提高鲁棒性的基础上保留有用信息，其计算公式为

$$\boldsymbol{x}_j^{l+1} = f\,(\beta_j^{l+1} \times \mathrm{down}(\boldsymbol{x}_j^l) + b_j^{l+1}) \tag{8-21}$$

式中，down(·)为下采样函数；β_j^{l+1} 为加权系数；b_j^{l+1} 为偏置。

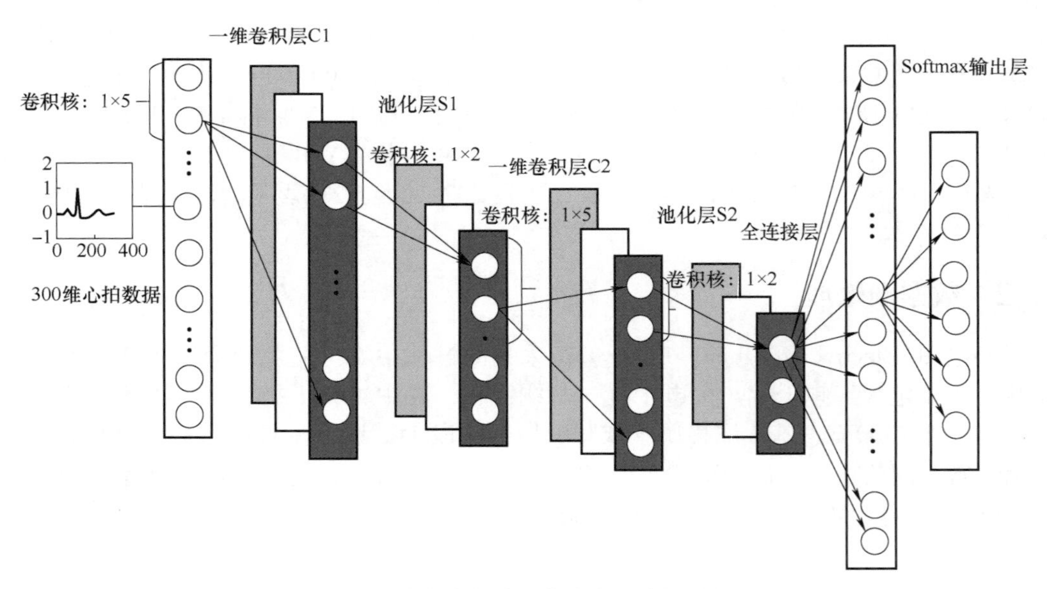

图 8-17 心律失常自动分类的卷积神经网络结构

经预处理后的心电信号维度为 1×300，将 300 维的心电数据送入输入层，卷积层 C1 共

有 32 个特征面，每个特征面为 1×5 的卷积核，卷积核运算采用 same padding 方式，C1 层输出为 32 个长度为 1×300 的特征向量，S1 层对 C1 的输出进行池化，池化采用区域最大值池化的策略，将特征向量压缩为 150 个采样点。C2 共有 64 个特征面，每个特征面为 1×5 的卷积核，输出为 64 个长度为 1×150 的特征向量，然后被送入 S2 层再次池化，输出为 60 个特征向量，每个向量维度为 1×75，最后通过全连接层和 Softmax 输出层计算分类结果。

8.4.5　训练算法

卷积神经网络的局部连接、权值共享和池化操作使其相比传统的神经网络具有更少的连接和参数，相对易于训练。针对这里所建立的心律失常自动分类的卷积神经网络模型，其训练算法的流程图如图 8-18 所示。心律失常自动分类的卷积神经网络结构见图 8-17，首先需要优化网络中所有的权值和阈值，一般取它们的值为近似 0 的随机数，然后从训练集中随机选择 200 个样本组成一个数据块，并将其作为 CNN 的输入，之后根据式(8-20)和式(8-21)计算卷积神经网络的预测值，由预测值和目标值之间的误差迭代更新权重和阈值，直到满足终止条件。

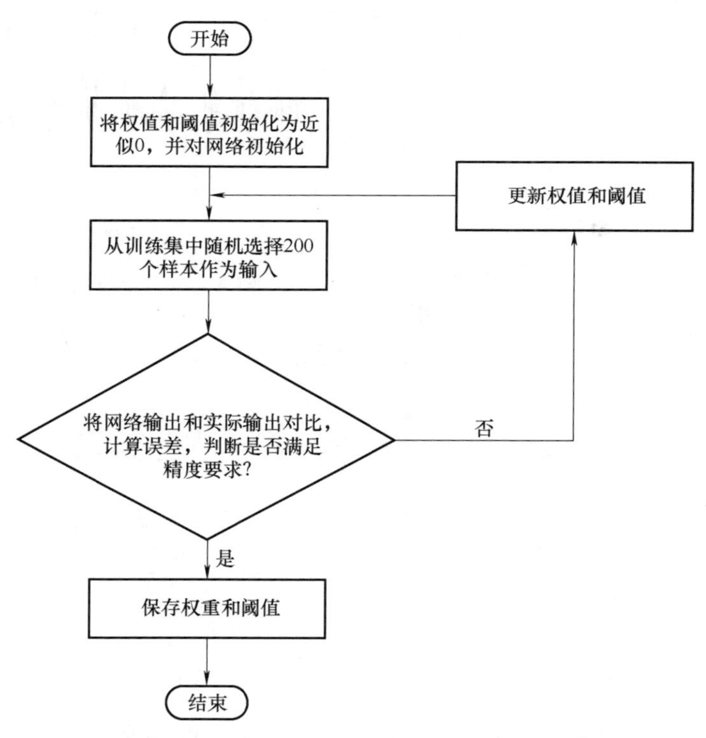

图 8-18　心律失常自动分类的卷积神经网络训练流程图

8.4.6　实验结果

（1）预处理结果

滤波前后心电图波形对比如图 8-19 所示。可以看出，多尺度小波分解与重构法和阈值法能够有效地抑制 ECG 高频干扰和低频干扰，去噪后的 ECG 信号更加平滑，便于后续提取相关特征点。

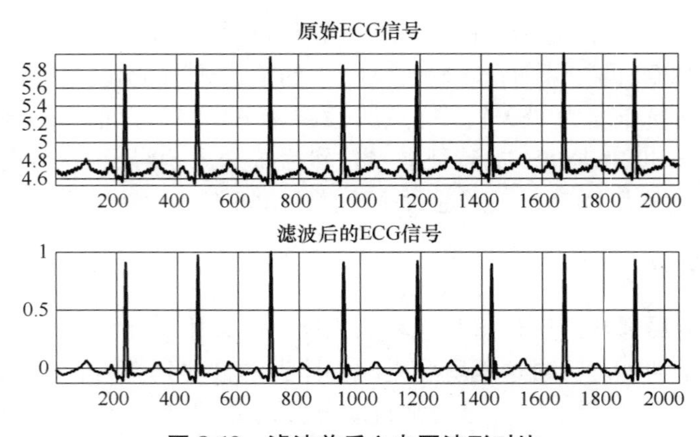

图 8-19　滤波前后心电图波形对比

（2）R 波峰值点提取和心拍分割结果

以 MIT-BIH 心律失常数据库中 106 号样本二导联心电数据为例，R 波峰值点提取结果如图 8-20 所示。可以看出，该方法能够准确提取每个心拍的 R 波峰值点。图 8-21 为在提取 R 波峰值点后的心拍分割结果。

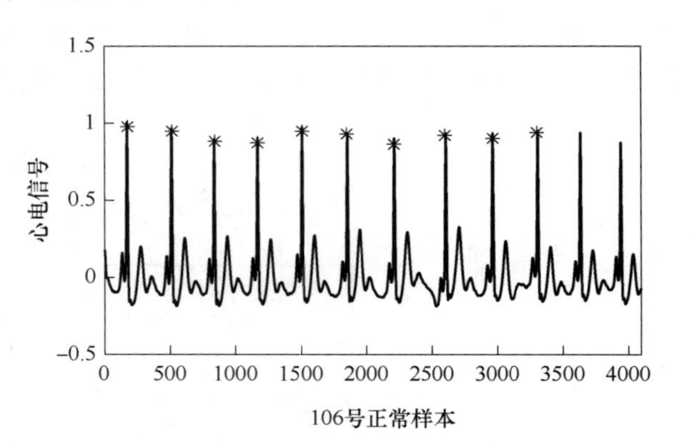

图 8-20　R 波峰值点提取结果

（3）自动识别算法评估

从 MIT-BIH 心律失常数据库中取得 28000 个心拍，随机选取 60%即 16800 个心拍进行训练，选取 40%即 11200 个心拍进行测试，基于卷积神经网络对心律失常进行自动分类，心拍样本的分类统计结果可以采用

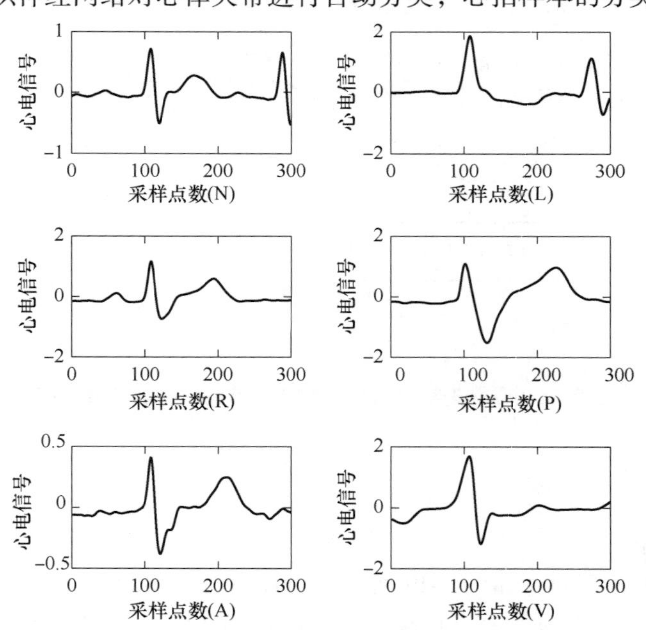

图 8-21　六种类型心拍示例

混淆矩阵进行评估。表 8-1 为基于神经网络的心律失常六分类结果，展示了心拍分类结果的混淆矩阵。经过 200 次迭代，CNN 的准确率为 96.41%。表 8-2 为基于 CNN 的心律失常六分类结果，表 8-3 为基于 LSTM 的心律失常六分类结果。

表 8-1　基于神经网络的心律失常六分类结果

神经网络	准确率	召回率	F 值
正常心拍	0.85	0.91	0.88
左束支传导阻滞	0.88	0.95	0.91
右束支传导阻滞	0.96	0.97	0.97
起搏心拍	0.97	0.95	0.96
房性早搏	0.54	0.20	0.29
室性早搏	0.74	0.65	0.69

表 8-2　基于 CNN 的心律失常六分类结果

CNN	准确率	召回率	F 值
正常心拍	0.96	0.99	0.97
左束支传导阻滞	0.95	0.98	0.97
右束支传导阻滞	0.99	1.00	0.99
起搏心拍	0.99	0.98	0.99
房性早搏	0.89	0.82	0.86
室性早搏	0.97	0.68	0.80

表 8-3　基于 LSTM 的心律失常六分类结果

LSTM	准确率	召回率	F 值
正常心拍	0.95	0.92	0.93
左束支传导阻滞	0.93	0.96	0.94
右束支传导阻滞	0.94	0.99	0.97
起搏心拍	0.97	0.99	0.98
房性早搏	0.75	0.81	0.78
室性早搏	0.64	0.51	0.56

8.5　基于鸟类视觉信息处理机制的大视场小目标检测模型

目标检测是计算机视觉方向的重要研究领域。在使用无人机进行航拍时，其所获得的图像往往具有场景大，背景杂乱、图像分辨率低和目标特征少，尺寸小(一般不超过 50×50 像素)等特点，使得大视场下的小目标实时检测成为一项困难的任务。卷积神经网络等在常规图像分类、目标检测中有较好性能的算法，在复杂的大视场下进行较小目标检测时，结果往往不尽人意。

鸟类具有极其发达的视觉系统，能在大视场下迅速发现地面的小目标。鸟类优异的视觉感知能力得益于其发达的视觉系统。这里给出一种基于鸟类视觉的三通路协同处理机制，并结合卷积神经网络的大视场小目标协同处理模型，用于提高大视场小目标检测的精度和速度。

8.5.1　大视场小目标检测框架

鸟类具有三条视觉通路，即离顶盖通路、离丘脑通路、副视系统，通过三条视觉通路的协同进行视觉信息处理。其中，离顶盖通路具有目标显著性信息处理的作用，离丘脑通路类似哺乳类的初级视皮层-下颞叶（V1-IT）通路，具有目标精细识别的作用，副视系统用于调整视网膜的聚焦。鸟类在进行目标检测时，首先离顶盖通路定位视场中的显著性目标区域，发现目标；然后副视系统会调整视网膜进行聚焦；最后离丘脑通路对定位的目标进行精细识别。鸟类的视觉神经系统如图 8-22 所示。

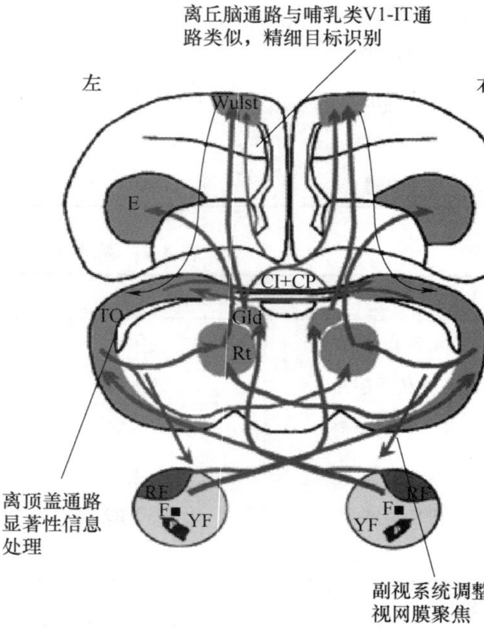

图 8-22　鸟类的视觉神经系统

基于鸟类的视觉特点构建的航拍图像小目标实时检测框架如图 8-23 所示，主要分为三个模块：

1）借鉴鸟类离顶盖通路功能的目标显著性检测模块。主要利用无监督的显著性方法确定小目标在整张图片中的位置，并去除图片中的大部分背景信息。

2）借鉴鸟类副视系统功能的超分辨率分析模块。考虑到大多数时候小目标图像放大后的分辨率不高，在将小图像输入到检测网络前，采用基于 CNN 的超分辨率（Super-Resolution，SR）方法提高其分辨率，从而小目标的特征变得更精细。

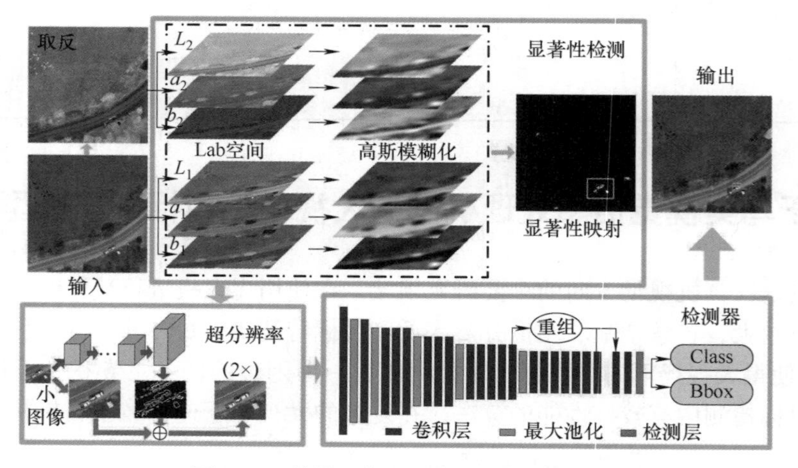

图 8-23　航拍图像小目标实时检测框架

3）借鉴鸟类离丘脑通路功能用于 CNN 检测模块。在复杂背景下，采用显著性方法会产生较多虚假区域。在检测环节，将超分辨率处理后的小目标送入 CNN 模块中进行目标精细识别。

8.5.2　显著性区域提取

大视场中通常含有大量的目标背景信息，如图 8-24 所示，视场中只有一辆车，用方框圈出。对于目标检测任务来说，大部分背景信息往往是多余的，而显著性检测方法往往能提取出图像中的有用信息，并抑制背景信息。因此可以利用显著性检测模块获取一些显著区域。

图 8-24　郊区、乡村等视场中的小目标图示（所有小目标即车辆用框标出）

航拍图像往往背景较复杂，而且不止有一个目标，并且这些目标没有一个固定的颜色分布，其中有不少目标是偏向于白色分布，这就要求设计的显著性方法不能只是基于单一色彩。将航拍图像转为 Lab 空间模型，为了抑制均匀区域，突出小目标，定义标准偏差为

$$\sigma = \frac{\min(W,H)}{\sigma_s} \tag{8-22}$$

式中，W、H 分别为输入图像的宽度和高度；σ_s 控制着权重的强度。使用大小为 $3\sigma \times 3\sigma$ 的高斯低通滤波器 ω 对 Lab 空间的每个通道模糊化，并计算每个颜色通道的二次方差作为显著图。

为了突出更多的潜在小目标，将航拍图像取反后重新将其转为 Lab 空间模型并进行高斯模糊化处理，并将正反图像生成的显著图相互融合，以得到更完整的小目标表示。因此最终显著图可以表示为

$$M_A = \sum_{i=1}^{2} \| (L_i, a_i, b_i) - (L_i^\omega, a_i^\omega, b_i^\omega) \|^2 \tag{8-23}$$

式中，L_i^ω、a_i^ω、b_i^ω 为高斯模糊化后的 Lab 空间通道信息；L_i、a_i、b_i 分别为原始 Lab 空间通道值；$i=1$ 表示未被取反的图像，$i=2$ 表示取反后的图像。

由式(8-23)可将最终显著图进一步归一化到[0,1]范围内。

8.5.3　图像裁剪与超分辨率分析

在获得显著图后，将显著区域映射回原图像，并通过裁剪直接将小目标从原图像分离出来。在此基础上，对小目标进行超分辨率分析。

由于保留一定的背景信息有利于提高检测器的检测精度，在利用显著性方法得到小目标边界框的基础上，将其长和宽放大一定倍数，以此来获取一定的背景区域。假设小目标中心点坐标为(x,y)，左上角坐标为(x_{ul},y_{ul})，放大 n 倍后，左上角坐标变为

$$(x_{ul} - n(x - x_{ul}), y_{ul} - n(y - y_{ul})) \tag{8-24}$$

上述操作将引入多个小目标产生多张小图像、临近的小目标被分割成几部分等问题。解决办法为根据中心点距离，通过聚类的方式判断小目标是否临近，进而合并不同小目标的裁剪区域。以两个小目标为例，具体合并方式如图 8-25 所示。包围数字 1 和 2 的边框表示小目标的初始 bounding box，两个较大的边框为放大 3 倍后的裁剪框，包含内部 3 个框的最外边框为合并后的实际裁剪框。

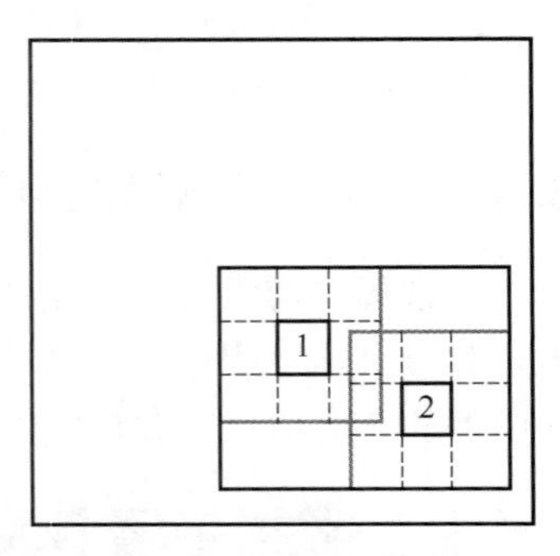

图 8-25　合并两个临近小目标的裁剪区域

具体采用简单的基于欧氏距离的聚类方法，假设利用显著性方法得到 n 个显著区域中心 $\{(x_1,y_1),(x_2,y_2),\cdots,(x_n,y_n)\}$，计算两两中心的欧氏距离为

$$d(\text{region}_i,\text{region}_j)=\sqrt{(x_i-x_j)^2+(y_i-y_j)^2}\quad i,j=1,2,\cdots,n \tag{8-25}$$

式中，i、j 为两个不同区域中心的编号。至于需要将显著区域聚为几类，则应该考虑实际运用的数据集。假设所有小目标的 ground truth 所占像素均值为 ϕ，以 $\sqrt{\phi}$ 为距离度量，将中心距离小于这一度量的不同区域聚为一类。

航拍图像中小目标的分辨率通常不够高，导致小目标不明显，所以在裁剪获得小图像后，为了增强小目标的特征，可以采用 SR 方法重建图像，以得到小目标更精细的信息。简单的双线性插值或双三次(Bicubic)插值虽然可以放大图像，但放大后的图像往往质量不高，小目标与背景之间的判别性依然不高。利用 CNN 出色的特征提取功能，采用 LapSRN 网络零来对航拍图像进行 SR 重建。

使用 MatConvNet 工具箱训练 LapSRN 网络，网络中每个卷积层有 64 个大小为 3×3 的滤波器，并使用 LReLUs(Leaky Rectified Linear Units)作为激活函数。根据前端的显著性方法，得到多个裁剪后的小图像，这些小图像都将被一一输入到 LapSRN 网络中进行超分辨率重建。需要说明的是，为了兼顾后端检测器的检测速度，在使用 LapSRN 网络时将图像的采样率设为 2 倍，这样重建后的小图像不会显得太大。考虑到 LapSRN 网络是基于 CNN 设计的，在模型的训练过程中，可以将 LapSRN 网络与后端的检测器进行联合训练。

8.5.4　检测器

在得到高分辨率裁剪图像后，只需检测裁剪图像中的目标即可。裁剪后的图像含有的背景信息较少，这将降低检测器的检测难度。考虑到模型的检测时间，选择 Darknet0 构成基础检测器。由于裁剪后的图像往往比较小，需要检测器提取的特征相对较少，缩小网络尺寸不但不会影响检测精度，而且还能进一步提高模型的检测速度。另外，检测器得到的检测结果是基于裁剪图像的，因此，还需要结合图像裁剪信息将小目标的检测信息对应到原图像上，作为最终的检测结果。另外，为了适应小图像的尺寸，需要将 CNN 的第一层卷积层尺寸也设计得尽可能小。通过这种方式建立的模型相较于其他直接将整张图片用于检测的模型，有着更高的检测精度。

8.5.5　实验结果

在 VEDAI 数据库上对上述模型进行测试，并在目标检测精度和速度两方面与现有方法进行比较。

VEDAI 数据库是一个包含九种类型车辆的公共数据集，包括 1024×1024 像素和 512×512 像素两种不同尺寸且内容基本相同的图像。图像类别分别是 car、pickup、truck、plane、boat、camping car、tractor、van 及其他类别，其中 car 最多，有 1340 辆。总的来说，每幅图像平均有 5.5 辆车，它们占据了图像总像素的 0.7%左右。该数据集的所有图像都是从与地面相同的距离拍摄的，图像包含不同的背景，如田地、河流、山脉、城市地区，如图 8-26 所示。

图 8-26　VEDAI 数据库图例

使用平均精度均值(Mean Average Precision，MAP)评价目标检测模型的性能。MAP 指标的计算公式为

$$\text{Precision}=\frac{\text{True Positive}}{\text{True Positive}+\text{False Positive}} \tag{8-26}$$

式中，True Positive 为真实目标被模型标记为正例的个数；False Positive 为真实目标被标记为反例的个数。在多类目标检测中，取每个类的 MAP 作为一个评价指标。

模拟鸟类视觉处理机制的目标检测模型在 VEDAI 数据库中进行分类和定位的可视化结果，如图 8-27 所示。其中，图 8-27a、c、e、g 为人工标注，图 8-27b、d、f、h 为与之对应的模型预测结果(带有分类信息和位置信息)。

a) 人工标注

b) 模型预报

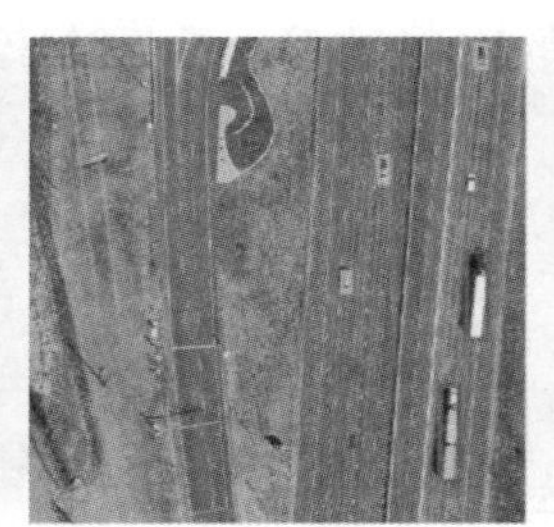

c) 人工标注

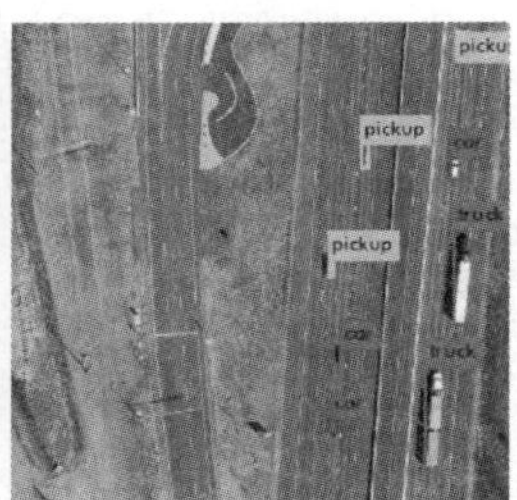

d) 模型预报

e) 人工标注

f) 模型预报

g) 人工标注

h) 模型预报

图 8-27　目标检测模型在 VEDAI 数据库中的检测结果

作为对比，使用 HOG+SVM+LBP、Faster RCNN with VGG-16 Backbone、Faster RCNN with ResNet-50 Backbone、YOLOv2、YOLOv3 等检测模型对 VEDAI 数据库进行训练和测试。表 8-4 为检测精度和速度比较，最好的结果使用加粗显示。从表 8-4 可以看到，使用 VGG-16 的 Faster RCNN 在检测精度上表现最差，但在速度上比使用 ResNet-50 的 Faster RCNN 更快，因为在网络深度上 VGG-16 骨架比 ResNet-50 骨架更浅。从检测精度来看，基于鸟类视觉处理机制的目标检测模型显然要比其他几种方法好。另外，在检测时间上，尽管采用了检测速度最快的 Darknet 算法作为检测器，但由于需要生成显著区域和利用 SR 来生成质量更高的图像，检测时间随之增加。虽然在检测时间上不如 YOLOv2 和 YOLOv3，但是基于鸟类视觉处理机制的目标检测模型相较于其他模型具有一定的优势。

表 8-4　基于鸟类视觉机制的目标检测模型与常规目标检测算法的比较

方法	算法架构	MAP(%)	每秒处理帧数
HOG+SVM+LBP	—	53.43	—
Faster RCNN	VGG-16	37.50	1.00
Faster RCNN	ResNet-50	47.61	0.83
YOLOv2	Darknet-19	63.20	54
YOLOv3	Darknet-53	50.21	27
基于鸟类视觉机制的目标检测模型	Darknet-19	71.67	4.15

8.6　本章小结

本章首先介绍了人工智能、机器学习与深度学习的关系，然后介绍了当前比较基础和常用的经典深度学习算法的实现原理，最后给出了深度学习算法在一些智能控制子领域中的应用。

习题

8-1　简述深度学习、机器学习与智能控制的关系。

8-2　MNIST 数据集来自美国国家标准与技术研究所(National Institute of Standards and Technology，NIST)。训练集(training set)由来自 250 个不同人手写的数字构成，其中 50%是高中学生，50%来自人口普查局(the Census Bureau)的工作人员。测试集(test set)也是同样比例的手写数字数据。该数据集可在 http://yann.lecun.com/exdb/mnist/获取，利用 MATLAB 编写一个深度学习算法，实现 MNIST 手写数字数据库中 0~9 的数字识别。

参考文献

[1] LECUN Y，BENGIO Y，HINTON G. Deep learning[J]. Nature，2015，521(7553)：436-444.

[2] SAMMUT C，WEBB G I. Encyclopedia of machine learning and data mining[M]. Springer US，2017.

[3] HINTON G. A practical guide to training restricted boltzmann machines[J]. Momentum，2010，9(1)：926-947.

[4] BENGIO Y, COURVILLE A, VINCENT P. Representation learning: a review and new perspectives[J]. IEEE Transactions on Pattern Analysis & Machine Intelligence, 2013, 35(8): 1798-1828.
[5] BENGIO Y. Learning deep architectures for AI[J]. Foundations and Trends in Machine Learning, 2009, 2(1): 1-127.
[6] KRIZHEVSKY A, SUTSKEVER I, HINTON G. Imagenet classification with deep convolutional neural networks [C]//Advances in Neural Information Processing Systems, 2012: 1097-1105.
[7] LUO X X, WAN L. A novel efficient method for training sparse auto-encoders[C]//International Congress on Image & Signal Processing, IEEE, 2013: 1019-1023.
[8] DENG J, ZHANG Z, MARCHI E, et al. Sparse autoencoder-based feature transfer learning for speech emotion recognition [C]//Proceeding of the 2013 Humaine Association Conference on Affective Computing and Intelligent Interaction(ACII 2013), IEEE, 2013: 511-516.
[9] ZACHARY C L. JOHN B, CHARLES E. A critical review of recurrent neural network for sequence learning[J]. Computer Science, 2015.
[10] GAVVES E, FERNANDO B, SNOEK C G M, et al. Fine-grained categorization by alignments[C]//IEEE International Conference on Computer Vision. IEEE, 2013: 1713-1720.
[11] FARRELL R, OZA O, ZHANG N, et al. Birdlets: subordinate categorization using volumetric primitives and pose-normalized appearance[C]//2011 International Conference on Computer Vision. IEEE, 2011: 161-168.
[12] YANG S, BO L, WANG J, et al. Unsupervised Template Learning for Fine-Grained Object Recognition[C]// International Conference on Neural Information Processing Systems, Curran Associates Inc., 2012: 3122-3130.
[13] ZHANG N, FARRELL R, DARRELL T. Pose pooling kernels for sub-category recognition[C]//IEEE Conference on Computer Vision & Pattern Recognition, IEEE, 2012: 3665-3672.
[14] JIA Y Q, VINYALS O, DARRELL T. Pooling-invariant image feature learning[J]. Computer Science, arxiv preprint, arxiv: 1302, 5056, 2013.
[15] WAH C, BRANSON S, WELINDER P, et al. The Caltech-UCSD Birds-200-2011 dataset[R]. Technical Report, 2011.
[16] HYVARINEN A, HOYER P O. Topographic independent component analysis as a model of V1 organization and receptive fields[J]. Neurocomputing, 2001, 38-40: 1307-1315.
[17] ATICK J J, REDLICH A N. What does the retina know about natural scenes[J]. Neural Computation, 1992, 4(2): 196-210.
[18] DAN Y, ATICK J J, REID R C. Efficient coding of natural scenes in the lateral geniculate nucleus: experimental test of a computational theory[J]. Journal of Neuroscience, 1996, 16(10): 3351-3362.
[19] LE Q V, NGIAM J, CHEN Z, et al. Tiled convolutional neural networks[C]// International Conference on Neural Information Processing Systems, Curran Associates Inc., 2010: 1279-1287.
[20] PINTO N, COX D D, DICARLO J J. Why is real-world visual object recognition hard? [J] PLoS Computational Biology, 2008, 4(1), 27.
[21] HYVÄRINEN A, HURRI J, HOYER P O. Natural image statistics [M]. Springer, 2009.
[22] HINTON G E, SALAKHUTDINOV RYR. Reducing the dimensionality of data with neural networks[J]. Science, 2006, 313(5786): 504-507.
[23] COATES A, HUVAL B, WANG T, et al. Deep learning with COTS HPC systems[C]// Proceedings of the 30th International Conference on International Conference on Machine Learning, JMLR. org, 2013: 1337-1345.
[24] RUMELHART D E, HINTON G E, WILLIAMS R J. Learning internal representations by error propagation [J]. Readings in Cognitive Science, 1986, 323(99): 533-536.
[25] HUANG G, MANU Ramesh T, Learned-Miller E. Labeled Faces in the Wild: a database for studying face

recognition in unconstrained environments[R]. Technical Report 07-49, University of Massachusetts, Amherst, 2007.

[26] 陈伟伟，高润霖，刘力生，等.《中国心血管病报告 2015》概要[J]. 中国循环杂志，2016，31(6)：521-528.

[27] 陈新. 黄宛临床心电图学[M]. 6 版. 北京：人民卫生出版社，2009.

[28] GOLDBERGER A L, AMARAL L A, GLASS L, et al. PhysioBank, PhysioToolkit, and PhysioNet: components of a new research resource for complex physiologic signals[J]. Circulation, 2000, 101(23): 215-220.

[29] 赵云. 心律失常的心电监护与辅助诊断系统[D]. 郑州：郑州大学，2010.

[30] 刘明，李国军，郝华青，等. 基于卷积神经网络的 T 波形态分类[J]. 自动化学报，2016，42(9)：1339-1346.

[31] LAI WS, HUANG JB, AHUJA N, et al. Deep laplacian pyramid networks for fast and accurate super-resolution[C]//IEEE Conference on Computer Vision and Pattern Recognition, IEEE, 2017: 624-632.

[32] VEDALDI A, LENC K. MatConvNet: convolutional neural networks for MATLAB[C]//Proceedings of the 23rd ACM International Conference on Multimedia, IEEE, 2015: 689-692.

[33] REDMON J. Darknet: open source neural networks in C[CP]. http://pjreddie. com/darknet/. 2013-2016. 3

[34] RAZAKARIVONY S, JURIE F. Vehicle detection in aerial imagery: a small target detection benchmark[J]. Journal of Visual Communication and Image Representation, 2016, 34: 187-203.

[35] REN S, HE K, GIRSHICK R, et al. Faster R-CNN: towards real-time object detection with region proposal networks[J]. IEEE Transactions on Pattern Analysis and Machine Intelligence, 2015, 39(6): 1137-1149.

[36] REDMON J, FARHADI A. YOLO9000: better, faster, stronger[C]//Proceedings of the IEEE Conference on Computer Vision and Pattern Recognition, IEEE, 2017: 6517-6525.

[37] REDMON J, FARHARDI A. YOLOv3: an incremental improvement[J]. arxiv prints, 2018.

[38] WYLIE D R, IWANIUK A N. Neural mechanisms underlying visual motion detection in birds[M]. 2012